机电工程系列丛书

数控电火花线切割加工技术

（第 3 版）

张学仁　主　编

刘晋春　主　审

哈尔滨工业大学出版社

内 容 提 要

为了适应我国工业技术飞速发展的新形势,满足大专院校学生及从事线切割工程技术人员的需求,哈尔滨工业大学工程训练中心的教师和工程技术人员在多年教学和科研实践经验的基础上编写了《数控电火花线切割加工技术》一书。

其内容包括:数控电火花线切割原理;电火花线切割机床;线切割编程;语言式线切割微机编程;YH绘图式线切割微机编程;CAXA绘图式线切割微机编程;美国ESPRIT低速走丝绘图式线切割微机编程软件的特点及应用;线切割控制;电火花线切割脉冲电源;电火花线切割工艺;电火花线切割机床的精度检验方法。

本书既可作为大专院校相关专业的教材,又可作为线切割技术培训班的教材,也可作为从事线切割的工程技术人员和工人的自学参考书。

图书在版编目(CIP)数据

数控电火花线切割加工技术/张学仁主编. —3版
—哈尔滨:哈尔滨工业大学出版社,2010.1(2019.1重印)
ISBN 978-7-5603-1440-2

I. 数… Ⅱ. 张… Ⅲ. 数控线切割-电火花线切割 Ⅳ. TG484

中国版本图书馆 CIP 数据核字(2009)第 150274 号

责任编辑　王桂芝　黄菊英
封面设计　卞秉利
出版发行　哈尔滨工业大学出版社
社　　址　哈尔滨市南岗区复华四道街 10 号　邮编 150006
传　　真　0451 - 86414749
网　　址　http://hitpress. hit. edu. cn
印　　刷　哈尔滨市工大节能印刷厂
开　　本　787mm×1092mm　1/16　印张 21　字数 510 千字
版　　次　2010 年 1 月第 3 版　2019 年 1 月第 12 次印刷
书　　号　ISBN 978 - 7 - 5603 - 1440 - 2
定　　价　45.00 元

第3版前言

本书自 2004 年修订再版后，至今已重印多次，在线切割的教学和科研中收到了良好的使用效果，深受广大读者欢迎。为了适应线切割技术的发展，更好地满足广大读者的需求，作者又对修订版进行了改编，本次改编对原有基本内容进行了必要的增补和修改，其中第五章和第六章改动较大。

第五章 YH 绘图式线切割微机编程实例改为该公司新开发的 YH – plus 3000 微机编程控制系统实例。第六章 CAXA 线切割 V2 绘图式微机编程，按该公司改进的 CAXA 线切割 XP 绘图式微机编程软件对实例进行了修改。为了初学者方便，仍是通过大量具有代表性的图形进行实例分析介绍。考虑到与计算机框图的显示一致性，框图中的繁体字未作简体处理。

第 3 版修订由张学仁教授主编，刘晋春教授主审。参加编写的有哈尔滨工业大学张学仁、邢英杰、李冰梅、麦山、赵亚坤、刘华、王笑香、张钢、曾昭阳、邢晓会、李丹、刘景锐，苏州市开拓电子技术有限公司俞容亨、沈宇。

改编过程中苏州市开拓电子技术有限公司提供了 YH – plus 3000 微机编程控制卡，特在此表示感谢。

书中不足之处，恳切希望广大读者批评指正。

张学仁

2009 年 12 月

前　言

在我国工业技术飞速发展的新形势下，急需大力发展模具加工技术，而数控电火花线切割加工技术正是模具加工工艺领域中的一种关键技术。目前在电机、仪表等行业新产品的研制和开发过程中，常采用数控电火花线切割方法直接切割出零件，大大缩短了研制周期，并降低了成本。数控电火花线切割加工技术跨越机械、电子及计算机应用等多个学科，是当代机械类学生和工程技术人员必须了解的新技术，但目前的大专院校及中等技术学校大都只讲些基本概念，没时间作深入探讨。这对于从事数控电火花线切割加工的工程技术人员来说是远远不够的，还应要求他们对这项技术进行较深入系统的学习。本书就是为了满足这一要求而编写的。本书既可以作为大专院校和中等技术学校相关专业的教材，也可作为线切割技术培训班的教材，还可以供从事线切割的工程技术人员和工人自学参考。

本书对数控电火花线切割的主要技术进行了较系统的、由浅入深的阐述，突出了线切割编程、控制和工艺等技术的主要方面，并以编程和控制为重点，既着重加强基础内容，又反映其先进性和实用性，尤其注重通过实例来讲述原理、方法及应用。

本书主要内容包括：电火花线切割加工的基本原理；电火花线切割机床；线切割编程；线切割微机编程；线切割控制；电火花线切割脉冲电源；电火花线切割工艺；电火花线切割机床的精度检验方法。

本书主要由哈尔滨工业大学工程训练中心的教师和工程技术人员共同编写。第一、三、五章由张学仁教授编写，第四章4.1节由麦山博士编写，第二章由刘景瑞工程师编写，第四章4.2节由刘华工程师编写，第六章由李元强讲师编写，第七章由李丹工程师编写，第八章由王笑香工程师编写。全书由张学仁教授主编，刘晋春教授主审。

由于时间仓促，加之编写人员水平有限，书中一定存在不足之处，恳切希望广大读者提出宝贵意见。

作　者
1999 年 8 月

目　录

第一章 数控电火花线切割加工原理

1.1 电火花线切割加工放电的基本原理

电火花线切割加工时，在电极丝和工件之间进行脉冲放电。如图1.1所示，电极丝接脉冲电源的负极，工件接脉冲电源的正极。当来一个电脉冲时，在电极丝和工件之间产生一次火花放电，在放电通道的中心温度瞬时可高达10 000℃以上，高温使工件金属熔化，甚至有少量汽化，高温也使电极丝和工件之间的工作液部分产生汽化，这些汽化后的工作

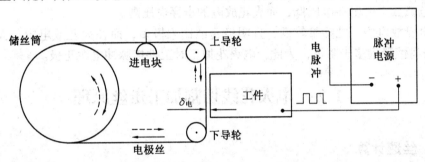

图1.1 电火花线切割加工原理

液和金属蒸气瞬间迅速热膨胀，并具有爆炸的特性。这种热膨胀和局部微爆炸，抛出熔化和汽化了的金属材料而实现对工件材料进行电蚀切割加工。通常认为电极丝与工件之间的放电间隙 $\delta_电$ 在0.01 mm左右，若电脉冲的电压高，放电间隙会大一些。线切割编程时，一般取 $\delta_电 = 0.01$ mm。

为了确保每来一个电脉冲时在电极丝和工件之间产生的是火花放电而不是电弧放电，必须创造必要的条件。首先必须使两个电脉冲之间有足够的间隔时间，使放电间隙中的介质消电离，即使放电通道中的带电粒子复合为中性粒子，恢复本次放电通道处间隙中介质的绝缘强度，以免总在同一处发生放电而导致电弧放电。一般脉冲间隔应为脉冲宽度的4倍以上。

为了保证火花放电时电极丝(一般用钼丝)不被烧断，必须向放电间隙注入大量工作液，以使电极丝得到充分冷却。同时电极丝必须作高速轴向运动，以避免火花放电总在电极丝的局部位置而被烧断，电极丝速度约在8~10 m/s左右。高速运动的电极丝，有利于不断往放电间隙中带入新的工作液，同时也有利于把电蚀产物从间隙中带出去。

电火花线切割加工时,为了获得比较好的表面粗糙度和高的尺寸精度,并保证钼丝不被烧断,应选择好相应的脉冲参数,并使工件和钼丝之间的放电必须是火花放电 ,而不是电

弧放电。

火花放电与电弧放电的区别如下：

① 电弧放电是由于电极间隙消电离不充分，放电点不分散，多次连续在同一处放电而形成，它是稳定的放电过程，放电时，爆炸力小，蚀除量低。而火花放电是非稳定的放电过程，具有明显的脉冲特性，放电时，爆炸力大，蚀除量高。

② 电弧放电的伏安特性曲线为正值(即随着极间电压的减小，通过介质的电流也减小)，而火花放电的伏安特性曲线为负值(即随着极间电压的减小，通过介质的电流却增加)。

③ 电弧放电通道形状呈圆锥形，阳极与阴极斑点大小不同，阳极斑点小，阴极斑点大，因此，其电流密度也不相同，阳极电流密度为 2 800 A/cm²，阴极电流密度为 300 A/cm²。火花放电的通道形状呈鼓形，阳极和阴极的斑点大小实际相等。因此，两极上电流密度相同，而且很高，可达 $10^5 \sim 10^6$ A/cm²。

④ 电弧放电通道和电极上的温度约为 7 000 ~ 8 000 ℃，而火花放电通道和电极上的温度约为 10 000 ~ 12 000 ℃。

⑤ 电弧放电的击穿电压低，而火花放电的击穿电压高。

⑥ 电弧放电中，蚀除量较低，且阴极腐蚀比阳极多，而在火花放电中，大多数情况下是阳极腐蚀量远多于阴极，为此，电火花加工时工件接脉冲电源正极。

1.2　电火花线切割加工走丝原理

一、丝速计算

电极丝线速度 $v_\text{丝}$ 的计算公式为

$$v_\text{丝} = \frac{\pi D n_\text{电}}{1\,000 \times 60}\ \text{m/s}$$

图 1.2 中储丝筒直径 $D = 120$ mm，故走丝速度 $v_\text{丝}$ 为

$$v_\text{丝} = \frac{\pi \times 120 \times 1\,440}{1\,000 \times 60} = 9.50\ \text{m/s}$$

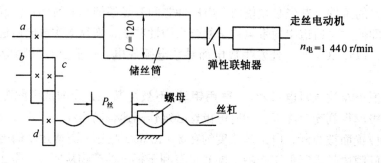

图 1.2　走丝原理

二、走丝部件的储丝筒每转一转时其轴向移动的距离

走丝部件的储丝筒每转一转时，其轴向移动距离为 s，计算公式为

$$s = \frac{a}{b} \times \frac{c}{d} \times P_{丝} \ \text{mm/r}$$

图 1.2 的 $a = 28$ 齿、$b = 88$ 齿、$c = 28$ 齿、$d = 88$ 齿、$P_{丝} = 2$ mm，则

$$s = \frac{28}{88} \times \frac{28}{88} \times 2 = 0.20 \ \text{mm/r}$$

线切割机床的型号不同，或生产厂家不同，s 值也不一样。线切割机床所用钼丝的直径应小于 s，否则，走丝时会产生叠丝现象而导致断丝。

1.3　X、Y 坐标工作台运动原理

线切割机床编程序时的数据单位是 $1 \ \mu m (1/1\,000 \ \text{mm} = 1 \ \mu m)$，它是步进电动机的控制电路每接受一个变频进给脉冲时，工作台的移动距离，称为脉冲当量。通常每接受一个变频进给脉冲时，步进电动机转动 $1.5°$，有的机床步进电动机转动 $3°$。

1. 脉冲当量的计算公式

$$\text{脉冲当量} = \frac{1.5 \ （\text{或} \ 3）}{360} \times \frac{Z_1}{Z_2} \times \frac{Z_2}{Z_3} \ （\text{或} \ \frac{Z_1}{Z_2} \times \frac{Z_3}{Z_4}） \times P_{丝} \ \text{mm}$$

2. 步进电动机每接受一个脉冲时转 3° 的脉冲当量的计算

一种线切割机床：$Z_1 = 18$ 齿，$Z_2 = 54$ 齿，$Z_3 = 150$ 齿，$P_{丝} = 1$ mm，如图 1.3（a）所示。

$$\text{脉冲当量} = \frac{3}{360} \times \frac{18}{54} \times \frac{54}{150} \times 1 = 0.001 \ \text{mm}$$

3. 步进电动机每接受一个脉冲时转 1.5° 的脉冲当量计算

另一种线切割机床：$Z_1 = 24$ 齿，$Z_2 = 80$ 齿，$Z_3 = 24$ 齿，$Z_4 = 120$ 齿，$P_{丝} = 4$ mm，如图 1.3（b）所示。

$$\text{脉冲当量} = \frac{1.5}{360} \times \frac{24}{80} \times \frac{24}{120} \times 4 = 0.001 \ \text{mm}$$

不同厂家所用的齿轮个数、齿轮齿数和 $P_{丝}$ 可能不一样。

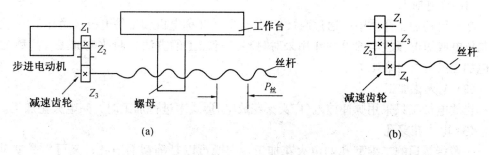

图 1.3　坐标工作台上层的传动

1.4　电火花线切割加工的特点和分类

一、电火花线切割加工的特点

电火花线切割加工与成型加工比较，主要有以下特点：

① 不需要制造成型电极，工件材料的预加工量少。

② 能方便地加工复杂截面的型柱、型孔、大孔、小孔和窄缝等。

③ 脉冲电源的加工电流较小，脉冲宽度较窄，属中、精加工范畴，所以采用正极性加工，即脉冲电源的正极接工件，负极接电极丝。电火花线切割加工基本是一次加工成型，一般不要中途转换规准。

④ 由于电极是运动着的长金属丝，单位长度电极丝损耗较小，所以当切割面积的周边长度不长时，对加工精度影响较小。

⑤ 只对工件进行图形加工，故余料还可以使用。

⑥ 工作液选用水基乳化液，而不是煤油，非但不易引发火灾，而且可以节省能源物资。

⑦ 自动化程度高，操作方便，加工周期短，成本低，较安全。

二、电火花线切割加工分类

① 按控制方式分，可分为靠模仿型控制、光电跟踪控制、数字程序控制及微机控制等。

② 按脉冲电源形式分，可分为 RC 电源、晶体管电源、分组脉冲电源及自适应控制电源等。

③ 按加工特点分，可分为大、中、小型以及普通直壁切割型与锥度切割型等。

④ 按走丝速度分，可分为低速走丝方式和高速走丝方式。

1.5　主要名词术语

为了便于电加工技术的国内外交流，必须有一套统一的术语、定义和符号。以下术语、定义和符号是根据中国机械工程学会电加工学会公布的材料编写的。

(1) 放电加工

在一定的加工介质中，通过两极(工具电极或简称电极和工件电极或简称工件)之间的火花放电或短电弧放电的电蚀作用来对材料进行加工的方法，叫放电加工（简称 EDM）。放电加工的分类见表1.1。

(2) 电火花加工

当放电加工只采用脉冲放电(广义火花放电)形式来进行加工时，叫电火花加工。

(3) 电火花穿孔

一般指贯通的二维型孔的电火花加工。它既可以是等截面通孔，又可以是变截面通孔。

（4）电火花成型

一般指三维型腔和型面的电火花加工，是非贯通的盲孔加工。

（5）线电极电火花加工

线电极电火花加工是一种用线状电极作工具的电火花加工，它主要应用于切割冲压模具。其特点是电极丝可作单向慢速或正反向快速走丝运动，工件相对电极丝可作 x、y 向的任意轨迹运动，它可用靠模、光电或数字等方式控制。

（6）放电

电流通过绝缘介质(气体、液体或固体)的现象。

（7）脉冲放电

脉冲放电是脉冲性的放电，在时间上是断续的，在空间上放电点是分散的，它是电火花加工常采用的放电形式。

（8）火花放电

从介质击穿后伴随着火花的放电，其特点是火花放电通道中的电流密度很大，温度很高。

表 1.1　放电加工分类

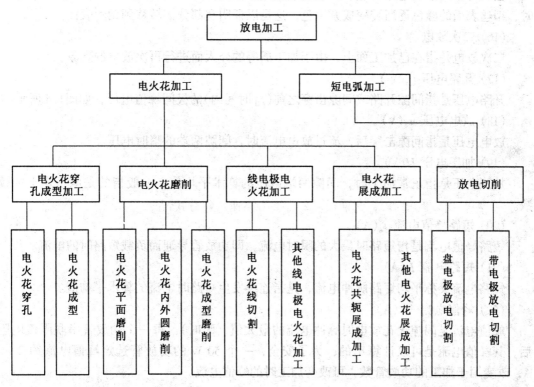

（9）电弧放电

电弧放电是一种渐趋稳定的放电。这种放电在时间上是连续的，在空间上是集中在一点或一点的附近放电。放电中遇到电弧放电，常常引起电极和工件的烧伤。电弧放电往往是放电间隙中排屑不良，或脉冲间隔过小来不及消电离恢复绝缘，或脉冲电源损坏变成直流放电等所引起的。

（10）放电通道

放电通道又称电离通道或等离子通道，是介质击穿后极间形成的导电的等离子体通道。

（11）放电间隙 $G(\mu m)$

放电间隙是指放电时电极间的距离。它是加工电路的一部分，有一个随击穿而变化的电阻。

（12）电蚀

电蚀是指在电火花放电的作用下蚀除电极材料的现象。

（13）电蚀产物

电蚀产物是指工作液中电火花放电时的生成物。它主要包括从两电极上电蚀下来的金属材料微粒和工作液分解出来的游离炭黑和气体等。

（14）加工屑

加工屑是指从两电极上电蚀下来的金属材料微粒小屑。

（15）金属转移

金属转移是指放电过程中，一极的金属转移到另一极的现象。例如用钼丝切割紫铜时，钼丝表面的颜色逐渐转变成紫铜色，这足以证明有部分铜转移到钼丝表面。

（16）二次放电

二次放电是指在已加工面上，由于加工屑等的介入而进行再次放电的现象。

（17）开路电压 $\hat{u}_i(V)$

开路电压是指间隙开路或间隙击穿之前（t_d 时间内）的极间峰值电压，如图1.4所示。

（18）放电电压 $u_e(V)$

放电电压是指间隙击穿后，流过放电电流时，间隙两端的瞬时电压。

（19）加工电压 $U(V)$

加工电压是指正常加工时，间隙两端电压的算术平均值。一般指的是电压表上的读数。

（20）短路峰值电流 $\hat{i}_s(A)$

短路峰值电流是指短路时最大的瞬时电流，即功放管导通而负载短路时的电流。

（21）短路电流 $I_s(A)$

短路电流又称平均短路脉冲电流，是指连续发生短路时电流的算术平均值。

（22）峰值电流 $\hat{i}_e(A)$

峰值电流是间隙火花放电时脉冲电流的最大值（瞬时），每一个功放管串联限流电阻后，其峰值电流是可以计算出的，为了安全，一个 50 W 的功放管选定峰值电流约 2~4 A，改变用于加工的功放管数，可改变加工时的峰值电流。

（23）加工电流 $I(A)$

加工电流是指通过加工间隙电流的算术平均值，即电流表上的读数。

（24）击穿电压

击穿电压是指放电开始或介质击穿时瞬间的极间电压。

（25）击穿延时 $t_d(\mu s)$

击穿延时是指从间隙两端加上电压脉冲到介质击穿之前的一段时间。

（26）脉冲宽度 $t_i(\mu s)$

脉冲宽度是加到间隙两端的电压脉冲的持续时间。对于矩形波脉冲,它等于放电时间 t_e 与击穿延时 t_d 之和。

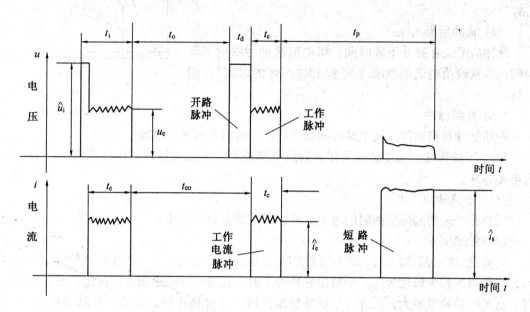

图 1.4　电火花线切割加工时的电压电流波形图

（27）放电时间 $t_e(\mu s)$

放电时间是指介质击穿后,间隙中通过放电电流的时间,亦即电流脉宽。

（28）脉冲间隔 $t_o(\mu s)$

脉冲间隔是指连接两个电压脉冲之间的时间。

（29）停歇时间 $t_{eo}(\mu s)$

停歇时间又称放电间隔,是指相邻两次放电(电流脉冲)之间的时间间隔。对于方波脉冲,它等于脉冲间隔 t_o 与击穿延时 t_d 之和,即

$$t_{eo} = t_o + t_d$$

（30）脉冲周期 $t_p(\mu s)$

脉冲周期是指从一个电压脉冲开始到相邻电压脉冲开始之间的时间。它等于脉冲宽度 t_i 与脉冲间隔 t_o 之和,即

$$t_p = t_i + t_o$$

（31）脉冲频率 $f_p(Hz)$

脉冲频率是指单位时间(s)内,电源发出电压脉冲的个数。它等于脉冲周期 t_p 的倒数,即

$$f_p = \frac{1}{t_p}$$

（32）电参数

电参数是指电加工过程中的电压、电流、脉冲宽度、脉冲间隔、功率和能量等参数。

（33）脉冲前沿 $t_r(\mu s)$

脉冲前沿又称脉冲上升时间，指电流脉冲前沿的上升时间，即从峰值电流的 10% 上升到 90% 所需的时间（见图1.5）。

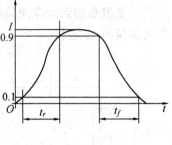

图 1.5　电流波形图

（34）脉冲后沿 $t_f(\mu s)$

脉冲后沿又称脉冲下降时间，指电流脉冲后沿的下降时间，即从峰值电流的 90% 下降到 10% 所需的时间（见图1.5）。

（35）开路脉冲

开路脉冲是指间隙未被击穿时的电压脉冲，这时没有脉冲电流。

（36）工作脉冲。工作脉冲又称有效放电脉冲或正常放电脉冲，这时既有电压脉冲又有电流脉冲。

（37）短路脉冲

短路脉冲是指间隙短路时的电流脉冲，这时没有脉冲电压。

（38）极性效应

电火花（线切割）加工时，即使正极和负极是同一种材料，正负两极的蚀除量也是不同的，这种现象称为极性效应。一般短脉冲加工时，正极的蚀除量较大，反之，长脉冲加工时，负极的蚀除量较大。为此，短脉冲精加工时，工件接正极，反之，长脉冲粗加工时，工件接负极。

（39）正极性和负极性

工件接正极，工具电极接负极，称正极性。反之，工件接负极，工具电极接正极，称为负极性（又称反极性）。线切割加工时，所用脉冲宽度较窄，为了增加切割速度和减少钼丝的损耗，一般工件应接正极，称正极性加工。

（40）切割速度 v_{wi}

切割速度是指在保持一定的表面粗糙度的切割过程中，单位时间内电极丝中心线在工件上扫过的面积的总和（mm^2/min）。

（41）高速走丝线切割（WEDM – HS）

高速走丝线切割是指电极丝高速往复运动的电火花线切割加工。一般走丝速度在 8 ~ 10 m/s 以内。

（42）低速走丝线切割

低速走丝线切割（WEDM – LS）是指电极丝低速单向运动的电火花线切割加工。一般走丝速度在 10 ~ 15 m/min 以内。

（43）线径补偿

线径补偿又称"间隙补偿"或"钼丝偏移"，是指为获得所要求的加工轮廓尺寸，数控系统对电极丝运动轨迹轮廓所做的偏移补偿。

（44）线径补偿量

线径补偿量又称间隙补偿量或偏移量，是指电极丝几何中心实际运动轨迹与编程轮廓线之间的法向尺寸差值（mm）。

（45）进给速度 v_F

进给速度是指加工过程中电极丝中心沿切割方向相对于工件的移动速度(mm/min)。

（46）多次切割

多次切割是指同一表面先后进行两次或两次以上的切割，以改善表面质量及加工精度的切割方法。

（47）锥度切割

锥度切割是指钼丝以一定的倾斜角进行切割的方法。

（48）乳化液

乳化液是指由水、有机和无机化合物组成的乳化溶液，用于电火花线切割加工。

（49）条纹

条纹是指被切割工件表面上出现的相互间隔凹凸不平或色彩不同的痕迹。当导轮、轴承精度不良时，条纹更为严重。

（50）电火花加工表面

电火花加工表面是指电火花加工过的由许多小凹坑重叠而成的表面(图 1.6)。

（51）电火花加工表层

电火花加工表层是指电火花加工表面下的一层，它包括熔化层和热影响层(图 1.6)。

（52）热影响层(HAZ)

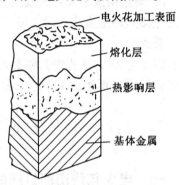

图 1.6　电火花加工表面与表层

热影响层(HAZ)是指位于熔化层下面的、由于热作用改变了基体金属金相组织和性能的一层金属(图 1.6)。

（53）基体金属。基体金属是指位于热影响层下面的、未改变金相组织和性能的原来基体的金属(图 1.6)。

1.6　电火花线切割加工的安全技术规程

作为电火花线切割加工的安全技术规程，可从两个方面考虑：一方面是人身安全；另一方面是设备安全。具体有以下几点：

① 操作者必须熟悉线切割机床的操作技术，开机前应按设备润滑要求，对机床有关部位注油润滑(润滑油必须符合机床说明书的要求)。

② 操作者必须熟悉线切割加工工艺，恰当地选取加工参数，按规定操作顺序操作，防止造成断丝等故障。

③ 用摇手柄操作储丝筒后，应及时将摇手柄拔出，防止储丝筒转动时将摇手柄甩出伤人。装卸电极丝时，注意防止电极丝扎手。换下来的废丝要放在规定的容器内，防止混入电路和走丝系统中，造成电器短路、触电和断丝等事故。注意防止因丝筒惯性造成断丝及传动件碰撞。为此，停机时，要在储丝筒刚换向后再尽快按下停止按钮。

④ 正式加工工件之前，应确认工件位置已装夹正确，防止碰撞丝架和因超程撞坏丝杆、螺母等传动部件。对于无超程限位的工作台，要防止超程坠落事故。

⑤ 尽量消除工件的残余应力，防止切割过程中工件爆裂伤人。加工之前应安装好防

护罩。

⑥ 机床附近不得放置易燃、易爆物品，防止因工作液一时供应不足产生的放电火花引起事故。

⑦ 在检修机床、机床电器、脉冲电源、控制系统时，应注意适当地切断电源，防止触电和损坏电路元件。

⑧ 定期检查机床的保护接地是否可靠，注意各部位是否漏电，尽量采用防触电开关。合上加工电源后，不可用手或手持导电工具同时接触脉冲电源的两输出端(床身与工件)，以防触电。

⑨ 禁止用湿手按开关或接触电器部分。防止工作液等导电物进入电器部分，一旦发生因电器短路造成火灾时，应首先切断电源，立即用四氯化碳等合适的灭火器灭火，不准用水救火。

⑩ 停机时，应先停高频脉冲电源，后停工作液，让电极丝运行一段时间，并等储丝筒反向后再停走丝。工作结束后，关掉总电源，擦净工作台及夹具，并润滑机床。

1.7　电火花线切割机床的使用规则及维护保养方法

一、电火花线切割机床的使用规则

线切割机床是技术密集型产品，属于精密加工设备，操作人员在使用机床前必须经过严格的培训，取得合格的操作证明后才能上机工作。

为了安全、合理和有效地使用机床，要求操作人员必须遵守以下几项规则：

① 对自用机床的性能、结构有较充分的了解，能掌握操作规程和遵守安全生产制度。

② 在机床的允许规格范围内进行加工，不要超重或超行程工作。

③ 经常检查机床的电源线、超程开关和换向开关是否安全可靠，不允许带故障工作。

④ 按机床操作说明书所规定的润滑部位，定时注入规定的滑润油或润滑脂，以保证机构运转灵活，特别是导轮和轴承，要定期检查和更换。

⑤ 加工前检查工作液箱中的工作液是否足够，水管和喷嘴是否通畅。

⑥ 下班后清理工作区域，擦净夹具和附件等。

⑦ 定期检查机床电气设备是否受潮和可靠，并清除尘埃，防止金属物落入。

⑧ 遵守定人定机制度，定期维护保养。

二、电火花线切割机床的保养方法

线切割机床维护保养的目的是为了保持机床能正常可靠地工作，延长其使用寿命。一般的维护保养方法是：

(1) 定期润滑

线切割机床上需定期润滑的部位主要有机床导轨、丝杠螺母、传动齿轮、导轮轴承等，一般用油枪注入。轴承和滚珠丝杠如有保护套式的，可以经半年或一年后拆开注油。

(2) 定期调整

对于丝杠螺母、导轨及电极丝挡块和进电块等，要根据使用时间、间隙大小或沟槽深浅进行调整。部分线切割机床采用锥形开槽式的调节螺母，则需适当地拧紧一些，凭经验和手感确定间隙，保持转动灵活。滚动导轨的调整方法为松开工作台一边的导轨固定螺钉，拧调节螺钉，看百分表的反应，使其紧靠另一边。挡丝块和进电块如使用了很长时间，摩擦出沟痕，须转动或移动一下，以改变接触位置。

（3）定期更换

线切割机床上的导轮、馈电电刷(有的为进电块)、挡丝块及导轮轴承等均为易损件，磨损后应更换。导轮的装拆技术要求较高，可参考 2.4 节进行。电刷更换较易，螺母拧出后，换上同型号的新电刷即可。挡丝块目前常用硬质合金，只需改变位置，避开已磨损的部位即可。

三、交流稳压电源的使用方法

由于交流供电电压的变化，会使加工和控制系统的输出电压幅值不稳定，从而导致加工效果不良。严重时，会使机床电器控制失灵，造成机床运行故障，致使工件报废。配置交流稳压电源，可在一定程度上缓解这类问题。

按相数分，交流稳压电源有单相和三相稳压电源；按稳压原理分，有磁饱和式稳压电源和电子交流稳压电源。目前使用的多数是电子交流稳压电源，有各种规格的成品可供选购。电火花线切割机床的控制柜多数采用 1~2 kW 的单相电子交流稳压电源。

使用电子交流稳压电源之前，应详细阅读其使用说明书，按规定安装、使用交流稳压电源。一般应注意到以下几方面：

① 交流稳压电源的输入、输出线除了考虑机械强度、防伪、绝缘之外，还要考虑导线线径有一定裕度。

② 为确保稳压电源正常工作，其负载应小于稳压电源的额定输出功率。不可让交流稳压电源超过规定的连续运行时间。

③ 保证稳压电源的保护接地可靠，符合接地标准。

④ 尽量满足稳压电源对使用环境的要求，例如温度、湿度、海拔高度、腐蚀性气体及液体、导电尘埃等。

⑤ 稳压电源中的保护设施，例如保险丝、过压和欠压保护及过流保护回路的调节元件(如电位器等)，不可任意变动与调节。

⑥ 使用中要注意监视稳压电源的工作状态，一旦发现异常现象，应在适当时间关机，并请专业人员维修，不可自行拆修。

第二章 电火花线切割机床

2.1 数控电火花线切割机床的型号及主要技术参数

一、数控电火花线切割机床的型号及参数标准

电火花线切割机床是一种电火花加工机床,它是利用工具电极对工件进行脉冲放电实现加工的。但电火花线切割加工无须制作成型电极,而是采用细金属丝作为工具电极,沿着给定的轨迹加工出相应几何图形的工件。线切割机床按电极丝运动的速度,可分为高速走丝和低速走丝。电极丝运动速度 8 ~ 10 m/s 的为高速走丝,一般走丝速度在 10 ~ 15 m/min 以内的为低速走丝,国内现有的线切割机床大多为前者,国外的产品和国内近些年开发的线切割机床大都为后者。

我国机床型号的编制是根据 JB 1838 – 76《金属切削机床型号编制方法》之规定进行的,机床型号由汉语拼音字母和阿拉伯数字组成,它表示机床的类别、特性和基本参数。

数控电火花线切割机床型号 DK 7725 的含义如下: .

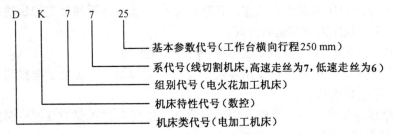

二、数控电火花线切割机床的主要技术参数

表 2.1 为国家已颁布的《电火花线切割机床参数》(GB 7925 – 87)标准。

数控电火花线切割机床的主要技术参数包括:工作台行程(纵向行程 × 横向行程)、最大切割厚度、加工表面粗糙度、加工精度、切割速度以及数控系统的控制功能等。表 2.2 为 DK77 系列数控电火花线切割机床的主要型号及技术参数。

三、我国数控电火花线切割机床的生产厂家

我国生产数控电火花线切割机床的厂家比较多,这里只列出工厂或公司的名称,各厂家所生产机床的型号及技术参数,需要时可查阅"电加工与模具"杂志或"模具市场"杂志的广告栏。

表 2.1 电火花线切割机床参数(GB 7925-87) mm

工作台	横向行程	100		125		160		200		250		320		400		500		630
	纵向行程	125	160	160	200	200	250	250	320	320	400	400	500	500	630	630	800	800	1 000
	最大承载重量/kg	10	15	20	25	40	50	60	80	120	160	200	250	320	500	500	630	960	1 200
工件尺寸	最大宽度	125		160		200		250		320		400		500		630		800
	最大长度	200	250	250	320	320	400	400	500	500	630	630	800	800	1 000	1 000	1 250	1 250	1 600
	最大切割厚度	40、60、80、100、120、180、200、250、300、350、400、450、500、550、600
最大切割锥度		0°、3°、6°、9°、12°、15°、18°(18°以上,每挡间隔增加 6°)

表 2.2 DK 77 系列数控电火花线切割机床的主要型号及技术参数

机床型号	DK 7716	DK 7720	DK 7725	DK 7732	DK 7740	DK 7750	DK 7763	DK 77120
工作台行程/mm	200×160	250×200	320×250	500×320	500×400	800×500	800×630	2 000×1 200
最大切割厚度/mm	100	200	140	300(可调)	400(可调)	300(可调)	150(可调)	500(可调)
加工表面粗糙度 $Ra/\mu m$	2.5	2.5	2.5	2.5	2.5	2.5	2.5	2.5
切割速度(mm²·min⁻¹)	70	80	80	100	120	120	120	
加工锥度	3°~60°各厂家的型号不同							
控制方式	各种型号均有单板(或单片)机或微机控制							

各厂家生产的机床的切割速度有所不同

生产数控电火花线切割机床的企业如:苏州市宝玛数控设备有限公司;苏州沙迪克三光机电有限公司;上海大量电子设备有限公司;苏州长风有限责任公司;苏州金马机械电子公司;机械工业部苏州电加工机床研究所;苏州电加工机床研究所赛母泰经营服务部;苏州江南赛特数控设备有限公司;苏州市东吴电加工机床厂;苏州市高新数控机械厂;江苏省泰州市东方数控机床厂;泰州三星机械厂;杭州无线电专用设备一厂;杭州三和机电设备厂;上海第八机床厂;上海无线电专用设备厂;北京市电加工研究所迪蒙机电新技术公司;北京阿奇技术服务有限公司;北京永达电加工机床有限公司;北京探奥新技术研究所;北京方力技术开发中心;天津仪表机床厂;汉川机床厂;深圳福斯特数控机床有限公司;国营成都无线电专用设备厂;江南电子仪器厂;江苏海安机械总厂海安三友数控机床公司;北京新火花机床公司华东公司;泰州市方正数控机床厂;上海兆铭数控设备有限公司等。

此外,还有一些企业生产数控线切割机床配套或进行技术改造用的微机控制器、线切割脉冲电源或微机编程系统等。如:苏州市开拓电子技术有限公司;苏州市恒宇机械电子有限公司;镇江市润州万达数控设备厂;温州市飞虹电子仪器厂;上海康普数控技术设备公司;重庆华光仪器厂计算中心;重庆华光光电技术公司;南京宇翔电子科技有限公司;北京北航海尔软件有限公司;宁波傲强电子技术研究所;广州市南泮电子机械有限公司等。

2.2 X、Y 坐标工作台

机床主要包括坐标工作台、走(运)丝机构、丝架和床身四个部分。

X、Y 坐标工作台是用来装夹被加工的工件，X 轴和 Y 轴由控制台发出进给信号，分别控制两个步进电动机，进行预定的加工。坐标工作台主要由拖板、导轨、滚珠丝杠传动副、齿轮传动机构四部分组成(图 2.1(a))

一、拖板

拖板主要由下拖板、中拖板、上拖板(工作台)组成。通常下拖板与床身固定连接；中拖板置于下拖板之上，运动方向为坐标 y 方向；上拖板置于中拖板之上，运动方向为坐标 x 方向(图 2.1(a))。其中上、中拖板一端呈悬臂形式，以放置步进电动机。

为在减轻质量的条件下，增加拖板的结合面，提高工作台的刚度和强度，应使上拖板在全行程中不伸出中拖板，中拖板不伸出下拖板。这种结构使坐标工作台所占面积较大，通常步进电动机置于拖板下面，增加了维修的难度。

二、导轨

坐标工作台的纵、横拖板是沿着导轨往复移动的。因此，对导轨的精度、刚度和耐磨性有较高的要求。此外，导轨应使拖板运动灵活、平稳。

线切割机床常选用滚动导轨。因为滚动导轨可以减少导轨间的摩擦阻力，便于工作台实现精确和微量移动，且润滑方法简单。缺点是接触面之间不易保持油膜，抗振能力较差。滚动导轨有滚珠导轨、滚柱导轨和滚针导轨等几种型式。在滚珠导轨中，滚珠与导轨是点接触，承载能力不能过大。在滚柱导轨和滚针导轨中，滚动体与导轨是线接触，因此有较大承载能力。为了保证导轨精度，各滚动体的直径误差一般不应大于 0.001 mm。

在线切割机床中，常用的滚动导轨有以下两种：

1. 力封式滚动导轨

力封式是借助运动件的重力将导轨副封闭而实现给定运动的结构型式。

图 2.2 是力封式滚动导轨结构简图。承导件有两根 V 形导轨。运动件上两根与承导件相对应的导轨中，一根是 V 形导轨，另一根是平导轨。这种结构具有较好的工艺性，制造、装配、调整都比较方便；同时，导轨与滚珠的接触面也较大，受力较均匀，润滑条件较好(因 V 形面朝上，易于贮油)。缺点是拖板可能在外力作用下，向上抬起，并因此破坏传动。当搬运具有这种导轨型式的机床时，必须将移动件夹紧在床身上。

对于滚柱、滚针导轨，也常采用上述组合方式，因此在大、中型线切割机床中得到广泛使用。

2. 自封式滚动导轨

图 2.3 是自封式滚动导轨结构简图。自封式是指由承导件保证运动件按给定要求运动的结构型式。其优点是运动不易受外力影响，防尘条件好。但结构复杂，每个 V 形槽两侧面受力不均，工艺性也较差。

此外，还有"角尺"型滚珠导轨、弧型导轨等组合结构。

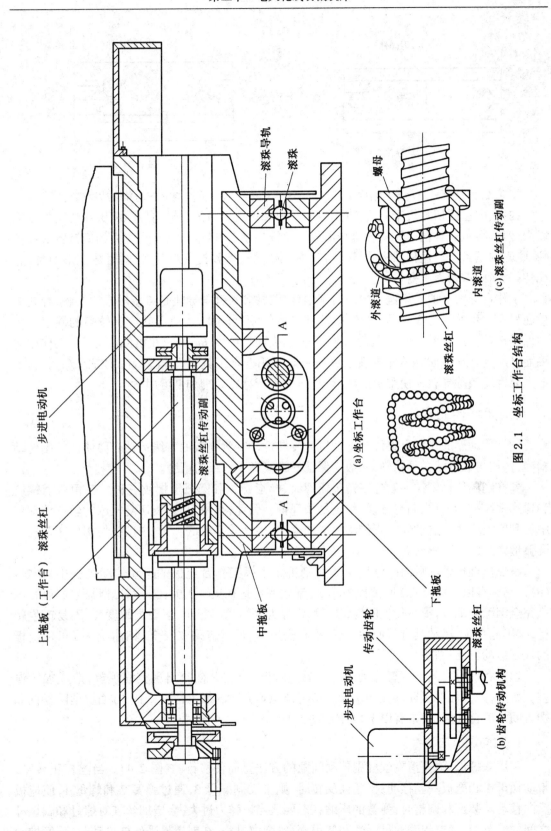

上拖板（工作台）　滚珠丝杠

步进电动机

滚珠导轨　滚珠

螺母

外滚道

滚珠丝杠

内滚道

(c) 滚珠丝杠传动副

滚珠丝杠传动副

(a) 坐标工作台

中拖板

下拖板

步进电动机

传动齿轮

滚珠丝杠

(b) 齿轮传动机构

图 2.1　坐标工作台结构

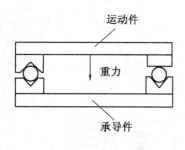
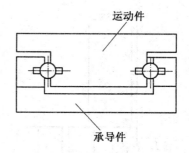

图 2.2　力封式滚动导轨结构简图　　　　图 2.3　自封式滚动导轨结构简图

在大、中型线切割机床上,也有用导向导轨和承载导轨的。导向导轨配置在切割加工区域内,两侧有承载导轨。导向导轨与承载导轨皆为精密滚针导轨,有预应力的滚针镶嵌在淬硬、磨光的钢条上。这种结构的导轨精度高、刚度好、承载支点跨距大;同时热变形对称、直线性好、横向剪切力不变。

工作台导轨一般采用镶件式。由于滚珠、滚柱和滚针与导轨是点接触或线接触,导轨单位面积上承受的压力很大,同时滚珠、滚柱和滚针硬度较高,所以导轨应有较高的硬度。为了保证运动件运动的灵活性和准确性,导轨的表面粗糙度 Ra 值应在 0.8 μm 以下,工作面的平面度应为 0.005/400 mm。导轨的材料一般采用合金工具钢(如 CrWMn、GCr15 等)。为了最大限度地消除导轨在使用中的变形,导轨应进行冰冷处理和低温时效。

三、丝杠传动副

丝杠传动副的作用是将传动电动机的旋转运动变为拖板的直线运动。要使丝杠副传动精确,丝杠与螺母就必须精确,一般应保证 6 级或高于 6 级的精度。

丝杠副的传动螺纹一般分三角普通螺纹、梯形螺纹和圆弧形螺纹三种。三角普通螺纹和梯形螺纹结构简单、制造方便、精度易于保证。因此,在中、小型线切割机床的丝杠传动副中得到广泛应用。这种丝杠副传动为滑动摩擦,传动效率较低。大、中型线切割机床常采用圆弧形螺纹的滚珠丝杠。

滚珠丝杠传动副目前广泛用于线切割机床坐标工作台拖板的运动传动结构中(图2.1(c)),它具有以下特点:① 摩擦损失小,传动效率可达 0.90~0.96;② 丝杠螺母经预紧后,可以完全消除间隙,可提高传动刚度;③ 静、动摩擦系数差异很小,运动灵敏度高,不易产生爬行;④不能自锁,运动具有可逆性,丝杠垂直安置时,通常应采取安全制动措施;⑤可使拖板的往复运动灵活、精确。

丝杠和螺母之间不应有传动间隙,以防止转动方向改变时出现空程现象,造成加工误差。所以,一方面要保证丝杠和螺母牙形与螺距等方面的加工精度;另一方面要消除丝杠和螺母间的配合间隙,通常有以下两种方法。

1. 轴向调节法

利用双螺母、弹簧消除丝杠副传动间隙的方法是简便易行的(图2.4)。当丝杠正转时,带动螺母 1 和拖板一起移动;当丝杠反转时,则推动副螺母 3,通过弹簧 2 和螺母 1,使拖板反向移动。装配和调整时,弹簧的压缩状态要适当。弹力过大,会增加丝杠对螺母和副螺母之间的摩擦力,影响传动的灵活性和使用寿命;弹力过小,在副螺母受丝杠推动时,弹簧推动不了拖板,不能起到消除间隙的作用。

2. 径向调节法

图 2.5 为径向调节丝杠副间隙的结构。螺母一端的外表面呈圆锥形,沿径向铣出三个槽,颈部壁厚较薄,以保证螺母在径向收缩时带有弹性。圆锥底部处的外圆柱面上有螺纹,用带有锥孔的调整螺母与之配合,使螺母三爪径向压向或离开丝杠,消除螺纹的径向和轴向间隙。

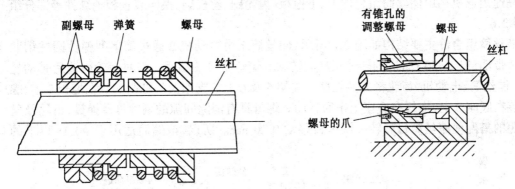

图 2.4　双螺母弹簧消除间隙的结构　　　图 2.5　径向调节丝杠副间隙的结构

四、齿轮副

步进电动机与丝杠间的传动通常采用齿轮传动机构来实现(图 2.1(b))。由于齿侧间隙、轴和轴承之间的间隙及传动链中的弹性变形的影响,当步进电动机主轴上的主动齿轮改变转动方向时,会出现传动空程。为了减少和消除齿轮传动空程,应当采取以下措施:

① 采用尽量少的齿轮减速级数,力求从结构上减少齿轮传动精度的误差。

② 采用齿轮副中心距可调整结构,也可通过改变步进电动机的固定位置来实现。

③ 将被动齿轮或介轮沿垂直于轴向剖分为双轮的形式。装配时应保证两轮齿廓分别与主动轮齿廓的两侧面接触,当步进电动机变换旋转方向时,丝杠能迅速得到相应反映。

步进电动机的安装位置有两种:一种是置于拖板的一侧端部;另一种是固定在可移动拖板的下面,齿轮传动副也固定在拖板下面的相应位置上。步进电动机的固定位置对拖板的结构方式有着很大的影响。

2.3　储丝走丝部件的结构

高速走丝机构主要用来带动电极丝按一定线速度移动,并将电极丝整齐地排绕在储丝筒上。

一、对高速走丝机构的要求

① 高速走丝机构的储丝筒转动时,还要进行相应的轴向移动,以保证电极丝在储丝筒上整齐排绕。

② 储丝筒的径向跳动和轴向窜动量要小。

③ 储丝筒能正反向旋转,电极丝的走丝速度在 8～10 m/s 范围内无级或有级可调,或恒速运转。

④ 走丝机构最好与床身相互绝缘。

⑤ 传动齿轮副、丝杠副应具备润滑措施。

二、高速走丝机构的结构及特点

高速走丝机构由储丝筒组合件上、下拖板、齿轮副、丝杠副、换向装置和绝缘件等部分组成(图 2.6)。

储丝筒组合件主要结构如图 2.6 所示,储丝筒 1 由电动机 2 通过简单型弹性圆柱销联轴器 3 带动,以 1 450 r/min 的转速正反向转动。储丝筒另一端通过三对齿轮减速后带动丝杆 4。储丝筒、电动机、齿轮都安装在两个支架 5 及 6 上。支架及丝杠则安装在拖板 7 上,螺母 9 装在底座 8 上,拖板在底座上来回移动。螺母具有消除间隙的副螺母及弹簧,齿轮及丝杠螺距的搭配使储丝筒每旋转一圈拖板移动 0.20 mm。所以,该储筒适用于 $\phi 0.18$ 以下的钼丝。

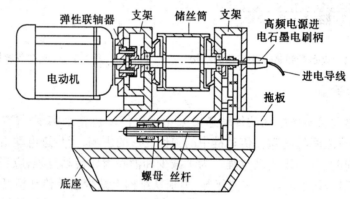

图 2.6　储丝筒组合件

储丝筒运转时应平稳,无不正常振动。储丝筒外圆振摆应小于 0.03 mm,反向间隙应小于 0.05 mm,轴向窜动应彻底消除。

高频电源的负端通过石墨电刷送到储丝筒轴的尾部,然后传到钼丝上,进电石墨电刷与储丝筒轴端应保持良好接触,防止机油或其他脏物进入接触区。

储丝筒本身作高速正反向转动,电动机、储丝筒及丝杠的轴承应定期拆洗并加润滑脂,换油期限可根据使用情况具体决定。其余中间轴、齿轮、燕尾导轨及丝杠、螺母等每班应注润滑油一次。随机附有摇手把一只,可插入储丝筒尾部的齿轮槽中摇动储丝筒,以便绕丝。

1. 储丝筒旋转组合件

储丝筒旋转组合件主要由储丝筒、联轴器及轴承座组成。

(1) 储丝筒

储丝筒是电极丝稳定移动和整齐排绕的关键部件之一,一般用 45 钢制造。为减小转动惯量,筒壁应尽量薄,按机床规格不同,选用范围为 1.5～5 mm。为进一步降低转动惯量,也可选用铝镁合金材料制造。

储丝筒壁厚要均匀,工作表面要有较好的表面粗糙度,一般 Ra 为 0.8 μm。为保证储丝筒组合件动态平衡,应严格控制内孔、外圆对支承部分的同轴度。

储丝筒与主轴装配后的径向跳动量应不大于 0.01 mm。一般装配后,以轴的两端中心孔定位,重磨储丝筒外圆和与轴承配合的轴径。

(2) 联轴器

走丝机构中运动组合件的电动机轴与储丝筒中心轴,一般不采用整体的长轴,而是利用联轴器将二者联在一起。由于储丝筒运行时频繁换向,联轴器瞬间受到正反剪切力很大,因此多用弹性联轴器和摩擦锥式联轴器。

① 弹性联轴器(图 2.7)。弹性联轴器结构简单,惯性力矩小,换向较平稳,无金属撞击声,可减小对储丝筒中心轴的冲击。弹性材料采用橡胶、塑料或皮革。这种联轴器的优点是,允许电动机轴与储丝筒轴稍有不同心和不平行(如最大不同心允许为 0.2~0.5 mm,最大不平行为 1°),缺点是由它连接的两根轴在传递扭矩时会有相对转动。

② 摩擦锥式联轴器(图 2.8)。摩擦锥式联轴器可带动转动惯量较大的大、中型机床的储丝筒旋转组合件。此种联轴器可传递较大的扭矩,同时在传动负荷超载时,摩擦面之间的滑动还可起到过载保护作用。因为锥形摩擦面会对电动机和储丝筒产生轴向力,所以在电动机主轴的滚动支承中,应选用向心止推轴承和单列圆锥滚子轴承。另外,还要正确选用弹簧规格。弹力过小,摩擦面打滑,使传动不稳定或摩擦面过热烧伤;弹力过大,会增大轴向力,影响中心轴的正常转动。

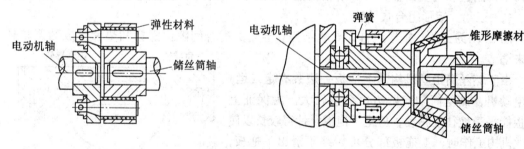

图 2.7 弹性联轴器　　　　图 2.8 摩擦锥式联轴器

③ 磁力联轴器是依靠磁性力无接触式连接的,保留了传统联轴节的优点。具体有:

a. 套筒式磁力联轴器(图 2.9)。此种联轴器主动磁极和从动磁极均可为圆筒状或以若干块磁铁排列成圆筒状,并用黏接剂分别将其固定于主动轴套外表面上和从动轴套内表面上,主动轴与被动轴均用键连接。主动磁极和从动磁极之间有一定间隙,其目的为:两磁极之间无摩擦,靠磁场连接;被连接两轴因受制造及安装误差,承载后变形及温度变化等因素影响,往往不能严格对中。留有一定间隙,可补偿这一不足,还可适当降低加工及装配要求。该套筒式联轴器因磁场面积大,可以传递较大扭矩。其磁场连接力可以通过改变主动轴套和从动轴套的配合长度来进行调整。

b. 圆盘式磁力联轴器(图 2.10)。此种联轴器主动磁极和从动磁极均可为圆盘状或以若干块磁铁排列成圆形射线状,并用黏接剂分别将其固定于主动轴套和从动轴套的大端面上。由于圆盘式联轴器磁场面积小,所以传递扭矩较小,并且体积也相应较小。其磁场连接力可以通过改变主动磁极和从动磁极之间的距离来进行调整。

由于磁力联轴器轴与轴之间没有零件直接连接,而是靠磁场连接来传递扭矩,因此电动机换向时,转动惯量被磁力线的瞬时扭曲抵消;在超负荷时,键连接的主动轴与从动轴

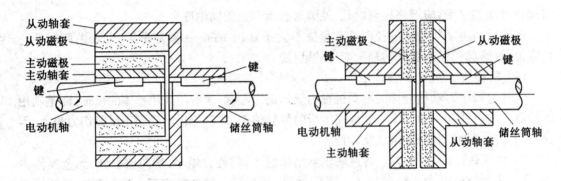

图 2.9　套筒式磁力联轴器　　　　　　图 2.10　圆盘式磁力联轴器

可以自动打滑脱开，起到安全离合器的作用，不会损坏任何零部件。

主动磁极和从动磁极均用强的永磁材料制成，例如，铁氧体、钕铁硼、稀土合金等。

2. 上下拖板

走丝机构的上下拖板多采用下面两种滑动导轨。

(1) 燕尾型导轨

燕尾型导轨结构紧凑，调整方便。旋转调整杆带动塞铁，可改变导轨副的配合间隙。但该结构制造和检验比较复杂，刚性较差，传动中摩擦损失也较大。

(2) 三角、矩形组合式导轨

图 2.11 为三角、矩形组合式导轨结构。导轨的配合间隙由螺钉和垫片组成的调整环节来调节。

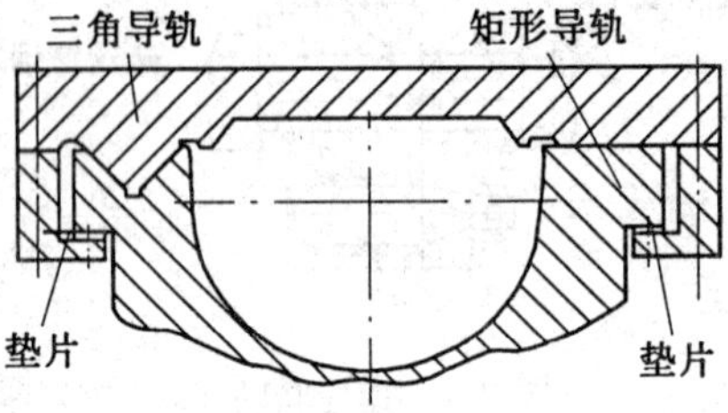

由于储丝筒走丝机构的上拖板一边装有走（运）丝电动机，储丝筒轴向两边负荷差较大。为保证上拖板能平稳地往复移动，应把下拖板设计得较长以使走丝机构工作时，上拖板部分可始终不滑出下拖板，从而保持拖板的刚度、机构的稳定性及运动精度。

图 2.11　三角、矩形组合式导轨结构

3. 齿轮副与丝杠副

走丝机构上拖板的传动链是由 2～3 级减速齿轮副和一级丝杠副组成的。它使储丝筒在转动的同时，作相应的轴向位移，保证电极丝整齐地排绕在储丝筒上。

在大、中型线切割机床中，走丝机构常常通过配换齿轮改变储丝筒的排丝距离，以适应排绕不同直径电极丝的要求。

丝杠副一般采用轴向调节法来消除螺纹配合间隙。为防止走丝电动机换向装置失灵，导致丝杠副和齿轮副损坏，在齿轮副中，可选用尼龙齿轮代替部分金属齿轮。这不但可在电动机换向装置失灵时，由于尼龙齿轮先损坏，保护丝杠副与走丝电动机，还可减少振动和噪声。

4. 绝缘、润滑方式

① 走丝机构的绝缘一般采用绝缘垫圈和绝缘垫块，方法简单易行。在一些机床中，也有用绝缘材料制成连接储丝筒和轴的定位板实现储丝筒与床身绝缘的。这种方法的缺点

是，储丝筒组合件装卸时精度易改变。

② 润滑方式有人工润滑和自动润滑两种。人工润滑是操作者用油壶和油枪周期地向相应运动副加油；自动润滑为采用灯芯润滑、油池润滑或油泵供油的集中润滑系统。

采取润滑措施，能减少齿轮副、丝杠副、导轨副和滚动轴承等运动件的磨损，保持传动精度；同时能减少摩擦面之间的摩擦阻力及其引起的能量损失。此外，还有润滑接触面和防锈的作用。

2.4　线架、导轮部件的结构

线架与走丝机构组成了电极丝的运动系统。线架的主要功用是在电极丝按给定线速度运动时，对电极丝起支撑作用，并使电极丝工作部分与工作台平面保持一定的几何角度。对线架的要求是：

① 具有足够的刚度和强度。在电极丝运动（特别是高速走丝）时，不应出现振动和变形。

② 线架的导轮有较高的运动精度，径向偏摆和轴向窜动不超过 5 μm。

③ 导轮与线架本体、线架与床身之间有良好的绝缘性能。

④ 导轮运动组合件有密封措施，可防止带有大量放电产物和杂质的工作液进入导轮轴承。

⑤ 线架不但能保证电极丝垂直于工作台平面，在具有锥度切割功能的机床上，还具备能使电极丝按给定要求保持与工作台平面呈一定角度的功能。

线架按功能可分为固定式、升降式和偏移式三种类型。按结构可分为悬臂式和龙门式两种类型。

悬臂式固定线架主要由线架本体、导轮运动组合件及保持器等组成。

一、线架本体结构

目前，中、小型线切割机床的线架本体常采用单柱支撑、双臂悬梁式结构。由于支撑电极丝的导轮位于悬臂的端部，同时电极丝保持一定张力，因此应加强线架本体的刚度和强度，可使线架的上下悬臂在电极丝运动时不至振动和变形。

为了进一步提高刚度和强度，有在上下悬臂间增加加强筋的结构。大型线切割机床的线架本体有的采用龙门结构。这时，工作台拖板只沿一个坐标方向运动，另一个坐标方向的运动通过架在横梁上的线架拖板来实现。

此外，针对不同厚度的工件，还有采用线架张开高度可调的分离式结构（图2.12）。活动线架在导轨上滑动，上下移动的距离由丝杠副调节。松开固定螺钉时，旋转丝杠带动固定于上线架体的丝母，使上线架移动。调整完毕后，拧紧固定螺钉，上线架位置便固定下来。为了适应上线架张开高度的变化，在线架上下部分应增设副导轮（图2.13）。

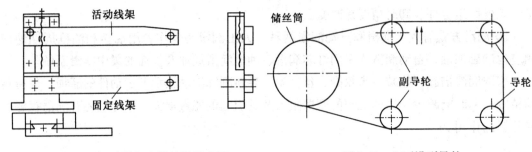

图 2.12　可调式线架本体结构示意图　　　　　图 2.13　上下设副导轮

二、导轮部件结构

1. 对导轮运动组合件的要求

① 导轮 V 型槽面应有较高的精度。V 型槽底的圆弧半径必须小于选用的电极丝半径，保证电极丝在导轮槽内运动时不产生在导轮轴向的移动。

② 在满足一定强度要求下，应尽量减轻导轮质量，以减少电极丝换向时所产生的电极丝与导轮间的滑动摩擦。导轮槽工作面应有足够的硬度，以提高其耐磨性。

③ 导轮装配后转动应轻便灵活，尽量减小轴向窜动和径向跳动。

④ 进行有效的密封，以保证轴承的正常工作条件。

2. 导轮运动组合件的结构

导轮运动组合件结构主要有三种：悬臂支承结构、双支承结构和双轴尖支承结构。

悬臂支承结构（图 2.14（a））简单，上丝方便。但因悬臂支承，张紧的电极丝运动的稳定性较差，难于维持较高的运动精度，同时也影响导轮和轴承的使用寿命。

双支承结构为导轮居中（图 2.14（b）），两端用轴承支承，结构较复杂，上丝较麻烦。但此种结构的运动稳定性较好，刚度较高，不易发生变形及跳动。

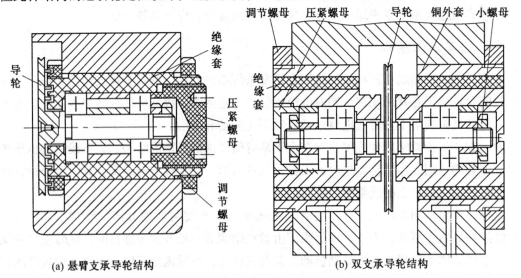

(a) 悬臂支承导轮结构　　　　　　　　(b) 双支承导轮结构

图 2.14　导轮组合件结构

双轴尖支承结构。导轮两端加工成 30° 的锥形轴尖，硬度在 60 HRC 以上。轴承由红宝石或锡磷青铜制成。该结构易于保证导轮运动组合件的同轴度，导轮轴向窜动和径向圆跳动量可控制在较小的范围内。缺点是轴尖运动副摩擦力大，易于发热和磨损。为补偿轴尖运动副的磨损，利用弹簧的作用力使运动副良好接触。

此外，导轮支承有的还采用滑动支承结构。

3. 导轮的材料

为了保证导轮轴径与导向槽的同轴度，一般采用整体结构。导轮要求用硬度高、耐磨性好的材料制成（如 GCr15、W18Gr4V），也可选用硬质合金或陶瓷材料制造导轮的镶件来增强导轮 V 形工作面的耐磨性和耐蚀性。

4. 导轮组合件的装配

导轮组合件装配的关键是消除滚动轴承中的间隙，避免滚动体与套环工作表面在负荷作用下产生弹性变形，以及由此引起的轴向窜动和径向圆跳动。因此，常用对轴承施加预负荷的方法来解决。通常是在两个支承轴承的外环间放置一定厚度的定位环来获得轴承的预负荷。预加负荷必须适当选择，若轴承受预加负荷过大，在运转时会产生急剧磨损。同时，轴承必须清洗得很洁净，并在显微镜下检查滚道内是否有金属粉末、碳化物等。轴承经清洗、干燥后，填以高速润滑脂，起润滑和密封作用。

三、电极丝保持器

保持器主要是对电极丝往复运动起限位作用，以减小丝的抖动，并能提高丝的位置精度。当保持器用于保证电极丝在储丝筒上正确排丝时，一般置于上、下丝臂靠近储丝筒的一端（图 2.16），使上、下保持器（排丝挡块）的位置均应在靠排丝跨距一侧，并必须保证有 3 ~ 5 mm 的排丝跨距，以免走丝时发生叠丝而引起断丝，应使电极丝走向与导轮 V 形槽中线夹角尽量小，有利于导轮的正常使用。图 2.15 的 V 形宝石架用于保持电极丝运动的位置精度时，不应对电极丝产生较大的压力。圆柱式保持器可以用质合金或红宝石、蓝宝石制成。目前使用的有圆弧形、V 形、# 形等方式。

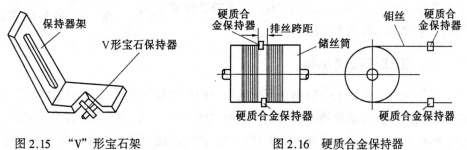

图 2.15 "V"形宝石架   图 2.16 硬质合金保持器

2.5 工作液系统

在电火花线切割加工过程中，需要稳定地供给有一定绝缘性能的工作介质——工作液，以冷却电极丝和工件，排除电蚀产物等，这样才能保证火花放电持续进行。一般线切割机床的工作液系统包括：工作液箱、工作液泵、流量控制阀、进液管、回液管及过滤网罩等，如图 2.17 所示。

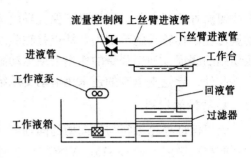

图 2.17　线切割机床工作液系统

一、工作液过滤装置

工作液的质量及清洁程度在某种意义上对线切割工作起着很大的作用。如图 2.18 所示，用过的工作液经管道流到漏斗，再经磁钢、泡沫塑料、纱布流入水池中。这时基本上已将电蚀物过滤掉，再流经两块隔墙、铜网布、磁钢，工作液得到过滤复原。此种过滤装置不需特殊设备，方法简单，可靠实用，设备费用低。

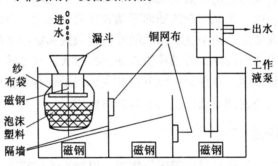

图 2.18　工作液过滤图

此外，必须注意：水箱内壁不能涂漆，要作镀锌处理。工作液的粘度要小些，否则泡沫塑料会堵塞，水泵的进水口要装铜丝网。

坐标工作台的回水系统装有射流吸水装置，如图 2.19 所示。在进水管中装一个分流，流进回水管，使回水管具有一定的流速，造成负压，台面的工作液在大气压下畅通流入管而不外溢。

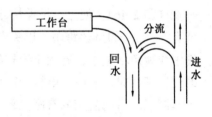

图 2.19　射流吸水装置示意图

二、工作液喷嘴结构

工作液供到工件上一般是采用从电极丝四周进液的方法，其结构比较复杂。当然也可将工作液用喷嘴直接冲到工件与电极丝间（图 2.20）。乳化液经配水板直接冲击穿过喷嘴中心的钼丝。由于液流实际上是不稳定的，因此液流对钼丝直接产生一个不规则振源，当线架跨距 160 mm 左右时这个振源对工件精度和表面粗糙度的影响较小，由于线架的增高，对加工工件的精度和表面粗糙度的影响随线架增高而明显增大。为克服上述缺点，可以改进为如图 2.21 所示，在实际应用中收到良好效果。

喷嘴由导液嘴 3 和嘴座 2 组成，导液嘴和嘴座的配合采用静配合，装配时先将嘴座在 200℃机油中加温后与导液嘴配合。由图示可知，乳化液经配水板 1 进入嘴座环形缓冲腔，由导液嘴的隔离改为向钼丝中心喷射环形液流。

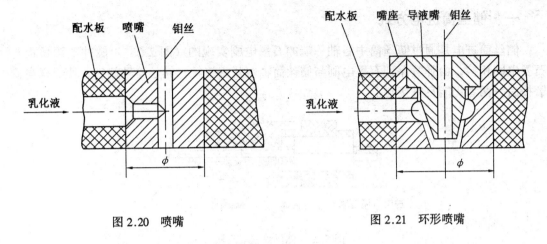

图 2.20 喷嘴   图 2.21 环形喷嘴

2.6 换向断高频、走丝换向调节及超程保险

储丝筒运转换向，切断高频及超程保险由六个微动开关控制，并安装在走丝拖板后面的两个微动开关板上。撞块随拖板来回移动，撞到微动开关触头后，使微动开关动作，控制储丝筒电动机转向，使储丝筒的移动反向，并切断高频输出，撞块离开触头后，簧片使触头弹回原处，重新接通高频电源并准备第二次动作。

撞块的位置可以分别调节，以适应不同的绕丝长度，撞块伸出的长度可以调节，应使微动开关接通后再有 0.25 mm 的超行程，最大超行程不超过 0.5 mm。长度调好后再用螺母拧紧。行程开关板上每侧装有三个行程开关（图 2.22）撞块移动首先切断高频开关 4，之后撞至开关 5 换向。开关 6 用于保险，如果反向失灵、撞块冲过头，撞上保险开关 6，即切断总电源。由于有些线切割机床，装有专门设计的上丝绕丝机构和紧丝装置，所以微动开关板上只装有三个微动开关，即可实现上述动作。

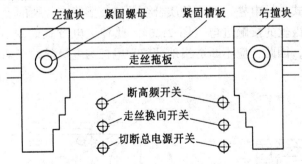

图 2.22 开关控制板和撞块简图

2.7 进 电 方 式

高频进电及变频取样通常有储丝筒进电方式、丝架进电方式和挡丝块进电方式。

一、储丝筒进电方式

储丝筒进电是通过储丝筒中心轴一端的石墨电刷实现的（图2.23）。脉冲电源负极与石墨电刷相接，由弹簧保证石墨电刷与储丝筒轴端紧密接触，储丝筒轴旋转，使石墨电刷磨损后，两者仍能良好接触。

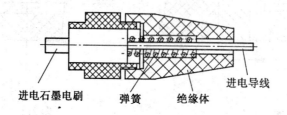

图2.23 储丝筒进电机构

二、丝架进电方式

丝架进电一般有导轮直接进电和导电柱进电两种形式。

（1）导轮直接进电方式

导轮直接进电方式（图2.24）有利于减少脉冲电源的能量损失，并减少外界干扰。为减少导轮轴与进电部位的摩擦力矩，可采用水银导电壶结构（图2.25）。为防止水银对导针的腐蚀，导针选用不锈钢制造，水银壶采用有机玻璃材料。

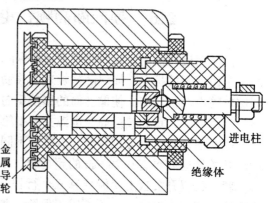

图2.24 导轮直接进电结构

（2）导电柱进电方式

导电柱进电方式的导电柱一般用硬质合金制成，固定在丝架的上、下臂处靠近导轮的部位，通过其与电极丝的接触进电（图2.26）。此种进电方式的缺点是，由于放电腐蚀，导电柱会产生沟槽，因此，应不断适当地调整导电柱与电极丝的接触位置，避免卡断电极丝。

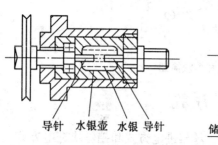

图2.25 水银导电壶结构

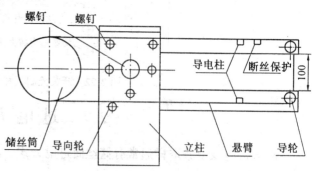

图2.26 走丝架

第三章 线切割编程

数控线切割机床的控制系统是根据人的"命令"控制机床进行加工的。所以必须先将要进行线切割加工工件的图形用线切割控制系统所能接受的"语言"编好"命令",输入控制系统(控制器),这种"命令"就是线切割程序,编写这种"命令"的工作叫做数控线切割编程,简称编程。

编程方法分手工编程和微机编程。手工编程是线切割工作者的一项基本功,它能使你比较清楚地了解编程所需要进行的各种计算和编程过程。但手工编程的计算工作比较繁杂,费时间。因此,近些年来由于微机的飞速发展,线切割编程目前大都采用微机编程。微机有很强的计算功能,大大减轻了编程的劳动强度,并大幅度地减少了编程所需的时间。

3.1 线切割基本编程方法

一、3B 程序格式及编程方法

线切割程序格式有 3B、4B、5B、ISO 和 EIA 等,使用最多的是 3B 格式,为了和国际接轨,目前不少厂家也使用 ISO 代码。

1.3B 程序格式及编写 3B 程序的方法

3B 程序格式如表 3.1 所示。表中的 B 叫分隔符号,它在程序单上起着把 X、Y 和 J 数值分隔开的作用。当程序输入控制器时,读入第一个 B 后,它使控制器做好接受 X 坐标值的准备,读入第二个 B 后做好接受 Y 坐标值的准备,读入第三个 B 后做好接受 J 值的准备。加工圆弧时,程序中的 X、Y 必须是圆弧起点对其圆心的坐标值。加工斜线时,程序中的 X、Y 必须是该斜线段终点对其起点的坐标值,斜线段程序中的 X、Y 值允许把它们同时缩小相同的倍数,只要其比值保持不变即可。对于与坐标轴重合的线段,在其程序中的 X 或 Y 值,均不必写出。

表 3.1 3B 程序格式

B	X	B	Y	B	J	G	Z
	X 坐标值		Y 坐标值		计数长度	计数方向	加工指令

(1)计数方向 G 和计数长度 J

① 计数方向 G 及其选择。为保证所要加工的圆弧或线段能按要求的长度加工出来,一般线切割机床是通过控制从起点到终点某个拖板进给的总长度来达到的。因此在计算机

中设立一个 J 计数器进行计数。即将加工该线段的拖板进给总长度 J 的数值,预先置入 J 计数器中。加工时当被确定为计数长度这个坐标的拖板每进给一步,J 计数器就减 1。这样,当 J 计数器减到零时,则表示该圆弧或直线段已加工到终点。在 X 和 Y 两个坐标中用哪个坐标作计数长度 J 呢? 这个计数方向的选择要依图形的特点而定。

加工斜线段时,必须用进给距离比较长的一个方向作进给长度控制。若线段的终点为 $A(X_e,Y_e)$,当 $|Y_e| > |X_e|$ 时,计数方向取 GY(图 3.1);当 $|Y_e| < |X_e|$ 时,计数方向取 GX(图 3.2)。当确定计数方向时,可以 45° 为分界线(图 3.3),当斜线在阴影区内时,取 GY,反之取 GX。若斜线正好在 45° 线上时,理论上应该是在插补运算加工过程中,最后一步走的是哪个坐标,则取该坐标为计数方向。从这个观点来考虑,Ⅰ、Ⅲ 象限应取 GY,Ⅱ、Ⅳ 象限应取 GX,才能保证加工到终点。

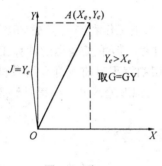

图 3.1　取 GY

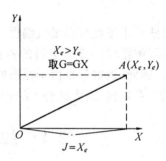

图 3.2　取 GX

圆弧计数方向的选取,应看圆弧终点的情况而定,从理论上来分析,应该是当加工圆弧达到终点时,走最后一步的是哪个坐标,就应选该坐标作计数方向;也可以 45° 线为界(图 3.4),若圆弧终点坐标为 $B(X_e,Y_e)$,当 $|X_e| < |Y_e|$ 时,即终点在阴影区内,计数方向取 GX,当 $|X_e| > |Y_e|$ 时,计数方向取 GY;当终点在 45° 线上时,不易准确分析,按习惯任取。

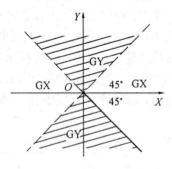

图 3.3　斜线段计数方向的选取

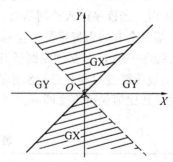

图 3.4　圆弧计数方向的选取

② 计数长度 J 的确定。当计数方向确定后,计数长度 J 应取计数方向从起点到终点拖板移动的总距离,即圆弧或直线段在计数方向坐标轴上投影长度的总和。

对于斜线,如图 3.1 取 $J = Y_e$,图 3.2 取 $J = X_e$ 即可。

对于圆弧,它可能跨越几个象限,如图 3.5 和图 3.6 的圆弧都是从 A 加工到 B。图 3.5 为 GX,$J = J_{X_1} + J_{X_2}$;图 3.6 为 GY,　$J = J_{Y_1} + J_{Y_2} + J_{Y_3}$。

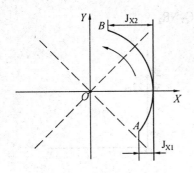
图 3.5　跨越两个象限

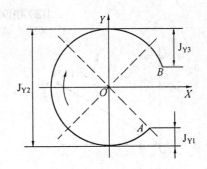
图 3.6　跨越四个象限

（2）加工指令 Z

Z 是加工指令（图 3.7）的总代号，它共分 12 种。其中圆弧加工指令有 8 种。

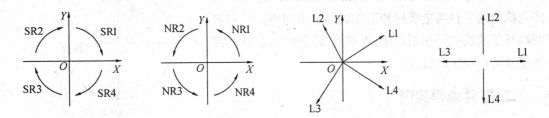

图 3.7　加工指令

SR 表示顺圆，NR 表示逆圆，字母后面的数字表示该圆弧的起点所在象限，如 SR1 表示顺圆弧，其起点在第一象限。对于直线段的加工指令用 L 表示，L 后面的数字表示该线段所在的象限。对于与坐标轴重合的直线段，正 X 轴为 L1，正 Y 轴为 L2，负 X 轴为 L3，负 Y 轴为 L4。

2. 编程实例

在程序中 X、Y 和 J 的值用微米（μm，1 mm = 1 000 μm，一般最多为 6 位数）表示。

例 1　加工图 3.8 所示的斜线段，终点 A 的坐标为，$X = 17$ mm，$Y = 5$ mm，其程序为

$$B17000B5000B17000GXL1$$

在斜线段的程序中 X 和 Y 值可按比例缩小同样倍数，故该程序可简化为

$$B17B5B17000GXL1$$

例 2　加工图 3.9 所示与正 Y 轴重合的直线段，长为 22.4 mm，其程序为

$$BBB22400 \ GYL2$$

在与坐标轴重合的程序中，X 或 Y 的数值即使不为零，也不必写出。

例 3　加工图 3.10 的圆弧，A 为此逆圆弧的起点，B 为其终点共跨越三个象限。起点 A 坐标 $X_A = -2$ mm，$Y_A = 9$ mm，因终点 B 靠近 X 轴，故取 GY，计数长度应取圆弧在各象限中的各部分在计数方向 Y 轴上投影之总和。$\overset{\frown}{AC}$ 在 Y 轴上的投影为 $J_{Y1} = 9$ mm，$\overset{\frown}{CD}$ 的投影为 $J_{Y2} = $ 半径 $= \sqrt{2^2 + 9^2} = 9.22$ mm，$\overset{\frown}{DB}$ 的投影为 $J_{Y3} = $ 半径 $- 2 = 7.22$ mm，故其计数长度 $J = J_{Y1} + J_{Y2} + J_{Y3} = 9 + 9.22 + 7.22 = 25.44$ mm，因为此圆弧的起点在第二象限，加工指令取 NR2，其程序为

$$B2000B9000B25440G_YNR_2$$

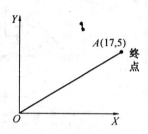

图 3.8   加工斜线 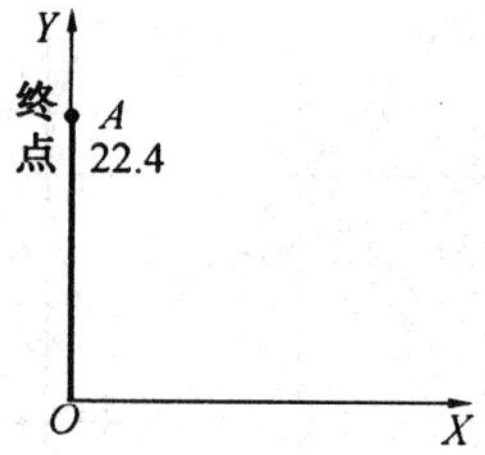   图 3.9   加工与 Y 轴重合的直线

实际编程时,通常不是编工件轮廓线的程序,应该编加工切割时电极丝中心所走的轨迹的程序,即还应该考虑电极丝的半径与电极丝和工件间的放电间隙。但对有间隙补偿功能的线切割机床,可直接按图形编程,其间隙补偿量可在加工时置入。

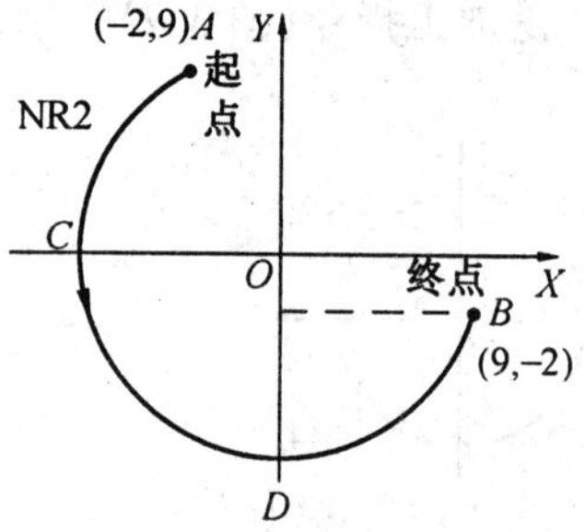

图 3.10   加工跨越三个象限的圆弧

二、零件编程实例

编程序时,应将工件加工图形分解成各圆弧与各直线段,然后逐段编写程序。如编写图 3.11 所示的图形,它由三条直线段和一段圆弧组成,所以要分成四段来编程序:

① 加工直线段 $\overline{AB}$,以起点 A 为坐标原点,$\overline{AB}$ 与 X 轴重合,程序为

$$BBB40000GXL1$$

② 加工斜线段 $\overline{BC}$。应以点 B 为坐标原点,则点 C 对点 B 的坐标为 $X = 10$ mm、$Y = 90$ mm,程序为

$$B1B9B90000GYL1$$

③ 加工圆弧 $\overset{\frown}{CD}$。以该圆弧圆心 O 为坐标原点,经计算,圆弧起点 C 对 O 的坐标为 $X = 30$ mm、$Y = 40$ mm,程序为

$$B30000B40000B60000GXNR1$$

④ 加工斜线段 $\overline{DA}$。以点 D 为坐标原点,终点 A 对 D 的坐标为 $X = 10$ mm、$Y = -90$ mm,程序为

$$B1B9B90000GYL4$$

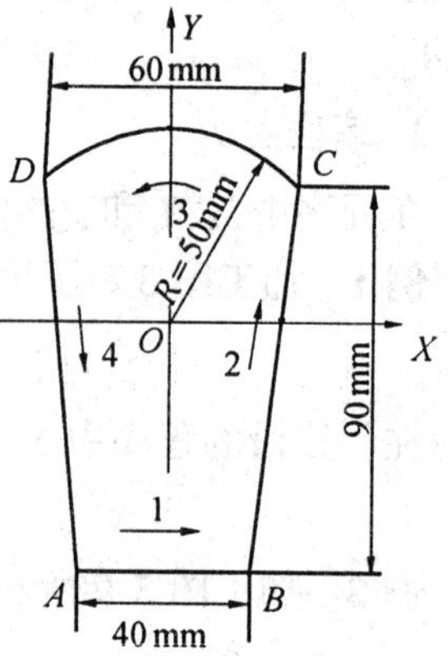

经整理的整个工件的程序单如表 3.2 所示。

图 3.11   线切割加工工件的图形

表 3.2　程序单

序号	B	X	B	Y	B	J	G	Z
1	B		B		B	40000	GX	L1
2	B	1	B	9	B	90000	GY	L1
3	B	30000	B	40000	B	60000	GX	NR1
4	B	1	B	9	B	90000	GY	L4
5	D							

三、有公差尺寸的编程计算法

根据大量的统计表明,加工后的实际尺寸大部分是在公差带的中值附近。因此,对注有公差的尺寸,应采用中差尺寸编程。中差尺寸的计算公式为

$$中差尺寸 = 基本尺寸 + \left(\frac{上偏差 + 下偏差}{2} \right)$$

例 1　槽 $32^{+0.04}_{+0.02}$ 的中差尺寸为

$$32 + \left(\frac{0.04 + 0.02}{2} \right) = 32.03$$

例 2　半径为 $10^{\ 0}_{-0.02}$ 的中差尺寸为

$$10 + \left(\frac{0 - 0.02}{2} \right) = 9.99$$

例 3　直径为 $\phi 24.5^{\ 0}_{-0.24}$ 的中差尺寸为

$$24.5 + \left(\frac{0 - 0.24}{2} \right) = 24.38$$

其半径的中差尺寸为　　　　　　　$24.38/2 = 12.19$

四、间隙补偿量 f

1. 间隙补偿量的确定方法

数控线切割加工时,控制台所控制的是电极丝中心移动的轨迹,图 3.12 中电极丝中心

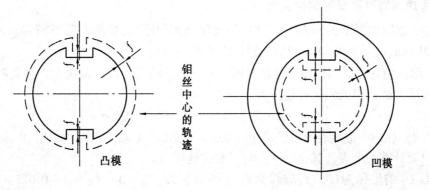

图 3.12　电极丝中心轨迹

轨迹用虚线表示。加工凸模时,电极丝中心轨迹应在所加工图形的外面;加工凹模时,电极丝中心轨迹应在要求加工图形的里面。所加工工件图形与电极丝中心轨迹间的距离,在圆弧的半径方向和线段的垂直方向都等于间隙补偿量 f。

(1) 判定 $\pm f$ 的方法(图 3.13)

间隙补偿量的正负,可根据在电极丝中心轨迹图形中圆弧半径及直线段法线长度 的变

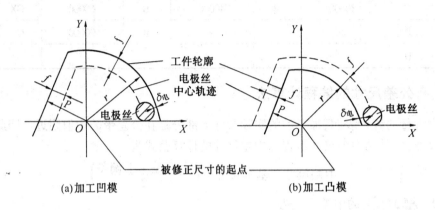

(a)加工凹模　　　　　　　　　　　　(b)加工凸模

图 3.13　间隙补偿量的符号判别

化情况来确定,$\pm f$ 对圆弧是用于修正圆弧半径 r,对直线段是用于修正其法线长度 P。对于圆弧,当考虑电极丝中心轨迹后,其圆弧半径比原图形半径增大时取 $+f$,减小时取 $-f$;对于直线段,当考虑电极丝中心轨迹后,使该直线段的法线长度 P 增加时取 $+f$,减小时则取 $-f$。

(2) 间隙补偿量 f 的算法

加工冲模的凸、凹模时,应考虑电极丝半径 $r_{丝}$、电极丝和工件之间的单边放电间隙 $\delta_{电}$ 及凸模和凹模间的单边配合间隙 $\delta_{配}$。当加工冲孔模具时(即冲后要求工件保证孔的尺寸),凸模尺寸由孔的尺寸确定。因 $\delta_{配}$ 在凹模上扣除,故凸模的间隙补偿量 $f_{凸} = r_{丝} + \delta_{电}$,凹模的间隙补偿量 $f_{凹} = r_{丝} + \delta_{电} - \delta_{配}$。当加工落料模时(即冲后要求保证冲下的工件尺寸),凹模尺寸由工件的尺寸确定。因 $\delta_{配}$ 在凸模上扣除,故凸模的间隙补偿量 $f_{凸} = r_{丝} + \delta_{电} - \delta_{配}$,凹模的间隙补偿量 $f_{凹} = r_{丝} + \delta_{电}$。

2. 考虑间隙补偿量的编程实例

例如,编制加工图 3.14 所示零件的凹模和凸模程序,此模具是落料模,$\delta_{配} = 0.01$ mm,$\delta_{电} = 0.01$ mm,$r_{丝} = 0.065$ mm(钼丝直径 $\phi = 0.13$ mm)。

(1) 编凹模程序。因该模具是落料模,冲下零件的尺寸由凹模决定,模具配合间隙在凸模上扣除,故凹模的间隙补偿量为

$$f_{凹} = r_{丝} + \delta_{电} = 0.065 + 0.01 = 0.075 \text{ mm}$$

图 3.15 (a) 中虚线表示电极丝中心轨迹,此图对 X 轴上下对称,对 Y 轴左右对称。因此,只要计算一个点,其余三个点均可相应地得到。

圆心 O_1 的坐标为 $(0,7)$,虚线交点 a 的坐标为,$X_a = 3 - f_{凹} = 3 - 0.075 = 2.925$ mm,$Y_a = 7 - \sqrt{(5.8 - 0.075)^2 - X_a^2} = 2.079$ mm(图 3.15(b))。根据对称原理可得其余各点对点 O 的坐标为

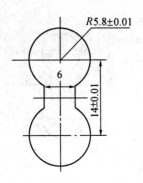

图 3.14　零件图

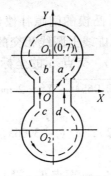

(a)虚线是钼丝中心轨迹

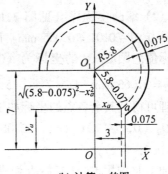

(b) 计算 y_a 的图

图 3.15　凹模电极丝中心轨迹及坐标

$O_2(0, -7)$；$b(-2.925, 2.079)$；$c(-2.925, -2.079)$；$d(2.925, -2.079)$

编 Oa 段程序。前面已求出 a 点对 O 点(穿丝孔中钼丝中心,起割点)的坐标为 $X_a = 2.925, Y_a = 2.079$。因 $X_a > Y_a$,故取 G_X。程序为

B2925 B2079 B2925 GXL1

编 ab 段程序。此时应以 O_1 为编程坐标原点。

点 a 对 O_1 的坐标为

$$X_a^{O1} = X_a = 2.925 \quad Y_a^{O1} = Y_a - Y_{O1} = 2.079 - 7 = -4.921$$

点 b 对 O_1 的坐标为

$$X_b^{O1} = -X_a^{O1} = -2.925 \quad Y_b^{O1} = Y_a^{O1} = -4.921$$

求计数长度。因 $|X_b^{O1}| < |Y_b^{O1}|$,故取 G_X。$J_{ab} = 4r_f - 2X_a^{O1} = 4 \times (5.8 - 0.075) - 2 \times 2.925 = 17.05$。$ab$ 段程序为

B2925 B4921 B17050 GXNR4

编 $\overline{bc}$ 段程序。$J_{bc} = Y_b + |Y_c| = 2.079 + 2.079 = 4.158$,$bc$ 段程序为

BBB4158 GYL4

用与上述类同的方法可编出 cd、da 和 aO 各段程序。

此凹模的全部程序如表 3.3 所示。

表 3.3　凹模程序

序号	B	X	B	Y	B	J	G	Z
1	B	2925	B	2079	B	2925	GX	L1
2	B	2925	B	4921	B	17050	GX	NR4
3	B		B		B	4158	GY	L4
4	B	2925	B	4921	B	17050	GX	NR2
5	B		B		B	4158	GY	L2
6	B	2925	B	2079	B	2925	GX	L3
7			D					

（2）编凸模程序（见图 3.16）。凸模的间隙补偿量 $f_凸$ = $0.065 + 0.01 - 0.01 = 0.065$ mm。计算虚线上圆线相交的交点 a 的坐标值。圆心 O_1 的坐标为（0，7）。交点 a 的坐标为 X_a = $3 + f_凸 = 3.065$ mm，$Y_a = 7 - \sqrt{(5.8 + 0.065)^2 - X_a^2} = 2$ mm。按对称原理可得到其余各点的坐标如下：

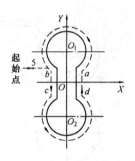

O_2（0，-7）；b（-3.065，2）；c（-3.065，-2）；d（3.065，-2）。

加工时先用 L1 从起始点切进去 5 mm 至点 b，沿凸模按逆时针方向切割回点 b，再沿 L3 退回 5 mm 至起始点，其程序如表 3.4 所示。

图 3.16 凸模电极丝中心轨迹及坐标

表 3.4 凸模程序

序号	B	X	B	Y	B	J	G	Z
1	B		B		B	5000	GX	L1
2	B		B		B	4000	GY	L4
3	B	3065	B	5000	B	17330	GX	NR2
4	B		B		B	4000	GY	L2
5	B	3065	B	5000	B	17330	GX	NR4
6	B		B		B	5000	GX	L3
	D							

3. 凸模、凹模、固定板及卸料板间隙补偿量 f 的确定方法

下面分冲孔模具和落料模具两种类型说明。

（1）冲孔模具 $f_凸$、$f_凹$、$f_固$、$f_卸$ 的确定方法

冲孔时冲出孔的尺寸应等于零件图样上孔的尺寸，这就要求冲头的尺寸应等于图样上孔的尺寸。此时凸模和凹模之间的单边配合间隙 $\delta_配$ 应在凹模上扣除，即凹模的单边尺寸应加大 $\delta_配$。故 $f_凸 = r_丝 + \delta_电$，$f_凹 = \delta_配 - \delta_电 - r_丝$。固定凸模固定板的单边尺寸应比凸模小 $\delta_固$（凸模与固定板之间的单边配合过盈量）。卸料板孔应比凸模大，用 $\delta_卸$ 表示凸模与卸料板之间的单边配合间隙。下面通过一个具体例子来说明：

① 已知条件：钼丝半径 $r_丝 = 0.06$ mm，单边放电间隙 $\delta_电 = 0.01$ mm，$\delta_配 = 0.015$ mm，$\delta_固 = 0.01$ mm，$\delta_卸 = 0.02$ mm。被冲孔的尺寸为 $\phi 20$。

② 计算各个补偿量

$$f_凸 = r_丝 + \delta_电 = 0.06 + 0.01 = 0.07 \text{ mm}$$

$$f_凹 = \delta_配 - \delta_电 - r_丝 = 0.015 - 0.01 - 0.06 = -0.055 \text{ mm}$$

$$f_固 = -r_丝 - \delta_电 - \delta_固 = -0.06 - 0.01 - 0.01 = -0.08 \text{ mm}$$

$$f_卸 = \delta_卸 - \delta_电 - r_丝 = 0.02 - 0.01 - 0.06 = -0.05 \text{ mm}$$

③ 在孔的横向剖面(图 3.17)中标出各种间隙补偿量及相应的钼丝位置(用小圆表示钼丝)。各种间隙补偿量都是以凸模的尺寸为基准:若补偿后尺寸增大时,间隙补偿量为正值;若补偿后尺寸减小时,间隙补偿量为负值。

④ 在孔的纵向剖面(图 3.18)中标出各种间隙补偿量及钼丝的位置。

(2) 落料模具 $f_凸$、$f_凹$、$f_固$、$f_卸$ 的确定方法

落料时,所冲下来该圆片的尺寸应等于该零件图样上的尺寸,冲完后孔是

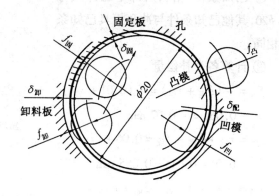

图 3.17　冲孔模在孔的横向剖面表示各种间隙补偿量

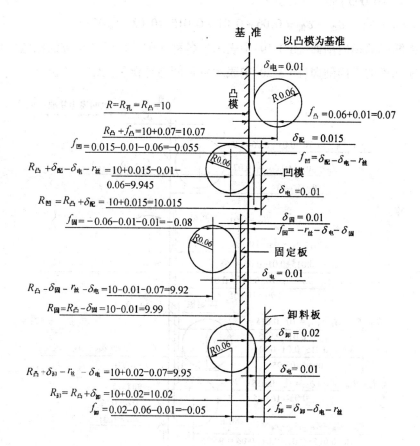

图 3.18　孔的纵向剖面中表示各种间隙补偿量

废料,冲下来的圆片才是所要的零件。这时凹模尺寸应等于零件图样上的该圆片的尺寸。凸凹模之间的单边配合间隙 $\delta_配$ 应在凸模上扣除,即凸模的单边尺寸应减小 $\delta_配$,故 $f_凹 = -(r_丝 + \delta_电)$,$f_凸 = r_丝 + \delta_电 - \delta_配$。凸模固定板的单边尺寸应比凸模小 $\delta_固$(凸模与固定板之间的单边配合过盈量)。卸料板孔应比凸模单边大 $\delta_卸$。下面亦通过一个实例来说明。

① 已知条件:落料所冲下圆片尺寸为 $\phi20$,其他已知条件与冲孔模具已知条件相同。

② 计算各个补偿量

$f_{凹} = -(\delta_电 + r_丝) = -(0.01 + 0.06) = -0.07$ mm

$f_{凸} = r_丝 + \delta_电 - \delta_配 = 0.06 + 0.01 - 0.015 = 0.055$ mm

$f_{固} = -(\delta_配 + \delta_固 + \delta_电 + r_丝) =$
$\quad -(0.015 + 0.01 + 0.01 + 0.06)$
$\quad = -0.095$ mm

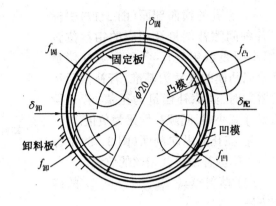

图 3.19 凹模横向剖面图中各种间隙补偿量的位置

$f_{卸} = r_丝 + \delta_电 + \delta_配 - \delta_卸 = 0.06 + 0.01 + 0.015 - 0.02 = 0.065$ mm

③ 在凹模的横向剖面(图 3.19)中表示出各种间隙补偿量及相应的钼丝位置。

④ 在凹模的纵向剖面(图 3.20)中表示各种间隙补偿量及钼丝的位置。

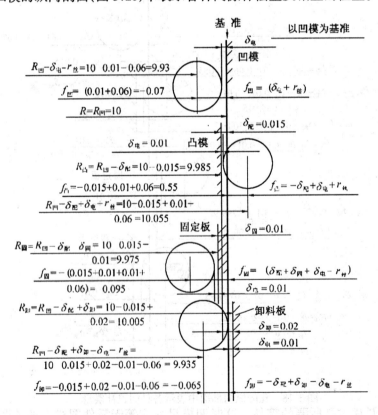

图 3.20 在凹模的纵向剖面中表示各种间隙补偿量

五、ISO 代码的手工编程方法

ISO(International Organization for standardization)标准是国际标准化组织确认和颁布的国际标准,是国标上通用的数控语言。

1. ISO 代码程序段的格式

对线切割加工而言,某一图段的程序为

N××××G××X××××××Y××××××I××××××J×××××其中,N表示程序段号,××××为 1~4 位数字序号。

G 表示准备功能,其后的 2 位数 ×× 表示各种不同的功能,如:

G00	表示点定位,即快速移动到某给定点;
G01	表示直线(斜线)插补;
G02	表示顺圆插补;
G03	表示逆圆插补;
G04	表示暂停;
G40	表示丝径(轨迹)补偿(偏移)取消;
G41、G42	表示丝经向左、右补偿偏移(沿钼丝的进给方向看);
G90	表示选择绝对坐标方式输入;
G91	表示选择增量(相对)坐标方式输入;
G92	为工作坐标系设定。即将加工时绝对坐标原点(程序原点)设定在距钼丝中心现在位置一定距离处。如

$$G92X5000Y20000$$

表示以坐标原点为准,钼丝中心起始点坐标值为:X = 5 mm,Y = 20 mm。坐标系设定程序,只设定程序坐标原点,当执行这条程序时,钼丝仍在原位置,并不产生运动。

X、Y　　表示直线或圆弧的终点坐标值,以 μm 为单位,最多为 6 位数。

I、J　　表示圆弧的圆心对圆弧起点的增量坐标值,以 μm 为单位,最多为 6 位数。

此外,程序结束还应有辅助功能,常用的有 M00 程序停止;M01 选择停止;M02 程序结束。当准备功能 G×× 和上一程序段相同时,则该段的 G×× 可省略不写。

2. ISO 代码按终点坐标有两种表达(输入)方式

(1)绝对坐标方式,代码为 G90

线　　以图形中某一适当点为坐标原点,用 ±X、±Y 表示终点的绝对坐标值(图 3.21)。

圆　　以图形中某一适当点作坐标原点,用 ±X、±Y 表示某段圆弧终点的绝对坐标值,用 I、J 表示圆心对圆弧起点的增量坐标值(图 3.22)。

(2)增量(相对)坐标方式,代码为 G91。

线　　以线起点为坐标原点,用 ±X、±Y 来表达线的终点对起点的坐标值。

圆　　以圆弧的起点为坐标原点,用 ±X、±Y 来表示圆弧终点对起点的坐标值,用 I、J 来表示圆心对圆弧起点的增量坐标值(图 3.23)。

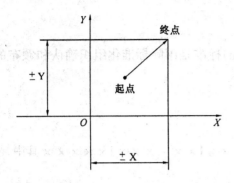

图3.21　绝对坐标输入直线

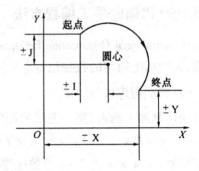

图3.22　绝对坐标输入圆弧

编程中采用哪种坐标方式,原则上都是可以的,但在具体情况下却有方便与否之区别,它与被加工零件图样的尺寸标注方法有关。

3.线切割用 ISO 代码手工编程实例

例1　要加工如图3.24(a)、(b)所示的型孔或凹模,穿丝孔中钼丝中心的坐标为(5,20),按顺时针切割。

(1)以绝对坐标方式(G90)输入进行编程(图 3.24(a))。

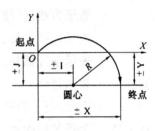

图3.23　增量坐标输入圆弧

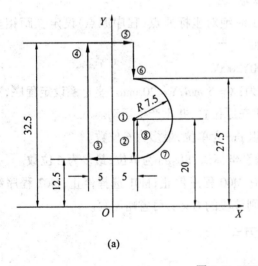

(a)

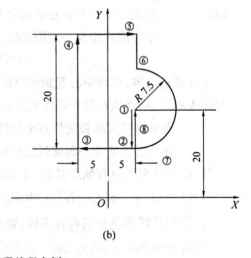

(b)

图3.24　ISO 代码编程实例

N1	G92	X5000	Y20000	给定起始点的绝对坐标
N2	G01	X5000	Y12500	直线②终点的绝对坐标
N3		X－5000	Y12500	直线③终点的绝对坐标
N4		X－5000	Y32500	直线④终点的绝对坐标
N5		X5000	Y32500	直线⑤终点的绝对坐标

N6 　　　　　 X5000 　　 Y27500 　　　　 直线⑥终点的绝对坐标

N7 　 G02 　 X5000 　　 Y12500 I0J – 7500 　 X、Y之值为顺圆弧⑦终点的绝对坐标,I、J

　　　　　　　　　　　　　　　　　　　　　　 之值为圆心对圆弧起点的相对坐标

N8 　 G01 　 X5000 　　 Y20000 　　　　 直线⑧终点的绝对坐标。

N9 　 M02

(2)以增量(相对)坐标方式(G91)输入编程(图3.24(b))。

N1 　 G92 　 X5000 Y20000

N2 　 G01 　 X0 Y – 7500

N3 　　　　 X – 10000 Y0

N4 　　　　 X0 Y20000

N5 　　　　 X10000 Y0

N6 　　　　 X0 Y – 5000

N7 　 G02 　 X0 Y – 15000 I0 J – 7500

N8 　 G01 　 X0 Y 7500

N9 　 M02

　　从上面例子可以发现,采用增量(相对)坐标方式输入程序的数据可简短些,但必须先算出各点的相对坐标值。

　　例2 如图3.25所示图形,用增量(相对)坐标方式输入,可编程序如下:加工起点为(0,30),顺时针方向切割。

N1 　 G92 　 X0 　 Y30000

N2 　 G01 　 X0 　 Y10000

N3 　 G02 　 X10000 　 Y – 10000 　 I0 　 J – 10000

N4 　 G01 　 X0 　 Y – 20000

N5 　　　　 X20000 　 Y0

N6 　 G02 　 X0 　 Y – 20000 　 I0 　 J – 10000

N7 　 G01 　 X – 40000 　 Y0

N8 　　　　 X0 　 Y40000

N9 　 G02 　 X10000 　 Y10000 　 I10000 　 J0

N10 　 G01 　 X0 　 Y – 10000

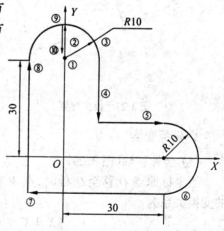

图3.25 例2编程图形

3.2 编程常用的数学基础

一、坐标

1. 两种坐标

(1)直角坐标(图3.26)

X轴和Y轴的交点O叫坐标原点。X轴由原点向右为正,向左为负。Y轴由原点向上为正,向下为负。X 轴和 Y 轴把平面划分为 I、II、III、IV 四个象限,在每个象限中 X 和 Y 的正负如图所示。

(2) 极坐标(图 3.27)

基点 O 叫极点,基线 OX 叫极轴。OP 叫点 P 的矢径(极径),以 ρ 表示。$\angle XOP$ 叫点 P 的幅角(极角),以 θ 表示,θ 角的正负由矢径的运动方向确定。逆时针方向为正 θ,顺时针方向为 $-\theta$。

(3) 极坐标与直角坐标的关系(图 3.28)

点 P 的位置在极坐标系中由 ρ 和 θ 确定,在直角坐标系中由 X、Y 确定。它们之间的相互关系为

图 3.26 直角坐标系

$$X = \rho\cos\theta$$
$$Y = \rho\sin\theta$$
$$\rho^2 = X^2 + Y^2$$

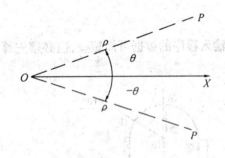

图 3.27 极坐标系　　　　图 3.28 极坐标与直角坐标的关系

2. 坐标变换

(1) 坐标移轴(图 3.29)

当坐标原点 O 移至 O' 处时,点 P 对 O 的坐标 (X, Y) 与点 P 对 O' 的坐标 (X', Y') 之间的变换关系为

$$\begin{cases} X = X' + h \\ Y = Y' + k \end{cases} \quad 或 \quad \begin{cases} X' = X - h \\ Y' = Y - k \end{cases}$$

(2) 坐标轴旋转(图 3.30)

当坐标系 XOY 的 X 轴和 Y 轴以原点 O 为圆心旋转 α 角,成为 $X'OY'$ 坐标系,此时 P 点的坐标 (X, Y) 与 (X', Y') 的变换关系为

$$X = X'\cos\alpha - Y'\sin\alpha$$
$$Y = X'\sin\alpha + Y'\cos\alpha$$

或

$$X' = Y\sin\alpha + X\cos\alpha$$
$$Y' = Y\cos\alpha - X\sin\alpha$$

式中,α 以 X 轴的正向作为度量基准,逆时针旋转时 α 取正,顺时针旋转时 α 取负。

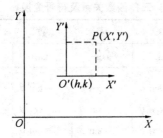

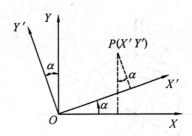

图 3.29　直角坐标移轴变换　　　　　图 3.30　直角坐标旋转

（3）点旋转（图 3.31）

在 XOY 坐标系中，点 $A(X_A, Y_A)$ 旋转 φ 角至点 $B(X_B, Y_B)$，点 B 的坐标可用下式计算

$$X_B = X_A \cos \varphi - Y_A \sin \varphi$$

$$Y_B = X_A \sin \varphi - Y_A \cos \varphi$$

式中，逆时针旋转时 φ 角取正，顺时针旋转时 φ 角取负。

二、函数

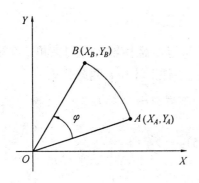

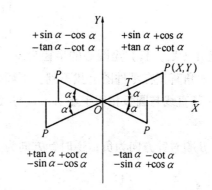

图 3.31　点旋转　　　　　图 3.32　三角函数基本关系和符号

1. 三角函数的基本关系和符号（图 3.32）

$$\begin{cases} \sin \alpha = \dfrac{Y}{T} \\ Y = T \sin \alpha \end{cases} \qquad \begin{cases} \cos \alpha = \dfrac{X}{T} \\ X = T \cos \alpha \end{cases} \qquad \begin{cases} \tan \alpha = \dfrac{Y}{X} = \dfrac{\sin \alpha}{\cos \alpha} \\ T = \sqrt{X^2 + Y^2} \end{cases}$$

2. 锐角三角函数与任意三角函数的关系

① 锐角与任意角在直角坐标系中的关系如图 3.33 所示。

② 锐角与任意角的三角函数关系及符号变换，列于表 3.5 中。

三、编程常用三角计算公式

在进行简单图形的编程计算时，往往需要找出有关的角度关系。使用三角计算公式，即可计算出所要求的点或交点及切点的坐标。

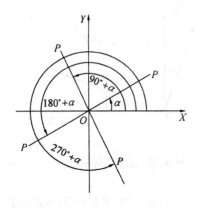

图 3.33　锐角与任意角的关系

表 3.5　三角函数关系及符号变换

角 （θ 为锐角）	函数			
	sin	cos	tan	cot
$-\theta$	$-\sin\theta$	$\cos\theta$	$-\tan\theta$	$\cot\theta$
$90°-\theta$	$\cos\theta$	$\sin\theta$	$\cot\theta$	$\tan\theta$
$90°+\theta$	$\cos\theta$	$-\sin\theta$	$-\cot\theta$	$-\tan\theta$
$180-°\theta$	$\sin\theta$	$-\cos\theta$	$-\tan\theta$	$-\cot\theta$
$180°+\theta$	$-\sin\theta$	$-\cos\theta$	$\tan\theta$	$\cot\theta$
$270°-\theta$	$-\cos\theta$	$-\sin\theta$	$\cot\theta$	$\tan\theta$
$270°+\theta$	$-\cos\theta$	$\sin\theta$	$-\cot\theta$	$-\tan\theta$
$360°-\theta$	$-\sin\theta$	$\cos\theta$	$-\tan\theta$	$-\cot\theta$

1. 求圆上某点坐标的公式（图 3.34）

$$X_A = R\cos\alpha$$

$$Y_A = R\sin\alpha$$

点 A（X_A，Y_A）至圆心的半径为 R，α 为半径 R 与 X 坐标轴的正向夹角。在某些情况下，α 角直接在零件图上找不到。下面介绍在某些条件下计算 α 角的公式。

① 某直线与圆弧相切于点 A，且与 X 轴的正向夹角为 β，则

$$\alpha = \beta \pm 90°$$

式中，β 顺时针方向为负，逆时针方向为正（图 3.35）。

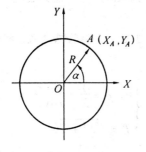

图 3.34　圆上点的坐标

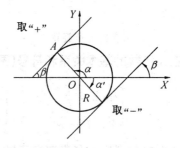

图 3.35　具有 β 角的斜线与圆相切

② 过某定点 $P(a,b)$ 的直线与圆相切（图 3.36），则

$$\alpha = \arctan\frac{b}{a} \pm \arccos\frac{R}{\sqrt{a^2+b^2}}$$

式中，R 为已知圆半径。

在图 3.35 和图 3.36 中，若直线切于已知圆的上半部时，公式中的 ± 号取"＋"，切于圆的下半部时取"－"。

2. 两相切圆的圆心连线与 X 轴的正向夹角(图 3.37)

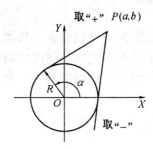
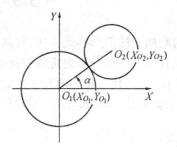

图 3.36　过某定点的直线与圆相切　　图 3.37　两相切圆的圆心连线与 X 轴的正向夹角

$$\alpha = \arctan \frac{Y_{O2} - Y_{O1}}{X_{O2} - X_{O1}}$$

式中，X_{O1}，Y_{O1}；X_{O2}，Y_{O2}分别为两已知圆心的坐标。

3. 两圆公切线与圆的切点和圆心的连线，与 X 轴正向的夹角(图 3.38)

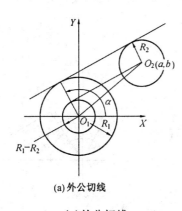
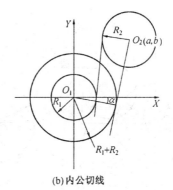

(a)外公切线　　　　　　　　　　(b)内公切线

图 3.38　两圆公切时的角

$$\alpha = \arctan \frac{b}{a} \pm \arccos \frac{R_1 \pm R_2}{\sqrt{a^2 + b^2}}$$

式中，$R_1 \pm R_2$：外公切线取"－"号，内公切线取"＋"号；另一组 ± 号，若公切点在圆的上半部时取"＋"，在圆的下半部时取"－"。

4. 两圆相交时，交点和主圆心连线与 X 轴的正向夹角(图 3.39)

$$\alpha = \arccos \frac{T^2 + R_1^2 - R_2^2}{2 T R_1} + \arctan \frac{b}{a}$$

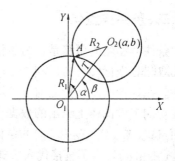

图 3.39　两圆相交时的 α 角

式中，T 为两圆圆心连线。当两圆相切时，$T = R_1 + R_2$，此时，上式中的第一项为零，使该式的含义与两圆相切时相同。

3.3　典型化编程法

　　线切割加工的图形各式各样,对具体图形寻找具体求解方法比较费事。典型化编程法可把各式各样的图形分解为直线和圆弧的典型组合,将工件上给出的几何尺寸转换为典型的已知条件,然后代入相应的典型公式,计算出交点坐标,再编出线切割程序。典型化编程包括:图形典型化、条件典型化和运算典型化。

一、图形典型化

　　图形典型化的思路是,对各式各样的图形都可分解为直线和圆弧这两个几何元素。对于渐开线、双曲线、抛物线、摆线等曲线,虽不能直接分解为直线和圆弧,但可以用一系列的直线和圆弧逼近它。由直线和圆弧构成交点的几何图形共有五类,即:① 两圆相交;② 两圆相切;③ 圆线相交;④ 圆线相切;⑤ 两线相交。两圆相切实际是两圆相交的特殊情况;圆线相切实际是圆线相交的特殊情况。因此,直线和圆弧构成交点的几何图形可归结为三种类型的典型形式,即两圆相交(OO 型)、圆线相交(OL 型)和线线相交(LL 型),如图 3.40所示。

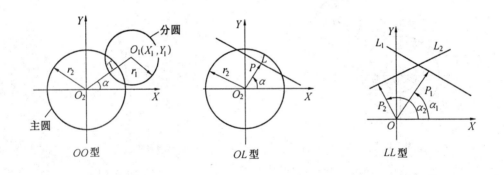

图 3.40　由直线和圆构成交点的三种典型形式

二、条件典型化

　　条件典型化的思路是,为了使代入计算交点坐标公式中的条件取最简单的固定形式,对圆取圆心坐标(X_i、Y_i)和半径(r_i),对直线则取法线式表达的两个数据(P 及 a)作为典型条件。在计算交点坐标之前 ,必须把图样上不是典型条件的数据,先转换成典型条件。通常线切割工件图样上给出的数据,圆已是典型条件,而直线往往是已知点斜式(X_C、Y_C 和 β)或两点式(X_D、Y_D、X_C 和 Y_C)的条件,因此在带入公式计算前,必须将其转换成法线式的典型条件(P 和 a)。为了直接代入公式简便起见,应将其转换成 P、$\sin a$ 和 $\cos a$ 的形式。

　　点斜式和两点式直线的非典型条件向法线式直线的典型条件转换公式如表 3.6所示。

表 3.6 直线转换公式表

类 型	点 斜 式	两 点 式
简 图		
已知条件	$(X_C, Y_C)\beta$	$(X_C, Y_C)(X_D, Y_D)$
K	$\tan\beta$	$\dfrac{Y_C - Y_D}{X_C - X_D} = \dfrac{Y_D - Y_C}{X_D - X_C}$
Q	$Y_C - KX_C$	
$\sin\alpha$	$\pm\,\lvert\cos\beta\rvert$ 与 Q 同号	$\pm\dfrac{1}{\sqrt{K^2+1}}$ 与 Q 同号
$\cos\alpha$	$-K\sin\alpha$	
P	$Q\sin\alpha$	

表中 X_i、Y_i—一点在直角坐标系中的坐标值，$i = A, B, C, D, \cdots$；

P—由坐标原点引向直线上任一点的矢量，在该直线的法线上的投影；

α—法线 P_i 与 X 轴正向之间的夹角；

β—直线与 X 轴正向之间的夹角；

Q—直线在 Y 轴上的截距；

K—直线的斜率

条件典型化计算实例：

1. 点斜式条件转换

已知：$X_C = -4.3$，$Y_C = 9.825$，$\beta = 114°$。

条件转换计算

$$K = \tan\beta = -2.246\,036\,77$$

$$Q = Y_C - KX_C = 0.167\,041\,87$$

$$\sin\alpha = \pm\,\lvert\cos\beta\rvert = 0.406\,736\,64(\text{与 } Q \text{ 同号})$$

$$\cos\alpha = -K\sin\alpha = 0.913\,545\,45$$

$$P = Q\sin\alpha = 0.067\,942\,051$$

2. 两点式条件转换

已知：$X_C = -11.646\,291\,25$，$Y_C = 3.6$，$X_D = -10$，$Y_D = 2.25$。

条件转换计算

$$K = \frac{Y_C - Y_D}{X_C - X_D} = -0.820\,025\,01$$

$$Q = Y_C - KX_C = -5.950\,251\,14$$

$$\sin\alpha = \pm\left\lvert\frac{1}{\sqrt{K^2+1}}\right\rvert = -0.773\,258\,308\,(\text{与 } Q \text{ 同号})$$

$$\cos \alpha = -K \sin \alpha = -0.634\ 091\ 15$$
$$P = Q \sin \alpha = 4.601\ 081\ 128$$

三、运算典型化

运算典型化是在图形典型化和条件典型化的基础上,通过数学推导,建立出计算交点坐标的统一公式(典型公式)。它适用于计算线线(LL 型)相交、圆线(OL 型)相交和圆圆(OO 型)相交交点坐标的计算。该公式为

$$X = \frac{P_1 \sin \alpha_2 - P_2 \sin \alpha_1}{\sin (\alpha_2 - \alpha_1)}$$

$$Y = \frac{P_2 \cos \alpha_1 - P_1 \cos \alpha_2}{\sin (\alpha_2 - \alpha_1)}$$

式中,X、Y 为所计算的交点坐标值。

在上述统一的典型化公式中,当构成交点的两个几何元素中,有一个是圆时(即 OL 型、OO 型),则 $\alpha_2 = \alpha_1 \pm 90°$,此 α_2 之值代入上述公式的分母中,得

$$\sin (\alpha_2 - \alpha_1) = \sin (\alpha_1 \pm 90° - \alpha_1) = \pm \sin 90° = \pm 1$$

则可得到简化的另一组计算交点坐标的统一公式

$$X = P_1 \cos \alpha_1 - P_2 \sin \alpha_1$$

$$Y = P_1 \sin \alpha_1 - P_2 \cos \alpha_1$$

当两个几何元素构成相切关系时(即 OL 切型、OO 切型),则 $P_1 = r_2$、$P_2 = 0$,可得到另一组更简化的计算交点坐标的公式

$$X = r_2 \cos \alpha_1$$

$$Y = r_2 \sin \alpha_1$$

在表 3.7 中列出了三种典型的交点计算已知条件及计算过程。

四、交点计算实例

1. 圆圆相交(OO 型)交点计算(图 3.41)

① 已知:主圆半径 $r_2 = 11$,分圆半径 $r_1 = 9.25$,分圆心 X 坐标值 $x_{01} = 10$,Y 坐标值 $y_{01} = 13$。

② 中间运算。根据表 3.7 中圆圆相交的公式计算

$$T = \sqrt{X_{O1}^2 + Y_{O1}^2} = \sqrt{10^2 + 13^2} =$$
$$16.401\ 219\ 47$$

$$\cos \alpha_1 = X_{01}/T = 10 \div 16.401\ 219\ 47 = 0.609\ 710\ 76$$

$$\sin \alpha_1 = y_{01}/T = 13 \div 16.401\ 219\ 47 =$$
$$0.792\ 623\ 989$$

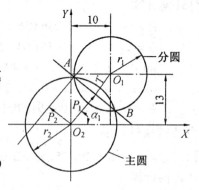

图 3.41　圆圆相交交点计算

表 3.7 典型化编程交点坐标计算表

	类型	OO型(两圆相交)	OL型(圆线相交)	LL型(两线相交)
① 典型形式	简图			
	工件轮廓			
	已知条件 O_1	r_1；(X_{01},Y_{01}) 或 (T,α_1)　　L_1		(P_1,α_1)
	已知条件 O_2	r_2　　　　L_2		(P_2,α_2)
	T	$\sqrt{X_{01}^2+Y_{01}^2}$	—	
	$\cos\alpha$	$\dfrac{X_{01}}{T}$ 或 $\cos\alpha_1$	$\cos\alpha_1$	$\cos\alpha_1$
	$\sin\alpha$	$\dfrac{Y_{01}}{T}$ 或 $\sin\alpha_1$	$\sin\alpha_1$	$\sin\alpha_1$
	P_{1f}	$\dfrac{T^2+(r_2\pm f)^2-(r_1\pm f)^2}{2T}$	$P_1\pm f$	
	P_{2f}	$\pm\sqrt{(r_2\pm f)^2-P_{1f}^2}$ 交点在 T 的逆时针方向一侧(A 点),取正 交点在 T 的顺时针方向一侧(B 点),取负 (无 T 用 P_1、$P_1=0$ 时,用 P_{1f})	$P_2\pm f$	
	交点坐标	$X_f=P_{1f}\cos\alpha_1-P_{2f}\sin\alpha_1$ $Y_f=P_{1f}\sin\alpha_1+P_{2f}\cos\alpha_1$		$X_f=\dfrac{P_{1f}\sin\alpha_2-P_{2f}\sin\alpha_1}{\sin\alpha_2\cos\alpha_1-\cos\alpha_2\sin\alpha_1}$ $Y_f=\dfrac{P_{2f}\cos\alpha_1-P_{1f}\cos\alpha_2}{\sin\alpha_2\cos\alpha_1-\cos\alpha_2\sin\alpha_1}$ 注：$\sin(\alpha_2-\alpha_1)=$ $\sin\alpha_2\cos\alpha_1-\cos\alpha_2\sin\alpha_1$ 当两直线正交时 $\sin(\alpha_2-\alpha_1)=\pm1$
求过渡圆圆心坐标	简图			
	几何关系	$r_1=r'_1\pm r_3$ $r_2=r'_2\pm r_3$	$P_1=P'_1\pm r_3$ $P_2=P'_2\pm r_3$	
	备注	利用①栏对应的公式求过渡圆圆心坐标时,f 相当于 r_3,r_3 的符号判别与 f 相同		

$$P_1 = \frac{T^2 + r_2^2 - r_1^2}{2T} = \frac{16.401\ 219\ 47^2 + 11^2 - 9.25^2}{2 \times 16.401\ 219\ 47} = 9.280\ 940\ 989$$

$$P_2 = \pm\sqrt{r_2^2 - P_1^2} = \pm\sqrt{11^2 - 9.280\ 940\ 989^2} = \pm 5.904\ 585\ 876$$

取正值还是负值,要以交点是点 A(取正)还是点 B(取负)而定。判别交点是点 A 还是点 B 的方法,是以主圆圆心 O_2 为转动中心,使 T 旋转, T 作逆时针方向旋转时碰到的交点为点 A, T 作顺时针方向旋转时碰到的交点为点 B。

(3) 计算交点 A 对 O_2 的坐标值(P_2 取正值)

$x_A^{O2} = P_1 \times \cos \alpha_1 - P_2 \times \sin \alpha_1 = 9.280\ 940\ 989 \times 0.609\ 710\ 76 - 5.904\ 585\ 876 \times$
    $0.792\ 623\ 989 = 0.978\ 573\ 173$

$y_A^{O2} = P_1 \times \sin \alpha_1 + P_2 \times \cos \alpha_1 = 9.280\ 940\ 989 \times 0.792\ 623\ 989 + 5.904\ 585\ 876 \times$
    $0.609\ 710\ 76 = 10.956\ 386\ 01$

(4)计算交点 B 对 O_2 的坐标值(P_2 应取负值)

$x_B^{O2} = P_1 \times \cos \alpha_1 - P_2 \times \sin \alpha_1 = 9.280\ 940\ 989 \times 0.609\ 710\ 76 - (-5.904\ 585\ 876) \times$
    $0.609\ 710\ 76 = 10.338\ 806$

$y_B^{O2} = P_1 \times \sin \alpha_1 + P_2 \times \cos \alpha_1 = 9.280\ 940\ 989 \times$
    $0.792\ 623\ 989 + (-5.904\ 585\ 876) \times$
    $0.609\ 710\ 76 = 3.756\ 206\ 926$

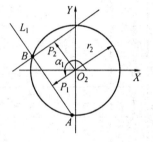

2. 圆线相交(OL 型)交点计算(图 3.42)

(1) 已知条件

已知:圆的半径 $r_2 = 10$,线 L_1 的 $P_1 = 6.9$, $\alpha_1 = 213.667\ 46°$ 。

图 3.42 圆线相交交点计算

(2) 中间运算

$$\sin \alpha_1 = -0.554\ 371\ 846$$

$$\cos \alpha_1 = -0.832\ 269\ 1$$

$$P_2 = \pm\sqrt{r_2^2 - P_1^2} = \pm\sqrt{10^2 - 6.9^2} = \pm 7.238\ 093\ 672$$

(3) 计算交点 A(P_2 应取正)对 O_2 的坐标值

$x_A^{O2} = P_1 \times \cos \alpha_1 - P_2 \times \sin \alpha_1 = 6.9 \times (-0.832\ 269\ 1) - 7.238\ 093\ 672 \times$
    $(-0.554\ 371\ 846) = -1.730\ 061\ 444$

$y_A^{O2} = P_1 \times \sin \alpha_1 + P_2 \times \cos \alpha_1 = 6.9 \times (-0.554\ 371\ 846) + 7.238\ 093\ 672 \times$
    $(-0.832\ 269\ 1) = -9.849\ 207\ 45$

(4) 计算交点 B(P_2 应取负)对 O_2 的坐标值

$x_B^{O2} = P_1 \times \cos \alpha_1 - P_2 \times \sin \alpha_1 = 6.9 \times (-0.832\ 269\ 1) - (-7.238\ 093\ 672) \times$
    $(-0.554\ 371\ 846) = -9.755\ 252\ 147$

$y_B^{O2} = P_1 \times \sin \alpha_1 + P_2 \times \cos \alpha_1 = 6.9 \times (-0.554\ 371\ 846) + (-7.238\ 093\ 672) \times$
    $(-0.832\ 269\ 1) = 2.198\ 875\ 973$

3. 线线相交(LL 型)交点计算(图 3.43)

① 已知:线 L_1 的 $P_1 = 4.671\ 082$, $\sin \alpha_1 = -0.773\ 258$, $\cos \alpha_1 = -0.634\ 091$, L_2 的 $P_2 = 10.07$,

$\sin \alpha_2 = 0, \cos \alpha_2 = -1$。

② 交点计算

$$X_A = \frac{P_1 \sin \alpha_2 - P_2 \sin \alpha_1}{\sin \alpha_2 \cos \alpha_1 - \cos \alpha_2 \sin \alpha_1} =$$

$$\frac{4.671\ 082 \times 0 - 10.07 \times (-0.773\ 258)}{0 \times (-0.634\ 091) - (-1) \times (-0.773\ 258)} = -10.07$$

$$Y_A = \frac{P_2 \cos \alpha_1 - P_2 \cos \alpha_2}{\sin \alpha_2 \cos \alpha_1 - \cos \alpha_2 \sin \alpha_1} =$$

$$\frac{10.07 \times (-0.634\ 091) - 10.07 \times (-1)}{0 \times (-0.634\ 091) - (-1) \times (-0.773\ 258)} =$$

$$2.216\ 872\ 467$$

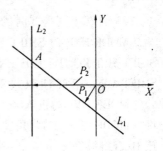

图 3.43　线线相交交点计算

3.4　用 fx – 3900PV 可编程计算器辅助手工编程

利用任何一种手工编程方法计算起来都比较麻烦,尤其是当考虑间隙补偿量 f 之后就更麻烦。对一些没有微机编程条件的人,要求有一种花钱很少的计算工具,但又希望它能把典型化编程法的一些常用计算公式编成软件存进去,在计算交点坐标时只要把少量必要的原始数据输进去,各种公式均由可编程计算器进行自动计算,并很快得出计算结果。

CASIO fx – 3900PV 计算器具有可编程功能,每台价格约 200 多元。它的可编程步数为 300 步,有七个存放原始数据的寄存器,有四个子程序区。经反复试验,典型化编程法的常用计算公式都可以编成软件存进去,大大减少了各种交点坐标值的计算工作量。

该计算器的基本使用方法可以自学说明书,下面结合典型化编程法来介绍软件的编写方法,以及计算时的操作方法。

一、点斜式转换成法线式

1. 点斜式条件转换的计算

把点斜式的已知条件(X_C、Y_C、β)经过后面几个公式计算后,得到用法线式参数(P、$\sin \alpha$、$\cos \alpha$)表达的数据。

(1) 转换计算时的公式(参看 45 页表 3.6)

$K = \tan \beta, Q = Y_C - K X_C, \sin \alpha = \pm \mid \cos \beta \mid$(与 Q 同号),$\cos \alpha = -K \sin \alpha, P = Q \sin \alpha$。

(2) 寄存器所存数据分配表(有关数据使用 45 页中点斜式条件转换的已知数据)

寄存器所存数据分配表如表 3.8 所示。

表 3.8

寄存器代号	1	2	3	4	5	6	M
参　　数	β		$\sin \alpha$	$\cos \alpha$	X_C	Y_C	P
数　　据	114				-4.3	9.825	

(3)计算上述公式时的软件(先不要输该软件)

MODE EXP P1 SHIFT PCL MODE 4 P1 KOUT 6 − KOUT 1 TAN × KOUT 5 ＝ SHIFT MIN SHIFT HLT KOUT 1 COS ENT KIN 3 KOUT 1 TAN ＋／− × KOUT 3 ＝ KIN 4 MR × KOUT 3 ＝ SHIFT MIN SHIFT HLT(共 26 步)

MODE EXP 为进入输入软件(LRN)状态。P1 SHIFT PCL 为清除 P1 子程序区原有的软件。MODE 4 (DEG)为角度,用(°)表示。SHIFT HLT 为计算暂停,并显示前面的计算结果,按 RUN 继续往后计算。ENT 为暂停并显示计算结果(SIN α 值),以便处理与 Q 同号。按 RUN 继续计算。

(4) 输入该软件的方法

① 把上面表中的数据存入已分配的寄存器。操作为 114 kin 1 4.3 ＋／− kin 5 9.825 kin 6。

② 据(3)所写的软件按有关键输入,输完时显示所计算出的 P 值为 0.06794205。此时必需输入 MODE·退出输入软件(LRN)状态,转为计算(RUN)状态。输入软件完毕,在输 MODE·之前,不能按任何键,因为这样会把你按键的内容加入到软件中去,从而使计算出错。

(5) 检查所输入的软件

检查所输入的软件是否正确,以及修改、插入和删除的方法。

操作:MODE 0 P1 ⇩ 显 P1 − 001 KOUT 6 这是所输入软件中的第一步,若继续按⇩键,就顺着软件的一步一步往下显,若按⇧键,就会倒着一步一步往回显。你可以仔细查对是否和软件清单一样,若发现有错,在显示该步时按 SHIFT CLR 键,该步内容就被删去。若发现少输入一步的内容,可在显上一步内容时输(插)入即可。检查完软件后,必须立即输 MODE ·转为计算状态。注意:在检查、插入和删除软件过程中,绝不能按 AC 或 C 键,否则会进入软件中,若误操作进入,应把它删除,以免破坏该软件的正常运行。

(6) 进行计算

按 P1,显 0.167041871(＋Q),按 RUN,显 − 0.406736643(− sin α),为了使该值与 Q 同号,按 ＋／− ,显 0.406736643(sin α 已与 Q 同号)。按 RUN,显 0.06794205(P)。按 KOUT4,显 0.913545457(cos α)。只要所存数据没改变,你若重复进行计算几次,所得的计算结果是一样的。

2.计算实例

(1) 一条点斜式线的数据(表 3.9)。

表 3.9

寄存器代号	1	2	3	4	5	6	M
参　　数	β		sin α	cos α	X_C	Y_C	P
数　　据	30°				4.293 07	0.247 445	

(2) 存数据

30　KIN　1 4.293 07　KIN　5　0.247445　KIN 6

(3) 进行计算

按 P1,显 − 2.23116012(Q 为负),按 RUN,显 0.866025403(sin α 值),为使其与 Q 同号,

按 + / − 键,显 − 0.866025403(sin α 的正确值),按 RUN,显 1.932241344(P),KOUT 4 显 0.5 (cos α)。

点斜式转换为法线式的软件,已输入 P1 程序区,只要不改动它,可长期用它计算。

二、两点式转换成法线式

1. 两点式条件转换的计算

(1) 转换计算时的公式(参看 45 页表 3.6)

$$K = (Y_C − Y_D)/(X_C − X_D), Q = Y_C − KX_C, \sin \alpha = \pm (1/\sqrt{K^2 + 1})$$

应与 Q 同号,$\cos \alpha = − K \sin \alpha, P = Q \sin \alpha$。

(2) 寄存器所存数据分配表(有关数据使用 45 页两点式条件转换的已知数据)

寄存器所存数据分配如表 3.10 所示。

表 3.10

寄存器代号	1	2	3	4	5	6	M
参　　数	X_D	Y_D	$\sin \alpha$	$\cos \alpha$	X_C	Y_C	P
数　　据	− 10	2.25			− 11.646 291	3.6	

(3) 输入数据

10 + / − KIN 1 2.25 KIN 2 11.646 291 + / − KIN 5 3.6 KIN 6

(4) 计算上述公式的软件及输入操作

MODE O P1 ⇩⇩…(不断地按 ⇩ 键),当显 P1 − 026 时,按 KOUT 5 − KOUT 1 = KIN 4 KOUT 6 − KOUT 2 = ÷ KOUT 4 = KIN 4 KOUT 6 − KOUT 4 × KOUT 5 = SHIFT MIN ENT KOUT 4 SHIFT X² + 1 = √ KIN 3 1 ÷ KOUT 3 = ENT KIN 3 KOUT 4 + / − × KOUT 3 = KIN 4 MR × KOUT 3 = SHIFT MIN SHIFT HLT MODE • (点斜式加两点式的转换软件共计 72 步) 显 4.601081012(P)

(5) 进行计算

按 P1 RUN RUN(越过点斜式转换计算部分) RUN,显 − 5.950251353 (Q 为负值),按 RUN,显 0.77325826(sin α 值),为了使该值与 Q 同号,按 + / − 键,显 − 0.77325826(sin α 的正确值),按 RUN,显 4.601081012(P)。按 KOUT 4,显 − 0.634091209(cos α 值)。

因 P1 程序区中 26 步之前的软件是作点斜式转换计算用,27~72 步的软件,才是用作两点式转换计算。所以当用 P1 作两点式转换计算时,必需先按 P1 RUN RUN ,以便越过点斜式计算部分。当按第三个 RUN 时,显示的是两点式转换时的 Q 值,按第四个 RUN,显 sin α 值,按第五个 RUN,显 P 值。计算出的 sin α、cos α 和 P 的值,已分别自动存入寄存器 3、4 和 M 中,以便使用。

2.计算实例

(1) 一条两点式线的数据(表 3.11)

表 3.11

寄存器代号	1	2	3	4	5	6	M
参　　数	X_D	Y_D	$\sin \alpha$	$\cos \alpha$	X_C	Y_C	P
数　　据	5.057 6	2.8			0.862 96	3.06	

(2) 存数据

5.0576 KIN 1 2.8 KIN 2　0.86296 KIN 5　3.06 KIN 6

(3) 进行计算

按 P1 RUN RUN RUN,显 3.113489596(Q 值为正),按 RUN,显 0.998084517 ($\sin \alpha$ 值已与 Q 同号),按 RUN 显 3.107525762(P),按 KOUT 4,显 0.061865136($\cos \alpha$ 值)。

三、圆圆相交(OO 型)交点计算(图 3.41)

1.圆圆相交交点计算内容

(1) 计算所用的公式(参看 48 页)

$$P_1 = (T^2 + R_2^2 + R_1^2)/2T, P_2 = \pm \sqrt{R_2^2 - P_1^2}, X = P_1\cos \alpha_1 - P_2\sin \alpha_1, Y = P_1\sin \alpha_1 + P_2\cos \alpha_1$$

(2) 寄存器所存数据分配表 3.12

表 3.12

寄存器代号	1	2	3	4	5	6	M
参　　数	P_1	P_2	$\sin \alpha_1$	$\cos \alpha_1$	R_1	R_2	T
数　　据			0.792 623 989	0.609 710 76	9.25	11	16.401 21

本例已知分圆心坐标 $a = 10, b = 13$,用典型化编程法计算,需要用它求出 T 和 $\sin \alpha_1$ 及 $\cos \alpha_1$ 才能存入相应的寄存中。计算方法为 MODE 4 10 SHIFT R→ P 13 = 显 16.40121947 (T) SHIFT MIN(存入 M 中),SHIFT X→Y 显 52.43140797(α_1) KIN 1(暂存 1 中),SIN 显 0.792623989($\sin \alpha_1$ 值),KIN 3(存入 3 中) KOUT 1 显 52.43140797(α_1),COS 显 0.60971076 ($\cos \alpha_1$ 值),KIN 4(存入 4 中)。也可以用 46 页已计算出的有关数据存入。

(3) 存数据

上述计算中已将 T、$\sin\alpha_1$、$\cos\alpha_1$ 的值存入相应的寄存器中。

9.25 KIN 5 11 KIN 6

(4) 计算上述公式的软件及输入操作

MODE EXP SHIFT P3 SHIFT PCL MODE 4 SHIFT P3 MR SHIFT X^2 + KOUT 6 SHIFT X^2 − KOUT 5 SHIFT X^2 = ÷ 2 ÷ MR = ENT KIN 1 KOUT 6 SHIFT X^2 − KOUT 1 SHIFT X^2 = $\sqrt{}$ ENT KIN 2 KOUT 1 × KOUT 4 − KOUT 2 × KOUT 3 = SHIFT HLT KOUT 1 × KOUT 3 + KOUT 2 × KOUT 4 = SHIFT HLT MODE・显 10.9563867(Y)(共 43 步)

(5) 进行计算

按 SHIFT P3,显 9.280940989(P_1),按 RUN,显 5.904585876(P_2,因交点是点 A,应取正),按 RUN,显 0.97857318(X_A),按 RUN,显 10.95638602(Y_A)。若计算点 B 坐标时,按 SHIFT P3,显 9.280940989(P_1),按 RUN,显 5.904585876(P_2,因是点 B,故应取负),按 +/−,显

– 5.904585876(P_2 的正确值)，按 RUN，显 10.338806(X_B)，按 RUN，显 3.756206923(Y_B)。

2. 计算实例

（1）圆圆相交间隙补偿的数据（表 3.13）。

表 3.13

寄存器代号	1	2	3	4	5	6	M
参　数	P_1	P_2	$\sin \alpha_1$	$\cos \alpha_1$	R_{1f}	R_{2f}	T
数　据					6.93	12.26	15

（2）存数据（已知 $\alpha_1 = -90°$）

6.93 KIN 5 12.26 KIN 6 15 SHIFT MIN 90 +/– KIN 1 SIN KIN 3 KOUT 1 COS KIN 4

（3）进行计算

先算点 A（P_{2f} 取正）。按 SHIFT P3，显 10.90942333(P_{1f})，按 RUN 显，5.593932655(P_{2f} 为正），按 RUN，显 5.593932655(X_A)，按 RUN，显 – 10.90942333(Y_A)。

算点 B（P_{2f} 应取负）。按 SHIFT P3，显 10.90942333(P_{1f})，按 RUN，显 5.593932655(P_{2f} 因是点 B，应取负），按 +/–，显 – 5.593932655(P_{2f} 的正确值），按 RUN，显 – 5.593932655(X_B)，按 RUN，显 – 10.90942333(Y_B)。

四、圆线相交（OL 型）交点计算（图 3.42）

1. 圆线相交交点计算内容

（1）计算所用的公式

从表 3.7 中可以看出，圆线相交与圆圆相交交点计算公式不同之处是圆圆相交的 P_{1f} 系由一个大公式根据 T、R_{2f} 及 R_{1f} 算出，而圆线相交的 P_{1f} 是由直线的法线式条件中提供。因此，仍可采用计算圆圆相交交点的软件来计算圆线相交的交点，但计算出来的 P_{1f} 值，实际不该要，应重新输入圆线相交这条线的 P_{1f}。软件设计时已考虑了这点，故当 P_{1f} 计算出来时暂停显示所计算出的 P_{1f} 值，此时应把本条线的 P_{1f} 值输入后，按 RUN 键继续计算即可。

（2）寄存器所存数据分配表（表 3.14）。

表 3.14

寄存器代号	1	2	3	4	5	6	M
参　数	P_1	P_2	$\sin \alpha_1$	$\cos \alpha_1$	R_1	R_2	T
数　据	(6.9)				1	10	1

线的 $P_1 = 6.9$ 必须在计算过程中才输入。法向角 $\alpha_1 = 213.667\ 46$。

（3）存数据

213.66746 KIN 1 SIN KIN 3 KOUT 1 COS KIN 4 10 KIN 6 1 KIN 5 SHIFT MIN（为了使计算 P_1 的公式能正常计算，故将 R_1 和 T 均输为 1，实际上所算出的 P_1 并不用，需另输入相交线的 $P_1 = 6.9$）。

（4）进行计算

先算点 A(P_2 应取正）。按 SHIFT P3，显 50（为不用的 P_1），输 6.9（另输的 P_1），按 RUN，显 7.238093672（P_2 已是正），按 RUN，显 -1.730061444(X_A），按 RUN，显 -9.84920745(Y_A）。

算点 B(P_2 应取负）。按 SHIFT P3，显 50（为不用的 P_1）。6.9（另输的 P_1），按 RUN，显 7.238093672（P_2 应改为负），按 $+/-$，显 -7.238093672($P2$ 的正确值），按 RUN，显 -9.755252147(X_B），按 RUN，显 2.198875973 (Y_B）。

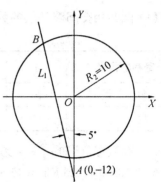

图 3.44　圆线相交

2. 计算实例

图 3.44 中已知圆的 $R_2 = 10$，与之相交的点斜式线 $X_C = 0$、$Y_C = -12$、$\beta = 95°$，计算其交点坐标。

（1）将点斜式线转换为法线式

$$(P_1, \sin \alpha_1, \cos \alpha_1)$$

寄存器所存数据分配表（表 3.15）。

表 3.15

寄存器代号	1	2	3	4	5	6	M
参　数	β		$\sin \alpha_1$	$\cos \alpha_1$	X_C	Y_C	P_1
数　据	95°				0	-12	

（2）存数据

95 KIN 1 0 KIN 5 12 $+/-$ KIN 6

（3）进行计算

按 P1，显 -12(Q 为负），按 RUN，显 -0.087155742($\sin \alpha_1$ 已与 Q 同号），按 RUN，显 1.045868913(P_1），按 KOUT 4，显 -0.996194698($\cos \alpha_1$）。所算出的 $\sin \alpha_1$ 的值已存在 3 中，$\cos \alpha_1$ 的值已存在 4 中，P_1 的值存在 M 中。

3. 计算圆线相交的交点坐标值

（1）寄存器所存数据分配表（表 3.16）。

表 3.16

寄存器代号	1	2	3	4	5	6	M
参　数	P_1	P_2	$\sin \alpha_1$	$\cos \alpha_1$	R_1	R_2	T
数　据			$-0.087\ 155\ 742$	$-0.996\ 194\ 698$	1	10	1

（2）存数据（$\sin \alpha_1$ 及 $\cos \alpha_1$ 的值不必再存）

10 KIN 6 1 KIN 5 SHIFT MIN

（3）进行计算

先算点 A(P_2 应取正）。按 SHIFT P3，显 50（为不用的 P_1），输 1.045868913（另输正确的 P_1），按 RUN，显 9.945157526（P_2 已是正），按 RUN，显 -0.175111475(X_A），接 RUN，显 -9.998466681(Y_A）。

算点 B(P_2 应取负)。按 SHIFT P3,显 50(为不用的 P_1),输 1.045868913(另输正确的 P_1),按 RUN,显 9.945157526(P_2 应改为负),按 +/-,显 -9.945157526(P_2 的正确值),按 RUN,显 -1.908666657(X_B),按 RUN,显 9.816159717(Y_B)。

五、线线相交(LL 型)交点计算

1. 线线相交交点计算内容

(1)计算所用的公式

$$X = \frac{P_1 \sin \alpha_2 - P_2 \sin \alpha_1}{\sin \alpha_2 \cos \alpha_1 - \cos \alpha_2 \sin \alpha_1} \qquad Y = \frac{P_2 \cos \alpha_1 - P_1 \cos \alpha_2}{\sin \alpha_2 \cos \alpha_1 - \cos \alpha_2 \sin \alpha_1}$$

(2)寄存器所存数据分配表(表3.17)。

表 3.17

1	2	3	4	5	6	M
P_{1f}	P_{2f}	$\sin \alpha_1$	$\cos \alpha_1$	$\sin \alpha_2$	$\cos \alpha_2$	分母
4.671 082	10.07	-0.773 258	-0.634 091	0	-1	

分母均为 $\sin \alpha_2 \cos \alpha_1 - \cos \alpha_2 \sin \alpha_1$。

(3)存数据

4.671082 KIN 1 10.07 KIN 2 0.773258 +/- KIN 3 0.634091 +/- KIN 4 0 KIN 5 1 +/- KIN 6

(4)计算上述公式的软件及输入操作

MODE EXP SHIFT P4 SHIFT PCL MODE 4 SHIFT P4 KOUT 5 × KOUT 4 - KOUT 6 × KOUT 3 = SHIFT MIN KOUT 1 × KOUT 5 - KOUT 2 × KOUT 3 = ÷ MR = SHIFT HLT KOUT 2 × KOUT 4 - KOUT 1 × KOUT 6 = ÷ MR = SHIFT HLT MODE • (共33步)。

(5)进行计算

按 SHIFT P4,显 -10.07 (X),按 RUN,显 2.216872467(Y)。

2. 计算实例

图 3.45 为两点式线(L_1)与点斜式线(L_2)相交。由两点式线已知 $X_C = 0.862\,96$,$Y_C = 3.05$,$X_D = 5.057\,6$,$Y_D = 2.8$。由点斜式线已知 $X_C = 0.487\,7$,$Y_C = 1.267\,2$,$\beta = 80°$。

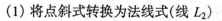

图 3.45　线线相交

(1)将点斜式转换为法线式(线 L_2)

① 寄存器数据分配表(表3.18)。

表 3.18

寄存器代号	1	2	3	4	5	6	M
参　数	β		$\sin \alpha_2$	$\cos \alpha_2$	X_C	Y_C	P_2
数　据	80				0.487 7	1.267 2	

② 存数据。

80 KIN 1 0.4877 KIN 5 1.2672 KIN 6

③ 进行计算。按 P1,显 -1.498684143(Q 为负),按 RUN,显 0.173648177(应使其与 Q 同号),按 $+/-$,显 -0.173648177($\sin \alpha_2$ 的正确值),按 RUN,显 0.26024377(P_2),按 KOUT 4,显 0.984807753($\cos \alpha_2$)。必须把 P_2、$\sin \alpha_2$ 及 $\cos \alpha_2$ 的值抄下保存,以便计算交点时用,因两点式转换时会改变这些数据。

(2) 将两点式转换为法线式(线 L_1)

① 寄存器数据分配表(表 3.19)。

表 3.19

寄存器编号	1	2	3	4	5	6	M
参 数	X_D	Y_D	$\sin \alpha_1$	$\cos \alpha_1$	X_C	Y_C	P_1
数 据	5.0576	2.8			0.862 96	3.05	

② 存数据。

5.0576 KIN 1 2.8 KIN 2   0.86296 KIN   5 3.05 KIN   6

③ 进行计算(必须越过计算点斜式的软件区)。

按 P1 RUN RUN RUN,显 3.101432304(Q 为正),按 RUN,显 0.998228645($\sin \alpha_1$ 的值已与 Q 同号),按 RUN,显 3.095938568(P_1),按 KOUT4,显 0.059494297($\cos \alpha_1$)。此时所计算出的 P_1 值存在 M 中,应将其存入 1 中,以便计算交点时用。按 MR,显 3.095938568(P_1),按 KIN 1。

(3) 计算 L_1 和 L_2 的交点

① 存数据。线 L_1 的 P_1、$\sin \alpha_1$ 和 $\cos \alpha_1$ 的值 L_1 转换完时,已存入相应的寄存器中,现在应把 L_2 的 P_2、$\sin \alpha_2$ 和 $\cos \alpha_2$ 存入相应的寄存器中。

0.26024377 KIN 2 0.173648177 $+/-$ KIN 5 0.984807753 KIN 6

存完后数据如表 3.20 所示。

表 3.20

1	2	3	4	5	6	M
P_1	P_2	$\sin \alpha_1$	$\cos \alpha_1$	$\sin \alpha_2$	$\cos \alpha_2$	
3.095 938 6	0.260 243 77	0.998 228 645	0.059 494 297	$-0.173 648 177$	0.984 807 753	

② 计算 L_1 和 L_2 的交点坐标值。

按 SHIFT P4,显 0.802689134(X),按 RUN,显 3.053592168(Y)。

六、线与两圆公切(OLO 型)切点坐标计算

线与两圆公切有内公切和外公切,如图 3.46 所示。

1. 线与两圆公切切点计算内容

(1) 线与两圆公切切点计算公式

$P_{1f} = [r_{2f}(r_2 \pm r_1)]/T$,外公切取 $-r_1$,内公切取 $+r_1$,$P_{2f} = \pm \sqrt{r_{2f}^2 - P_{1f}^2}$,点 A 取正,点 B 取负。切点 A 或点 B 对主圆心 O_2 的坐标值为:$X_A^{O2} = P_{1f}\cos \alpha_1 - P_{2f}\sin \alpha_1$,$Y_A^{O2} = P_{1f}\sin \alpha_1 + P_{2f}\cos \alpha_1$。求切点 A' 或点 B' 对分圆心 O_1 的坐标值为 $X_{A'}^{O1} = (\pm r_{1f}/r_{2f})X_A^{O2}$,

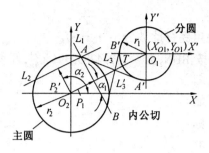

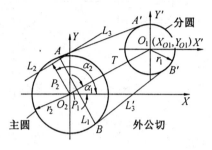

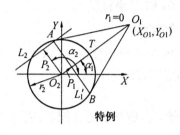

图 3.46　线与两圆公切

$Y_{A'}^{O1} = (\pm r_{1f}/r_{2f}) Y_A^{O2}$。

此两式中外公切取 $+ r_{1f}$，内公切取 $- r_{1f}$。

（2）寄存器所存数据分配表（表 3.21）

表 3.21

寄存器代号	1	2	3	4	5	6	M
参　数	P_{1f}	$P_{2f}(r_2 + r_1)$	$\sin \alpha_1$	$\cos \alpha_1$	r_{1f}	r_{2f}	T
数　据		(5)			-1.94	3.06	5.5

（3）所存数据的图形（图 3.47）

（4）存数据

寄存器 2 开始计算之前先暂存 $r_1 + r_2 = 5$，但计算后它存的是 P_{2f}。图 3.47 中 $\alpha_1 = 90°$。

90　SIN　KIN　3　90　COS　KIN　4
1.94　+/-　KIN　5　3.06　KIN　6　5.5
SHIFT MIN（内公切 r_{1f} 取负）

（5）计算上述公式的软件及操作

MODE EXP P2 SHIFT PCL MODE 4 P2 KOUT
6 × KOUT 2 = ÷ MR = KIN 1 KOUT 6 SHIFT
X^2 − KOUT 1 SHIFT X^2 = $\sqrt{\ }$ ENT KIN 2 KOUT
1 × KOUT 4 − KOUT 2 × KOUT 3 = ENT ×
KOUT 5 ÷ KOUT 6 = SHIFT HLT KOUT 1 ×
KOUT 3 + KOUT 2 × KOUT 4 = SHIFT HLT ×
KOUT 5 ÷ KOUT 6 = SHIFT HLT MODE・（共
47 步）

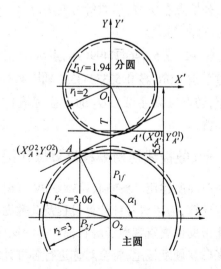

图 3.47　线与两圆内公切

（6）进行计算

计算前把 5 KIN 2 存入，每次重算前均应重新存此数（$r_1 + r_2 = 5$）。

按 P2，显 1.274789239（P_{2f}，点 A 为正），按 RUN，显 – 1.274789239（X_A^{O2}，即切点 A 对 O_2 的 X 坐标值），按 RUN，显 0.808199713（$X_{A'}^{O1}$，即切点 A′ 对分圆心 O_1 的 X 坐标值），按 RUN，显 2.781818182（$Y_{A'}^{O2}$，即切点 A 对 O_2 的 Y 坐标值），按 RUN，显 – 1.763636364（$Y_{A'}^{O1}$，即切点 A′ 对分圆心 O_1 的 Y 坐标值）。

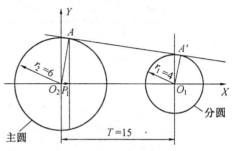

图 3.48　线与两圆外公切

2. 计算实例

图 3.48 为两圆外公切，已知数据如图中所示，$\alpha_1 = 0$。外公切 r_1 取 – r_1，故 $r_2 - r_1 = 6 - 4 = 2$。

（1）寄存器所存数据分配表（表 3.22）

表 3.22

寄存器代号	1	2	3	4	5	6	M
参　　数	P_1	$P_2(r_2 - r_1)$	$\sin \alpha_1$	$\cos \alpha_1$	r_1	r_2	T
数　　据		(2)			4	6	15

若考虑间隙补偿量 f，则寄存器 5 和 6 中的 r_1 和 r_2 均应加上 f 值。$r_2 - r_1 = 2$ 在计算前应先存于 2 中。

（2）存数据

2 KIN 2 0 SIN KIN 3 0 COS KIN 4　4 KIN 5 6 KIN 6 15 SHIFT MIN

（3）进行计算

公切点在 P_1 的逆时针方向为点 A，切点在 P_1 的顺时针方向为点 B。点 A 的 P_2 取正，点 B 的 P_2 取负。

按 P2，显 5.946427499（P_2，点 A 为正），按 RUN，显 0.8（X_A^{O2}，切点 A 对主圆心 O_2 的 X 坐标值），按 RUN，显 0.533333333（$X_{A'}^{O1}$、A′ 对分圆心 O_1 的 X 坐标值），按 RUN，显 5.946427499（Y_A^{O2}，切点 A 对主圆心 O_2 的 Y 坐标值），按 RUN，显 3.964285（$Y_{A'}^{O1}$，切点 A′ 对分圆心 O_1 的 Y 坐标值）。

七、数控线切割编程计算操作提示简卡

前面所述用 CASIO fx – 3900 PV 可编程函数计算器辅助手工编程的方法，可进行多种交切点计算，为了对各种计算过程及其数据分配更加一目了然，特设计了一个操作提示简卡，他能帮助你更直观地了解各种计算的操作过程，以及各个参数的寄存器分配。你可以复印一张贴在硬纸板上，将会对你进行各种计算时带来很大方便。必要时也可以用卡上的数据检查各种交点计算软件是否正常。

数控线切割编程计算操作提示简卡

（适用于 CASIOfx－3900PV 函数计算器）

点斜式转法线式（26 步）

表 3.23 为寄存器所存数据，先按表 3.23 把数据存入相应寄存器

PI 显 0.16704187（＋Q）

RUN 显 －0.406736643（$\sin \alpha$）按 ＋／－ 显 0.406736643（与 Q 同号）

RUN 显 0.06794205（P）

表 3.23

1	2	3	4	5	6	M
β		$\sin \alpha$	$\cos \alpha$	X_c	Y_c	$P_{(q)}$
114°				－4.3	9.825	

两点式转法线式（46 步）

表 3.24 为寄存器所存数据，先按表 3.24 把数据存入相应寄存器

PI RUN RUN

RUN 显 －5.950251353（－Q）

RUN 显 0.77325826（$\sin \alpha$）按 ＋／－ 显 －0.77325826（与 Q 同号）

RUN 显 4.601081012（P）

表 3.24

1	2	3	4	5	6	M
X_d	Y_d	$\sin \alpha$	$\cos \alpha$	X_c	Y_c	$P_{(q)}$
－10	2.25			－11.646 291	3.6	

圆圆相交（43 步）　　（OO 型）

表 3.25 为寄存器所存数据

SHIFT P3 显 9.280936878（PI）

RUN 显 5.904592337（P2）

RUN 显 0.978565545（X）

RUN 显 10.9563867（Y）

注意：点 A 的 P_2 取正，点 B 的 P_2 取负

表 3.25

1	2	3	4	5	6	M
P_1	P_2	$\sin \alpha$	$\cos \alpha$	r_1	r_2	T
		0.792 623 989	0.609 710 76	9.25	11	16.401 21

$\alpha = 52.431\ 407\ 9$

圆线相交　　　　（OL 型）

表 3.26 为寄存器所存数据

SHIFT P3 显 50（P_1）6.9（另输 P_1）

RUN 显 7.238093672（P_2）

RUN 显 $-1.730061444(X)$

RUN 显 $-9.84920745(Y)$

注意：点 A 的 P_2 取正，点 B 的 P_2 取负

表 3.26

1	2	3	4	5	6	M
P_1	P_2	$\sin\alpha$	$\cos\alpha$	r_1	r_2	T
		$-0.554\,371\,846$	$-0.832\,269\,1$	1	10	1

$\alpha = 213.667\,46$

线线相交(33 步)　　　(LL 型)

　　表 3.27 为寄存器所存数据

　　SHIFT P4 显 $-10.07(X)$

　　RUN 显 $2.216872467(Y)$

表 3.27

1	2	3	4	5	6	M
P_1	P_2	$\sin\alpha$	$\cos\alpha$	$\sin\alpha_2$	$\cos\alpha_2$	$\sin(\alpha_1-\alpha_2)$
$4.671\,082$	10.07	$-0.773\,258$	$-0.634\,091$	0	-1	

两圆公切(47 步)

　　表 3.28 为寄存器所存数据

　　P2 显 $0.832969856(P_{2f})$

　　RUN 显 $-0.261221086(X_A)$

　　RUN 显 $0.025726319(X_{O1A''})$

　　RUN 显 $-1.293894719(Y_A)$

　　RUN 显 $0.127429025(Y_{O1A'})$

注意：点 A 的 P_{2f} 取正，点 B 的 P_{2f} 取负

表 3.28

1	2	3	4	5	6	M
P_{1f}	P_{2f} (r_2+r)	$\sin\alpha_1$	$\cos\alpha_1$	r_{1f}	r_{2f}	T
	1.45	$-0.635\,531\,199$	$-0.772\,075\,186$	-0.13	1.32	$1.869\,153\,8$

注：$r_1\pm r_2$ 中，内公切 r_1 取 $+$，外公切 r_1 取 $-$；$\pm r_{1f}$ 中，外公切取 $+r_{1f}$，内公切取 $-r_{1f}$。

八、过渡圆圆心

　　目前一般线切割机床的控制器均具有间隙补偿功能，但在编程时大都要求对图形上的尖角(线线相交、圆线相交和圆圆相交)部分加过渡圆 O_3，如图3.49(a)所示。过渡圆弧必须和相邻的两个几何元素(线或圆弧)分别相切，以便使一个几何元素平滑地向另一个几何元素过渡。这些过渡圆一般只知道其半径，而不知道其圆心坐标。"典型化编程法"中仍采用求算两几何元素交点的方法来计算过渡圆圆心的坐标值。表3.7中分别示出三类过渡圆的位置关系。

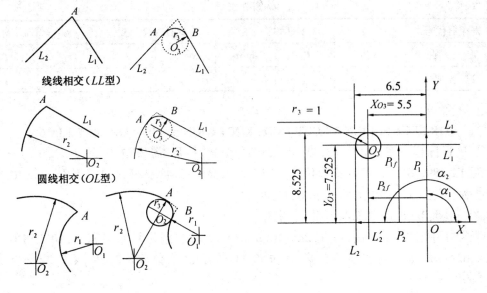

(a)尖角加过渡圆	(b)线线相交过渡圆

图 3.49　过渡圆 O_3

1. 过渡圆圆心坐标计算方法

计算过渡圆圆心坐标时,仍使用各种交点的计算公式和方法,但需要增加或减小相交圆的半径或相交线的法线 P 的长度,其增加或减小的量等于过渡圆的半径。其增加或减小的规则与间隙补偿量 f 的正负判别规则相同。

(1) 线线相交(LL 型)过渡圆圆心坐标

在图 3.49(b)中,已知 $P_1 = 8.525$,$\alpha_1 = 90°$,$P_2 = 6.5$,$\alpha_2 = 180°$,过渡圆半径 $r_3 = 1$。本图的过渡圆心坐标可以直观看出,并已注于图中。下面通过实例来学习计算方法。

① 线线相交寄存器所存数据表(表 3.29)。

表 3.29

寄存器代号	1	2	3	4	5	6	M
参　　数	P_{1f}	P_{2f}	$\sin \alpha_1$	$\cos \alpha_1$	$\sin \alpha_2$	$\cos \alpha_2$	分母
数　　据	7.525	5.5	1	0	0	-1	

$$P_{1f} = P_1 - r_3 = 8.525 - 1 = 7.525, \quad P_{2f} = P_2 - r_3 = 6.5 - 1 = 5.5$$

② 存数据。

7.525 KIN 1 5.5 KIN 2 90 SIN KIN 3 90 COS KIN 4 180 SIN KIN 5 180 COS KIN 6;

③ 进行计算。按 SHIFT P4,显 $-5.5(X_{O3})$,按 RUN,显 $7.525(Y_{O3})$。

(2) 圆线相交(OL 型)过渡圆圆心坐标

在图 3.50 中,已知 $r_2 = 13$,$P_1 = 0$,$\alpha_1 = 118°$,$r_3 = 0.5$,故 $P_{1f} = 0.5$,$r_{2f} = 12.5$,交点为 B,P_{2f} 值应取负值。

① 圆线相交寄存器所存数据表(表 3.30)。

表3.30

寄存器代号	1	2	3	4	5	6	M
参　数	P_{1f}	P_{2f}	$\sin \alpha_1$	$\cos \alpha_1$	r_1	r_{2f}	T
数　据					1	12.5	1

② 存数据。

    118 KIN 1 SIN KIN 3 KOUT 1 COS KIN 4 1 KIN 5 SHIFT MIN 12.5 KIN 6

③ 进行计算。按 SHIFT P3，显 78.125(算出 P_{1f} 不要，需另输 L_1 的 P_{1f})，0.5(P_{1f})按 RUN，显 12.489996(P_{2f}，点 B 应取负值)，按 +/−，显 −12.489996(P_{2f} 的正确值)，按 RUN，显 10.79327612(X_{O3}^{02})，按 RUN，显 6.305171738(Y_{O3}^{02})。

(3) 圆圆相交(OO 型)过渡圆圆心坐标

    图 3.51 中已知 $r_2 = 20$，$r_1 = 15$，$a = 10$，$b = 30$，$r_3 = 3$。据此可求 T 和 α_1，10 SHIFT R→P 30 = 31.6227766(T)，SHIFT X→Y，显 71.56505118°(α_1)。求交点 A 时 P_{2f} 取正，求交点 B 时 P_{2f} 取负值。$r_{2f} = r_2 + r_3 = 23$，$r_{1f} = r_1 + r_3 = 18$。

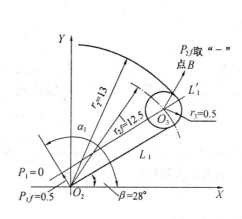

图 3.50   圆线相交过渡圆   图 3.51   圆圆相交过渡圆

① 圆圆相交寄存器所存数据表(表 3.31)。

表3.31

寄存器代号	1	2	3	4	5	6	M
参　数	P_{1f}	P_{2f}	$\sin \alpha_1$	$\cos \alpha_1$	r_{1f}	r_{2f}	T
数　据					18	23	31.622 776 6

② 存数据。

71.56505118 KIN 1 SIN KIN 3 KOUT 1 COS KIN 4 18 KIN 5 23 KIN 6 31.6227766 SHIFT MIN

③ 计算点 A 过渡圆圆心 O_3 对 O_2 的坐标。按 SHIFT P3，显 19.0527229(P_{1f})，按 RUN，显 12.88385618(P_{2f}，点 A 取正)，按 RUN，显 −6.197699171(X_{O3}^{02})，按 RUN，显 22.14923306 (Y_{O3}^{02})。

④ 计算点 B 过渡圆圆心 O'_3 的坐标。按 SHIFT P3，显 19.0527229(P_{1f})，按 RUN，显 12.88385618(P_{2f}，点 B 应取负值)，按 $+/-$，显 -12.88385618(P_{2f}的正确值)，按 RUN，显 18.24769917($X^{O2}_{O3'}$)，按 RUN，显 14.00076694($Y^{O2}_{O3'}$)。

2. 加过渡圆的典型图形编程

为了能在微机控制器上进行间隙补偿，对图 3.52 编程时，必须对每个尖角处都加上 $r = 0.1$ 的过渡圆，如图中的 C_2、C_4、C_6、C_9、C_{11}、C_{13} 各个尖点。

(1) 求 C_2 过渡圆心 O_2 的坐标，并编出有关程序

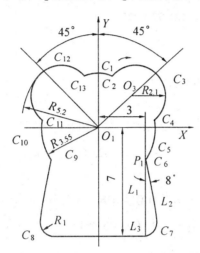

图 3.52　典型图形

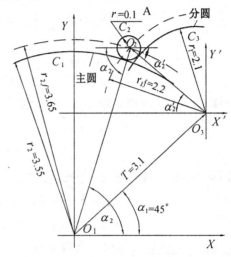

图 3.53　C_2 过渡圆

在图 3.53 中，已知 $\alpha_1 = 45°$，$r_{1f} = 2.2$，$r_{2f} = 3.65$，$r = 0.1$，$T = 3.1$，O_2 为圆圆相交的 A 交点。C_1 为主圆，C_3 为分圆。(为了与主圆半径区分开，过渡圆 O_2 的半径用 r 表示)

① 圆圆相交寄存器所存数据表(表 3.32)。

表 3.32

寄存器代号	1	2	3	4	5	6	M
参　　数	P_{1f}	P_{2f}	$\sin \alpha_1$	$\cos \alpha_1$	r_{1f}	r_{2f}	T
数　　据					2.2	3.65	3.1

② 存数据。

45 SIN KIN 3 45 COS KIN 4 2.2 KIN 5 3.65 KIN 6 3.1 SHIFT MIN

③ 计算过渡圆心 O_2 对 O_1 的坐标值。按 SHIFT P3，显 2.918145161(P_{1f})，按 RUN，显 2.192470939(P_{2f}，点 A 取正值)，按 RUN，显 0.513129163(X^{O1}_{O2})，按 RUN，显 3.6137513(Y^{O1}_{O2})。

④ 计算 C_2 与 C_1 圆切点对 O_1 的坐标值，即

$$\tan \alpha_2 = \frac{Y^{O1}_{O2}}{X^{O1}_{O2}} = \frac{3.613\,751\,3}{0.513\,129\,163} = 7.042\,576\,335$$

故 $\alpha_2 = 81.918\,397\,43°$。

C_2 与 C_1 圆的切点对 C_1 圆心 O_1 的坐标值为($r_2 = 3.55$)

$$X^{O1}_{O2C1} = r_2\cos \alpha_2 = 0.499\,070\,829, \quad Y^{O1}_{C2C1} = r_2\sin \alpha_2 = 3.514\,744\,416$$

⑤ 可编出 C_1 段圆弧的程序。其程序为

B499B3515B998GXSR2（$J = 0.499 \times 2 = 0.998$）

编程数据如图 3.54 所示。

⑥ 计算 C_2 与 C_3 圆切点的坐标值。

先求 C_2 圆心 O_2 对 C_3 圆心 O_3 的坐标值。

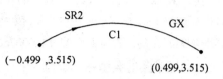

图 3.54　C_1 圆弧编程数据

$$X_{O2}^{O3} = X_{O2}^{O1} - X_{O3}^{O1} = 0.513\ 129\ 163 - 3.1 \times \cos 45° = -1.678\ 901\ 859$$

$$Y_{O2}^{O3} = Y_{O2}^{O1} - Y_{O3}^{O1} = 3.613\ 751\ 3 - 3.1 \times \sin 45° = 1.421\ 720\ 278$$

$$\tan \alpha_2' = \frac{Y_{O2}^{O3}}{X_{O2}^{O3}} = \frac{1.421\ 720\ 278}{1.678\ 901\ 859} = 0.846\ 815\ 595$$

故　　　　　　　　　　　　　　$\alpha_2' = 40.258\ 446\ 66°$

计算 C_2 与 C_3 圆切点对 O_2 的坐标值

$$X_{C2C3}^{O2} = r \times \cos \alpha_2' = 0.1 \times \cos \alpha_2' = 0.076\ 313\ 720\ 8$$

$$Y_{C2C3}^{O2} = r \times \sin \alpha_2' = 0.1 \times \sin \alpha_2' = -0.064\ 623\ 649$$

计算 C_2 与 C_1 圆切点对 O_2 的坐标值

$$X_{C2C1}^{O2} = r \times \cos \alpha_2 = 0.1 \times \cos \alpha_2 = -0.014\ 058\ 333\ 2$$

$$Y_{C2C1}^{O2} = r \times \sin \alpha_2 = 0.1 \times \sin \alpha_2 = -0.099\ 006\ 884\ 9$$

⑦ 编 C_2 段圆弧的程序。其程序为

　　　　B14B99B36GYNR3（$J = 0.1 - 0.099 + 0.1 - 0.065 = 0.036$）

编程数据如图 3.55 所示。

⑧ 计算 C_2 与 C_3 圆切点对 O_3 的坐标值

$$X_{C2C3}^{O3} = 2.1 \times \cos \alpha_2' = -1.602\ 588\ 138$$

$$X_{C2C3}^{O3} = 2.1 \times \sin \alpha_2' = 1.357\ 096\ 629$$

⑨ 计算 C_3 与 C_4 圆切点对 O_3 的坐标值。因该切点和前面算出 C_2 和 C_3 圆的切点与 45°线对称，它们两切点之间的坐标值，$|X| = |Y|$，$|Y| = |X|$，故该切点的坐标值为：$X_{C3C4}^{O3} = 1.357\ 096\ 629$，$Y_{C3C4}^{O3} = -1.602\ 588\ 137$。

⑩ 编出 C_3 段圆弧的程序。其程序为

　　　　B1603B1357B4446GXSR2〔$J = 1.603 + 2.1 + (2.1 - 1.357) = 4.446$〕

编程数据如图 3.56 所示。

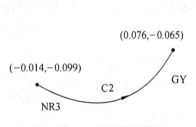

图 3.55　C_2 圆弧编程数据

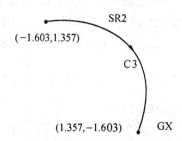

图 3.56　C_3 圆弧编程数据

(2) 求 C_4 过渡圆圆心 O_4 的坐标值及编有关程序

图 3.57 中 O_4 是 O_2 对 45°线的对称点,故

$$X_{O4}^{O3} = Y_{O2}^{O3} = 1.421\,720\,278, Y_{O4}^{O3} = X_{O2}^{O3} =$$
$$-1.678\,901\,859$$

$$\tan \alpha_4 = \frac{1.678\,901\,859}{1.421\,720\,278} = 1.180\,894\,642$$

故 $\alpha_4 = 49.741\,553\,34°$

① 求 C_4 与 C_3 圆的切点对 O_4 的坐标。

$$X_{C4C3}^{O4} = r_4 \times \cos \alpha_4 = 0.1 \times \cos \alpha_4 =$$
$$-0.064\,623\,648$$

$$Y_{C4C3}^{O4} = r_4 \times \sin \alpha_4 = 0.1 \times \sin \alpha_4 =$$
$$0.076\,313\,72$$

② 求 O_4 对 O_1 的坐标值。因 O_4 是 O_2 对 45°线的对称点,故

$$X_{O4}^{O1} = Y_{O2}^{O1} = 3.613\,751\,3, Y_{O4}^{O1} = X_{O2}^{O1} = 0.513\,129\,163$$

$$\tan \alpha'_4 = \frac{Y_{O4}^{O1}}{X_{O4}^{O1}} = \frac{0.513\,129\,163}{3.613\,751\,3} = 0.141\,993\,491$$

故 $\alpha'_4 = 8.081\,602\,567°$

③ 求 C_4 与 C_5 圆切点对 O_4 的坐标值

$$X_{C4C5}^{O4} = r_4 \times \cos \alpha'_4 = 0.1 \times \cos \alpha'_4 = -0.099\,006\,884$$
$$Y_{C4C5}^{O4} = r_4 \times \sin \alpha'_4 = 0.1 \times \sin \alpha'_4 = -0.014\,058\,333$$

④ 编 C_4 段过渡圆弧的程序。其程序为

B65B76B90GYNR2($J = 0.076 + 0.014 = 0.09$)

其编程数据如图 3.58 所示。

⑤ 求 C_4 与 C_5 圆切点对 O_1 的坐标值

$$X_{C4C5}^{O1} = 3.55 \times \cos \alpha'_4 = 3.514\,744\,416$$
$$Y_{C4C5}^{O1} = 3.55 \times \sin \alpha'_4 = 0.499\,070\,829$$

(3) 求 C_6 过渡圆的圆心 O_6 的坐标值及编有关程序

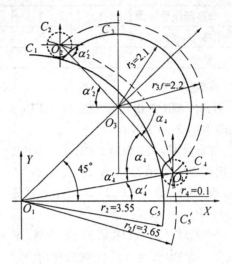

图 3.57 C_4 过渡圆

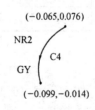

图 3.58 C_4 圆弧编程数据

图 3.59 中 O_6 是 C_5 增大过渡圆的半径后的 C_5' 圆与线 L_2 平移过渡圆半径后的 L_2' 线的交点(B 点)。

C_5' 圆的半径 $r_{2f} = 3.65$,L_2 线为点斜式线,但 C_5 圆和 L_2 交点 P_1,只知道 X 坐标值,不知道 Y 坐标值,所以必须先求出 C_5 与法线式 L_1 的交点 P_1 的坐标值,才能用过点 P_1 的点斜式来表达 L_2 线。

① 求 C_5 圆与法线式 L_1 的交点 P_1 对 O_1 的坐标值。已知 C_5 圆 $r_2 = 3.55$,L_1 线 $P_1 = 3$,$\alpha_1 = 0°$,交点为 B 点。

圆线相交,寄存器所存数据分配表如表 3.33 所示。

表 3.33

寄存器代号	1	2	3	4	5	6	M
参 数	P_1	P_2	$\sin \alpha_1$	$\cos \alpha_1$	r_1	r_2	T
数 据					1	3.55	1

存数据

0 SIN KIN 3 0 COS KIN 4　1KIN 5 SHIFT MIN 3.55 KIN 6

进行计算。按 SHIFT P3,显 6.30125 (算出的 P_1 不用) 3(输 L_1 真正的 P_1 值),按 RUN,显 1.89802529(P_2,交点是 B 点,P_2 应取负值),按 +/−,显 −1.89802529(P_2 正确值),按 RUN,显 3(X_{P1}^{O1}),按 RUN,显 −1.89802529(Y_{P1}^{O1})。

② 将点斜式 L_2 转换为法线式,即: L_2 已知 $X_C = 3, Y_C = −1.898\,025\,29, \beta = 98°$。

点斜式转换寄存器所存数据分配表 如表 3.34 所示。

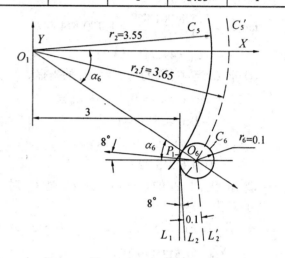

图 3.59　C_6 过渡圆

表 3.34

寄存器代号	1	2	3	4	5	6	M
参 数	β		$\sin \alpha_1$	$\cos \alpha_1$	X_C	Y_C	P_1
数 据	98				3	−1.898 025 29	

存数据

98 KIN 1 3 KIN 5 1.89802529 +/− KIN 6

转换计算。按 P1,显 19.44808388(Q 为正),按 RUN,显 −0.139173101($\sin \alpha_1$),按 +/−,显 0.139173101($\sin \alpha_1$ 的正确值已与 Q 同号),按 RUN,显 2.706650141(P_1),按 kout 4,显 0.990268068($\cos \alpha_1$)。

③ 计算 C_5' 圆与 L_2' 线的交点 O_6 的坐标值。由 C_5' 圆已知 $r_{2f} = 3.65$,L_2' 线的 $\sin \alpha_1$ 和 $\cos \alpha_1$ 前面转换时已分别存于 3 和 4 寄存器中,$P_{1f} = 2.806\,650\,141$。

计算 C_5' 与 L_2' 交点寄存器所存数据分配表(表 3.35)。

表 3.35

寄存器代号	1	2	3	4	5	6	M
参 数	P_{1f}	P_{2f}	$\sin \alpha_1$	$\cos \alpha_1$	r_1	r_{2f}	T
数据			0.139 173 101	0.990 268 068	1	3.65	1

存数据

1 KIN 5 SHIFT MIN 3.65 KIN 6

进行计算。按 SHIFT P3,显 6.66125(P_1 不用,需另输入)2.806650141(另输入的 P_{1f} 值),

RUN 显 2.333498444(P_{2f}，该交点为 B，应取负值)，按 + ∕ − ，显 − 2.333498444 (P_{2f}正确值)，RUN 显 3.104096229(X_{O6}^{O1})，RUN 显 − 1.920178794(Y_{O6}^{O1})。

$$\tan \alpha_6 = \frac{Y_{O6}^{O1}}{X_{O6}^{O1}} = 0.618\,595\,124$$

故
$$\alpha_6 = 31.740\,733\,05°$$

④ 计算 C_6 与 C_5 圆切点对 O_1 的坐标值及编 C_5 段圆弧的程序，即

$$X_{C6C5}^{O1} = r_2 \times \cos \alpha_6 = 3.55 \times \cos \alpha_6 = 3.019\,052\,497$$

$$Y_{C6C5}^{O1} = r_2 \times \sin \alpha_6 = 3.55 \times \sin \alpha_6 = - 1.867\,571\,155$$

C_5 段圆弧编程数据如图 3.60 所示，其程序为

$$\text{B3515B499B2367GYSR1}(J = 0.499 + 1.868 = 2.367)$$

C_6 与 C_5 切点对 O_6 的坐标值为

$$X_{C6C5}^{O6} = r_6 \times \cos \alpha_6 = - 0.085\,043\,732$$

$$Y_{C6C5}^{O6} = r_6 \times \sin \alpha_6 = 0.052\,607\,638$$

⑤ 计算 C_6 与 L_2 的切点坐标及编 C_6 段圆弧程序，即

$$X_{C6L2}^{O6} = r_6 \times \cos 8° = 0.1 \times \cos 8° = - 0.099\,026\,806$$

$$Y_{C6L2}^{O6} = r_6 \times \sin 8° = 0.1 \times \sin 8° = - 0.013\,917\,31$$

C_6 段圆弧编程数据如图 3.61 所示，其程序为

$$\text{B85B53B67GYNR2} (J = 0.053 + 0.014 = 0.067)$$

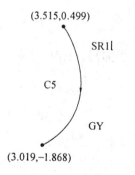

图 3.60　C_5 圆弧编程数据

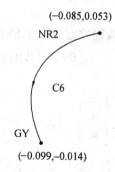

图 3.61　C_6 圆弧编程数据

计算 C_6 与 L_2 切点对 O_1 的坐标值

$$X_{C6L2}^{O1} = X_{O6}^{O1} + X_{C6L2}^{O6} = 3.104\,096\,229 - 0.099\,026\,806 = 3.005\,069\,423$$

$$Y_{C6L2}^{O1} = Y_{O6}^{O1} + Y_{C6L2}^{O6} = - 1.920\,178\,794 - 0.013\,917\,31 = - 1.934\,096\,104$$

(4) 求 C_7 过渡圆心 O_7 的坐标值，并编有关程序(图 3.62)

O_7 为 L_2'' 和 L_3' 两线的交点，已知 L_2'' 的 $P_2'' = 1.706\,650\,141$(L_2 的法线长减 2)，$\sin \alpha_2 = 0.139\,173\,101$，$\cos \alpha_2 = 0.990\,268\,068$。已知 L_3' 的 $P_3' = 6$，$\sin \alpha_1 = - 1$，$\cos \alpha_1 = 0$。

① L_2'' 和 L_3' 线线相交交点的寄存器数据分配表(表 3.36)。

表 3.36

寄存器代号	1	2	3	4	5	6	M
参　数	P_3'	P_2''	$\sin \alpha_1$	$\cos \alpha_1$	$\sin \alpha_2$	$\cos \alpha_2$	
数　据	6	1.706 650 141	-1	0	0.139 173 101	0.990 268 068	

② 存数据。

6 KIN 1 1.706650141 KIN 2 1 +/− KIN 3 0 KIN 4 0.139173101 KIN 5 0.990268068 KIN 6

③ 计算 O_7 坐标值。按 SHIFT P4,显 2.566667379 (X_{O7}^{O1}),按 RUN,显 −6(Y_{O7}^{O1})。

④ 求 L_2 与 C_7 的切点对 O_7 的坐标,即

$$X_{L2C7}^{O7} = r_7 \times \cos 8° = 1 \times \cos 8° = 0.990\ 268\ 068$$

$$Y_{L2C7}^{O7} = r_7 \times \sin 8° = 1 \times \sin 8° = 0.139\ 173\ 101$$

⑤ 求 L_2 与 C_7 的切点对 O_1 的坐标值及线 L_2 的编程数据,即

$$X_{L2C7}^{O1} = X_{O7}^{O1} + X_{L2C7}^{O7} = 3.556\ 935\ 447$$

$$Y_{L2C7}^{O1} = Y_{O7}^{O1} + Y_{L2C7}^{O7} = -5.860\ 826\ 899$$

$$X_{L2C7}^{O1} - X_{C6L2}^{O1} = 3.556\ 935\ 447 - 3.005\ 069\ 423 = 0.551\ 871\ 439$$

$$Y_{L2C7}^{O1} - Y_{C6L2}^{O1} = 5.860\ 826\ 899 - 1.934\ 096\ 104 = 3.926\ 730\ 795$$

L_2 线的程序为

$$B552B3927B3927GYL_4$$

⑥ 求 C_7 与 L_3 的切点对 O_7 的坐标值,即

$$X_{C7L3}^{O7} = 0, \quad Y_{C7L3}^{O7} = -1$$

C_7 段圆弧编程数据如图 3.63 所示,其程序为

$$B990B139B1010GXSR1[J = 1 + (1 - 0.99)] = 1.01$$

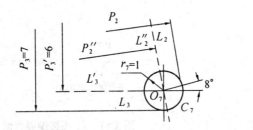

图 3.62　求 O_7 的条件　　　　图 3.63　C_7 圆弧编程数据

L_3 直线程序为

$$BBB5133GXL_3(J = X_{O7}^{O1} \times 2 = 2.566\ 667\ 379 \times 2 = 5.133)$$

(5) 以 Y 轴对称左半部图形的编程

C_8 及斜线的编程数据可以直观地看出。C_9、C_{10}、C_{11}、C_{12}、C_{13} 圆弧与 C_6、C_5、C_4、C_3、C_2 对 Y 坐标轴对称。对各圆弧的两端点坐标值而言,对称后的 X 坐标值等于把对称前的 X 坐标值乘以 −1,对称后的 Y 坐标值与对称前相同。

① 编 C_8 圆弧程序。编程所需数据可以直观地看出(图 3.64),其程序为

$$BB1000B1139GYSR3$$

② 编左边斜线程序。编程数据可根据右边斜线得出(图 3.65),其程序为

$$B552B3927B3927GYL_1$$

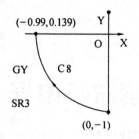

图 3.64　C_8 编程数据

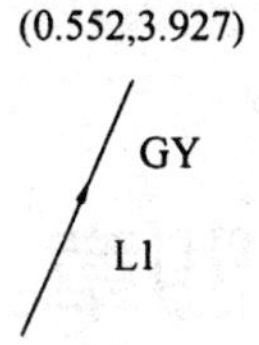

图 3.65　斜线编程数据

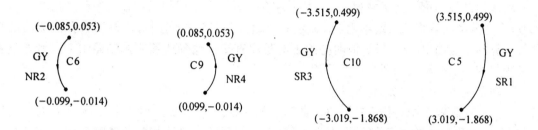

图 3.66　C_9 编程数据　　　　图 3.67　C_{10}编程数据

③ 编 C_9 圆弧程序。C_9 编程数据见图 3.66。由 C_6 对 Y 轴对称而得,其程序为

$$B99B14B67GYNR4(J = 0.053 + 0.014 = 0.067)$$

④ 编 C_{10}圆弧程序。C_{10}编程数据如图 3.67 所示。其程序为

$$B3019B1868B2367GYSR3(J = 0.499 + 1.868 = 2.367)$$

⑤ 编 C_{11}圆弧程序。C_{11}编程数据如图 3.68 所示。其程序为

$$B99B14B36GXNR4(J = 0.1 \times 2 - 0.065 - 0.099 = 0.036)$$

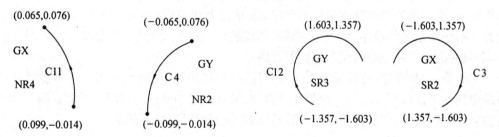

图 3.68　C_{11}编程数据　　　　图 3.69　C_{12}编程数据

⑥ 编 C_{12}圆弧程序。C_{12}编程数据如图 3.69 所示。其程序为

$$B1357B1603B4446GYSR3(J = 1.603 + 2.1 + (2.1 - 1.357) = 4.446)$$

⑦ 编 C_{13}圆弧程序。C_{13}编程数据如图 3.70 所示。其程序为

$$B76B65B90GXNR3 (J = 0.076 + 0.014 = 0.09)$$

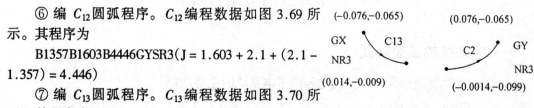

图 3.70　C_{13}编程数据

第四章　语言式线切割微机编程

由于计算机技术的飞速发展,很多厂家新出售的数控线切割机床都有微机编程系统,早期购买的机床,也逐步配上了微机编程系统。微机编程系统类型比较多,按输入方式不同,大致可分为:① 采用语言输入;② 采用中文或西文菜单及语言输入;③ 采用绘图式输入;④ 采用鼠标器按图形标注尺寸输入;⑤ 用数字化仪输入;⑥ 用扫描仪输入等等。从输出方式看,大部分都能输出 3B 或 4B 程序、显示图形、打印程序、打印图形以及用穿孔机穿出纸带等。有的还能输出 ISO 代码,同时把编出的程序直接传输到线切割控制器中去。另外还有编程兼控制的系统已被很多厂家采用。

这里主要讲语言式编程系统。

一般语言式系统是指人把零件的源程序编好后,一次就输入微机中,没有人机对活的烦琐,但在源程序中除了几何元素定义语句之外,还要输入描述切割路线的语句以及间隙补偿、旋转、对称等语句。所以在使用语言式编程系统时,需要记意的语句量比较多。而哈尔滨工业大学所研制的人机会话式系统,采用了一些几何元素定义语句,因而大幅度地减少了微机的提问,又省去了一般语言式描述切割路线的语句,对于所切割工件图形上的线也不必逐条加以定义,使编程工作很简捷,学起来也较容易,且在输入几何元素定义语句过程中,能及时显示计算结果,容易立即发现和纠正输入时的错误,当操作上发生错误时,微机能及时显示错误信息,提醒及时更正错误,所以使用起来比较方便灵活。

本系统共分三大部分:① 圆、线图形编程部分,这是本系统的基本部分;② 渐开线齿轮编程部分,专门用于编渐开线齿轮的程序;③ 非圆曲线编程部分,用于编列表曲线和已知曲线方程的函数曲线的程序,也能编阿基米德螺旋线、椭圆、抛物线、双曲线以及内、外摆线和正、余弦曲线等多种函数曲线的线切割程序。

它能编出 3B 程序,也能编出 ISO 数控代码;可以用绝对坐标,也可以用增量坐标;编出的线切割程序,可以显示,也可由打印机打印,又可以把 3B 程序直接传输到线切割控制器中去,必要时还可以与穿孔机连接穿出数控纸带;编程时可以显示图形。

4.1　圆、线图形编程部分

一、本系统的主要功能

在下面的功能选择菜单中简捷地列出了本系统的主要功能。

·················· 功 能 选 择 ··················

A. 键盘输入	B. 接收 CAD 数据	C. 显示数据
D. 对称	E. 平移	F. 旋转
G. 插入、删除	H. 尖角修圆	I. 间隙补偿
J. 重新排序	K. 秩序倒排	L. 存、取数据
M. 编程序	N. 显示 3B 程序	O. 存 3B 程序数据
P. 存 3B 程序		

请 选 择 （ ）

二、编程实例

下面通过几个实例来说明具体编程方法。

例1 要编一个图形的程序,首先要写出该图的源程序。写源程序之前应对各圆按顺序编号。各交点应看成半径等于零的圆。

① 图 4.1 的源程序为

$C1 = 0,0, -3.55$

$C3 = A,3.1,45, -2.1$

$C2 = C1,C3,A,0$

$C4 = C2,S,45$

$C5 = C1$

$L1 = 3,0$

$C6 = C5,L1,B,0$

$P1 = C6$

$L2 = P1,98$

$L3 = 7, -90$

$C7 = L2,L3,0$

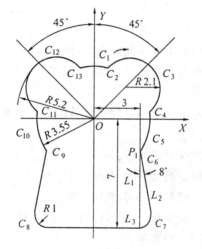

图 4.1 求三种交点的图形

② 利用键盘将源程序输入微机。在输入源程序过程中,边输入边显示所输入内容,若所输入内容是交点计算的语句,则立即显示出交点计算结果。用 ↘ 表示每输完一行源程序后应按回车键,回车键后的内容是对这条源程序语句的解释。

源程序输入过程为:

* $C1 = 0,0, -3.55$ ↘ C_1 圆的圆心坐标$(0,0)$,半径 $r = -3.55$(顺圆)

* 显 No.1 $X_C = 0$ $Y_C = 0$ $R_C = -3.55$

* $C3 = A,3.1,45, -2.1$ ↘ C_3 圆的圆心极坐标$(\rho = 3.1, \theta = 45°)$,半径 $r = -2.1$(顺圆)

* 显 No.3 $X_C = 2.192031$ $Y_C = 2.192031$ $R_C = -2.1$

* $C2 = C1,C3,A,0$ ↘ C_2 圆的圆心是 C_1 和 C_3 的上交点,半径 $r = 0$

* 显 No.2 $X_C = 0.5542684$ $Y_C = 3.506464$ $R_C = 0$

* $C4 = C2,S,45$ ↘ C_4 圆是 C_2 圆以 45°线为对称轴的对称圆

* 显 No.4 $X_C = 3.506464$ $Y_C = 0.5542684$ $R_C = 0$

* C5 = C1 ↓ C5 圆与 C1 圆相同

* 显 No.5 $X_C = 0$ $Y_C = 0$ $R_C = -3.55$

* L1 = 3.0 ↓ L_1 为法线式线，$P = 3$，$\alpha = 0°$

* 显 No.1   P1 = 3 $\alpha_1 = 0$

* C6 = C5,L1,B,0 ↓ C_6 圆的圆心是 C_5 和 L_1 的下交点，半径 $r = 0$

* 显 No.6 $X_C = 3$ $Y_C = -1.898025$ $R_C = 0$

* P1 = C6 ↓ P_1 点即 C_6 的圆心

* 显 $X_P = 3$ $Y_P = -1.898025$

* L2 = P1,98 ↓ L_2 为点斜式线，$P = P_1$，$\beta = 98°$

* 显 No.2   P1 = 2.70665 $\alpha_1 = 8$

* L3 = 7, -90 ↓ L_3 为法线式线，$P = 7$，$\alpha = -90°$

* 显 No.3   P1 = 7 $\alpha_1 = -90$

* C7 = L2,L3,0 ↓ C_7 的圆心是 L_2 和 L_3 的交点，半径 $r = 0$

* 显 No.7 $X_C = 3.717036$ $Y_C = -7$ $R_C = 0$

以上所输入的源程序，把 $R = 1$ 的 C_7 圆先计算出 L_2 和 L_3 两条线的交点，即 C_7 所算出的是半径为零的点，后面用尖角修圆的功能使其变为所需要的圆弧。上面只输入图形的右边一半。

左边一半用对称功能就能立即获得。

* SYM ↓

* 对称反射定义：

* 起始过渡圆序号：$N_s = ?$ 1 ↓

* 终止过渡圆序号：$N_e = ?$ 7 ↓

* 对称轴类型——[X],[Y],[0],[Li],[L,P_1,α_1],[α]

* 请输入对称轴：Y ↓

调用尖角修圆功能对 C_7 和 C_8 进行尖角修圆

* 请选择：1   指定尖角修圆   2   全部尖角修圆   [1,2]1 ↓

* I = ? 7 ↓

* R = ? 1 ↓

* I = ? 8 ↓

* R = ? 1 ↓

* I = ? 0 ↓

调用间隙补偿功能进行间隙补偿，所输入的间隙补偿量 F 不必带正负号，只要判别沿切割方向看时，钼丝是在所切图形线的左侧还是右侧即可，本件为凸件，沿工件顺时针切割，故为左侧。间隙补偿时尖角不必加过渡圆。

* 补偿方向：   1. 左侧   2. 右侧   [1,2]? 1 ↓

* 补偿量：   F = 0.07 ↓

在对称、尖角修圆或间隙补偿前或后,可随时调看各图的参数,认为正确无误之后即可调用编程功能进行编程。

* 起点坐标(X,Y):0,5↓

* 程序输出格式:

　　1.3B 程序　　　2.ISO－A 代码　　　3.ISO－I 代码

　　[1,2,3]? 1↓

* 3B 程序:

* 起点坐标:　　　0.000,5.000↓　　　　　　　　(每条程序终点的总坐标值)

N001	B	525	B	1418	B	1418	GY	L3	(－0.5254,	3.5817)
N002	B	525	B	3582	B	1051	GX	SR2	(0.5254,	3.5817)
N003	B	1667	B	1390	B	4617	GX	SR2	(3.5817,	0.5254)
N004	B	3582	B	525	B	2439	GY	SR1	(3.0729,	－1.9136)
N005	B	553	B	3937	B	3937	GY	L4	(3.6263,	－5.8511)
N006	B	1060	B	149	B	1080	GX	SR1	(2.5667,	－7.0700)
N007	B	0	B	0	B	5133	GX	L3	(－2.5667,	－7.0700)
N008	B	0	B	1070	B	1219	GY	SR3	(－3.6263,	－5.8511)
N009	B	553	B	3937	B	3937	GY	L1	(－3.0729,	－1.9136)
NO10	B	3073	B	1914	B	2439	GY	SR3	(－3.5817,	0.5254)
NO11	B	1390	B	1667	B	4617	GY	SR3	(－0.5254,	3.5817)

* 打印输出 [N]? Y↓

* 输出图形 [N]? Y↓　　(在屏幕上显示出所编程序的图形供核对用)

　　例2　图4.2沿工件逆时针方向切割凸件的源程序及所编出的程序如下:

* C1＝0,0,38↓　　C_1 的圆心坐标(0,0),$r=38$(逆圆)

* C2＝A,27,90,11↓　　C_2 的圆心用极坐标定义,$\rho=27,\theta=90°,r=11$(逆圆)

* C3＝A,33,147.5,－11↓　　C_3 的圆心用极坐标定义,$\rho=33,\theta=147.5°,r=-11$(顺圆)

* C4＝0,0,22↓　　C_4 的圆心坐标(0,0),$r=22$(逆圆)

* C5＝A,33,－155,－11↓　　C_5 的圆心用极坐标定义,$\rho=33,\theta=-155°,r=-11$(顺圆)

* L1＝O,－97.5↓　　L_1 为点斜式线,点为坐标原点 O(英文字母),$\beta=-97.5°$

* C6＝C1,－11↓　　C_6 为 C_1 的同心圆,$\Delta r=r-r_i=27-38=-11$(此 C6 为辅助圆)

* C6＝C6,L1,B,11↓　　C_6 圆的圆心为暂用 C_6 圆与 L_1 的下交点半径 $r=11$(逆圆)

* 3B　程序↓(补偿量 F＝0)

* 起点坐标　　　　－10.000,－40.000↓

N001	B	5040	B	2325	B	5040	GX	L1	(－4.9600,	－37.6749)
N002	B	4960	B	37675	B	80960	GX	NR3	(0.0000,	38.0000)
N003	B	0	B	11000	B	6703	GY	NR2	(－10.1261,	31.2968)
N004	B	7580	B	17863	B	17863	GY	L3	(－17.7059,	13.4341)
N005	B	10126	B	4297	B	1613	GY	SR4	(－18.5546,	11.8206)

N006　B　18555　B　11821　B　21118　GY　NR2　（－19.9388，　　　　－9.2976）

N007　B　9969　B　4649　B　1710　GY　SR1　（－19.3079，　　　　－11.0081）

N008　B　5183　B　18699　B　18699　GY　L4　（－14.1245，　　　　－29.7074）

N009　B　10600　B　2938　B　9164　GX　NR3　（－4.9600，　　　　－37.6749）

* 绘制图形［N］? Y↘　　　（在屏幕上显示出所编程序的图形供核对用）

　　例3　图4.3为旋转图形,此图共由三个完全相同的单元图形组成,源程序只需编写由 C_1、C_2、C_3 和 C_4 四个圆组成的单元图形,然后采用图形旋转功能,逆时针方向旋转120°两次即得。按工件顺时针方向切割。

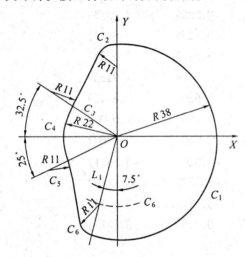
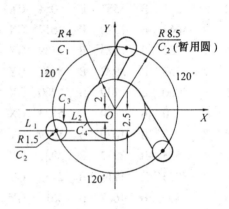

图4.2　凸轮　　　　　　　　　　图4.3　旋转图形

* C1 = 0,0, － 4↘　　　C_1 圆的圆心坐标(0,0),半径 $r = -4$(顺圆)

　　No.1　　$X_C = 0$　　　$Y_C = 0$　　　$R_C = -4$

* L1 = Y, － 2.5↘　　　L_1 为 $Y = -2.5$　与 X 轴平行的线

　　No.1　　$P1 = 2.5$　　　$\alpha_1 = -90$

* C2 = 0,0,8.5↘　　　暂用圆 C_2 圆的圆心坐标(0,0),半径 $r = 8.5$(逆圆)

　　No.2　　$X_C = 0$　　　$Y_C = 0$　　　$R_C = 8.5$

* C2 = C2,L1,L, － 1.5↘　　　C_2 圆的圆心是暂用圆 C_2 与 L_1 的左交点,半径 $r = -1.5$(顺圆)

　　No.2　　$X_C = -8.124039$　　　$Y_C = -2.5$　　　$R_C = -1.5$

* L_2 = Y, － 2↘　　　L_2 为 $Y = -2$,与 X 轴平行的线

　　No.2,　　　$P_1 = 2$　　　$\alpha_1 = -90$↘

* C3 = C2,L2,R,0↘　　　C_3 圆的圆心是 C_2 与 L_2 的右交点,半径 $r = 0$

　　No.3　　$X_C = -6.709825$　　　$Y_C = -2$　　　$R_C = 0$

* C4 = C1,L2,L,0↘　　　C_4 圆的圆心为 C_1 和 L_2 的左交点,半径 $r = 0$

　　No.4　　$X_C = -3.464102$　　　$Y_C = -2$　　　$R_C = 0$

* ROT

* 图形旋转定义:

* 起始点　　$N_s = 1$↘

* 终止点　$N_e = 4$↓
* 旋转中心选择——[O],[Pi],[P,X,Y]
* 请输入旋转中心 [O]:O↓
* 旋转度数　$\alpha = -120$↓
* 旋转次数　$K = 2$↓

　　未进行间隙补偿前编出的程序如下：

* 请输入切割起点坐标(X,Y):5,−8↓
* 程序输出格式:1.3B程序　　2.ISO−A　　3.ISO−I　[1,2,3]　1↓
* 3B程序:
* 起点坐标:　　　　5.000　　　−8.000　　　　　　　　(该条程序终点总坐标值)

N0001	B	536	B	6000	B	6000	GY	L2	(3.4641,	−2.0000)
N0002	B	3464	B	2000	B	3464	GX	SR4	(0.0000,	−4.0000)
N0003	B	0	B	0	B	8124	GX	L3	(−8.1240,	−4.0000)
N0004	B	0	B	1500	B	4000	GY	SR3	(−6.7098,	−2.0000)
N0005	B	0	B	0	B	3246	GX	L1	(−3.4641,	−2.0000)
N0006	B	3464	B	2000	B	4000	GY	SR3	(−3.4641,	2.0000)
N0007	B	4062	B	7036	B	7036	GY	L1	(0.5979,	9.0356)
N0008	B	1299	B	750	B	4573	GX	SR2	(1.6229,	6.8109)
N0009	B	1623	B	2811	B	2811	GY	L3	(−0.0000,	4.0000)
N0010	B	0	B	4000	B	2000	GY	SR1	(3.4641,	2.0000)
N0011	B	4062	B	7036	B	7036	GY	L4	(7.5261,	−5.0356)
N0012	B	1299	B	750	B	4725	GY	SR1	(5.0870,	−4.8109)
N0013	B	1623	B	2811	B	2811	GY	L2	(3.4641,	−2.0000)

* 打印输出 [N]? Y↓(打印输出程序)
* 绘制图形 [N]? Y↓（在屏幕上显示出该程序的图,供核对用）

　　常常想在间隙补偿之前,用各条程序终点总坐标值来核对一次程序,核对与图样上该点坐标值是否对应。因为有些点在图样上看不出来,是计算得到的,并不是每一点都可核对,但能核对一部分也可以基本达到目的。核对完毕,进行间隙补偿,而后再编一次程序即可。

　　3.几何元素定义语句(38 种)

　　要编写各种圆弧和直线所构成图形的源程序,应先熟悉几何元素定义语句,这样在编写源程序时就比较方便自如。

　　几何元素定义语句分为点定义语句、直线定义语句和圆定义语句三类,共38 个定义语句,初学时只要记住常用的少数几个语句,即可进行编程工作,对于其他语句,只要求有个初步印象,以便必要时查阅。

　　(1) 点定义语句(12 种)

　　① 已知点的直角坐标(图4.4),即

$$P = X, Y$$

　　② 已知点的极坐标(图4.5),即

$$P = A, \rho, \theta$$

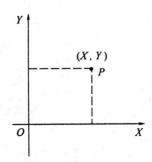

图 4.4

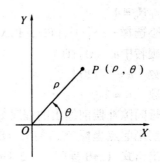

图 4.5

式中　A——极坐标标志符；

　　　ρ——极径；

　　　θ——极角。

③ 改变下标定义点（即定义坐标相同的点，见图 4.6），即

$$P = P_i$$

④ 点平移（直角坐标，见图 4.7），即

$$P = P_i, \Delta X, \Delta Y$$

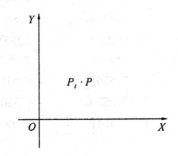

图 4.6

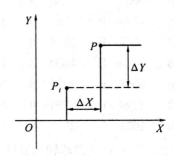

图 4.7

⑤ 点平移（极坐标，见图 4.8），即

$$P = P_i, A, \rho, \theta$$

⑥ 用圆心定义点（图 4.9），即

$$P = C_i$$

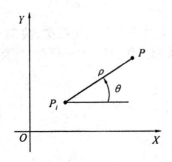

图 4.8

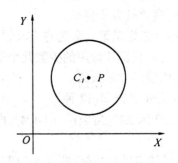

图 4.9

⑦ 定义圆上一点(图4.10),即

$$P = C_i, \theta$$

⑧ 两直线的交点(图4.11),即

$$P = L_i, L_j$$

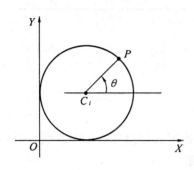

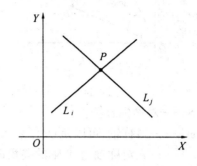

图4.10　　　　　　　　　　　　　　　　图4.11

⑨ 圆与直线的交点(图4.12),即

$$P = C_i, L_j, \alpha$$

式中　α——A(上)、B(下)、L(左)、R(右)。

⑩ 两圆的交点(图4.13),即

$$P = C_i, C_j, \alpha$$

式中　α——A(上)、B(下)、L(左)、R(右)。

第9和第10语句中的修饰词 α 是说明交点的位置,A 为上交点,B 为下交点,L 为左交点,R 为右交点。

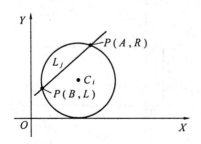

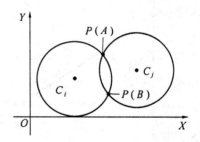

图4.12　　　　　　　　　　　　　　　　图4.13

⑪ 点旋转(图4.14),即

$$P = P_i, R, \text{center}, \text{angle}$$

式中　R——旋转标志符;

　　　center——旋转中心,可以是坐标原点(即 O)

　　　angle——旋转角度,顺时针旋转时取负值,逆时针旋转时取正值。

⑫ 点对称(图4.15),即

$$P = P_i, S, \text{axis}$$

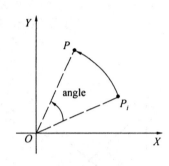

图 4.14

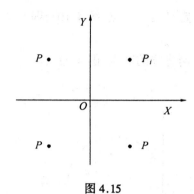

图 4.15

式中　S——对称标志符；

　　　　axis——对称轴,可以是 O(原点)、X 轴、Y 轴,也可以是过原点的某直线,这时可以输入对称轴与 X 轴的夹角 θ 作为对称轴。

（2）直线定义语句(9 种)

① 法线式直线(图 4.16),即

$$L = P , \alpha$$

式中　P——法线长；

　　　　α——法向角。

② 与 X 轴平行的直线(图 4.17),即

$$L = Y , b$$

式中　b——直线在 Y 轴上的截距。当 $b = 0$ 时即为 X 轴。

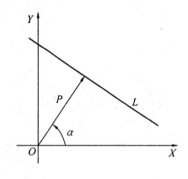

图 4.16

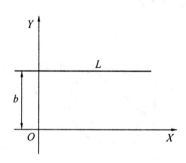

图 4.17

③ 与 Y 轴平行的直线(图 4.18),即

$$L = X , a$$

式中　a——直线在 X 轴上的截距,当 $a = 0$ 时即为 Y 轴。

④ 点斜式直线(图 4.19),即

$$L = P_i , \beta$$

当直线经过坐标原点 O 时,可以定义为 $L = O , \beta$。

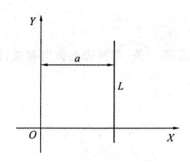

图 4.18

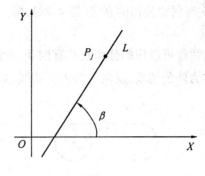

图 4.19

⑤ 直线的平移(图 4.20),即

$$L = L_i, \pm d$$

式中　d——两直线间的距离,平移后使法线 P 增长,则取正值,使法线减短,则取负。

⑥ 两点式直线(图 4.21),即

$$L = P_i, P_j$$

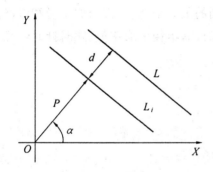

图 4.20

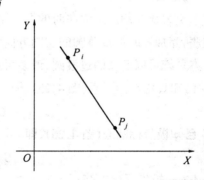

图 4.21

⑦ 过已知点且与一已知直线成 α 角的直线(图 4.22),即

$$L = P_i, L_j, \alpha$$

从 L_j 逆时针至 L 的 α 角取正,顺时针至 L 时的 α 角取负。

⑧ 过一点且与圆相切的直线(图 4.23),即

$$L = P_i, C_j$$

当 C_j 为顺时针方向时,所定义的直线为 L_2, C_j 为逆时针方向时,所定义的直线为 L_1。

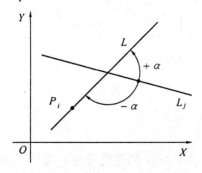

图 4.22

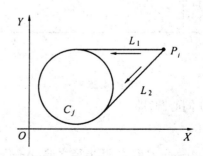

图 4.23

⑨ 与两圆公切的直线(图 4.24),即

$$L = C_i , C_j$$

过两圆可以作的公切线共有四条,所定义的公切线是哪一条,与两圆的方向有关,两圆同向时为外公切线,反向时为内公切线,如图 4.24 所示。

图 4.24

(3)圆定义语句(17 种)

本系统编线切割加工程序时的根据是各过渡圆的圆心坐标、带方向的半径和过渡圆的排列顺序,当加工时沿过渡圆的切割方向为逆时针时,其半径 r 取正值,顺时针时半径 r 取负值。本系统可以定义的过渡圆,最多可达 800 个。

① 已知直角坐标圆心(图 4.25),即

$$C = X , Y , r$$

② 已知极坐标圆心(图 4.26),即

$$C = A , \rho , \theta , r$$

式中　A——极坐标标志符;

　　　ρ——极径;

　　　θ——极角。

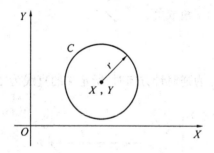

图 4.25　　　　　　　　　　　　　　　　图 4.26

③ 同心圆,即

$$C = C_i , \Delta r$$

式中　Δr——C 和 C_i 圆半径之差,$\Delta r = r - r_i$,$r = |r_i| + \Delta r$,r 的正负号与 r_i 同号,即所得到的同心圆均与 C_i 圆方向相同。

④ 以已知圆上一点为圆心(图4.27),即

$$C = C_i, \theta, r$$

式中 θ——方向角。注意:当 $r = 0$ 时也必须输入0。

⑤ 以两已知圆的交点为圆心(图4.28),即

$$C = C_i, C_j, \beta, r$$

式中 β——修饰词,$\beta = A, B, L, R$。A 为上交点,B 为下交点,L 为左交点,R 为右交点。

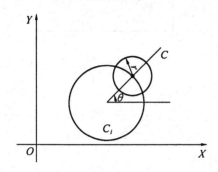

图4.27

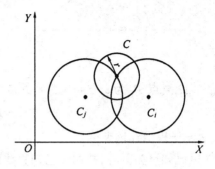

图4.28

⑥ 与两圆相切的圆(图4.29),即

$$C = C_i, C_j, \alpha, \beta, \gamma, r$$

式中 α、$\beta = I$、O。α 指明相切圆是在 C_i 圆之内(I)或是在 C_i 圆之外(O)。β 则是指明相切圆是在 C_j 之内(I)或是在 C_j 之外(O)。$\gamma = A$、B、L、R,其具体意义与第5种圆相同。

⑦ 以圆与直线的交点为圆心(图4.30),即

$$C = C_i, L_j, \beta, r$$

式中 $\beta = A, B, L, R$ 指明交点的位置。

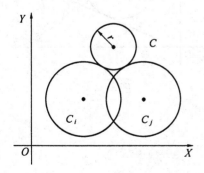

图4.29

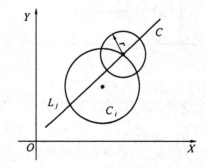

图4.30

⑧ 以两直线的交点为圆心(图4.31),即

$$C = L_i, L_j, r$$

⑨ 以已知点为圆心,即

$$C = P_i, r$$

⑩ 以距离点 P_i 为 ΔX、ΔY 的点为圆心(图4.32),即

$$C = P_i, \Delta X, \Delta Y, r$$

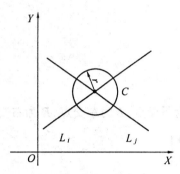 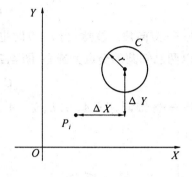

图 4.31　　　　　　　　　　　　　　　　图 4.32

⑪ 以距离点 P_i 为 ρ 方向角为 θ 的点为圆心(图 4.33)

$$C = P_i, A, \rho, \theta, r$$

式中　A——极坐标标志符。

⑫ 以已知点为圆心,并切于已知直线(图 4.34),即

$$C = P_i, L_j, \beta$$

式中　$\beta = N, S$;

　　　N——逆圆;

　　　S——顺圆。

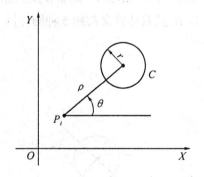 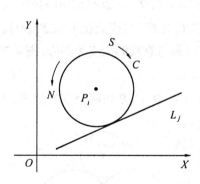

图 4.33　　　　　　　　　　　　　　　　图 4.34

⑬ 定义经过三点的圆(图 4.35),即

$$C = P_i, P_j, P_k$$

圆的方向由三点的排列顺序确定。

⑭ 定义反向圆,即

$$C = RC_i$$

⑮ 定义平移圆(图 4.36),即

$$C = C_i, T, X, Y$$

式中　T——平移标志符。

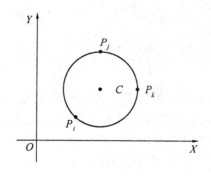

图 4.35　　　　　　　　　　　　　　图 4.36

⑯ 定义对称圆(图 4.37),即

$$C = C_i, S, \text{axis}$$

式中　　C_i——对称源圆;

　　　　S——对称标志符;

　　　axis——对称轴,对称轴可以是:X 为 X 轴;Y 为 Y 轴;O 为坐标原点;L_j 为直线;θ 为经过坐标原点,且与 X 轴成 θ 角的直线,如当 $\theta = 90°$ 时,其对称轴即为 Y 轴。

⑰ 定义旋转圆(图 4.38),即

$$C = C_i, R, P_j, \theta$$

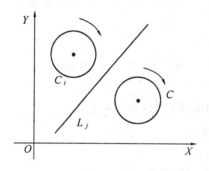
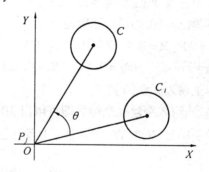

图 4.37　　　　　　　　　　　　　　图 4.38

式中　　C_i——旋转源圆;

　　　　R——旋转标志符;

　　　　P_j——旋转中心,当以坐标原点为旋转中心时,可用 O 代替 P_j,也可以省略;

　　　　θ——旋转角度,逆时针旋转时取正值。顺时针旋转时取负值。

使用软件时还有一些其他的功能。

4.2　渐开线齿轮编程部分

　　渐开线齿轮编程部分,是一个相对独立的专用软件,开机后输入 *GEAR*,即显示编齿轮程序的主菜单如下:

主　菜　单

1. 齿轮的参数输入与数据处理

2. 编制数控程序

3. 查看数控程序

4. 传输 3B 程序至微机控制器

5. 穿孔输出 3B 程序

请输人选择〔   〕

下面结合一个具体实例来讲解。该齿轮的模数 M = 0.5,齿数 Z = 18,压力角 A = 20°。在编程过程中,根据屏幕的提问逐项输入各种参数,有些需要计算的参数,微机已自动计算并显示出来,你若认为该参数正确,按回车键即可,若认为显示的不是你所要输入的数,可把你的该项数据输入,微机显示的数据是按标准齿轮的公式计算而得的。容差 e 是用非圆曲线的方法拟合渐开线齿形的容差,可根据具体情况在 0.005 ~ 0.01 之间选择。当所有参数均输入完后,屏幕上把全部参数自动显示出来,可以校对一下所输入的数据是否正确。若某个数据有错误时,可输入 N,即返回齿轮参数输入处,这时需要将全部齿轮参数重新输入一次。若全部数据均正确,按回车键,并按提问输入穿丝孔坐标 X_S、Y_S。于是就可编出 3B 程序或 ISO 代码。接着可以进行打印 3B 程序单。在屏幕上绘出图形。

下面就是该实例的编程过程:

显示主菜单时,按 1 键,即可按提问输入齿轮参数:模数M = 0.5,齿数 Z = 18,压力角 A = 〔20〕?分度圆半径 R = 〔4.5〕? 齿顶圆半径 R_a = 〔5〕? 齿根圆半径 R_f = 〔3.875〕? 变位系数 X = 〔0〕? 齿顶过渡圆半径 R_d = 〔0.1〕? 齿根过渡圆半径 R_f = 〔0.125〕? 偏移量 F = 〔0〕? 0.07,容差 e = 〔0.005〕? 然后显示:

A = 20   M = 0.5   Z = 18   R = 4.5 R_a = 5

R_f = 3.875 R_d = 0.1 R_f = 0.125   X = 0   F = 0.07   e = 0.005

以上输入无误〔Y〕? ↓

X_S、Y_S输入穿丝孔坐标后即可编出 3B 程序。程序单共 325 条,此处略。

绘制图形〔N〕? Y ↓在屏幕上显示出该齿轮的图形。

4.3　非圆曲线编程部分

本系统把非圆曲线都转换成列表曲线进行处理。如已知方程的函数曲线,先计算出列表点,然后再进行处理。

一、列表曲线

对列表曲线采用双圆弧拟合,列表点数最多可达 400 个,但最少不能少于 4 个,如列表点少于 4 个时,不能用这种方法来处理。当列表曲线给定边界条件(切线角)时,边界上两点之间采用双圆弧拟合,当不给边界条件时,第一段采用单圆弧拟合。列表点经圆弧拟合后,曲线上所有圆弧彼此相切,拟合曲线与列表曲线具有相同的凸凹性,且列表曲线和普通图形可以很方便地连接在一起,并可在连接处加修饰圆(即尖角修圆),使之平滑过渡。

拟合列表曲线圆弧的编号与整个图形上别的过渡圆的编号,应按同一个顺序排列,即列表曲线拟合过渡圆的编号不是独立的,应根据列表曲线在图形中所处的位置,与其他过渡圆一起按一个顺序编号。值得注意的是,当定义了一条列表曲线时,系统对其拟合处理,产生了一系列的过渡圆,其中拟合而得的第一个过渡圆是列表曲线的起点,最后一个过渡圆为列表曲线的终点。因此,如该图形中已定义过的过渡圆序号,若列表曲线拟合圆序号与之相同时,则原来已定义过的过渡圆数据就丢掉(覆盖掉)了。

1. 列表曲线的定义方法

在系统内部,用直角坐标表示列表点,输入时可以输入直角坐标,也可以输入极坐标。当已知列表点的直角坐标时,其定义格式为

$$T_n = X, Y$$

式中　T——列表点的标识符;

　　　n——列表点的顺序号,n 的取值范围是 $1 \sim 400$。

当用极坐标表示列表点时,输入之前应将列表点极坐标的输入模式激活,即键入

$$T_P = 1$$

当 $T_P = 0$ 时为直角坐标模式(系统隐含为 $T_P = 0$)。在激活极坐标模式之后,已知列表点的极坐标定义格式为

$$T_n = \rho, \theta$$

式中　ρ——极径;

　　　θ——极角。

输入后,极坐标转换为直角坐标,并立即在屏幕上用直角坐标显示出来。

注意:列表点编号必须从 1 开始,而且中间不能有跳号现象,在定义列表曲线(即处理列表点)之前,必须检查已输入的列表点数据是否有错,还要验证计算机接收到的列表点数与所输入的是否相同(用〔WRITE,NT〕命令显示列表点数目)。若所显示出的列表点数与已输入的列表点数不同时,有时可用 NT = M 来强制列表点数目与输入数目相等。

特别注意:由于存储列表点的变量与菜单中某些项所占用的变量相同,为了防止列表点数据被丢失,建议用户在退出数据编辑之前,把列表点数据存盘,存盘命令为

SAVET,文件名

读取数据时,用 LOADT,文件名

列表曲线的定义格式为

$$TC_n = T, CS, \alpha, CE, \beta$$

式中　TC——非圆曲线的标识符;

　　　n——非圆曲线的编号,非圆曲线的编号必须与整个图形的过渡圆统一编号,即把非圆曲线看成一系列的过渡圆来看待,n 是这一系列过渡圆中的首圆,当非圆曲线处理完之后,系统会显示此非圆曲线上最后一个过渡圆的编号,非圆曲线的第一个过渡圆和最后一个过渡圆分别是该非圆曲线的起点和终点,因此其半径均为零,需要时可在非圆曲线两端处进行尖角修圆,即加修饰圆;

　　　T——列表曲线的标识符;

　　　CS——初始点边界条件标识符,若无初始点边界条件时,可将其省略。

　　　α——初始点切线角;

　　　CE——终止点边界条件标识符,无终止点边界条件时,可将其省略;

　　　β——终止点切线角。

当列表点无边界条件时,定义语句为

$$TC_n = T$$

当只给定初始点边界条件时,定义语句为

$$TC_n = T, CS, \alpha$$

当只给定终止点边界条件时,定义语句为

$$TC_n = T, CE, \beta$$

注意:必须在列表点数据已输入计算机之后才能使用该语句,否则会出错。

若在一个图形上有几条列表曲线,每次只能拟合一条,拟合时从第一点开始直到最后一点,如有多条列表曲线,必须分别输入各条曲线的列表点,然后分别拟合,这时应注意在拟合每一条列表曲线之前,应保证所输入的列表点数与系统内的列表点点数一致(可用〔WRITE, NT〕来显示,或用〔NT = M〕来强制改变系统内列表点的总数)。

2. 列表曲线的编程实例(图 4.39)

已知列表点如表 4.1,无边界条件。

表 4.1

列表点编号	T1	T2	T3	T4	T5	T6	T7	T8	T9	T10	T11
X	−1	−0.8	−0.6	−0.4	−0.2	0	0.2	0.4	0.6	0.8	1
Y	2	1.28	0.72	0.32	0.08	0	0.08	0.32	0.72	1.28	2

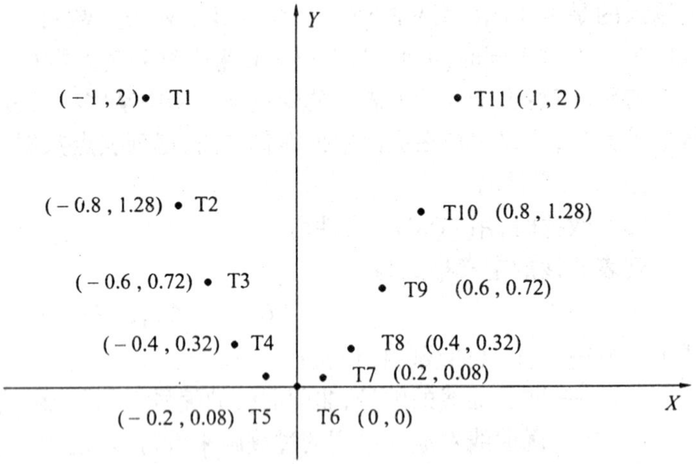

* T1 = −1,2
* T2 = −0.8,1.28
* T3 = −0.6,0.72
* T4 = −0.4,0.32
* T5 = −0.2,0.08
* T6 = 0,0
* T7 = 0.2,0.08
* T8 = 0.4,0.32
* T9 = 0.6,0.72
* T10 = 0.8,1.28
* T11 = 1,2
* TC1 = T
* 3B 程序:
* 起点坐标:0.0000   2.000

图 4.39 列表曲线

N0001	B	0	B	0	B	1000	GX	L3	(−1.0000,	2.0000)
N0002	B	10085	B	2414	B	720	GY	NR3	(−0.8000,	1.2800)
N0003	B	9848	B	3122	B	353	GY	NR3	(−0.6811,	0.9272)
N0004	B	3475	B	1241	B	207	GY	NR3	(−0.6000,	0.7200)
N0005	B	4485	B	1914	B	267	GY	NR3	(−0.4765,	0.4531)

N0006	B	1189	B	595	B	133	GY	NR3	(− 0.4000,	0.3200)
N0007	B	1549	B	1013	B	172	GY	NR3	(− 0.2729,	0.1482)
N0008	B	310	B	259	B	73	GX	NR3	(− 2.0000,	0.0800)
N0009	B	314	B	432	B	115	GX	NR3	(− 0.0846,	0.0163)
N0010	B	85	B	211	B	169	GX	NR3	(0.0846,	0.0163)
N0011	B	198	B	495	B	115	GX	NR4	(0.2000,	0.0800)
N0012	B	237	B	327	B	68	GY	NR4	(0.2729,	0.1482)
N0013	B	1422	B	1185	B	172	GY	NR4	(0.4000,	0.3200)
N0014	B	1113	B	728	B	133	GY	NR4	(0.4765,	0.4531)
N0015	B	4361	B	2181	B	267	GY	NR4	(0.6000,	0.7200)
N0016	B	3394	B	1448	B	207	GY	NR4	(0.6811,	0.9272)
N0017	B	9730	B	3475	B	353	GY	NR4	(0.8000,	1.2800)
N0018	B	9885	B	3134	B	720	GY	NR4	(1.0000,	2.0000)
N0019	B	0	B	0	B	2000	GX	L3	(1.0000,	2.0000)

二、函数曲线

　　函数曲线的处理是先按函数曲线方程计算出一系列的列表点,然后再对其进行拟合处理,即用一系列彼此相切的圆来逼近函数曲线。圆弧的多少,与给定的逼近误差有关。若给定的逼近误差太小,则圆弧段数就很多,圆弧段数太多时,加工时的积累误差将会增大,最终所得的曲线精度不一定就很高。因为控制逼近误差比较困难,故当给定逼近误差后,系统只保证逼近误差小于所给定的误差值,但不能保证逼近是最佳的,即圆弧段最少。我们建议,对一般的函数曲线,逼近容差可取为 0.005 mm 左右,一般不要小于 0.001 mm。当逼近容差太小时,由于计算所产生的误差,很可能出现拟合运算失败。

　　本系统可以定义八种常用的函数曲线。

1. 阿基米德螺旋线

　　定义方法。标准方程为

$$P = a\theta + \rho_0$$

式中　　a——阿基米德螺旋线系数(mm/°);

　　　　θ——极角;

　　　　ρ_0——当 $\theta = 0°$ 时的极径。

　　定义格式为

$$TC_n = A, P_0, a, \rho_0, \theta_s, \theta_e, e, \alpha$$

式中　　θ_s——起始角;

　　　　θ_e——终止角;

　　　　α——旋转角度,若不必转,可不输入。

　　若给出该曲线上的起点 P_1 和终点 P_2 时,其定义格式为

$$TC_n = A, P_0, P_1, P_2, N/S, e$$

式中　　A——阿基米德螺旋线标识符；

　　　　P_0——坐标原点；

　　　　P_1——阿基米德螺旋线的起点；

　　　　P_2——阿基米德螺旋线的终点；

　　　　N——逆时针方向切割；

　　　　S——顺时针方向切割；

　　　　e——逼近容差，一般取 $0.001 \sim 0.01$ mm。

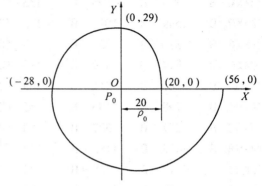

图 4.40　阿基米德螺旋线

2. 阿基米德螺旋线编程实例

例 1　如图 4.40 所示，已知 $P_0(0,0)$，$a = 0.1, \rho_0 = 20, \theta_s = 0°, \theta_e = 360°, e = 0.01$。

* $P_0 = 0,0$

* $TC1 = A$, P0,0.1,20,0,360,N0.01

* 3B 程序：

* 起点坐标：　　　　20.000　　　　0.000

N0001	B	18147	B	5232	B	1926	GY	NR4	(20.4476,	1.9260)
N0002	B	20799	B	3698	B	1094	GY	NR4	(20.6127,	3.0198)
N0003	B	20147	B	2503	B	1079	GY	NR4	(20.7176,	4.0992)
N0004	B	20071	B	1411	B	1074	GY	NR4	(20.7643,	5.1730)
N0005	B	21425	B	359	B	1109	GY	NR4	(20.7541,	6.2821)
N0006	B	20663	B	724	B	1068	GY	NR1	(20.6890,	7.3504)
N0007	B	21924	B	1908	B	1097	GY	NR1	(20.5657,	8.4477)
N0008	B	21017	B	2897	B	1051	GY	NR1	(20.3940,	9.4982)
N0009	B	22177	B	4199	B	1073	GY	NR1	(20.1635,	10.5717)
N00010	B	21139	B	5079	B	1022	GY	NR1	(19.8915,	11.5936)
N0160	B	53606	B	19934	B	1693	GY	NR4	(53.4207,	− 11.9418)
N0161	B	51729	B	17408	B	1672	GY	NR4	(53.9535,	− 10.2702)
N0162	B	51000	B	15356	B	1647	GY	NR4	(54.4207,	− 8.6230)
N0163	B	54489	B	14514	B	1709	GY	MR4	(54.8475,	− 6.9138)
N0164	B	53330	B	12435	B	1672	GY	NR4	(55.2099,	− 5.2418)
N0165	B	52225	B	10469	B	1659	GY	NR4	(55.5153,	− 3.5823)
N0166	B	56280	B	9438	B	3582	GY	NR4	(56.0000,	0.0000)
N0167	B	0	B	0	B	36000	GX	L3	(20.0000,	0.0000)

例 2　已知条件如图 4.41 所示，在 P_1 和 P_2 间及 P_3 和 P_4 间各有一条阿基米德螺旋线。

* P0 = 0,0

* C1 = 0,0,11

* L1 = X, − 1

* C1 = C1,L1,A, − 1

* C2 = 0,0,10

* P1 = − 10,0

* P2 = 0, − 12

* TC3 = A,P0,P1,P2,N,0.01

  $\{N_C = 26\}$（已有 26 个过渡圆）

* C27 = 0,0,12

* P3 = A,12,45$(\rho = 12,\theta = 45°)$

* TC28 = A,P0,P3,P4,N,0.01

* $\{N_C = 41\}$（共有 41 个过渡圆）

* 3B 程序：

* 起点坐标： − 5.000, 15.000

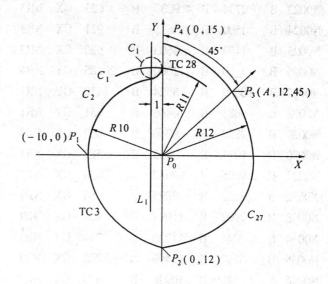

图 4.41　阿基米德螺旋线凸轮

N0001	B	5000	B	4046	B	5000	GX	L4	(0.0000,	10.9545)
N0002	B	1000	B	0	B	909	GX	SR4	(− 0.9091,	9.9586)
N0003	B	909	B	9959	B	9959	GY	NR2	(− 10.0000,	0.0000)
N0004	B	10080	B	1270	B	1453	GY	NR2	(− 10.0781,	− 1.4525)
N0005	B	9902	B	177	B	708	GY	NR3	(− 10.0400,	− 2.1609)
N0006	B	10451	B	939	B	725	GY	NR3	(− 9.9494,	− 2.8855)
N0007	B	10218	B	1640	B	707	GY	NR3	(− 9.8106,	− 3.5922)
N0008	B	9593	B	2234	B	678	GY	NR3	(− 9.6270,	− 4.2704)
N0009	B	10582	B	3275	B	746	GY	NR3	(− 9.3666,	− 5.0164)
N0010	B	9860	B	3841	B	709	GY	NR3	(− 9.0602,	− 5.7253)
N0011	B	9416	B	4484	B	675	GY	NR3	(− 8.7080,	− 6.4001)
N0012	B	9602	B	5465	B	667	GY	NR3	(− 8.2966,	− 7.0668)
N0013	B	8821	B	5885	B	610	GY	NR3	(− 7.8573,	− 7.6771)
N0014	B	8878	B	6881	B	595	GY	NR3	(− 7.3625,	− 8.2721)
N0015	B	8041	B	7170	B	513	GX	NR3	(− 6.8497,	− 8.8087)
N0016	B	7974	B	8163	B	564	GX	NR3	(− 6.2856,	− 9.3239)
N0017	B	7296	B	8545	B	588	GX ·	NR3	(− 5.6976,	− 9.7929)
N0018	B	6383	B	8578	B	603	GX	NR3	(− 5.0943,	− 10.2105)
N0019	B	6489	B	10099	B	708	GX	NR3	(− 4.3864,	− 10.6317)
N0020	B	5521	B	10047	B	719	GX	NR3	(− 3.6677,	− 10.9944)
N0021	B	4725	B	10242	B	730	GX	NR3	(− 2.9372,	− 11.3007)
N0022	B	4231	B	11173	B	772	GX	NR3	(− 2.1655,	− 11.5633)

N0023	B	2734	B	9037	B	623	GX	NR3	(− 1.5429,	− 11.7286)
N0024	B	4500	B	19615	B	921	GX	NR3	(− 0.6215,	− 11.9175)
N0025	B	1193	B	6603	B	622	GX	NR3	(0.0000,	12.0000)
N0026	B	0	B	12000	B	20485	GY	NR4	(8.4853,	8.4853)
N0027	B	10639	B	5524	B	1410	GY	NR1	(7.6252,	9.8948)
N0028	B	9683	B	6866	B	651	GY	NR1	(7.1294,	10.5454]
N0029	B	9827	B	8040	B	637	GY	NR1	(6.5721,	11.1820]
N0030	B	9011	B	8435	B	582	GX	NR1	(5.9904,	11.7634]
N0031	B	9005	B	9632	B	639	GX	NR1	(5.3510,	12.3237]
N0032	B	8122	E	9895	B	654	GX	NR1	(4.6966,	12.8265]
N0033	B	7969	B	11097	B	708	GX	NR1	(3.9889,	13.3020]
N0034	B	7041	B	11220	B	714	GX	NR1	(3.2753,	13.7193]
N0035	B	6747	B	12409	B	762	GX	NR1	(2.5134,	14.1042]
N0036	B	5139	B	10986	B	673	GX	NR1	(1.8404,	14.3946)
N0037	B	7453	B	18818	B	888	GX	NR1	(0.9521,	14.7226)
N0038	B	3439	B	10028	B	952	GX	NR1	(0.0000,	15.0000)
N0039	B	0	B	0	B	4046	GY	L4	(0.0000,	10.9545)

3. 椭圆(图 4.42)

(1) 定义方法

标准参数方程

$$X = a\cos \theta$$
$$Y = b\sin \theta$$

式中 a——椭圆在 X 轴上的截距；

b——椭圆在 Y 轴上的截距。

定义格式为

$$TC_n = E, P_0, a, b, \theta_s, \theta_e, e, \alpha$$

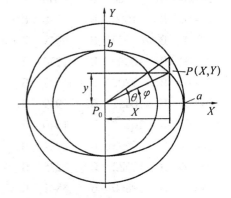

图 4.42 椭圆

式中   E——椭圆曲线标识符；

P_0——椭圆的子坐标原点；

θ_s——起始点极角；

θ_e——终止点极角。

注意:确定 θ_s 和 θ_e 时应按照椭圆的参数方程来确定。

因为它们并不总是等于椭圆曲线上的起始角 φ_e,仅当 $\varphi = \dfrac{K\pi}{2}$ 时,才使 $\varphi = \theta$。当已知椭圆曲线上某点 P 所对应的角度 φ 时,椭圆参数方程所对应的角度 θ 可以按以下方法求出。

设点 P 的坐标为(X,Y),则

$$X = a\cos \theta$$
$$Y = b\sin \theta$$

但
$$\tan \varphi = \frac{Y}{X} = \frac{b\sin \theta}{a\cos \theta} = \frac{b}{a}\tan \theta$$

故
$$\tan\theta = \frac{a}{b}\tan \varphi$$

即
$$\theta = \arctan(\frac{a}{b}\tan \varphi)$$

当已知椭圆曲线上的起始角 φ_s 和终止角 φ_e 时,可由上式求得参数方程中的 θ_s 和 θ_e。

(2) 计算实例(图 4.43)

已知一椭圆 $a = 3$, $b = 2$, $\varphi_s = 45°$, $\varphi_e = 315°$,利用上述公式即可求出参数方程中的起始角 θ_S 和终止角 θ_e。

$$\theta_s = \arctan(\frac{a}{b}\tan \varphi_s) = \arctan(\frac{3}{2}\tan 45°) = 56.309\,932°$$

$$\theta_e = \arctan(\frac{a}{b}\tan \varphi_e) = \arctan(\frac{3}{2}\tan 315°) = 303.690\,1°$$

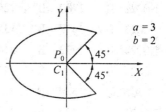

图 4.43　不完全椭圆

设 $e = 0.01$,则其定义格式为
$$TC_2 = E,P_0,3,2,56.309932,303.6901,0.01$$

上式中 $P_0 = 0,0$ 因曲线不进行旋转,故 $\alpha = 0$。

为使椭圆部分成为一个封闭的图形,故把点 P_0 定义为 C1。

* C1 = 0,0,0

* P0 = 0,0

* TC2 = E,P0,3,2,56.309932,303.6901,0.01

* 3B 程序:

* 起点坐标:　　　　0.0000　　　　0.0000

N0001	B	1	B	1	B	1664	GY	L1	(1.6641,	1.6641)
N0002	B	1541	B	3512	B	692	GX	NR1	(0.9717,	1.8922)
N0003	B	944	B	4164	B	400	GX	NR1	(0.5717,	1.9631)
N0004	B	582	B	4524	B	419	GX	NR1	(0.1532,	1.9974)
N0005	B	157	B	4387	B	404	GX	NR1	(− 0.2509,	1.9932)
N0006	B	249	B	4415	B	403	GX	NR2	(− 0.6544,	1.9518)
N0007	B	635	B	4259	B	388	GX	NR2	(− 1.0419,	1.8757)
N0008	B	885	B	3620	B	352	GX	NR2	(− 1.3941,	1.7709)
N0009	B	1246	B	3538	B	342	GX	NR2	(− 1.7364,	1.6311)
N0010	B	1215	B	2601	B	285	GX	NR2	(− 2.0213,	1.4779)
N0011	B	1545	B	2522	B	274	GX	NR2	(− 2.2952,	1.2880)
N0012	B	1297	B	1663	B	188	GY	NR2	(− 2.5051,	1.1004)
N0013	B	1523	B	1490	B	216	GY	NR2	(− 2.6899,	0.8845)
N0014	B	1386	B	1035	B	216	GY	NR2	(− 2.8275,	0.6684)
N0015	B	1357	B	729	B	208	GY	NR2	(− 2.9203,	0.4600)
N0016	B	1226	B	440	B	202	GY	NR2	(− 2.9750,	0.2576)

N0017	B	1419	B	263	B	231	GY	NR2	(− 2.9989,	0.0265)
N0018	B	1357	B	30	B	225	GY	NR2	(− 2.9852,	− 0.1984)
N0019	B	1306	B	189	B	214	GY	NR3	(− 2.9359,	− 0.4120)
N0020	B	1477	B	473	B	220	GY	NR3	(− 2.8463,	− 0.6320)
N0021	B	1434	B	716	B	211	GY	NR3	(− 2.7201,	− 0.8425)
N0022	B	1780	B	1262	B	222	GY	NR3	(− 2.5395,	− 1.0648)
N0023	B	1457	B	1352	B	190	GX	NR3	(− 2.3499,	− 1.2439)
N0024	B	1772	B	2140	B	248	GX	NR3	(− 2.1017,	− 1.4271)
N0025	B	1588	B	2422	B	278	GX	NR3	(− 1.8235,	− 1.5883)
N0026	B	1568	B	3092	B	321	GX	NR3	(− 1.5020,	− 1.7313)
N0027	B	1324	B	3435	B	355	GX	NR3	(− 1.1471,	− 1.8477)
N0028	B	1155	B	4233	B	398	GX	NR3	(− 0.7492,	− 1.9366)
N0029	B	708	B	4044	B	378	GX	NR3	(− 0.3707,	− 1.9849)
N0030	B	375	B	4655	B	407	GX	NR3	(0.0359,	− 1.9999)
N0031	B	30	B	4415	B	384	GX	NR4	(0.4202,	− 1.9805)
N0032	B	405	B	4300	B	377	GX	NR4	(0.7971,	− 1.9281)
N0033	B	598	B	3247	B	283	GX	NR4	(1.0806,	− 1.8629)
N0034	B	1888	B	6816	B	407	GX	NR4	(1.4873,	− 1.7369)
N0035	B	516	B	1503	B	177	GX	NR4	(1.6641,	− 1.6641)
N0036	B	1	B	1	B	1664	GX	L2	(0.0000,	0.0000)

其他还可以编抛物线、双曲线以及内外摆线等。

第五章 YH – PLus 3000 绘图式线切割微机编程控制系统实例

YH 绘图式线切割微机编程控制系统是苏州市开拓电子技术有限公司自主开发的。目前已有多个线切割机床生产厂家的线切割机床采用了 YH – PLus 3000 绘图式编程控制一体化系统,一台线切割机床本身既有编程功能,又有控制功能;编好程序就可以用于加工,而且机床在加工的同时,也可以进行编程工作。

5.1 YH – PLus 3000 绘图式微机编程控制系统的特点及用户界面

一、YH – PLus 3000 绘图式微机编程控制系统的特点

① 采用全绘图式输入,只需按要加工零件图样上标注的尺寸在编程计算机屏幕上作出该图形,就可以编出线切割用的 3B、4B、RB 程序以及 ISO 代码程序。

② 绘图主要用鼠标器完成,过程直观简捷,必要时也可以用计算机键盘输入。

③ 有中、英文对照提示,用弹出式菜单和按钮操作。

④ 具有自动尖角修圆功能,二切圆、三切圆生成功能,非圆曲线拟合、齿轮生成、大圆弧处理功能,有跳步模设定以及加工面积自动计算功能,ISO 代码和 3B 程序相互转换功能。

⑤ 该系统还可以进行多次切割。

⑥ 编程系统和控制系统分为两个不同的用户界面,可以互相转换。

二、YH – PLus 3000 绘图式微机编程系统的用户界面

YH – PLus 3000 编程系统的用户界面如图 5.1 所示。

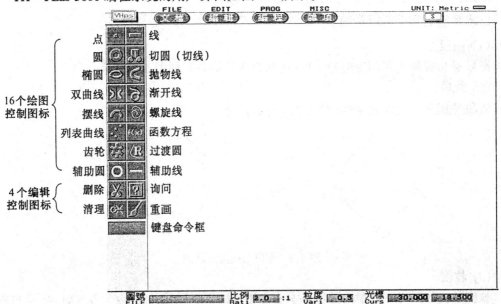

图 5.1 YH – PLus 3000 绘图式微机编程系统的用户界面

YH－PLus 3000 编程系统的全部操作由屏幕左侧的 20 个命令图标、键盘命令框、屏幕顶部的四个弹出式菜单以及屏幕下方的一行提示行完成。在 20 个命令图标中,有 16 个是绘图控制图标,靠下方的 4 个是编辑控制图标。4 个弹出式菜单为:文件、编辑、编程和杂项,其菜单的各级功能如图 5.2 所示。

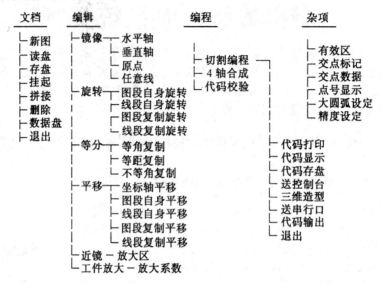

图 5.2 4 个弹出式菜单的各级菜单功能

1.命令键和调整键

YH－PLus 3000 编程系统操作命令的选择、状态、窗口的切换全部用鼠标器来实现,为以后叙述方便,把鼠标器的左边按钮称为命令键,右边按钮称为调整键。如果要使用某个图标或按钮(菜单按钮或参数窗控制钮),只要将光标移到相应的位置并按一下命令键,即可实现相应的操作,以后将这项工作简称"单击"或"点击"。

2.本系统的几个专用名词

(1) 图段

图段是指屏幕上互相连通的线段(包括直线和圆弧),如图 5.3 所示。

(2) 线段

线段是指某条直线或圆弧,如图 5.4 所示。

图 5.3 图段与线段的区别

(3) 粒度

粒度是指作图时参数窗内数值基本变化增量的粗细程度,如粒度为 0.5 时,半径的取值的增加量依次为 8,8.5,9,9.5,…

（4）元素

元素是指点、线、圆。

（5）无效线段

无效线段是指不是构成工件线切割轮廓线的线段。

（6）光标选择

光标选择是将光标移到指定位置,再按一下命令键,简称"单击"或"点击"。

5.2 点、直线和圆的输入绘图

任何线切割图形进行编程时,第一步就是要用 YH–PLus 3000 的绘图方法绘出该图形,而点、直线和圆的输入绘图是绘制任何图形的基本方法。

一、点输入

1.用键盘输入

移光标单击"点"图标,图标颜色变深(以下简称色变深),将光标移至"键盘命令框"上,显示点参数,下方出现点参数长条形输入框,用键盘按下面带方括号的格式输入点的 X、Y 坐标。

$$[20,10] （回车）$$

屏幕上用"＋"形光点显示所输入点的位置,如图 5.4(a)中 A 点所示。

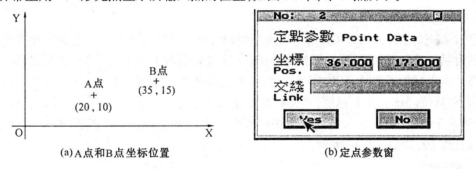

(a)A点和B点坐标位置   (b)定点参数窗

图 5.4 点坐标输入

2.用光标和弹出的小键盘输入

移光标单击"点"图标色变深,将光标移至绘图窗,屏幕右下方"光标"后面的数字提示光标当前的坐标值,当所显示的 X、Y 坐标值与所要输入的点坐标值相近时,轻按"命令键",弹出"定点参数"窗(图 5.4(b))。若所显示的 X、Y 坐标值与所要输入的不同时,可以进行修改,移动光标并单击需要修改的坐标值,假定是 X 坐标值,弹出一个小键盘,用光标利用小键盘输 35(回车),X 坐标值就改对了,若 Y 坐标值也需要修改,同样方法用弹出的小键盘输入 15(回车),Y 坐标值也修改成功了,单击 yse 按钮,参数窗消失,屏幕上(35,15)坐标点处出现"＋"形光标,该点已输入完毕。小键盘弹出后,也可以用大键盘输入点的 X、Y 坐标值。要想查看坐标点数值是否正确,移光标到该点的位置"＋"上,光标变为"X"形,屏幕右下角,光标两字后面显示出该点的 X、Y 坐标值。

二、直线输入

若屏幕上已有图形,在绘下一个图之前,应清除屏幕上的图形。可单击"文档",在弹出的菜单中,单击"新图"即可。

1.已知直线 L1 上一点及斜角 β(与 X 轴的夹角)

已知点坐标为(0,0),斜角 β = 45°,线长 30 mm。单击"直线"图标,色变深。移光标至点(0,0)时,光标变为"×"形,轻按命令键(不能改),向右上角约 45°方向移动至线程 30 左右,在弹出如图 5.5(a)所示的"参数窗"上有显示,释放命令键,若所显示的斜角和线程(线长)需要修改,移光标单击斜角值,利用弹出的小键盘用光标输入 45(回车),移光标单击线程的值,用弹出的小键盘输入 30(回车),单击"yes"按钮,就作出该直线 L1,如图 5.5(b)所示。

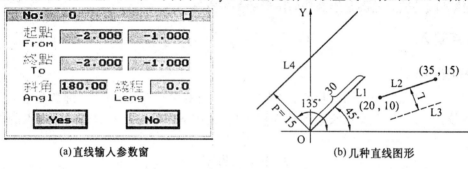

(a)直线输入参数窗　　　　　　　(b)几种直线图形

图 5.5　直线输入

2.已知两端点的直线 L2

已知第一点坐标为(20,10),第二点坐标为(35,15)。移动光标时,发现右下角光标坐标值显示为第一点坐标相近值时,轻按命令键(不能放),向右上方移动光标,发现光标坐标显示为第二点坐标相近值时,释放命令键,在弹出的参数窗上,将起点和终点修改为正确的坐标值,若要修改起点的 X 坐标值,移光标单击起点后的近似值,用弹出的小键盘(也可用大键盘)输入正确值 20(回车),用同样方法将两个点的 X、Y 坐标值修改正确,单击"yes"按钮,作出该直线 L2,如图 5.5(b)所示。

3.平行线 L3

有一直线 L3 与图 5.5(b)中已知两端点的直线平行,距离为 7 mm。单击"直线"图标,单击屏幕上部的"编辑"按钮,在弹出的菜单中,单击"平移",再单击弹出菜单中的"线段复制平移",将"田"形光标移至已知两端点的直线上时,光标变为手指形,轻按命令键(不要放),直线变红色。向右下侧移动光标时,出现一条蓝色平行线,在弹出的"平移参数选择窗"内,显示出平移距离的值,当达到适当距离时,放开命令键,若距离需要修改,单击距离值,用弹出的小键盘输入 7(回车),再单击"yes",绘出该平行线 L3,如图 5.5(b)中虚线所示,单击屏幕左下角的工具包,工具包消失,表示退出复制平移状态。

4.键盘输入直线

直线参数直接用键盘输入,单击"直线"图标,移光标至"键盘命令框"上,提示线参数,并出现一长条"数据输入框",可按以下三种格式输入:

（1）两点式直线

[X1,Y1],[X2,Y2]（回车），直线 L2 可输[20,10],[35,15]（回车），如图 5.5(b)中的 L2。

（2）点斜式直线

[X,Y],角度 β（回车），直线 L1 可输[0,0],45（回车），如图 5.5(b)中的 L1,但两端较长。

（3）法线式直线

[法线长度 P],法向角 α（回车），直线 L4 可输[15],135（回车），如图 5.5(b)中的 L4,线很长。

三、圆输入

1.已知圆心和半径绘圆

已知圆心为(30,25),半径 R = 10。单击"圆"图标,色变深,移光标至圆心位置,按下命令键(不能放),使光标离开圆心时画出一个逐渐变大的圆,至适当大小时,放开命令键,在弹出的"圆参数窗"（图 5.6(b)）中,若所显示的圆参数不精确,可以输准确的数值进行修改,若要修改圆心的 X 坐标值,单击该值,用弹出的小键盘输入正确值 30（回车）。用同样方法也可对 Y 值和半径进行修改,完成之后单击"yes"绘出该圆,如图 5.6(a)所示。

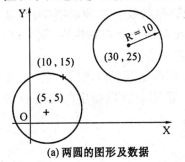

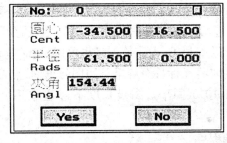

(a) 两圆的图形及数据　　　　(b)圆输入参数窗

图 5.6　绘制圆

2.已知圆心和圆上一点绘圆

已知圆心坐标为(5,5),圆上一点为(10,15)。应先在屏幕上画出该两点的位置,单击"圆"图标,将光标移至圆心点,光标变为"×"形时,按下命令键(不能放),移光标至圆上一点时,待光标变为"×"形时,放开命令键,确认无误后单击参数窗中的"yes"按钮,作出该圆,如图 5.6所示。

5.3　YH – PLus 3000 绘图式线切割微机编程实例

一、直线图形

图 5.7是一个由直线组成的简单图形,现以它为例来初步认识由绘图到编出数控线切割加工程序的全过程。

1.绘图

用 YH – PLus 3000 编程系统来编线切割加工程序的第一步就是用该软件来绘出所要切

割工件的图形。

此图比较简单,四个直角坐标值均为已知,用键盘输入已知两点画直线即可。单击"直线"图标,色变深,移光标至坐标原点,光标变为"×"形,屏幕右下角光标坐标显(0,0),此时按下命令键(不要放)并右移光标至(10,0)左右,放开命令键,在弹出的"直线参数窗"(图5.5(a))中对起点和终点进行必要修改后,单击"yes"按钮,作出第一条直线。光标移至该直线终点时,光标变为"×"形,按下命

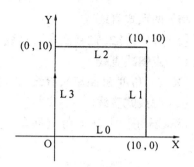

图 5.7 　直线组成的图形

令键(不要放),向上方移动光标至(10,10)左右时,放开命令键,在弹出的"直线参数窗"中,把终点修改为正确值(起点应该不会错),单击"yes"作出该直线。移光标至该直线终点时,光标变"×"形,按下命令键左移光标至(0,10)左右,放开命令键,在弹出的"直线参数窗"中将终点坐标值改为(0,10),之后单击"yes"按钮作出该直线,用相同的方法可以画出左侧的垂直线。单击"重画"按钮,整个图形变为黄色,并重新描深。

2.将绘好的图形存盘

若要把图形数据保存在 A 盘中,存盘前一定要把数据盘放在 A 驱动器中,并且必须把数据盘改为 A 盘,方法是单击"文档"、"数据盘",在弹出的数据盘对话框中,用大键盘输 A:(回车)。若想用 C:盘作数据盘也可以,这时应输出 C:(回车)。

存盘时将光标移至屏幕下边图号框内,点命令键,框内出现黑色底线,用弹出的小键盘输入图号 1010(回车),图号长度不应超过 8 个符号。该图形就以指定的图号自动存入 A 盘。

3.编程序

(1) 编 ISO 代码程序的方法

单击屏幕上部的"编程"按钮,单击弹出的"切割编程",左下角出现的工具包上有丝架形光标,右上角显示的红条上提示"丝孔"位置,移丝架形光标至穿丝孔位置(−3,5),按下命令键(不要放),向右移光标至工件上的左侧直线时,光标变手指形,放开命令键,线上该点出现一个红色▼指示牌,屏幕上弹出"参数窗",如图 5.8(a)所示。将孔位修改为正确的(−3,5),起割改为(0,5),补偿输 0.1,平滑(尖角处的过渡圆半径)输 0.1,然后单击"yes"按钮,右上角出现"路径"及路径选择窗,如图 5.8(b)所示。该窗中红色▼形指示牌处是工件上的起割点,上、下各有一个线段,因作图时的序号是一个,故都用 L3(表示第 3 条线)代表,现要以顺时针方向往上切割,移光标至 5.8(b)指示牌▼上方的线段上,光标变手指形,同时出现该线段的序号 No:3,轻点命令键,右侧下边 L3 的底色变黑,路径选择完毕,单击"认可"按钮,路径选择窗消失,同时火花沿着所选择的路径进行模拟加工,到终点处显 OK 结束。同时弹出图 5.8(c)所示的加工方向选择窗,红底黄色三角形在右半边表示顺时针方向切割,若在左半边,表示逆时针方向切割,此时显示的切割方向是系统确定的,可以点击所需方向进行修改。点击右上角小方形按钮,该选择窗消失。单击左下角的工具包,弹出代码显示选择窗(图 5.9(a))。

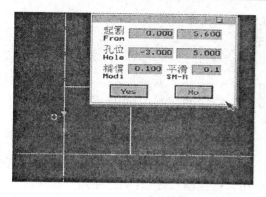

(a)穿丝孔位参数窗

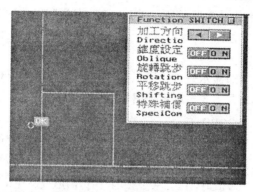

(b)路径选择窗

（c)加工方向选择窗

图5.8 编程序

1）显示 ISO 代码及将 ISO 代码存盘

① 显示 ISO 代码。点击"代码显示"，立即显示表 5.1 所示的切割图 5.7 的 ISO 代码。点击 ISO 代码左上角处的小方形键，ISO 代码消失，返回图 5.9(a)所示的"代码显示"选择窗。

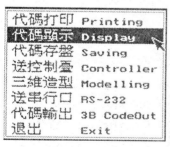

(a)代码显示选择窗

(b)代码输出选择窗

(c)3B 代码显示选择窗

图5.9 代码显示

表 5.1 切割图 5.7 的 ISO 代码

```
G92  X-3.0000    Y5.0000
G01  X2.9000     Y0.0000
G01  X0.0000     Y4.9000
G02  X0.2000     Y0.2000    I0.2000    J-0.0000
G01  X9.8000     Y0.0000
G02  X0.2000     Y-0.2000   I-0.0000   J-0.2000
G01  X0.0000     Y-9.8000
G02  X-0.2000    Y-0.2000   I-0.2000   J-0.0000
G01  X-9.8000    Y0.0000
G02  X-0.2000    Y0.2000    I-0.0000   J0.2000
G01  X0.0000     Y4.9000
G01  X-2.9000    Y0.0000
M00
```

② 将 ISO 代码存入 C 盘。点击"代码存盘",弹出文件 File 长条及小键盘,用小键盘在文件 File 后边的长条中输入文件名 1010ISO(ISO 用大键盘输),ISO 代码已存入 C 盘中。

(2) 输出 3B 代码

点击"代码输出 3B"弹出图 5.9(b)所示的选择窗,点击"3B code",弹出图 5.9(c)所示的选择窗。

1) 显示 3B 代码

点击"3B 代码显示",立即显示表 5.2 所示的 3B 代码,点击左上角小方块按钮退回。

表 5.2 切割图 5.7 的 3B 代码

```
B   2900  B       0  B  002900  GX  L1
B      0  B    4900  B  004900  GY  L2
B    200  B       0  B  000200  GX  SR2
B   9800  B       0  B  009800  GX  L1
B      0  B     200  B  000200  GY  SR1
B      0  B    9800  B  009800  GY  L4
B    200  B       0  B  000200  GX  SR4
B   9800  B       0  B  009800  GX  L3
B      0  B     200  B  000200  GY  SR3
B      0  B    4900  B  004900  GY  L2
B   2900  B       0  B  002900  GX  L3
D
```

2) 3B 代码存盘

点击"3B 代码存盘",在弹出的输文件名长条窗口中,文件 File 后面输 10103B,已将 3B 代码存入 C 盘中。单击"退出"。

(3) 输出 RB 代码

点击"代码输出 3B"、"RBCode"、"3B 代码显示",立即显示表 5.3 所示的 RB 代码。单击左上角处的小方块按钮退出。

表 5.3 切割图 5.7 的 RB 代码

```
B   2900  B       0  B  002900  GX  L1
B      0  B    4900  B  004900  GY  L2
B    200  B     200  B  000200  GX  SR2
B   9800  B       0  B  009800  GX  L1
B    200  B     200  B  000200  GY  SR1
B      0  B    9800  B  009800  GY  L4
B    200  B     200  B  000200  GX  SR4
B   9800  B       0  B  009800  GX  L3
B    200  B     200  B  000200  GY  SR3
B      0  B    4900  B  004900  GY  L2
B   2900  B       0  B  002900  GX  L3
D
```

从图 5.10 及程序单中可以看出,四个尖角已经加上过渡圆弧,这是由于在图 5.8(a)中平滑输了 0.1,已把原图尖角改为 R = 0.1 的过渡圆弧,同时补偿也输了 0.1,所以在过渡圆处钼丝中心所走的圆弧 $R_f = 0.2$,图 5.10(b)为左上角过渡圆弧放大图。

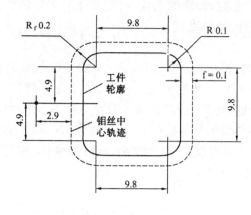

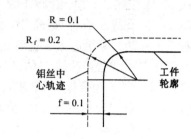

（a）钼丝中心轨迹示意图　　　　　　　（b）左上角过渡圆弧放大图

图5.10　夹角加过渡圆和间隙补偿后的钼丝中心轨迹

二、圆圆相交、圆线相交、线线相交及对称图形

图5.11为圆、直线和过渡圆构成与Y轴对称的图形，为凸件，钼丝半径 $R_{丝}$ = 0.06 mm，间隙补偿量 f = 0.07 mm。

1.绘图

（1）绘圆 C1 和 C2

单击"圆"图标，移光标到坐标原点上使其变为"×"形，按下命令键（不能放），移动光标时，出现一个逐渐增大的圆，至适当大小时放开命令键，在弹出的"圆参数窗"（图5.6(b)）中，输入圆 C1 的半径 3.55。单击半径后面的数值，用弹出的小键盘输入 3.55（回车），半径修改完毕，单击"yes"作出圆 C1。圆 C2 的圆心直角坐标值不知道，但知道它在 45°直线上距坐标原点 3.1，现作一条过原点、斜角 β = 45°、长 3.1

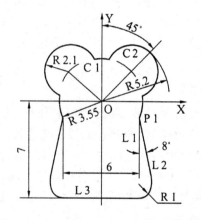

图5.11　圆圆相交、圆线相交和线线相交图形

的线，其端点即 C2 的圆心。将屏幕最下边的比例改输为 15 将图形显示放大。

绘圆 C2 的步骤：单击"辅助线"图标，移光标到坐标原点上时，变为"×"形，按下命令键（不要放）向 45°方向移动光标至适当位置时，放开命令键，在弹出的"直线参数窗"（图5.5(a)）中，修改斜角和线程值。具体做法是：单击斜角后的数值，用弹出的小键盘输 45（回车），单击线程后的数值，用弹出的小键盘输 3.1（回车），此时线的终点会自动变为正确的值，即 X、Y 均为 2.192，单击"yes"，作出这条蓝色的辅助线。单击"圆"图标，移光标至辅助线终点时，使其变为"×"形，按下命令键（不要放），往外移动光标时，出现一个逐渐增大的圆，至适当大小时，放开命令键，在弹出的"圆参数窗"中修改半径的正确方法为单击半径后面的数值，用弹出的小键盘输 2.1（回车），单击"yes"，作出圆 C2。

（2）作辅助线 L1

该辅助线的法线 P = 3 mm，法向角 α = 0°，采用大键盘输入。

单击"辅助线"图标,移光标至"键盘命令框"上时,出现数据输入框(长条),采用法线式输入,用大键盘输[3],0(回车),作出与Y轴平行的辅助线L1。

(3) 作直线L2和L3

直线L2是过辅助线L1与圆C1的下交点P1、斜角为98°的直线,直线L3是法线长为7、法向角为270°的直线。单击"直线"图标,光标移至点P1时变为"×"形,按下命令键(不要放),向右下方移动光标至适当位置后放开命令键,在弹出的"直线参数窗"(图5.5(a))中,输入正确斜角278,线程可改输7(估计的数),具体做法与前面类似,作出直线L2。移光标至(−5,−7)附近后按下命令键(不要放),向右移动至与直线L2相交后,放开命令键,在弹出的"直线参数窗"中,起点和终点的Y值均修改为−7,单击"yes",作出直线L3。

(4) 作右下角R=1的过渡圆弧

单击"过渡圆"图标,移光标至直线L2和L3的交点上,变为"×"形,按下命令键(不要放),往左上方(L2和L3之间)移动光标时,出现浅蓝色R=的提示,用弹出的小键盘输1(回车),作出R=1的右边过渡圆弧。

(5) 右半图形对Y轴对称

单击屏幕上部的"编辑"按钮,在弹出菜单中,单击"镜像",在弹出子菜单中单击"垂直轴",右上角提示"镜像",移光标至要对称的图段(光标呈田形),按下命令键,得到对称后的图形如图5.12所示。此图上有一些无用的无效线段,应用下面方法将其删除掉。

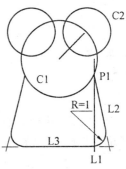

图5.12　刚绘完存在无效线段的图

2. 删除

先删除辅助线,单击"清理"图标(左下角处),移光标进入屏幕时,辅助线全部自动消失。单击"删除"图标,移鼠标器从工具包中取出剪刀形光标,再移至多余的线段时,光标变手指形,该线段变红色,按下命令键时,该红色线段被删除,用同样方法删除所有无用线段,移光标单击"工具包"放回剪刀。单击"重画"图标,把图形描深。

3. 图形存盘

将绘好并修整好的图形存盘,以备使用。

移光标单击"图号"后面的矩形框,用弹出的小键盘输入图号111000(回车)(图号不得超过8个符号),该图形就被存到C盘中。

4. 编程序

同一个图形根据需要可以编出ISO代码程序、3B程序或R3B程序,本例只编常用的ISO和3B代码。

(1) 编ISO代码程序的方法

单击"编程"、"切割编程",屏幕右上角出现红色条"丝孔",提示需确定"穿丝孔"的位置,从左下角的工具包上移出丝架形光标,若穿丝孔设在(0,5),移动光标点击(0,5)附近,按住命令键(左键)不要放,并移至圆C1与左边小圆的交点上,光标变"×"形,放开命令键,在该交点处出现红色▼指示牌,同时屏幕上弹出穿丝"孔位参数窗"(图5.13(a)),"起割"后面的数据不用修改(因已是交点的数据),把"孔位"后的数据改为 0,5,本例是在切割加工时再输入间隙补偿量,故此处补偿输 0 即可,平滑输出 0.1,单击"yes",弹出"切割路径选择窗"(图5.13(b))。

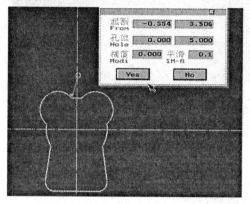

(a) 穿丝孔的孔位

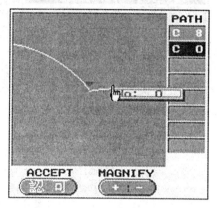

(b) 切割路径选择窗

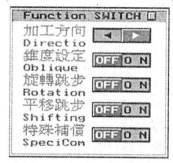

(c) 加工方向选择窗

图 5.13　孔位、切割路径及加工方向选择

在红色▼指示牌处是工件上的起割点,左右的线段分别在窗右上方用序号代表(C 表示圆弧,L 表示直线,后面的数字表示该线段作出时的序号 0~n),窗口中"+"表示可以将▼形两边线段放大的按钮,"-"表示缩小的按钮,根据需要单击一次,可放大或缩小一次。路径选择时,根据确定的切割方向为图形的顺时针方向切割,移光标至右边线段上时,光标变手指形,同时出现该线段的序号 No:0,单击此线段时,右边它所对应的线段序号 C0 的底色变黑,光标单击"认可",即完成了切割路径的选择,路径选择窗消失,同时图中火花沿着所选择的切割路径方向进行模拟切割,至终点时显示"OK"结束。同时弹出加工方向选择窗(图5.13(c)),在右上角有两个三角形(◀▶)方向相反的指示牌,两个三角形分别代表在图形上切割的逆/顺时针方向,红底黄色三角形为系统自动判断方向,现为顺时针方向,与火花切割方向一致;若不一致,则所加的补偿量正负相反,此时应单击灰底黑箭头,使其变为红底黄三角箭头。单击右上角小方形按钮,单击工具包,弹出代码显示选择窗(图 5.14(a))。

1) 显示 ISO 代码及存盘

单击"代码显示",显示出图 5.11 的 ISO 代码(表 5.4)。

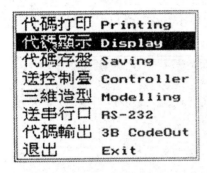

(a) 代码显示选择窗

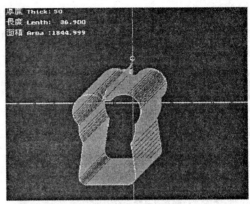

(b) 三维造型及切割面积

图 5.14 代码显示及三维造型

表 5.4 图 5.11 的 ISO 代码

```
G92  X0.0000    Y5.0000
G01  X-0.5894   Y-1.4509
G03  X0.0904    Y-0.0344   I0.0763    J0.0646
G02  X0.9981    Y0.0000    I0.4991    J-3.5147
G03  X0.0904    Y0.0344    I0.0141    J0.0990
G02  X2.9597    Y-2.9597   I1.6026    J-1.3571
G03  X-0.0344   Y0.0646    I0.0646    J-0.0763
G02  X-0.4957   Y-2.3666   I-3.5147   J-0.4991
G03  X-0.0140   Y-0.0665   I0.0850    J-0.0526
G01  X0.5519    Y-3.9267
G02  X-0.9903   Y-1.1392   I-0.9903   J-0.1392
G01  X-5.1333   Y0.0000
G02  X-0.9903   Y1.1392    I-0.0000   J1.0000
G01  X0.5519    Y3.9267
G03  X-0.0140   Y0.0665    I-0.0990   J0.0139
G02  X-0.4957   Y2.3666    I3.0191    J1.8676
```

单击左上角的小方形按钮,关闭 ISO 代码。

单击"代码存盘",提示输入文件名,在文件 File 后面的长条中输入 511ISO,已将图 5.11 的 ISO 代码存入 C 盘中。

2) 三维造型及显示切割面积

单击"三维造型",提示输入厚度,在厚度 Thick 后面长条中输 50,立即显示厚度 50;长度 (切割长度)36.9;面积 1844.999。同时显示出切割表面的三维图形(图 5.14(b)),点击工具 色,弹出"代码显示选择窗"。

(2) 编 3B 代码及 RB 代码的方法

1) 编 3B 代码

单击"代码输出 3B"显 3B Cod 和 RB Code,点击"3B Code",弹出"3B 代码显示"选择窗 (图 5.15)。

图 5.15 3B 代码显示选择窗

① 3B 代码显示。点击"3B 代码显示"立即显示图 5.11 的 3B 代码(表 5.5)。

表5.5　图5.11 的 3B 代码

```
B      589 B      1451 B  001451 GY L3
B       76 B        65 B  000090 GX NR3
B      499 B      3515 B  000998 GX SR2
B       14 B        99 B  000036 GY NR3
B     1603 B      1357 B  004445 GX SR2
B       65 B        76 B  000090 GY NR2
B     3515 B       499 B  002366 GY SR1
B       85 B        53 B  000066 GY NR2
B      552 B      3927 B  003927 GY L4
B      990 B       139 B  001009 GX SR1
B     5133 B         0 B  005133 GX L3
B        0 B      1000 B  001139 GY SR3
B      552 B      3927 B  003927 GY L1
B       99 B        14 B  000066 GY NR4
B     3019 B      1868 B  002366 GY SR3
B       99 B        14 B  000036 GX NR4
B     1357 B      1603 B  004445 GY SR3
B      589 B      1451 B  001451 GY L1
D
```

点击左上角的小方形按钮关闭显示。

② 3B 代码存盘。点击"3B 代码存盘",在弹出文件后面的长条中输入文件名 5113B,将其存入 C 盘中。单击"退出",返回代码显示选择窗。

2) 编 RB 代码

点击"代码输出 3B",显示图 5.16 所示的 RB 选择窗,点击"RB",弹出图 5.17 所示的"3B 代码显示选择窗",点击"3B 代码显示",弹出图 5.11 的 RB 代码(表 5.6)。点击左上角小方块,关闭 RB 代码。点击"退出"、"退出"。点击"文档"、"新图"。

图 5.16　RB 选择窗

图 5.17　3B 代码显示选择窗

表5.6　图5.11 的 RB 代码

```
B      589 B      1451 B  001451 GY L3
    -100 B        76 B        65 B  000090 GX NR3
    3550 B       499 B      3515 B  000998 GX SR2
    -100 B        14 B        99 B  000036 GY NR3
    2100 B      1603 B      1357 B  004445 GX SR2
    -100 B        65 B        76 B  000090 GY NR2
    3550 B      3515 B       499 B  002366 GY SR1
    -100 B        85 B        53 B  000066 GY NR2
B      552 B      3927 B  003927 GY L4
    1000 B       990 B       139 B  001009 GX SR1
B     5133 B         0 B  005133 GX L3
    1000 B         0 B      1000 B  001139 GY SR3
B      552 B      3927 B  003927 GY L1
    -100 B        99 B        14 B  000066 GY NR4
    3550 B      3019 B      1868 B  002366 GY SR3
    -100 B        99 B        14 B  000036 GX NR4
    2100 B      1357 B      1603 B  004445 GY SR3
B      589 B      1451 B  001451 GY L1
D
```

三、两圆的公切线及公切圆

在切圆切线图标状态下的功能很多,例如,可以画两圆公切线;点到圆的切线;二切圆,即与两个元素相切的圆;外包二切圆;三切圆;外包三切圆;三点圆等。下面列举其在多个图形中的具体应用。

1.两圆的公切线及公切圆

在图 5.18 中,直线 L1 与圆 C1 和 C2 外公切,直线 L2 与圆 C1 和 C3 内公切,圆 C4 与圆 C3 外切,而圆 C4 又是圆 C2 的内切圆。

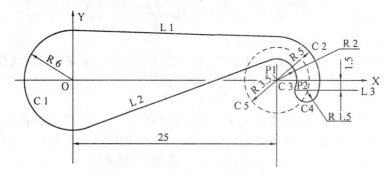

图 5.18   两圆的公切线及公切圆

(1) 绘图

① 绘制圆 C1、C2 和 C3。单击"圆"图标,移光标至坐标原点时,光标变为"×"形,轻按"命令键"往外移鼠标,绘出的圆逐渐增大至 R = 6 左右时,放开"命令键",在弹出的"圆参数窗"中将半径输为 6,单击"yes",绘出图 C1。移光标至(25,0)位置左右时,轻按"命令键"往外移鼠标,绘出一个增大的圆,至半径 R = 5 左右时,放开"命令键",在弹出的"圆参数窗"中。将圆心坐标和半径值进行必要修改,单击"yes",绘出圆 C2。移光标至(25,0)位置左右时,光标变为"×"形,轻按"命令键"往外移鼠标器时,绘出的圆半径增大至 R = 2 左右时放开"命令键",在弹出的"圆参数窗"中,把圆心坐标改正为(25,0),半径改正为 R = 2,单击"yes",绘出圆 C3。

② 绘制圆 C4。圆 C4 的圆心是辅助圆 C5 与辅助直线 L3 的右交点,所以应先绘辅助圆 C5 及辅助直线 L3。为了便于观察,应把图放大,可把屏幕最下部的比例之后的数值改为 9:1。

单击"辅助圆"图标,移光标至(25,0)时,光标变为"×"形,轻按"命令键"往外移鼠标器时,出现一个增大的蓝色圆,至 R = 3.5 左右时放开"命令键",在弹出的"圆参数窗"中,改圆心坐标为(25,0),半径 R = 3.5 后,单击"yes",绘出蓝色辅助圆 C5。单击"辅助线"图标,移光标至(0, − 1.5)左右时,轻按"命令键"往右移光标至圆 C2 右侧时,放开"命令键",在弹出的"线参数窗"中,将起点改为(0, − 1.5),终点改为(33, − 1.5),单击"yes",绘出蓝色辅助直线 L3。

单击"圆"图标,移光标至辅助圆 C5 与辅助直线 L3 的右交点处时,光标变为"×"形,轻按"命令键"往外移光标,当出现的圆至与圆 C2 和 C3 相切时(这时圆 C4 变为红色)放开"命令键",在弹出的"圆参数窗"中,将半径改为 R = 1.5,单击"yes",作出圆 C4。

③ 绘制圆 C1 和 C2 间的外公切线 L1 及内公切线 L2。单击"切线/切圆"图标,移光标至圆 C1 上部圆周上时,光标变为手指形,轻按"命令键",右移光标至圆 C2 圆周上部,光标由"+"形变为手指形时,放开"命令键",从外面向公切线中部移动光标,当它由"田"形变为手指形时,单击"命令键",作出黄色外公切线 L1。

单击"切线/切圆"图标,移光标至圆 C1 右下部圆周上时,光标变为手指形,轻按"命令键",移光标至圆 C3 左上部圆周上时,光标由"+"形变为手指形时,放开"命令键",作出一条蓝线,移光标由外至蓝线中部,光标由"田"字形变为手指形时,轻点"命令键",作出圆 C1 和 C3 的黄色内公切线 L2。

(2) 删除多余的无用线段

先删除辅助圆和辅助线,单击"清理"图标,光标移入屏幕时,全部蓝色辅助圆和辅助线立刻消失。

单击"删除"图标,移剪刀形光标至多余的圆弧时,光标变手指形,圆弧变红色,轻点"命令键"将其删除,用相同的方法逐段删除无用的圆弧,移光标单击左下角工具包结束。单击"重画"图标。

2. 两圆的外公切圆及其对称图形

在图 5.19 中,圆 C2 是圆 C1 关于 Y 轴的对称圆,圆 C3 和 C4 是圆 C1 和 C2 关于 X 轴的对称圆,两个 R50 和 R20 的外公切圆也分别关于 X 及 Y 轴对称。

(1) 绘图

① 绘圆 C1。单击"圆"图标,移光标至 C1 圆心坐标(30,20)附近时,按住命令键往外移动,出现增大的圆至其 R = 10 左右时,放开命令键,在弹出的"圆参数窗"中,将圆心坐标(30,20)及半径 R = 10 进行必要修改后,单击"yes",作出圆 C1。

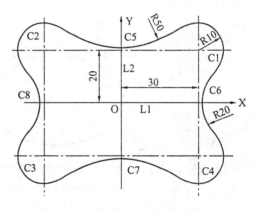

图 5.19 外公切圆及对称图形

② 以圆 C1 对水平轴镜像(对称),绘出圆 C4,圆 C1 和 C4 对垂直轴镜像,绘出圆 C2 和 C3。

单击"编辑"按钮,在弹出菜单中单击"镜像",单击弹出菜单的"水平轴",移"田"形光标单击 C1 圆内(或外)时,绘出圆 C4。单击"镜像"、"垂直轴",移"田"形光标单击圆 C1 附近时,绘出对 Y 轴对称的圆 C2 和 C3。

③ 绘 C1 和 C2 的公切圆 C5 及 C1 和 C4 的公切圆 C6。单击"切线/切圆"图标,移"+"形光标至 C2 圆周右上部时,光标变为手指形,按住"命令键",右移光标时,拉出一条蓝线,"+"形光标到达 C1 左上部圆周并变为手指形时,放开"命令键",移光标至蓝线中部时"田"形光标变为手指形,按住"命令键"往下移,出现 C1 和 C2 圆的蓝色公切圆,在弹出的"圆参数窗"中,把半径输为 50,单击"yes",绘出该公切圆 C5。移光标至 C1 圆周右下部时,"+"形光标变为手指形,轻按"命令键",并往下移光标时,拉出一条蓝线,至 C4 圆周上"+"形光标变为手指形,放开"命令键",移"田"形光标至蓝线中部,光标变为手指形,轻按"命令键"往左移光标时,出现一个蓝色公切圆,放开"命令键",在弹出的"圆参数窗"中,把半径输为 20,单击

"yes",绘出该公切圆 C6。

④ 两公切圆对 X 及 Y 轴对称绘出另两个公切圆。单击"编辑"、"镜像"、"水平轴",移"田"形光标单击上边公切圆内部时,绘出下边公切圆 C7。单击"编辑"、"镜像"、"垂直轴",移"田"形光标单击右边公切圆内部时,绘出左边公切图 C8。

(2) 删除多余无用线段

单击"删除"图标,移剪刀形光标至多余线段时,该线段变红色,轻点"命令键"删除该红线段,逐条删除,光标单击"工具包",单击"清理"图标,光标移入屏幕时,多余的辅助线立刻消失,单击"重画"将图描清晰。

四、二切圆图形

1.具有二切圆的手柄图形

图 5.20 中圆 C1 及圆 C4 为已知圆心坐标和半径的圆,圆 C2 为与已知直线 L2 相切且同时与圆 C1 外包切,直线 L1 过已知点 P1 与圆 C4 相切,圆 C3 为与圆 C2 及直线 L1 相切的二切圆。

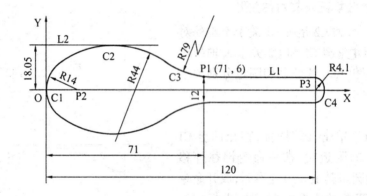

图 5.20　手柄形二切圆图形

(1) 绘图

① 绘已知圆 C1 及 C4。单击"圆"图标,其色变深,移光标至(14,0)左右,轻按"命令键"向外移动时,在弹出的"圆参数窗"中,输 C1"圆心坐标"14,0、"半径"14 后,单击"yes"绘出圆C1。移光标至(120,0)左右,轻按"命令键"向外移动时,在弹出的"圆参数窗"中输 C4"圆心坐标"120,0、"半径"4.1,单击"yes",绘出圆 C4。

② 绘点 P1 及辅助线 L1。单击"点"图标,移光标至 71,6 左右时,轻点"命令键",在弹出的"点参数窗"中,输点 P1"坐标"71,6,单击"yes"绘出点 P1。单击"辅助线"图标,移光标至0,18.05 左右,轻按"命令键",向右移光标至 50,18.05 左右,放开"命令键",在弹出的"直线参数窗"中,"起点"输 0,18.05,"终点"输 50,18.05,单击"yes"绘出辅助线 L2。

③ 绘过点 P1 与圆 C4 相切的直线 L1。单击"切线/切圆"图标,移"＋"形光标到点 P1 上时,光标变为"×"形,轻按"命令键",移"＋"形光标拉出一条蓝色线,至圆 C4 上边圆周上时光标变为手指形,放开"命令键",从蓝线上方移动"田"形光标至蓝线中部,光标变为手指形时轻点"命令键",光标变"＋"形,绘出一条由点 P1 至圆 C4 上部圆周的黄色切线 L1。

④ 绘圆 C1 和直线 L2 的二切圆 C2。移"＋"形光标至辅助线 L2 中部上时,光标变为手

指形,轻按"命令键"往圆 C1 圆周上部移动时,"+"形光标拉出一条蓝线,至 C1 上部圆周上时,光标变为手指形,松开"命令键",移动"田"形光标至 C1 圆周内,轻点"命令键",在圆 C1 圆心处出现一个小红色圆圈(保证圆 C2 外包圆 C1),移"田"形光标至 L2 和 C1 所拉出蓝线的中部时,光标变手指形,轻点"命令键",在弹出的"圆参数窗"中,"圆半径"输 44,单击"yes"绘出圆 C1 的外包二切圆 C2。

⑤ 绘圆 C2 及直线 L1 的二切圆 C3。移"+"形光标至切线 L1 上时,光标变手指形,轻按"命令键",移动"+"形光标至圆 C2 右上部圆周上,光标变为手指形时,放开"命令键",在 L1和 C2 圆周间拉出一条蓝线,移动"田"形光标至此蓝线中部时,光标变手指形,轻点"命令键",在弹出的"圆参数窗"中,"半径"输 79,单击"yes",绘出二切圆 C3。

⑥ 图形与 X 轴(水平轴)对称。单击"编辑"、单击弹出的"镜像",单击"水平轴",移"田"形光标,单击图形上部,获得关于 X 轴的对称图形。

⑦ 删除多余线段。单击"删除"图标,从工具包移剪刀形光标至无用的线段上时,该线段变红色,轻点"命令键",删除该线段,同样方法逐条删除,若发现 C3 圆周的有用部分也被删除时,应先在过点 P1 作一条 71、23 至 71、-23 的辅助线之后,再删除圆 C3 及其对称圆的无用部分,这样有用部分就不会被删除掉。单击工具包。

单击"清理"图标,把光标移入屏幕时,辅助线会自动消失。单击"重画"。

(2) 存盘

清理完毕的图形可以存在盘中。单击"图号"后面的灰色长条,用弹出的小键盘将图号输为 144479,该图形文件即存好。若要查找已存好的文件,可单击"文档",在弹出的菜单中,单击"读盘",再单击弹出的"图形",弹出一个已存好文件名的目录单,若上面有 144479 文件名,说明该图已存好。若要调出该图,移光标单击该文件名,该文件名处出现一黄色横条,单击文件目录单左上角处的小方形按钮,屏幕中显示出该图形,可用于编出加工程序。

2. 几种二切圆综合图形(图 5.21)

圆 C1 的半径 r = 5 是直线 L1 和 L2 的二切圆,圆 C2 的半径 r = 8 是过点 P3 与直线 L2 相切的二切圆,圆 C3 的半径 r = 10 为圆 C2 和直线 L3 的二切圆,圆 C4 是过 P4 和 P5 两点及半径 r = 11 的二切圆,直线 L4 是过点 P1 与圆 C4 左上部相切的直线。

(1) 绘图

① 绘点 P1、P2、P3、P4 和 P5。单击"点"图标,移光标至 20,10 附近,轻点"命令键",在弹出的"定点参数窗"中,输点坐标 20,10,单击"yes",作出 P1 点,用同样的方法绘出点 P2、P3、P4 及 P5。

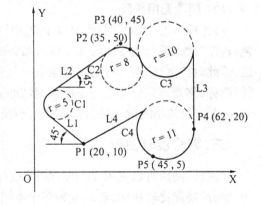

图 5.21　几种二切圆综合图形

② 绘直线 L1、L2 和 L3。单击"直线"图标,移光标到点 P1 上时,光标变"×"形,轻按"命令键"向左上方 135°左右移动光标至线程 35 左右时放开"命令键",在弹出的"直线参数窗"中把斜角改为 135,单击"yes"作出 L1。移光标到点 P2 上时,光标变"×"形,轻按"命令键",向左下方 225°左右移动光标,拉出一条黄线至与 L1 相交后,放开"命令键",在弹出的直线参

数窗中,输"斜角"为225,单击"yes",绘出直线L2。移光标到点P4上时,光标变成"×"形,轻按"命令键",垂直向上移动光标至线程50时,放开"命令键",在弹出的"线参数窗"中,"斜角"输90,单击"yes",绘出直线L3。

③ 绘二切圆C1。单击"切线/切圆"图标,移"＋"形光标至直线L1上时,光标变为手指形,轻按"命令键",移光标拉出一条蓝线,当"＋"形光标到直线L2上时,变为手指形,放开"命令键",移动"田"形光标至蓝线中部,光标变手指形,轻点"命令键",在弹出的"圆参数窗"中,"半径"输5,单击"yes",绘出二切圆C1。

④ 绘过点P3与直线L2相切的二切圆C2。移光标至点P3上时,光标变为"×"形,轻按"命令键",向直线L2移动光标,出现一条蓝线,至直线L2上时,"＋"形光标变为手指形,放开"命令键",移"田"形光标至蓝线中部,光标变为手指形,轻点"命令键",在弹出的"圆参数窗"中,"半径"输8,单击"yes",绘出二切圆C2。

⑤ 绘半径r=10,与圆C2及直线L3相切的二切圆C3。移"＋"形光标至C2圆周右上部时,光标变为手指形,轻按"命令键"向右移"＋"形光标时拉出一条蓝线至直线L3上时,光标变为手指形,放开"命令键",移"田"形光标至蓝线中部时,光标变为手指形,轻点"命令键",在弹出的"圆参数窗"中,"半径"输10,单击"yes",绘出二切圆C3。

⑥ 绘过点P4及点P5两点的二切圆。移光标至点P4上时,变为"×"形,轻按"命令键",向点P5方向移动光标拉出一条蓝线至点P5上时,光标变为"×"形,放开"命令键",移"田"形光标至蓝线中部,光标变为手指形,轻点"命令键",在弹出的"圆参数窗"中,"半径"输11,单击"yes",绘出圆C4。

⑦ 绘由点P1与圆C4相切的切线L4。移光标到点P1上时,光标变为"×"形,轻按"命令键",移光标至C4圆周上部时,光标变为手指形,放开"命令键",移动"田"形光标至蓝线中部,光标变为手指形,轻点"命令键",绘出切线L4。

(2) 删除无用线段

移光标单击"删除"图标,从工具包中取出剪刀形光标单击无用的线段,该线段变为红色,轻按"命令键",已变红的无用线段被删除。有时发现有用的线段也和无用的那段一起变红,若此时按"命令键",有用线段也会一起被删除,这时单击"工具包"退出删除,单击"辅助线"图标,移光标到应变红与不应该变红的交点或切点处,光标变为"×"形,从该点处开始绘5 mm左右长的小线段,以后再删除时,不该删除的部分就不会被删除了。

五、等分旋转图形

"旋转"图形可以使用YH的"等分"或"旋转"功能来绘制,若要旋转多个相等的角度,采用"等分"功能比较快捷,若是旋转多个不同的角度,采用"旋转"功能比较方便。

1.五角星等分图形

对如图5.22所示的五角星,可先绘出斜线L1,与Y轴对称后得到一个尖角,再采用"等分"功能就能绘出5个角。

(1) 绘图

① 绘斜线L1。单击"直线"图标,移光标至0,50左右,轻按"命令键",向右下方移动光标拉出一条黄线,至X轴附近时放开"命令键",在弹出的"线参数窗"中,"起点"输0,50,"斜角"输288,单击"yes",绘出斜线L1。

② 绘斜线 L2。用 L1 与 Y 轴对称绘 L2。单击"编辑",在弹出的菜单中单击"镜像",单击弹出菜单的"垂直轴",屏幕右上角显示"镜像",移"田"形光标至 L1 上时,光标变手指形,轻点击"命令键",绘出 L2。

③ 用"等分"绘出其余四个角。单击"编辑",在弹出菜单中单击"等分",单击弹出菜单中的"等角复制",再单击弹出的"图段",屏幕右上角红条上提示"中心",移"田"形光标到旋转中心 0,0 处时,光标变为"×"形,轻点"命令键",在弹出的"等分参数窗"中,"等分"输 5,"份数"输 5,单击"yes",移"田"形光标到 L1 上时,光标变为手指形,轻点"命令键",绘出五角星。

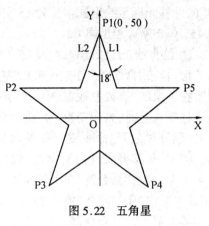

图 5.22　五角星

(2) 删除

用删除功能删除所有无用线段。

2.步进电动机定子图形

图 5.23 是步进电动机定子的内圈图形,靠内部是每组 5 个的小槽,可以先绘出其中一个小槽,然后采用"等分"功能,"份数"输 5 绘出。半径 R = 28.5 及 R = 20 圆弧所包成的大槽与已绘出的 5 个小槽共同组合成一个大的图段,再采用一次"等分"功能就可绘出整个图形。

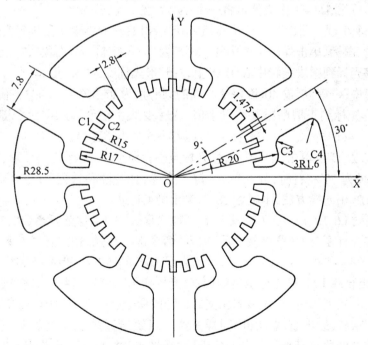

图 5.23　步进电动机定子内圈

(1) 绘图(图 5.24(a))

① 绘小槽图段的圆 C1 及圆 C2。单击"圆"图标,移光标到坐标原点上,光标变为"×"形时,轻按"命令键"向外移光标,当绘出圆半径为 17 左右时,松开"命令键",在"圆参数窗"中半径输 17,单击"yes"绘出圆 C1。移光标到坐标原点上,光标变为"×"形时,轻按"命令

键”向外移光标至绘出圆半径为 15 左右时,放开“命令键”在弹出的“圆参数窗”中,输“半径”为 15,单击“yes”绘出圆 C2。

② 绘直线 L1、L2、L3、L4 和 L5。单击“直线”图标,移光标到坐标原点上时,光标变为“×”形,轻按“命令键”向右上方 12°左右移动光标绘出一条直线,至 C1 圆周处时放开“命令键”,在弹出的“直线参数窗”中,“斜角”输 12,单击“yes”绘出直线 L1(图 5.24(a))。移光标到坐标原点上时,光标变为“×”形,轻按“命令键”向右上方 21°左右移动光标绘出一条直线至 C1 圆外时放开“命令键”,在弹出的“直线参数窗”中“斜角”输 21,单击“yes”,绘出直线 L4。将 L1 平移得 L2 和 L3,单击“编辑”、“平移”、“线段复制平移”,移光标到 L1 上时,光标变手指形,轻按“命令键”向下移动时,L1 分出一条蓝线向下平移,放开“命令键”,在弹出的“平移参数窗”中,“距离”输 0.7375,单击“yes”,绘出 L2,移“田”形光标至直线 L4 上时,光标变为手指形,轻按“命令键”向下移动一点,放开“命令键”,在弹出的“平移参数选择窗”中,“距离”输 0.7375,单击“yes”绘出 L5。单击屏幕左下角的工具包。单击“编辑”、“平移”、“线段复制平移”,移光标到 L2 上时,光标变手指形,轻按“命令键”向上移一点距离,放开“命令键”,在弹出的“平移参数窗”中,“距离”输 1.475,单击“yes”,绘出 L3,单击工具包。

③ 把显示图形放大后,修整小槽图形。单击屏幕最下边“比例”后面的小长条,用弹出的小键盘输 10,图形放大后便于进行修整。

单击“删除”图标,删除无用的各线段,得到如图 5.24(a)中粗黑线所示的一个小槽的图段。为了备用,可用 524-1 作文件名将一个小槽存盘。

④ 绘制 5 个小槽。利用“等分”功能,利用已绘出的一个小槽图段旋转复制绘出 5 个小槽。单击“编辑”图标,单击弹出菜单中的“等分”及“等角复制”和“图段”,右上角红色小条上提示“中心”,移光标到图段旋转中心(0,0)上,“田”形光标变为“×”形,轻点“命令键”在弹出的“等分参数窗”中,“等分”输 40(因每个小槽的圆心角为 9°,360÷9=40),“份数”输 5,单击“yes”,移“田”形光标到小槽图段某线段上时,光标变成手指形,轻点“命令键”,即可绘出 5 个小槽,如图 5.24(b)所示。用 524-5 作文档名将 5 个小槽存盘。

⑤ 绘圆 C3 及 C4。单击“圆”图标,移光标至坐标原点上,光标变“×”形,轻按“命令键”往外移动至半径为 20 左右时,放开“命令键”,在弹出的“圆参数窗”中,“半径”输 20,单击“yes”,绘出圆 C3,用同样方法,半径输 28.5,绘出圆 C4。

⑥ 绘制直线 L6、L7、L8、L9、L10 及 L11。单击“直线”图标,移光标至(12,1.4)左右,轻按“命令键”,右移光标至与 C3 圆周相交后,放开“命令键”,在弹出的“直线参数窗”中,“起点”和“终点”的 Y 坐标均输 1.4,单击“yes”,绘出直线 L6。同样方法,但起点和终点的 Y 坐标均输 -1.4,可绘出直线 L7。移光标至坐标原点,光标变为“×”形,轻按“命令键”向右上方 30°左右移动,绘出一条斜线至与 C4 圆周相交后,放开“命令键”,在弹出的“直线参数窗”中,“斜角”输 30,单击“yes”,绘出直线 L8,用同样方法可以绘出直线 L10,但斜角应输 330°。单击“编辑”、“平移”、“线段自身平移”,右上角提示“平移体”时,移“田”形光标至 L8 上使其变为手指形,轻按“命令键”向右下移动 3.9 左右,放开“命令键”,在弹出的“平移参数窗”中,“距离”输 3.9,单击“yes”,绘出 L9。移光标至 L10 上,轻按“命令键”向上移动 3.9 左右,放开“命令键”,在“平移参数选择窗”中,“距离”输 3.9,单击“yes”,绘出直线 L11,单击工具包。

⑦ 绘 R=1.6 的 6 个过渡圆。单击“过渡圆”图标,移光标到 L9 和 C3 交点上时,光标变为“×”形,轻按“命令键”向交角右侧移动光标时拉出一条蓝线,放开“命令键”时,显 R=,用

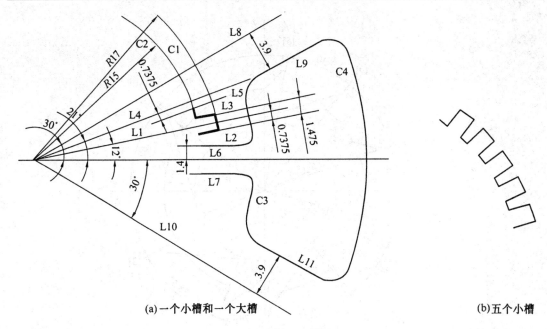

(a)一个小槽和一个大槽   (b)五个小槽

图 5.24　小槽及大槽图段

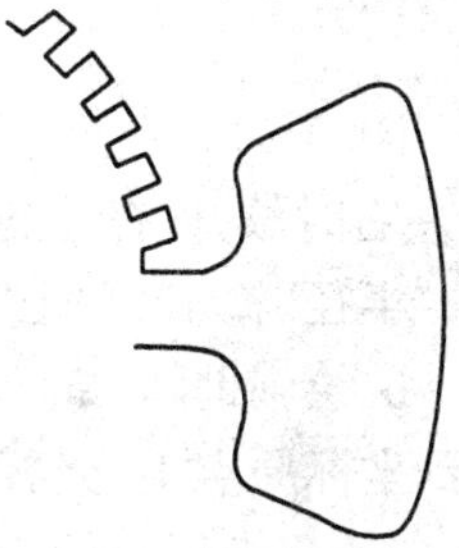

弹出的小键盘输 1.6,绘出该过渡圆,该处显示 R = 1.6,用同样方法可作R = 1.6的 6 个过渡圆弧。

⑧ 再绘一次 R = 15 的圆 C2。为了使第一个小槽和大槽连上,必须再绘圆 C2(略)。

⑨ 删除已绘出图段上所有无用线段。删除所有无用线段,获得图 5.25 所示的大图段。

⑩ 绘出图 5.23 所示的全图。单击"编辑"、"等分"、"等角复制"、"图段",右上角提示"中心",移光标到坐标原点上,"田"形光标变为"×"形,轻点"命令键",在弹出的"等分参数窗"中"等分"和"份数"均输 6,单击"yes",右上角提示"等分体",移"田"形光标到

图 5.25　5 个小槽和一个大槽组成的大图段

图形某一个线段上,光标变手指形时,轻点"命令键"绘出图 5.23 所示的图形,单击"重画"图标,移光标进入屏幕中时,全图被描深。

(2) 编程(略)。

六、不等分旋转及等距复制

1.不等分旋转图形

图 5.26 所示的图形中,几个齿的齿距角都不相等,首先绘完第一个齿的图段之后,可采用"图段复制旋转"功能来绘制该图形。

(1) 采用"不等分旋转"绘图

① 绘制第一个齿(图 5.27)。

a.绘圆 C1 及 C2。单击"圆"图标,移光标到坐标原点上,光标变为"×"形,轻按"命令键"向外移至半径为 12 左右时放开"命令键",在弹出的"圆参数窗"中,"半径"输 12,单击"yes",绘出圆 C1。移光标到坐标原点上,光标变为"×"形,轻按"命令键"向外移光标至 R =

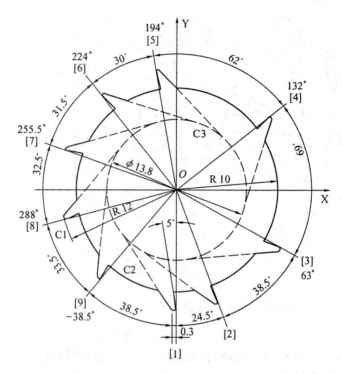

图5.26　不等齿距角的旋转图形

10左右时放开"命令键",在弹出的"圆参数窗"中,"半径"输10,单击"yes",绘出圆C2。

b.绘辅助圆C3。单击"辅助圆"图标,移光标到坐标原点上,光标变为"×"形,轻按"命令键"向外移光标至绘出辅助圆半径为6.9左右时,放开"命令键",在弹出的"圆参数窗"中,"半径"输6.9,单击"yes",绘出蓝色辅助圆C3。

c.绘辅助直线L3。单击"辅助线"图标,移光标至(−0.3,−10)左右时,轻按命令键向下垂直移动光标绘出一条蓝色直线至与圆C1相交之后放开"命令键",在弹出的"直线参数窗"中,起点输−0.3,−10,终点输−0.3,−15,单击"yes",绘出蓝色辅助直线L3。

d.绘直线L1。直线L1是过点0,−12,斜角为95°的线。单击"直线"图标,移光标到点0,−12上时,光标变为手指形,轻按"命令键"向左上方移动光标至与圆C2相交后,放开"命令键",在弹出的"直线参数窗"中,"斜角"输95,单击"yes",绘出直线L1。

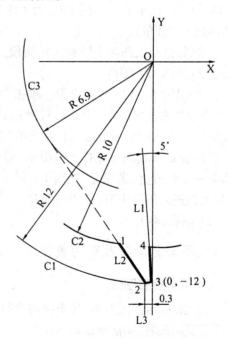

图5.27　第一个齿有关数据

e.绘直线L2。单击"切线/切圆"图标,移光标到圆C1与辅助直线L3的下交点上,光标变为"×"形,轻按"命令键"向左上方移光标拉出一条蓝线至与辅助圆C3左下侧相交,光标变为手指形,放开"命令键",移"田"形光标到蓝线中部,光标变手指形,轻点"命令键",绘出黄色切线 L2。

　　f.删除无用线段。只保留 1、2、3、4 所形成的第一个齿形,圆 C2 全都要删除,不留任何一段。

　　② 绘出共九个齿。旋转功能中,用"图段自身旋转",不能保留旋转前的图段,用"图段复制旋转",旋转后原图段仍保留。单击"编辑"、"旋转"、"图段复制旋转",右上角红色小条上提示"中心"时,移光标至坐标原点上,光标变为"×"形,轻点"命令键",提示"转体"时,移"田"形光标到第一个齿的某线段上。光标变为手指形,轻点"命令键",在弹出的"旋转参数窗"中,"角度"输 24.5,单击"yes",绘出第二齿。移光标到第二齿某线段上时,光标变为手指形,在弹出的"旋转参数窗"中,"角度"输 35.8,单击"yes"绘出第三齿。使用绘第三齿的同样方法,只要输入各齿不同的角度值就能绘出第四至第九个齿。

　　③ 绘圆 C2。采用"图段复制旋转"所绘出的九个齿互不相连,因此,应再绘一次圆 C2,方法略。

　　④ 删除。删除所有多余线段,得到所需九个不等角旋转齿的图形。

　　(2) 采用"等分"功能中的"不等角复制"绘图。

　　① 用绘出的第一个单独齿形来绘出九个齿。图 5.26 也可以采用"等分"功能中的"不等角复制"来绘制。其方法为:当用与前面相同的方法绘出一个单独的齿形后,单击"编辑"、"等分"、"不等角复制"、"图段",在弹出的"非等角参数"窗中,用大键盘输入 No:1 α 24.5(回车),No:2 α 38.5(回车),No:3 α 69(回车),No:4 α 62(回车),No:5 α 30(回车),No:6 α 31.5(回车),No:7 α 32.5(回车);No:8 α 33.5(回车),No:9 α 38.5(回车),单击"OK"。右上角提示"中心",移"田"形光标到坐标原点上,光标变为"×"形,轻点"命令键",在弹出的"等分参数"窗中,等分输 9,份数输 9,单击"yes",右上角提示"等分体",移动"田"形光标到第一齿某线段上时,"田"形光标变为手指形,轻点"命令键",按所输各齿角度得到互不相连具有不等分角的九个齿。

　　② 绘圆 C2。绘一个圆 C2,使各齿连起来,方法略。

　　③ 删除。删除无用线段后就绘出图 5.26 所需要的图形。

　　2.等距复制

　　图 5.28 所示的图形,可以先绘出圆 C1 后,其余的圆可用"等距复制"功能来绘出。

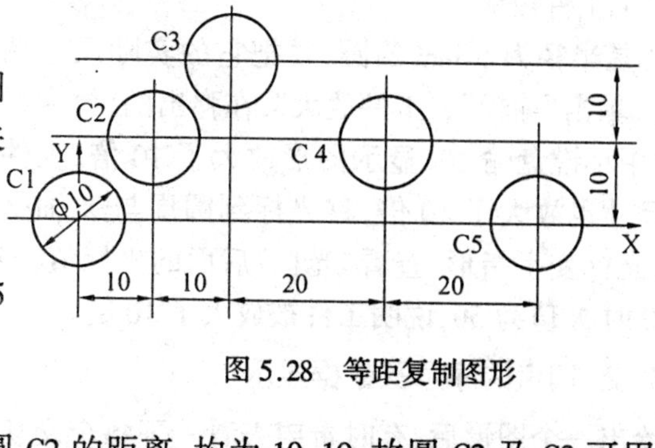

　　(1) 绘圆 C1

　　用绘圆的方法绘出一个半径 R = 5 的圆 C1。

　　(2) 绘圆 C2 和圆 C3

图 5.28　等距复制图形

　　圆 C2 到圆 C1 的距离等于圆 C3 到圆 C2 的距离,均为 10,10,故圆 C2 及 C3 可用圆 C1 "等距复制"绘出。单击"编辑"、"等分"、"等距复制"、"图段",在弹出的"等分参数窗"中,"距离"输 10,10,"等分"输 3,"份数"输 3,单击"yes",右上角显示"等分体",移光标至 C1 圆周上时,"田"形光标变手指形,轻点"命令键"绘出圆 C2 和 C3。

（3）绘圆 C4 和圆 C5

圆 C4 到圆 C3 的距离与圆 C5 到圆 C4 的距离相等,均为 20,−10,故圆 C4 及圆 C5 可用圆 C3"等距复制"绘出。单击"编辑"、"等分"、"等距复制"、"图段",在弹出的"等分参数窗"中,"距离"输 20,−10,"等分"输 3,"份数"输 3,单击"yes",右上角提示"等分体",移光标到圆 C3 上时,"田"形光标变手指形,轻点"命令键",绘出圆 C4 和圆 C5。

3.线段复制平移

图 5.28 中所示的五个圆,可以先绘好圆 C1 后,采用"线段复制平移"绘出。

（1）绘圆 C1(略)

（2）绘圆 C2、C3、C4 和 C5

单击"编辑"、"平移"、"线段复制平移",右上角提示"平移体",移光标至 C1 圆周上时,"田"形光标变为手指形,轻点"命令键",在弹出的"平移参数选择窗"中,"距离"输 10,10,单击"yes",绘出圆 C2。

用绘圆 C2 的方法,每次输入该圆圆心与复制平移前圆心之间不同的距离,就将圆 C3、C4、C5 逐个绘出来。用此法绘图 5.28 比"等距复制"麻烦。

4.图形放大与工件放大

图形放大与工件放大是两个不同的概念。图形放大只是使屏幕上所显示的图形变大,但所绘出工件的实际尺寸仍保持原来的尺寸。而工件放大,则既放大了屏幕上所显示的图形,也放大了工件的尺寸。

（1）图形放大

如有一个圆半径为 5 mm,绘出圆后还要在此圆上画多条线段,看起来不好分辨,显得图形太小,因此要将显示放大一些,可以用光标单击屏幕下边的"比例"后面的数值,用弹出的小键盘输入比原来数值大的一个适当的数,比如 5,而原来是 2,显示的图形就放大了,但实际该圆的半径仍然是 5 mm,若想验证一下,可把光标移到该圆周与 X 坐标轴的交点上,光标变为手指形,查看屏幕右下角"光标"后面所显的 Y 坐标值为 0 时,X 坐标值为 5,说明该圆的实际半径并未变大。

（2）工件放大

仍是半径为 5 mm 的圆,要把它的实际尺寸放大 10 倍。单击"编辑"、"工件放大",在弹出的"放大系数窗"中用小键盘输 10,显示图形放大了 10 倍,工件的实际尺寸也放大了 10 倍,移光标到圆周与 X 轴交点上时,光标变手指形,查看"光标"后面的坐标值,当 Y 值为 0 时 X 值为 50,说明工件被放大了 10 倍。

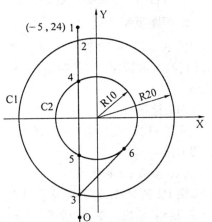

图 5.29　交、切点序号

5.交、切点的序号及数据显示

绘出一个图形后,有时希望查看一下各个交切点的序号及数据,可采用"杂项"中的有关功能。

如图 5.29 所示的图形,当绘好图后要知道各交、切点的序号时,单击"杂项"、"点号显示",图形上显示 0 到 6 共 7 个交、切点和直线端点的顺序编号。当要查看各交、切点的坐标值数据时,单击

"杂项"、"交点数据",各交切点的数据立即按图上的顺序显示出来,打印如表5.7所示。

表5.7　图5.29中各交、切点及端点坐标值

CURVE DATA:

```
0  [C] - CENTER:(     0.000,     0.000) - RADIUS:20.00
2  [C] - CENTER:(     0.000,     0.000) - RADIUS:10.00
3  [L] - Fr:  -5.000,  24.000)  To:(  -5.000,  -28.000)kp:  270
4  [L] - Fr:  -5.000, -19.365)  To:(   7.135,   -7.006)kp:  225
```

POINTS DATA

```
0  -   -5.0000   -28.0000  { 2 }
1  -   -5.0000    24.0000  { 2 }
2  -   -5.0000    19.3650
3  -   -5.0000   -19.3649  { 2  0  3 }
4  -   -5.0000     8.6603  { 2  1 }
5  -   -5.0000    -8.6603  { 2  1 }
6  -    7.1353    -7.0063  { 3  1 }
```

若要分别查看各交、切点的数据,可点击"点"图标,移光标到该点上,当光标变为"×"形时,在屏幕右下角"光标"后边显示该点坐标值。

七、三切圆图形

三切圆是与三个已知线段相切的圆,该三切圆的半径和圆心坐标都不知道,已知线段可能是直线,也可能是圆。详细分析三切圆有十种类型但可将其合并为以下四种:① 与三条已知直线相切的圆(图5.30(a)),称为 C/LLL 型三切圆;② 与两条已知直线及一个已知圆相切的圆(图5.30(b))称为 C/LLC 型三切圆;③ 与一条已知直线及两个已知圆相切的圆(图5.30(c)),称为 C/LCC 型三切圆;④ 与三个已知圆相切的圆(图5.30(d)),称为 C/CCC 型三切圆。下面举几个图形的绘图实例。

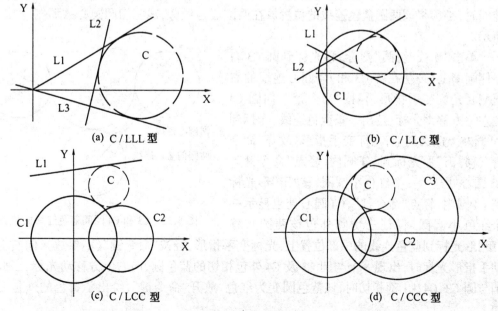

(a) C/LLL 型　　　　　　　　(b) C/LLC 型

(c) C/LCC 型　　　　　　　　(d) C/CCC 型

图 5.30　四种三切圆

1.含 C/CCC 型三切圆的图形

图 5.31 中的圆 C2,不知圆心坐标和半径,但知道它与已知圆 C1、C3 及 C4 相切,圆 C5 也在另一个位置与圆 C1、C4 及 C3 相切,其圆心坐标和半径也不知道。

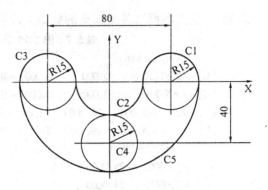

图 5.31　含 C/CCC 型三切圆的图形

(1) 绘已知圆 C1、C3 和 C4

单击"圆"图标,移光标到坐标约 40,0 时,轻按"命令键"向外移动至半径为 15 左右时,放开"命令键",在弹出的"圆参数窗"中,"圆心"输 40,0,半径输 15,单击"yes",绘出圆 C1。移光标至 0,−40 附近时,轻按"命令键"向外移,当半径为 15 左右时,放开"命令键",在弹出的"圆参数窗"中,圆心输 0,−40,半径输入 15,单击"yes",绘出圆 C4。单击"编辑"、"镜像"、"垂直轴",屏幕右上角提示"镜像",移"田"形光标到圆 C1 附近,单击"命令键"绘出圆 C3。

(2) 绘三切圆 C2

单击"切线/切圆"图标,移"+"形光标到圆 C3 的右侧圆周上时,光标变为手指形,轻按"命令键"不放,移光标拉出一条蓝线到圆 C4 的上侧圆周上,光标变为手指形,放开"命令键",绘出一条蓝色连线,移动"田"形光标到蓝线的中部,光标变为手指形,轻按"命令键"不放,移动光标时出现一个与圆 C3 和 C4 都相切的圆,仔细移动光标,此蓝色的圆变大,当变大至与圆 C1、C4 和 C3 都相切时,该蓝色圆变为红色,放开"命令键"就绘出一个黄色的三切圆 C2。

(3) 绘圆 C1、C3 和 C4 的外包三切圆 C5

绘此外包三切圆时应注意,当三切圆的三个被切元素都是圆时,应首先大致判断一下所要绘制三切圆的圆心是在开始绘蓝色连线这两个圆的圆心连线的那一侧,当绘两圆的蓝色连线时,必须将该两圆蓝色连线的位置放在两圆心连线旁,靠三切圆圆心的那侧,如图 5.32 所示。

单击"切线/切圆"图标,移光标到圆 C3 右下侧圆周上(必须在圆 C3 和 C4 圆心连线的右上侧),光标变手指形,轻按"命令键",向圆 C4 的左上方移动光标,拉出一条蓝色连线,光标到 C4 圆左上侧圆周上,光标变手指形,放开"命令键",移"田"形光标到 C3 圆内,轻点"命令键",C3 圆心处显示一个红色小圆圈,移"田"形光标到 C4 圆内,轻点"命令键",C4 圆心处也显示一个红色小圆圈(保证三切圆外包该两圆),移

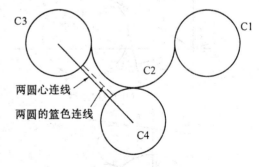

两圆心连线

两圆的篮色连线

图 5.32　C3 和 C4 圆间蓝色连线的位置

"田"形光标到蓝色连线的中部位置上,光标变手指形,轻按"命令键"(不要放),向右上侧移动手指形光标时,出现一个与圆 C3 及 C4 外包相切的蓝色圆,向右上方移动光标,当此蓝色圆与圆 C3、C4、C1 都相切时,该蓝色圆变为红色,放开"命令键",绘出了黄色的外包三切圆 C5。

（4）删除无用线段

2.含 C/LLC 三切圆的图形

在图 5.33 中圆 C4 是与直线 L1、L2 及圆 C2 相切的 C/LLC 型三切圆；圆 C5 是与直线 L2、L3 及圆 C1 相切的 C/LLC 型三切圆；圆 C6 是与直线 L3、L4 及圆 C2 相切的 C/LLC 型三切圆。整个图形是由 C3、L1、C4、L2、C5、L3、C6、L4 组成的图段，经等角复制绘出。

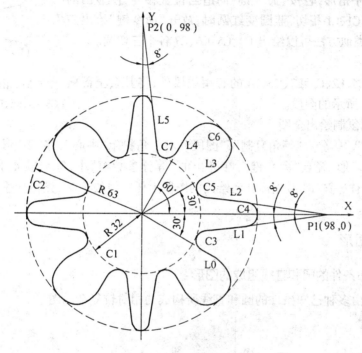

图 5.33　C/LLC 型三切圆图形

（1）绘圆 C1 及 C2

单击"辅助圆"图标，移光标至坐标原点上使其变为"×"形，轻按"命令键"往外移，出现一个蓝色圆，当半径增至 32 左右时放开"命令键"，在弹出的"圆参数窗"中，输半径为 32，单击"yes"绘出圆 C1。移光标到坐标原点上，光标变为"×"形，轻按"命令键"往外移，出现一个蓝色圆，当蓝圆半径增大至 63 左右时，放开"命令键"，在弹出的"圆参数窗"中半径输 63，单击"yes"绘出圆 C2。

（2）绘直线 L1、L2、L5

单击"直线"图标，移光标到 98,0 左右时，轻按"命令键"向左上方 172°左右移动，拉出一条黄色直线至 C1 圆内，放开"命令键"，在弹出的"直线参数窗"中，斜角输 172，单击"yes"绘出直线 L2。移光标到点 98,0 上，光标变"×"形，轻按"命令键"向左下方 188°左右移动，拉出一条黄线至 C1 圆内，松开"命令键"，在弹出的"直线参数窗"中，斜角输 188，单击"yes"绘出 L1。移光标到 0,98 左右，轻按"命令键"向右下方 278°方向移动，拉出一条黄线至 C1 圆内放开"命令键"，在弹出的"直线参数窗"中，起点输 0,98，斜角输 278，单击"yes"绘出直线 L5。

（3）绘直线 L0、L3、L4

移光标到坐标原点上，光标变为"×"形，轻按"命令键"向右下方 330°左右移动，拉出一条黄线至与圆 C2 相交后，放开"命令键"，在弹出的直线参数窗中，斜角输 330，单击"yes"绘出直线 L0。用绘 L0 同样方法可以绘出 L3(斜角输 30°)和 L4(斜角输 60°)。

(4) 绘三切圆 C3、C4、C5、C6、C7

单击"切线/切圆"图标,移"＋"形光标到直线 L0 上时,光标变
手指形,轻按"命令键"向 L0 和 L1 间的 C1 圆移动,拉出一条蓝线,
至 C1 圆周上时,光标变手指形,放开"命令键",移"田"形光标到蓝
线中部,光标变手指形,轻按"命令键"向适当位置移动,使显出的
蓝色圆周与 L0、C1、L1 相切,蓝圆变红圆时,放开"命令键"绘出三
切圆 C3。使用类似方法可以绘出 C4、C5、C6、C7 各个三切圆。

(5) 删除

除 C3、L1、C4、L2、C5、L3、C6、L4 的有用线段外,将其余全部删
除,得到图 5.34 所示的图段。

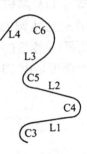

图 5.34 由 C3、L1、C4、L2、
C5、L3、C6、L4 组成的图段

(6) 用等角复制绘出全图

单击"编辑"、"等分"、"等角复制"、"图段",右上角提示"中心",移"田"形光标到坐标原
点上,光标变"×"形,轻点"命令键",在弹出的"等分参数窗"中,等分输 4,份数输 4,单击
"yes",提示等分体,移"田"形光标到已绘出的图段上任一线段上时,光标变手指形,轻点"命
令键"绘出全图。

八、综合图形

1.多种已知条件的圆和直线组成的图形

图 5.35 是由多种已知条件的圆和直线所构成的相对较复杂的图形。

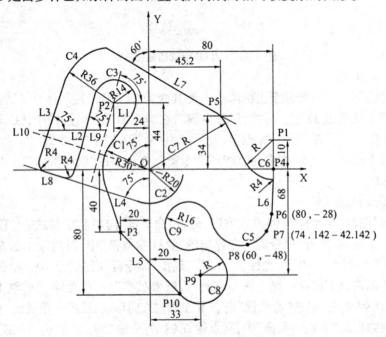

图 5.35 多种圆和直线组成的图形

其中,圆的已知条件可分为五种:

① 圆 C1、C2、C3 和 C4 为已知圆心和半径。

② 圆 C7 和 C8 为已知圆心和圆周上一点的坐标值。

③ 圆 C6 为已知圆心、不知半径,但知道圆 C6 和圆 C7 相切。

④ 圆 C9 已知半径、不知圆心,但知道 C9 与圆 C5 和 C8 相切。

⑤ 圆 C5 不知道圆心和半径,但知道该圆周上三点为 P6、P7 和 P8。

其中,直线的已知条件也可分为五种:

① 直线 L1 是圆 C1 和圆 C3 的内公切线。

② 直线 L4 和 L5 过点 P3 分别与圆 C1 和圆 C8 相切,而直线 L6 过点 P4 与圆 C5 相切。

③ 直线 L7 是过点 P5,斜角为 150° 的直线。

④ 直线 L2 和 L3 需作一条过点 P2,斜角为 75° 的辅助直线,将该直线平移 14 得 L2,平移 36 而得 L3。

⑤ 直线 L8 与辅助圆 C2 相切,斜角为 165°。

根据以上分析,绘此图时可先绘各个已知点,再绘各个圆,最后依次绘出各条直线。

(1) 绘图

① 绘各已知点 P1、P2、P3、P4、P5、P6、P7、P8、P9 和 P10。

各点坐标为:P1(80,10);P2(-24,44);P3(-20,-40);P4(80,0);P5(45.2,34);P6(80,-28);P7(74.142,-42.142);P8(60,-48);P9(33,-68);P10(20,-80)。

单击"点"图标,移光标到点 P1 位置左右(参看屏幕右下角处,"光标"后面所显示的数值),轻点"命令键",在弹出的"定点参数窗"中,坐标输 80,10 后,单击"yes",绘出点 P1,点 P1 位置显示"+"形符号。用绘点 P1 同样的方法把 10 个已知点绘出。

② 绘各个已知圆心坐标和半径的圆:C1、C2、C3 和 C4

各已知圆的圆心坐标和半径为:C1(0,0),R1 = 30;C2(0,0),R2 = 20;C3(P2),R3 = 14;C4(P2),R4 = 36。

单击"圆"图标,移光标到 C1 圆心(坐标原点),光标变为"×"形,轻按"命令键"向外移动,绘出的圆逐渐增大,当半径为 30 左右时,放开"命令键",在弹出的"圆参数窗"中,半径输 30,单击"yes",绘出圆 C1。用绘圆 C1 相同的方法可以绘出圆 C2、C3 和 C4。

③ 绘已知圆心坐标及圆周上一点坐标的圆 C7 和 C8

C7 的圆心为(0,0)且圆周上一点为 P5,C8 的圆心为 P9(33,-68),且圆周上一点为 P10(20,-80)。

单击"圆"图标,移光标到坐标原点上时,光标变为"×"形,轻按"命令键"移光标到点 P5 上时,夹子形光标变为"×"形,放开"命令键",单击弹出"圆参数窗"中的"yes",绘出圆 C7。移光标到点 P9 上变为"×"形,轻按"命令键"移光标到点 P10 上时,夹子形光标变为"×"形,放开"命令键"绘出圆 C8。

④ 绘已知圆心为点 P1,并与圆 C7 相切的圆 C6。将光标移到点 P1 上使其变为"×"形,轻按"命令键"移动光标出现一个逐渐增大的圆,当该圆周与 C7 圆周相切时,C6 圆周变为红色,放开"命令键"绘出一个黄色的圆 C6,单击弹出"圆参数窗"中的"yes"结束。

⑤ 绘已知圆周上 P6、P7 和 P8 三点的圆 C5。单击"切线/切圆"图标,移光标到点 P6 上,光标变"×"形,轻按"命令键"向点 P7 移动时拉出一条蓝线到点 P7 上,光标由"+"形变为"×"形,放开"命令键"在 P6 和 P7 间绘出一条蓝线,移光标到点 P8 上,"田"形光标变为"×"

形,轻点"命令键"绘出黄色圆 C5。

⑥ 绘已知半径并与圆 C5 和 C8 相切的圆 C9。移光标到 C5 左侧圆周上,光标变为手指形,轻按"命令键"移动"＋"形光标到 C8 圆周左上部,光标变为手指形,拉出一条 C5 与 C8 的蓝色连线,移"田"形光标到蓝色连线中部,光标变为手指形,轻按"命令键"向左侧移动光标时,出现一个同时与圆 C5 和 C8 相切的圆,当其半径增至 16 左右时,放开"命令键",在弹出的"圆参数窗"中,半径输 16,单击"yes",绘出黄色的圆 C9。

⑦ 绘圆 C1 与 C3 间的内公切线 L1。仍保持在"切线/切圆"图标状态下,移"＋"形光标到圆 C3 右下侧圆周上,光标变为手指形,轻按"命令键"向 C1 圆周左上侧圆周移动,至 C1 圆周上时,"＋"形光标变为手指形,放开"命令键"绘出二圆间的一条蓝色连线,移"田"形光标到该蓝色连线中部,光标变手指形,轻点"命令键"绘出圆 C3 与圆 C1 间的一条公切线 L1。

⑧ 绘过点 P3 分别与圆 C1 和圆 C8 相切的直线 L4 和 L5,过点 P4 至圆 C5 的切线 L6。移光标到点 P3 上,光标变为"×"形,轻按"命令键"向 C1 圆周左侧移动光标拉出一条蓝线,到 C1 圆周上时,光标变为手指形,放开"命令键",移"田"形光标到蓝色连线中部,光标变为手指形,轻点"命令键",绘出黄色切线 L4。用绘 L4 相同的方法可以绘出至圆 C8 的切线 L5 以及过点 P4 与圆 C5 相切的切线 L6。

⑨ 绘过点 P5、斜角为 150°的直线 L7。单击"直线"图标,移光标到点 P5 上时变为"×"形,轻按"命令键",向左上方 150°左右移动光标,拉出一条黄色直线至 C4 圆周左上侧外时,放开"命令键",在弹出的"直线参数窗"中,斜角输 150,单击"yes",绘出直线 L7。

⑩ 绘直线 L2 和 L3。先绘过 P2 点向左下方延伸、斜角为 255°的直线 L9。单击"直线"图标,移光标到点 P2 上时,光标变"×"形,轻按"命令键"向左下方 255°左右移动光标,绘出一条蓝线至圆 C7 左下侧外时,放开"命令键",在弹出的"直线参数窗"中,斜角输 255,单击"yes"绘出该直线。

用刚绘出的直线 L9 向左上方复制平移绘 L2 和 L3。单击"编辑"、"平移"、"线段复制平移",移动"田"形光标到直线 L9 上时,光标变手指形,轻按"命令键"向左上方移动光标,出现一条黄线随光标移动到与 C3 圆周相切时,放开"命令键",在弹出的"平移参数选择窗"中,距离输 14,单击"yes",绘出直线 L2。同样方法将直线 L9 再平移一次,但距离输 36 就绘出直线 L3。

⑪ 绘直线 L8。先绘一条过坐标原点、斜角为 165°的直线 L10,再将直线 L10 向左下方用"线段自身平移"功能,距离输 20 就能绘出 L8。

⑫ 删除无用线段。单击"删除"图标,移剪刀形光标到需删除的线段上时,该线段变为红色,轻点"命令键",该线段就被删除,删除前应把已绘出的图形存好,以防错删。在删除过程中有时会发现当剪刀形光标移到需删除的线段上,在需删除的线段变红时不应该删除的线段(如同一个圆周上的不同线段)也同时变红,此时若单击"命令键",需要的部分也被删除。在这种情况下,可暂将其删除,再重新绘一次这个圆,再删除无用部分时,有用部分就不会再被删除。

⑬ 绘三个 R＝4 的过渡圆。单击"过渡圆"图标,移∠R 形光标到需绘过渡圆的尖点上时,光标变为"×"形,轻按"命令键",按交角平分线的位置沿半径方向移动光标至适当位置,出现蓝色 R＝4,放开"命令键",用弹出的小键盘输 4,显示 R＝4,尖角处绘出 R＝4 的过渡圆弧。用同样方法可绘出三个过渡圆弧。单击清理"图标",移光标到屏幕中时显示的 R＝4

全被清除,单击"重画"。

(2) 存盘

把已绘好的图形存盘,以备编程序使用。

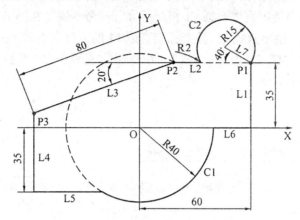

图 5.36　用直线端点绘另一直线或作用心

2.用直线端点作为绘另一直线的起点或圆心的图形(图 5.36)

(1) 绘图

先绘出点 P1,然后从点 P1 绘出直线 L1 和 L2,绘出圆 C1,从 L2 与圆 C1 的右交点 P2 作为起点绘线长 80 的 L3,从 L3 的端点 P3 绘直线 L4,从 L4 的下端点绘直线 L5,从点 P1 绘线长 35 的直线 L1,从 L1 的下端点绘直线 L6。从点 P1 绘线长 15 的直线 L7,以 L7 的上端点为圆心绘圆 C2。

① 绘点 P1。单击"点"图标,移光标到 60,35 附近时,单击"命令键",在弹出的"定点参数窗"中坐标输 60,35,单击"yes",绘出点 P1。

② 从点 P1 绘直线 L1、2 和 L7。单击"直线"图标,移光标到点 P1 上时,光标变为"×"形,轻按"命令键"光标垂直下移,绘出黄色直线与 X 坐标轴相交后,放开"命令键",在弹出的"直线参数窗"中,终点输 60,0,斜角输 270,单击"yes",绘出直线 L1。移光标到点 P1 上时,光标变为"×"形,轻按"命令键"向左移光标至靠近 Y 轴时,放开"命令键",在弹出的"线参数窗"中,斜角输 180,单击"yes",绘出直线 L2。移光标到点 P1 上,光标变"×"形,轻按"命令键"向左上方移动光标至线程 15 左右,放开"命令键",斜角输 140,线程输 15,单击"yes",绘出直线 L7。

③ 绘圆 C1 和 C2。单击"圆"图标,移光标到坐标原点上,光标变为"×"形,轻按"命令键"向外移光标,出现一个增大的圆至与直线 L2 相交后,放开"命令键",在弹出的"圆参数窗"中,半径输 40,单击"yes",绘出圆 C1。移光标到直线 L7 的左上端点上,光标变为"×"形,轻按"命令键"向外移光标使半径增大至 15 左右,放开"命令键",在弹出的"圆参数窗"中,半径输 15,单击"yes",绘出圆 C2。

④ 从圆 C1 和直线 L2 的右交点 P2 绘斜角为 200°(180° + 20° = 200°)、线程(长)为 80 的直线 L3。单击"直线"图标,移光标到圆 C1 和直线 L2 的右交点 P2 上,光标变为"×"形,轻按"命令键"向左下方移光标绘出一条黄色直线至圆 C1 左边时,放开"命令键",在弹出的"直线参数窗"中,斜角输 200,线程输 80,单击"yes",绘出直线 L3。

⑤ 从相应直线端绘直线 L4、L5 和 L6。移光标到 L3 左下端点上,光标变为"×"形,轻按"命令键"向下移动光标至线程 50 左右,放开"命令键",在弹出的"直线参数窗"中,斜角输 270,线程输 35,单击"yes",绘出直线 L4。移光标到 L4 的下端点处,光标变为"×"形,轻按"命令键"向右移光标至绘出直线与圆 C1 相交后,放开"命令键",在弹出的"直线参数窗"中,斜角输 360,单击"yes",绘出直线 L5。移光标到直线 L1 的下端点上时,光标变为"×"形,向左移光标至绘出的黄线与圆 C1 相交后,放开"命令键",在弹出的"直线参数窗"中,斜角输 180,单击"yes",绘出直线 L6。

(2) 删除

删除所有无用线段。

九、渐开线齿轮、花键孔、椭圆及抛物线

齿轮图标专门用于绘渐开线齿轮,可以绘制全部齿的齿轮,也可以绘制只有其中几个齿形的图形。

1.齿轮

图 5.37 所示渐开线齿轮的齿形,已知齿数 $Z = 42$,压力角 $\alpha = 20°$,模数 $M = 2$,变位系数 $x = 0$。

(1) 绘图

单击"齿轮"图标,弹出图 5.38 所示的"特殊曲线输入参数窗",在其最下部输入模数 $M = 2$,齿数 $Z = 42$,压力角 $\alpha = 20°$,变位系数 $X = 0$,精度可根据需要输入。单击"认可"时在该参数窗中显示:基圆半径 $= 39.4671$;齿顶圆半径 $= 44$;齿根圆半径 $= 39.5$;起始角 $= 2.3403$;径向(间隙)$= 0.5$。这些数值是依照标准渐开线齿轮,由系统计算出来的,除基圆半径之外,根据实际需要均可修改。修改方法为:单击该数据值,数据下面出现一条横线,用弹出的小键盘修改所需要的数据之后,单击"认可",在窗口中绘出一个齿形的图形,并要求输入齿数,在"取齿"之后用弹出的小键盘输 42,单击"退出",屏幕上显示具有 42 个齿的完整齿形。如图 5.37 所示。

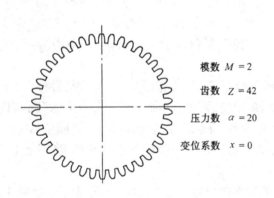

模数 $M = 2$

齿数 $Z = 42$

压力数 $\alpha = 20$

变位系数 $x = 0$

图 5.37　齿轮

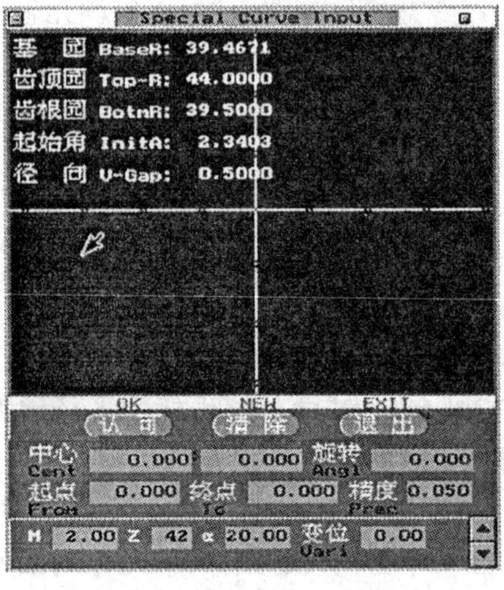

图 5.38　特殊曲线输入参数窗

（2）编程

单击"编程"、"切割编程"，右上角提示"丝孔"，移丝架形光标到 0,48 处，轻按"命令键"沿 Y 轴下移到齿形上时，出现三角形红色指示牌，放开"命令键"，在弹出的"路径选择窗"中，移光标到红色三角形指示牌下的黄色齿廓线上时，显示 No:8，单击"命令键"，右上角下边 C8 底色变黑，单击"认可"，齿形图上进行模拟加工至完毕时，显"OK"，单击工具包，提示输入工件厚度，厚度输 10。显示：厚度 10；长度 538.948；面积 5389.485，单击"退出"。

单击"编程"、"代码输出"、"代码显示"，屏幕上显示所编出的 3B 程序单。也可单击"编程"、"代码输出"、代码打印，打印出 3B 程序单（略。）

2.只有其中九个齿形的图形

图 5.39 为只有其中九个齿形的齿板。已知：模数 $M = 1.75$；齿数 $Z = 18$；压力角 $\alpha = 20°$；变位系数 x 为 0。

（1）绘图

单击"齿轮"图标，在弹出的"特殊曲线输入窗"中，模数 M 输 1.75，齿数 Z 输 18，压力角 α输 20，变位系数 x 输 0。输完后单击"认可"，屏幕显示：基圆半径 14.8002；齿顶圆半径 17.5；齿

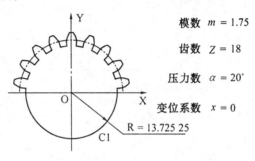

模数　$m = 1.75$
齿数　$Z = 18$
压力数　$\alpha = 20°$
变位系数　$x = 0$
$R = 13.725\ 25$

图 5.39　九个齿形的齿板

根圆半径 13.5625；起始角 O；径向（间隙）0.4375。单击"认可"，显示 Y 轴上一个齿形，提示需要绘出的齿数，"取齿"之后用弹出的小键盘输 9，因图 5.39 要求从右往左边数的第五个齿形在 Y 轴上，而每个齿所占的圆心角为 360 ÷ 18 = 20°，故第一个齿的位置不在 Y 轴上，而是在从 Y 轴顺时针方向旋转四个齿的位置处，在"特殊曲线输入参数窗"中，"旋转"后面应输 − 80（顺时针旋转角度输负值）。单击"退出"，屏幕上显示出如图 5.39 所示的具有九个齿形的齿板。

（2）删除

删除多余线段。

3.渐开线花键孔

要切割如图 5.40 所示的花键孔，用下法可以绘出。

（1）绘图

单击"齿轮"图标，在弹出的"特殊曲线输入窗"中，模数 M 输 2.5，齿数 Z 输 24，压力角 α 输 30，变位系数 x 输 0。单击"认可"，在参数窗中显示：基圆半径 28.9808；齿顶圆半径 32.5；齿根圆半径 26.875；起始角 15.1615；径向 0.625。若与渐开线

模数　$M = 2.5$
齿数　$Z = 24$
压力数　$\alpha = 30°$
变位系数　$x = 0$

图 5.40　渐开线花键孔

花键孔所要求的齿顶及齿根圆半径不同，应加以改正。单击齿顶圆后面的数值，用弹出的小键盘输 32.25，单击齿根圆后面的数值，用弹出的小键盘输 28.62，起始角自动变为 26.4734。单击"认可"，提示"取齿"，输 24 后单击"退出"，显示 24 齿的花键孔齿形。

(2) 存盘

将绘出的花键孔图形存盘以备编程用。单击屏幕左下角图号后面的长条,用弹出的小键盘输文件名 24(回车),该图即存好。若要调出该图编程,单击"文件"、"读盘"、"图形",在弹出的"文件名窗"中,单击该渐开线花键孔的文件名 24,底色变为黄色长条,单击"文件名窗"左上角的小方形按钮,屏幕上显示出该渐开线花键孔的图形。

4. 椭圆

图 5.41 所示(a)为长轴在水平位置的椭圆;(b)为长轴沿逆时针方向旋转 45°的椭圆;(c)为不完整的椭圆。

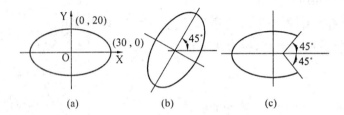

图 5.41　三种椭圆

(1) 绘图 5.41(a)所示的椭图

单击"椭圆"图标,移光标进入屏幕时,弹出"椭圆参数输入窗",a 半轴输 30,b 半轴输 20(输完 a 半轴数后,键盘并消失,可接输 b 半轴的数据),参数窗绘图区显示该椭圆图形,单击"认可"确认该椭圆图形,单击"退出",屏幕上显示该椭圆图形,可以存盘以备编程序用。

(2) 绘图 5.41(b)所示的椭圆

单击"文件"、"新图",屏幕上刚才所绘的椭圆消失。单击"椭圆"图标,在弹出的"椭圆参数输入窗"中,a 半轴输 30,b 半轴输 20,旋转输 45,单击"认可"确认,单击"退出"屏幕上显示图 5.41(b)所示的长轴逆时针旋转 45°后的图形。若旋转输 – 45,则所绘出的椭圆为长轴顺时针旋转 45°后的图形。

(3) 绘图 5.41(c)所示的不完整椭圆

与绘图 5.41(a)所示的椭圆相同,绘出该椭圆后,过坐标原点绘一条 45°的直线及另一条 315°的直线,之后将无用线段删除。

5. 双曲线

图 5.42 是含有双曲线的图形。YH 软件绘制双曲线时,只绘出第一象限的部分,其它象限可用对称的方法获得。

(1) 绘双曲线

单击"双曲线"图标,光标移入绘图窗时,弹出"双曲线参数输入窗",将 a 实半轴 = 30,b 虚半轴 = 20,起点 = a 实半轴 = 30,终点 = 50 输入后,单击"认可",偏移输 0,显示出该双曲线第一象限的部分,单击"退出",在屏幕上绘出该双曲线的第一象限部分。单击"编辑"、"镜像"、"水平轴",移"田"形光标到第一象限双曲线附近,再点"命令键",绘出第四象限部分的双曲线。单击"编辑"、"镜像"、"垂直轴",移"田"形光标到第一象限中双曲线附近,单击"命令键",绘出全部双曲线。

（2）绘直线 L1 和 L2

单击"直线"图标，移夹子形光标到双曲线第一象限上的端点，光标变为"×"形，轻按"命令键"向左移光标到第二象限上的端点，光标变为"×"形，放开"命令键"，核对弹出菜单中的起点和终点数据，确认无误后，单击"yes"，绘出 L1。用类似方法可以绘出 L2。

十、函数方程曲线

（1）例 1

图 5.43 中 S1 为一条已知其函数方程式为 $Y = 12.5 \times 3.1416(X/50)^{3.521}$ 的曲线。

① 绘图。

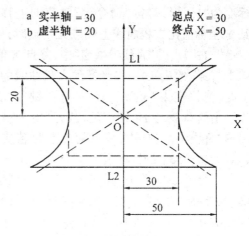

a 实半轴 = 30　　　起点 X = 30
b 虚半轴 = 20　　　终点 X = 50

图 5.42　含双曲线的图形

a.绘函数方程为 $Y = 12.5 \times 3.1416(X/50)^{3.521}$ 的曲线 S1。单击"函数方程"图标，移光标进入屏幕绘图区时，弹出如图 5.44 所示的"函数方程输入窗"，单击"曲线方程"后面的深色框，框下部出现一条黑线，用大键盘输入方程中等号右边的部分，输 12.5 * 3.1416 * (X/50)^3.521（回车），因该函数方程曲线起点的 X 坐标值为 0，终点的 X 坐标值为 50，故起点输 0，终点输 50，中心和旋转均输 0，单击"认可"，提示输偏移量，输 0，单击"认可"，在输入窗坐标上显示出该曲线图形，单击"退出"，屏幕上显示出该方程曲线，如图 5.45 所示。

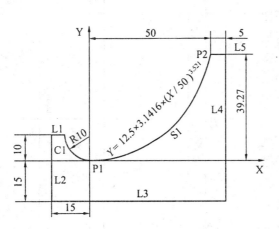

图 5.43　含函数方程曲线的图形

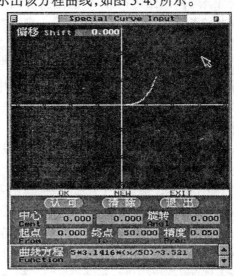

图 5.44　函数方程曲线输入窗

b.绘直线 L1、L2、L3、L4 和 L5。单击"直线"图标，移光标到 – 15,10 附近时，轻按"命令键"向右水平移动，绘出一条黄线至 Y 坐标轴附近，放开"命令键"，在弹出的"直线参数窗"中，起点输 – 15,10，终点 Y 值输 10，单击"yes"绘出 L1。移光标到 L1 左端点上，光标变成"×"形，轻按"命令键"，并垂直向下移动光标到 – 15, – 15 附近时，放开"命令键"，在弹出的"直线参数窗"中，终点输 – 15, – 15，单击"yes"，绘出 L2。移光标到 L2 下端点上时，光标变为"×"形，轻按"命令键"向右水平移动，绘出一条黄线至 55, – 15 附近时，放开"命令键"，在弹出的"直线参数窗"中，终点输 55, – 15，单击"yes"，绘出 L3。移光标到 L3 右端点上时，光

标变为"×"形,轻按"命令键"垂直向上移动光标
到 Y 坐标值比方程曲线上端点大一点时,放开"命
令键",在弹出的"直线参数窗"中,终点 X 值输 55,
单击"yes",绘出 L4。移光标到方程曲线的上端点
上时,光标变为"×"形,轻按"命令键"向右移动,
当绘出的黄线与 L4 相交后,放开"命令键",在弹
出的"直线参数窗"中,终点的 Y 坐标值应输为与
起点的相等(39.27),单击"yes",绘出 L5。

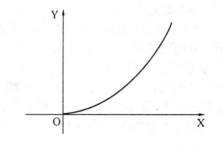

图 5.45　$y = 12.5 \times 3.1416(x/50)^{3.521}$ 的曲线

c.绘圆 C1。单击"圆"图标,移光标到坐标为 0,10 点上时,光标变为"×"形,轻按"命令
键"往外移光标,当绘出的圆半径增大为 10 左右时放开"命令键",在弹出的"圆参数窗"中,
圆心输 0,10,半径输 10,单击"yes",绘出圆 C1。

② 删除。删除多余线段,得到图 5.43 的图形。

(2) 例 2

图 5.46 是含有方程为 $y = 10\sqrt{x}$ 抛物线的
曲线。

① 绘图。

a.绘 $y = 10\sqrt{x}$ 函数方程曲线。单击"函数
方程"图标,向绘图区内移动光标时,弹出与图
5.44 格式相同的"函数方程曲线输入窗",在曲
线方程后用大键盘输 10＊X^0.5(回车),起点输
10(回车),终点输 64.8(回车)。单击"认可",提
示输偏移量,输 0,"函数方程曲线输入窗"中绘
出该方程的曲线。单击"退出",在屏幕上绘出
该曲线。

b.绘直线 L1、L2、L3 和 L4。单击"直线"图
标,光标移到曲线左端点上时,光标变为"×"
形,轻按"命令键"垂直向下移动光标,绘出一条
黄线终点 Y 值(负)比起点大时,放开"命令
键",在弹出的"直线参数窗"中,终点 X 值输
10,斜角输 270,单击"yes",绘出 L1。移光标到
方程曲线的右端点上时,光标变为"×"形,轻按
"命令键"垂直向下移动光标,当绘出的黄线至
终点 Y 值(负)比起点大时,放开"命令键",在

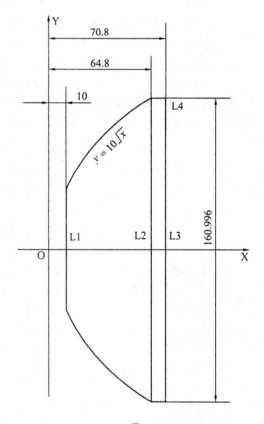

图 5.46　含 $y = 10\sqrt{x}$ 方程曲线的图形

弹出的"直线参数窗"中,终点的 X 值应输为与起点相等的 64.8,单击"yes",绘出 L2。单击
"编辑"、"平移"、"线段复制平移",移"田"形光标到直线 L2 上时,光标变为手指形,轻按"命
令键"向右移动时,出现一条蓝线,当它右移到距离为 6 左右时,放开"命令键",在弹出的"平
移参数选择窗"中,距离输 6,单击"工具包"结束平移绘出 L3。移光标到方程曲线右端点上
时,光标变为"×"形,轻按"命令键"向右移动至绘出黄线与 L3 相交后,放开"命令键",在弹

出的"直线参数窗"中,终点的 Y 值输为与起点相等的 80.498,单击"yes",绘出 L4。单击"编辑"、"镜像"、"水平轴",移"田"形光标至图内,轻点"命令键",绘出关于 X 轴对称的图形。

② 删除。删除所有无用线段后,得到图5.46所要求的图形。

(3) 例3

图 5.47 为一个含有正弦曲线的图形。正弦曲线 S1、S2 和 S3 的函数方程均为 $y = 10 \sin x$,S2 的起点在 0, – 30,旋转了 – 90°,S3 的起点在 40,0,也旋转了 90°。

① 绘图。

a.绘正弦曲线 S2 和 S3。单击"方程曲线"图标,光标移入屏幕时,弹出"方程曲线输入窗",在该窗中,中心输 0,0,旋转输 – 90,起点输 0,终点输 6.283(2π),曲线方程输 10 * sin x(用大键盘),单击"认可",偏移输 0,单击"退出",屏幕上显示起点为 0,0,顺时针旋转 90°后的该

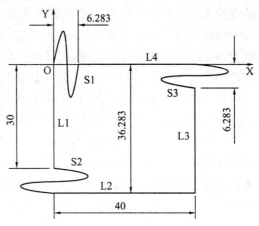

图 5.47　含 $y = 10 \sin x$ 正弦曲线的图形

正弦曲线。将该曲线平移 0, – 30,可得 S2,再将 S2 图段平移复制后可得 S3。单击"编辑"、"平移"、"图段自身平移",移"田"形光标到起点附近曲线上时,光标变为"手指"形,轻点"命令键",在弹出的"平移参数选择窗"中,距离输 0, – 30,单击"yes",该正弦曲线移到起点为 0, – 30 的位置,绘出了 S2,单击工具包。单击"编辑"、"平移"、"图段复制平移",移"田"形光标到 S2 起点附近曲线上时,光标变为"手指"形,轻点"命令键",在弹出的"平移参数选择窗"中,距离输 40,30,单击"yes",绘出 S3,单击工具包。

b.绘正弦曲线 S1。单击"方程曲线"图标,在弹出的"方程曲线输入窗"中,中心输 0,0,旋转输 0,起点输 0,终点输 6.283,曲线方程输 10 * sin x,单击"认可",偏移输 0,单击"退出",屏幕上绘出 S1。

c.绘直线 L1、L2、L3 和 L4。单击"直线"图标,移光标到 S1 起点上时,光标变为"×"形,轻按"命令键"向下移动夹子形光标到 S2 起点上时,光标变为"×"形,放开"命令键",在弹出的"直线参数窗"中确认数据无误后,单击"yes",绘出直线 L1,同样方法可以绘出直线 L4。由 S2 终点作一根线长为 40 的水平线 L2,由 S3 的终点绘一根线长为 30 的垂直线 L3。

② 删除。删除所有无用线段而得到圆 5.47 所示的图形。

十一、列表曲线、渐开线和螺线

1.列表曲线

YH 列表曲线功能,可以接受用直角坐标表达的列表点数据,也可以接受用极坐标表达的列表点数据。

（1）直角坐标表达数据的列表曲线（表 5.8）

表 5.8　用直角坐标表达列表曲线的数据表

列表点编辑	1	2	3	4	5	6	7	8	9	10	11
X	– 40	– 32	– 24	– 16	– 8	0	8	16	24	32	40
Y	80	51.2	28.8	12.8	3.2	0	3.2	12.8	28.8	51.2	80

图 5.48 是含有表 5.8 中列表曲线数据的图形。

① 绘图。

a.绘列表点曲线。单击"列表曲线"图标,向屏幕移动光标时,弹出图 5.49 所示的"列表曲线输入窗",左下角应为"XY 坐标",若显示的是"极坐标"时,可移光标单击该处,就会由"极坐标"转换为"XY 坐标",No:后面的坐标点应是 1,若不是,可单击该行右端的▲,使其调整为 No:1,单击 X 后的灰色框,用弹出的小键盘输入第一点的 X 值 –40(回车),Y 后的灰框下边出现一条黑线,表示再输入的 Y 值会到该处,输 80(回车),此时,坐标点号自动变为 No:2,提示可以输入第 2 点的 X,Y 坐标值,用输第一点坐标值相同的方法,依次将 11 个列表点的坐标值都输入。在输入过程中,各坐标点位置上都出现"+"形符号,标明了所输入各点的位置。单击"认可",提示选择"拟合方式",现选圆弧拟合各列表点,单击"圆弧",显示各列表点用圆弧拟合后所得的黄色列表曲线。单击"退出",屏幕上绘出该列表曲线。把图形存盘,单击左下角"图号",用大键盘输入 ZJLBQX(回车),该图即被存盘。

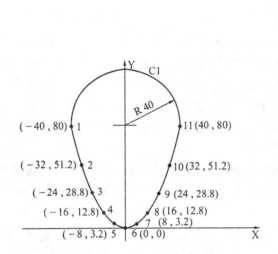

图 5.48 含表 5.8 列表点曲线的图形

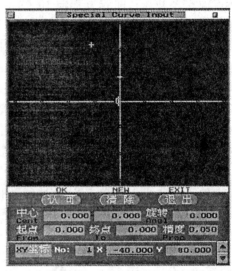

图 5.49 列表曲线输入窗

b.绘圆弧 C1。先在 0,80 位置绘一个点,再以该点为圆心绘出圆 C1。单击"点"图标,移光标至 0,80 附近位置,轻点"命令键",在弹出的"定点参数窗"中,坐标输 0,80,单击"yes",绘出该点。单击"圆"图标,移光标到刚绘出的圆心点上时,光标变"×"形,轻按"命令键"向外移光标,当绘的黄色圆半径约为 40 时,放开"命令键",在弹出的"圆参数窗"中,半径输 40,单击"yes",绘出圆 C1。

② 删除。删除无用线段,从而绘出如图 5.48 所示的图形。

(2) 极坐标表达数据的列表曲线(表 5.9)。

表 5.9 用极坐标表达列表曲线的数据表

列表点号	1	2	3	4	5	6	7	8	9	10	11
极径 γ/mm	16.4	16.2	15.1	14	12.9	11.9	10.9	9.9	8.9	7.9	6.9
极角 α/(°)	72.25	75	90	105	120	135	150	165	180	194.75	209.5

图 5.50 中含表 5.9 用极坐标表达列表曲线数据的凸轮图形。

① 绘列表曲线。单击"列表曲线"图标,往绘图区移动光标时,弹出如图 5.49 所示的"列表曲线输入窗",最下边一行的左端若显示"XY坐标",应单击该处,使其改变为"极坐标",No:后面的数字变为 1,若不为 1 时,应单击该行最右端的▲,使其调整为 1,此时极角 α 后面灰色框的底部出现一条黑色线,可输入第 1 点的极角 α 值 72.25,之后极径 r 后面的灰色框底部出现一条黑色线,可输入第 1 点的极径值 16.4,输完时在该坐标点处出现"＋"形标记,No:后面的1 变为 2,提示可输入第 2 点的极坐标值。用输入第 1 点相同的方法将全部 11 个点的极坐标

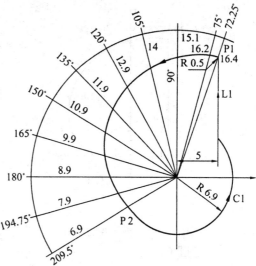

图 5.50　含极坐标列表曲线的凸轮

值都依次输入后,窗中用"＋"形标记表示出所输入各点的位置,单击"认可",提示选择拟合方式,单击"圆弧",图中将各点用圆弧拟合出一条黄色的曲线,单击"退出",屏幕上显示该列表曲线。可将该列表曲线存盘,单击屏幕左下角的图号后面的灰色框,用大键盘输入 JZBLB(回车),该列表曲线即被存盘。

② 绘圆 C1。单击"圆"图标,移光标到坐标原点上时,光标变"×"形,轻按"命令键"向外移光标,当绘出圆半径为 6.9 左右时,放开"命令键",在弹出的圆参数窗中,"半径"输 6.9,单击"yes",绘出圆 C1。

③ 绘直线 L1。单击"直线"图标,移夹子形光标到列表曲线的右上端点上时,光标变为"×"形,右下角显该点的坐标值为 5,15.619,轻按"命令键"垂直向下移光标,当绘出的黄色直线达 C1 圆内时,放开"命令键",在弹出的"直线参数窗"中,斜角输 270,单击"yes",绘出直线 L1。

④ 删除。删除所有无用线段。

2.渐开线

在图 5.51 中曲线 S 为一条渐开线,该渐开线的基圆半径 R = 20,起点 1 处的圆心角(展开角)t = 0°,终点 2 处的圆心角 t = 180°,根据渐开线原理,点 2 的坐标值应为 − 20,62.832(20π)。

(1) 绘渐开线 S

单击"渐开线"图标,光标移入绘图区时,弹出"渐开线曲线输入窗",其中起点和终点是指渐开线起点和终点所对应圆心角的度数。如图 5.52 所示,所以起点输 0,终点输 180,基圆半径输 20,之后窗中显示出基圆,提示偏移,输 0,单击"认可",窗中显示出该渐开线,单击"退出",屏幕上绘出渐开线 S。

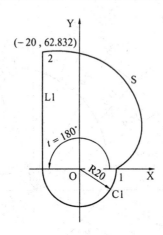

图 5.51　含渐开线的图形

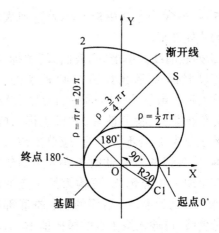

图 5.52　渐开线圆心角

（2）绘圆 C1

单击"圆"图标,移光标到坐标原点上时,光标变为"×"形,轻按"命令键"往外移光标至适当位置,在弹出的"圆输入窗"中,半径输 20,单击"yes",绘出圆 C1。

（3）绘直线 L1

单击"直线"图标,移光标到渐开线左上端点时,光标变为"×"形,屏幕右下角显示"×"光标点的坐标为 -20,62.832,轻按"命令键"垂直向下移动光标,使黄色直线与负 X 轴相交后,放开"命令键",在弹出的"直线参数窗"中,终点 X 值输 -20,Y 值输 0,单击"yes",绘出直线 L1。

（4）删除

删除无用线段。

3.螺线

图 5.53 中的螺线输入时的几个参数:

① 顶升系数 =（终点极径－起点极径）÷（终点角－起点角）=（32 - 5）÷（270 - 0）= 27÷270 = 0.1。

② 起始角 = 0°。

③ 起始极径 = 5。

④ 起点 = 0°;终点 = 270°。

（1）绘螺线

单击"螺线"图标,光标移入绘图区时,弹出"螺线输入窗",起点输 0,终点输 270,系数输 0.1,始角输 0,始径输 5。单击"认可",偏移输 0,窗中显示该螺线,单击"退出",屏幕绘图区绘出该螺线。

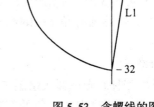

图 5.53　含螺线的图形

（2）绘直线 L1

单击"直线"图标,移夹子形光标到螺线的起点上时,光标变"×"形,轻按"命令键"向螺线终点移动光标,光标到螺线终点上时,夹子形光标变为"×"形,放开"命令键",在弹出的"直线参数窗中"起点应为 5,0,终点应为 0,-32,确认无该后,单击"yes",绘出直线 L1。

十二、凸轮

1.由圆弧组成的凸轮

图5.54由六个已知圆心坐标和半径的圆弧及两条公切线组成。

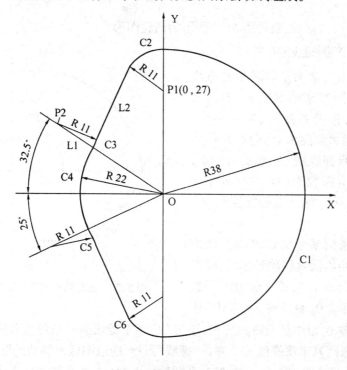

图5.54　由圆弧组成的凸轮

(1) 绘图

① 绘圆 C1 和 C4。单击"圆"图标,移光标到坐标原点上时,光标变为"×"形,轻按"命令键"向外移光标,当绘出的圆半径约为 38 时,放开"命令键",在弹出的"圆参数窗"中,半径输 38,单击"yes",绘出圆 C1。用绘圆 C1 相同的方法,但半径输 22 可绘出圆 C4。

② 绘圆 C2。移光标到位置为 0,27 左右时,轻按"命令键",向外移动光标,当绘出的圆半径为 11 左右时,放开"命令键",在弹出的"圆参数窗"中,圆心输 0,27,半径输 11,单击"yes",绘出圆 C2。

③ 绘圆 C3。先绘一条斜角为(180 – 32.5) = 147.5°、线程为 33 的直线 L1,再以 L1 的端点为圆心,绘半径为 11 的圆 C3。

单击"直线"图标,移光标到坐标原点上时,光标变为"×"形,轻按"命令键"向左上方 147.5°左右移动光标至绘出的直线与圆 C1 相交后放开"命令键",在弹出的"直线参数窗"中,斜角输 147.5,线程输 33,单击"yes",绘出直线 L1。单击"圆"图标,移光标到直线 L1 的左上端点上,光标变为"×"形,轻按"命令键"向外移动光标至绘出圆半径约为 11 时,放开"命令键",在弹出的"圆参数窗"中,半径输 11,单击"yes",绘出圆 C3。

④ 绘圆 C2 和圆 C3 的内公切线 L2。单击"切圆/切线"图标,移光标到圆 C2 左上圆周上时,光标变为手指形,轻按"命令键"向圆 C3 右下圆周移动光标,拉出一条蓝线到 C3 圆周上

时,"+"形光标变为手指形,放开"命令键",移"田"形光标到蓝线中部,轻点"命令键",绘出公切线 L2。

⑤ 用上半部与 X 轴对称绘出下半部。单击"编辑"、"镜像"、"水平轴",移"田"形光标到第一象限图外,轻点"命令键",绘出下半部。

(2) 删除

删除所有无用线段后,获得图 5.54 所示的凸轮图形。

2.含有阿基米德螺线的凸轮

图 5.55 所示为含两条阿基米德螺线的凸轮,第一条阿基米德螺线 S1 起点为 0°,终点为 180°,顶升系数为(74 - 34) ÷ 180 = 0.22222,起始角度为 0°,起始极径为 34;第二条阿基米德螺线 S2,起点为 180°,终点为 270°,顶升系数为(34 - 74) ÷ 90 = - 0.44444,起始角为 180°,起始极径为 74。

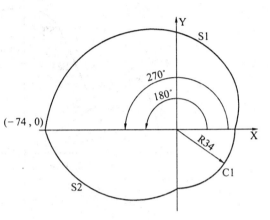

图 5.55　含有两条阿基米德螺线的图形

(1) 绘图

① 绘第一条阿基米德螺线 S1。单击"螺线"图标,向绘图区内移动光标时,弹出"螺线输入窗",起点输 0,终点输 180,系数输 0.22222,始角输 0,始径输 34,单击"认可",提示偏移,输 0,窗中显示该曲线 S1,单击"退出",绘出第一条阿基米德螺线 S1。

② 绘第二条阿基米德螺线 S2。单击"螺线"图标,向绘图区内移动光标时,弹出"螺线输入窗",在该窗中起点输 180,终点输 270,系数输 - 0.44444,始角输 180,始径输 74,单击"认可",提示偏移,输 0,窗中显示曲线 S2,单击"退出",绘出第二条阿基米德螺线 S2。

③ 绘圆 C1。单击"圆"图标,移光标到坐标原点上时,光标变为"×"形,轻按"命令键"向外移光标,绘出圆的半径约为 34 时,放开"命令键",在弹出的"圆参数窗"中,半径输 34,单击"yes",绘出圆 C1。

(2) 删除

删除多余线段,获得图 5.55 所示的图形。

3.含过已知两点并与已知圆相切的圆弧凸轮

图 5.56 中,圆 C1 为已知圆心和半径的圆;圆 C2 为过已知二点 P1(0,35)、P2(- 20,40) 并与已知圆 C1 相包切的圆;圆 C3 为过已知点 P2 和 P3(- 50,0)及半径为 34 的圆;圆 C4 为过已知点 P3 和 P4(- 20, - 30),并与圆 C1 相包切的圆。

(1) 绘图

① 绘圆 C1 和已知点 P1、P2、P3、P4(略)。

② 绘过已知点 P1 和 P2 并与圆 C1 相包切的圆 C2。单击"切圆/切线"图标,移光标到点 P2 上时,光标变为"×"形,轻按"命令键"向点 P1 移动光标,绘出一条蓝线,到点 P1 上时,光标变为"×"形,放开"命令键",移"田"形光标到绘出蓝线的中部时,光标变为手指形,轻按"命令键"向下方移动光标时,出现一个过点 P1 和点 P2 蓝色圆,随着光标下移,蓝圆的直径

逐渐变大,当变大至与圆 C1 相包切时,蓝圆变为红色,放开"命令键",绘出黄色圆 C2,在弹出的"圆参数窗"中不必输参数。

③ 绘过已知点 P2 和 P3 及半径为 34 的圆 C3。移光标到点 P2 上时,光标变为"×"形,轻按"命令键"向点 P3 移动光标时,拉出一条蓝线,光标到达点 P3 上时,变为"×"形,放开"命令键",移"田"形光标到蓝线中部时,光标变手指形,轻按"命令键"时,出现一个过 P2 和 P3 两点的蓝圆,移动光标时弹出"圆参数窗",输半径为 34,单击"yes",绘出圆 C3。

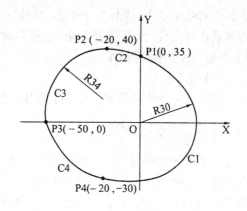

图 5.56　含过已知两点并与已知圆相切的圆弧凸轮

④ 绘过点 P3 和点 P4 并与圆 C1 相包切的圆 C4。光标移到点 P3 上时变为"×"形,轻按"命令键"向点 P4 移动光标时,拉出一条蓝线达点 P4 上,光标变为"×"形,放开"命令键",移"田"形光标到蓝线中部,光标变为手指形,轻按"命令键"显示一个过点 P3 和点 P4 的蓝圆,向右移动光标,蓝圆逐渐增大,使其与圆 C1 右下圆周包切时,蓝圆变为红圆,放开"命令键",绘出圆 C4。

（2）删除

仔细删除各条无用线段后得到图 5.56 所示的图形。

4.含有抛物线的图形

图 5.57 中的曲线 S 为抛物线,YH 软件提供了快速绘抛物线的功能。但输入前需要先把抛物线方程转化为标准形式。抛物线的标准方程形式为 $Y^2 = PX(P > 0)$,该式要变换为 $Y = (PX)^{\frac{1}{2}} = P^{\frac{1}{2}} \times X^{\frac{1}{2}}$,设 $K = P^{\frac{1}{2}}$,故得输入时所用的标准方程的形式式为 $Y = KX^{0.5}$。用本软件绘制抛物线时要求输入"系数",K 就是换算成标准方程后的系数。

（1）绘图

① 绘抛物线 S。将图 5.57 中的抛物线方程转换为输入用的标准方程得 $Y = \sqrt{49X} = 7X^{0.5}$,故系数 K = 7,由图 5.57 中可以看出,X 坐标的起点为 O,终点为 30。

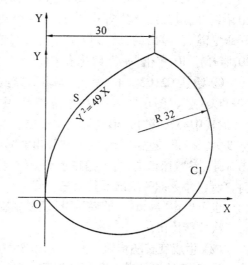

图 5.57　含 $Y^2 = 49X$ 抛物线的图形

单击"抛物线"图标,向绘图区内移动光标时,弹出"抛物线参数输入窗",输入"起点"O,"终点"30,系数 7。单击"认可",偏移输 0,窗中显示出抛物线,单击"退出",屏幕上绘出所要求的抛物线 S。

② 绘圆 C1。圆 C1 为过抛物线的起点和终点及半径为 32 的圆。单击"切圆/切线"图标,移夹子形光标到曲线 S 的起点上时,光标变为"×"形,轻按"命令键",向抛物线终点移动光标绘出一条蓝色直线。到达终点上时,"＋"形光标变为"×"形,放开"命令键",移"田"形

光标到蓝线中部上,光标变手指形,轻按"命令键"向右下方移动光标,显示一个蓝色圆随光标移动逐渐变大,当半径增大至 32 左右时放开"命令键",在弹出的"圆参数窗"中,半径输 32,单击"yes",绘出圆 C1。

（2）删除

删除无用的圆弧线段,可以得到图 5.57 所示的图形。

十三、跳步模编程

如图 5.58 所示的 4 个 R = 10 的孔,在用线切割加工时,切割完 C1 孔后钼丝回到 C1 的中心点 O1,摘丝后用 O1 和 O2 之间的跳步程序走到点 O2,然后穿丝切割 C2 孔,之后钼丝回到点 O2 摘丝,用点 O2 至 O3 的跳步程序使钼丝中心走到点 O3,穿丝切割 C3 孔,用相似的方法可以切出 C4 孔。跳步模编程序时不但编出切割四个孔的程序,同时还编出跳步程序。跳步可通过旋转跳步和平移跳步两种方法实现,下面分别讲用旋转跳步和平移跳步两种方法进行跳步编程。

1.旋转跳步编程

（1）绘图

图 5.58 的图形可由孔 C1 旋转 90°三次而得。

① 绘孔 C1。单击"圆"图标,移光标至 0, 20 附近,轻按"命令键"向外拉,出现一个圆,放开命令键,在弹出的"圆参数窗"中,圆心输 0, 20,半径输 10,单击"yes",绘出孔 C1。

② 绘孔 C2、C3、C4。单击"编辑"、"等分"、"等角复制"、"图段",屏幕右上角提示"中心"（指旋转中心）,移"田"形光标到坐标原点上,光

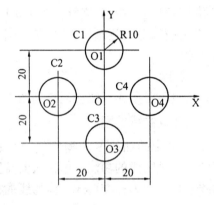

图 5.58 跳步模图形

标变为"×"形,轻点"命令键",在弹出的"等分参数窗"中,中心输 0,0,等分输 4,份数输 4,单击"yes",参数窗消失,右上角提示等分体,移"田"形光标到孔 C1 圆周上,光标变为"手指形"时,轻点"命令键",绘出了其余三个圆。

也可单击"编辑"、"旋转"、"图段复制旋转"来绘制,但每次只能绘出一个圆,三个圆需旋转三次才能绘出。

（2）生成旋转跳步轨迹及 ISO 代码程序

① 对已绘出的四个孔分别编程。单击"编程"、"切割编程",在屏幕右上角提示"丝孔"时,移丝架形光标到孔 C1 的中心上时,光标变为"×"形,轻按"命令键",垂直下移光标到孔 C1 圆周上时,光标变"手指形",放开"命令键",在弹出的"加工参数窗"中,起割点输 0,10,孔位置输 0,20,补偿输 - 0.1,单击"yes",轨迹上出现模拟切割圆孔火花,切割完毕显 OK,如图 5.59所示,并弹出如图 5.61(a)所示的"加工开关设定窗",单击该窗右上角的关闭按钮可以关闭该窗。

移丝架形光标到孔 C2 的圆心上时,光标变为"×"形,轻按"命令键"水平向右移光标到 C2 圆周上时,光标变"手指形",放开"命令键"在弹出的"加工参数窗"中,起割点输 - 10,0, 孔位输 - 20,0,补偿输 - 0.1,单击"yes",轨迹上出现模拟切割火花,模拟切割完毕时显 OK,

并弹出"加工开关设定窗",单击该窗右上角的关闭按钮,关闭该窗。移丝架形光标到孔 C3 圆心上时,光标变"×"形,轻按"命令键"垂直向上移动光标达孔 C3 圆周上时,光标变"手指形",放开"命令键"在弹出的"加工参数窗"中,起割点输 0,－10,孔位输 0,－20,补偿输－0.1,单击"yes"轨迹上出现模拟切割火花,模拟切割完毕时显 OK,并弹出"加工开关设定窗",关闭该窗。移丝架形光标到孔 C4 圆心上时,光标变为"×"形,轻按"命令键"水平向左移动光标达孔 C4 圆周上时光标变"手指形",放开"命令键"在弹出的"加工参数窗"中,起割点输 10,0,孔位输 20,0,补偿输－0.1,单击"yes"轨迹上出现模拟切割火花,模拟切割完毕时显 OK,并弹出"加工开关设定窗",至此四个孔的程序已分别编完。不要关闭加工开关设定窗。

② 编跳步程序的轨迹。在编孔 C4 的程序时弹出的"加工开关设定窗"中,单击"旋转跳步"后面的"ON",ON 变蓝色,在弹出的"旋转跳步参数窗"(图 5.61(b))中,中心输 0,0,等分输 4,步数输 4,单击"yes",关闭"加工开关设定窗",再单击左下角工具包,屏幕上绘出图 5.60 所示的切割四个孔及跳步的轨迹图,并弹出"代码输出选择窗"。

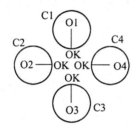

图 5.59　四孔切割轨迹

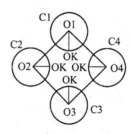

图 5.60　四孔切割跳步轨迹

(a)加工开关设定窗

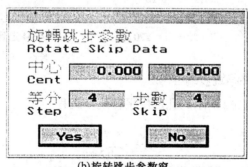

(b)旋转跳步参数窗

图 5.61　旋转跳步设定

③ 显示旋转跳步 ISO 代码程序。在弹出的"代码输出选择窗"中单击"代码显示",屏幕上显示出图 5.60 线切割加工的跳步程序,如表 5.10 所示。该程序是按增量坐标方式编的。

若是在机床控制柜上编程,在弹出的"代码输出选择窗"中,单击"送控制台",该跳步图形被送到控制台显示窗,单击"YH"两次,屏幕上显示出用于加工的程序。

表 5.10　图 5.58 的跳步 ISO 代码程序（增量方式）

G92	X0	Y20			
G01	X0	Y−9.9			
G03	X0	Y0	I0	J9.9	⎫切割孔 C1
G01	X0	Y9.9			⎭
M00					暂停、摘丝
G01	X−20	Y−20			从 O1 走至 O2
M00					暂停、穿丝
G01	X9.9	Y0			
G03	X0	Y0	I9.9	J0	⎫切割孔 C2
G01	X−9.9	Y0			⎭
M00					暂停、摘丝
G01	X20	Y−20			从 O2 走到 O3
M00					暂停、穿丝
G01	X0	Y9.9			
G03	X0	Y0	I0	J−9.9	⎫切割孔 C3
G01	X0	Y−9.9			⎭
M00					暂停、摘丝
G01	X20	Y20			从 O3 走到 O4
M00					暂停、穿丝
G01	X−9.9	Y0			
G03	X0	Y0	I9.9	J0	⎫切割孔 C4
G01	X9.9	Y0			⎭
M00					暂停、摘丝
G01	X−20	Y20			从 O4 走到 O1
M00					暂停、换工件后穿丝

2.平移跳步编程

图 5.62 所示的孔可用平移跳步编程。

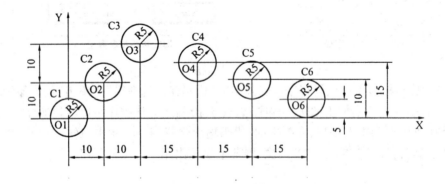

图 5.62　平移跳步的图形

（1）绘图

① 绘圆 C1。单击"圆"图标，移光标到坐标原点上时，光标变"×"形，轻按"命令键"向

外移,出现大小合适的圆后放开"命令键",在弹出的"圆参数窗"中,圆心输 0,0,半径输 5,单击"yes",绘出圆 C1。

②绘圆 C2 和 C3。单击"编辑"、"平移"、"图段复制平移",右上角提示"平移体",移"田"形光标到孔 C1 圆周上时,光标变为"手指形",轻点"命令键",在弹出的"平移参数窗中",距离输 10,10,单击"yes",绘出孔 C2,移光标到孔 C2 圆周上时,光标变为"手指形",轻点"命令键",在弹出的"平移参数窗"中,距离输 10,10,单击"yes",绘出孔 C3。

③绘孔 C4、C5、C6。移"田"形光标到孔 C3 圆周上时,光标变为"手指形",轻点"命令键",在弹出的"平移参数选择窗"中距离输 15, - 5,单击"yes",绘出孔 C4,用相同方法可以绘出孔 C5 和孔 C6,单击工具包退出。

(2)分别编 C1、C2、C3、C4、C5 和 C6 的切割轨迹

单击"编程"、"切割编程",移"田"形光标到孔 C1 圆心上时,光标变"×"形,轻点"命令键"在弹出的"加工参数窗"中,起割点输 5,0,孔位置输 0,0,补偿输 - 0.1,单击"yes"后孔 C1模拟切割完毕,显 OK,关闭弹出的"加工开关设定窗",用相同的方法对孔 C2、C3、C4、C5 和 C6 进行的切割编程,但在孔 C6 模拟切割完毕显示 OK 时,不要关闭"加工开关设定窗"。

(3)生成跳步轨迹

单击"加工开关设定窗"中"平移跳步"后面的"ON"按钮,ON 变蓝色,弹出"平移跳步参数窗",距离输 10,10,步数输 1 即可,单击"yes",并关闭"加工开关设定窗",单击左下角的工具包,绘出如图 5.63 所示的跳步切割轨迹图,并弹出"代码输出选择窗"。

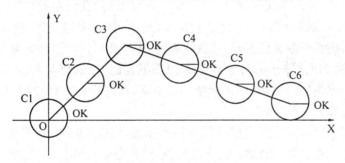

图 5.63　跳步切割轨迹图

(4)显示图 5.62 图形的平移跳步 ISO 代码程序单

单击"代码输出选择窗"中的"代码显示",屏幕上显示出图 5.62 所示的平移跳步 ISO 代码程序(略)。

十四、上、下异形面

上、下异形面是指工件的上表面和下表面不是相同的图形,但在上下表面形状之间是平滑过渡。如图 5.64 所示,上表面是五角星,下表面是五瓣圆弧形,上下形状之间是逐渐平滑过渡的。

编程时,分别将上下表面图形的程序单独编出来,然后使用四轴合成功能将上下两个图形的程序生成切割上下异形面的程序。

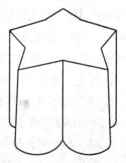

图 5.64　上下异形面实例

1.绘图

(1) 绘上表面五角星(5.65(a))图形

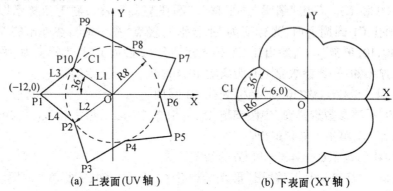

(a) 上表面(UV轴)　　　　　　(b) 下表面(XY轴)

图 5.65　五角星及五瓣圆弧图形

① 绘圆 C1。单击"辅助圆"图标,移光标到坐标原点上时,光标变为"×"形,轻按"命令键"向外移动光标,出现一个增大的蓝色辅助圆,放开"命令键",在弹出的"圆参数窗"中,半径输 8,单击"yes",绘出蓝色辅助圆 C1。

② 绘直线 L1、点 P10 及直线 L2 和点 P2。先将比例改输为 10,将图形放大单击"直线"图标,移光标到坐标原点上时,光标变为"×"形,轻按"命令键"向左上方移动光标时,出现一条黄色直线,至与 C1 圆周相交后放开"命令键",在弹出的"直线参数窗"中,斜角输 144,单击"yes"绘出直线 L1 及其与圆 C1 的交点 P10。移光标到坐标原点上时,光标变为"×"形,向左下方移动光标,出现一条黄色直线,当直线与圆 C1 相交后,放开"命令键",在弹出的"直线参数窗"中,斜角输 216,单击"yes",绘出直线 L2 及其与圆 C1 的交点 P2。

③ 绘点 P1。单击"点"图标,移光标至 – 12,0 附近时,轻点"命令键",在弹出的"点参数窗"中,坐标输 – 12,0,点击"yes",绘出点 P1。

④ 绘直线 L3 和 L4。单击"直线"图标,移光标到点 P1 上时,光标变为"×"形,轻按"命令键"移光标到点 P10 上时,光标变为"×"形,放开"命令键",单击"yes",绘出直线 L3。用相同的方法可绘出直线 L4。

⑤ 修整图形只留直线 L3 和 L4 组成的一个角。单击"删除"图标,移光标删除各多余线段,然后单击工具包结束。

⑥ 用等分功能绘出五个角。单击"编辑"、"等分"、"等角复制"、"图段",屏幕右上角显示"中心",提示输入旋转中心坐标,移光标到坐标原点上时,光标变"×"形,轻点"命令键",在弹出的"等分参数窗"中,中心输 0,0,等分输 5,份数输 5,单击"yes",移光标到直线 L3 上,光标变为手指形,轻点"命令键",绘出如图 5.65(a)所示的五角星图形。

⑦ 修整。删除多余线段。点击"清理"图标,光标移入屏幕时,蓝色辅助圆消失。

⑧ 将五角星图形存盘。单击屏幕左下角图号后面的灰色长条,用弹出的键盘输图号 565(a)UV,该图即被存好。单击"文档",单击"新图"。

(2) 绘下表面五瓣圆弧图形(图 5.65(b))

① 绘圆 C1。单击"圆"图标,将光标移到 – 6,0 附近,轻按"命令键"向外移光标,出现一个圆,放开"命令键",在弹出的"圆参数窗"中,圆心改输 – 6,0,半径改输 6,单击"yes",绘出

圆 C1。将比例改输为 10,将图形放大。

② 用等分功能绘出五瓣圆弧图形。单击"编辑"、"等分"、"等角复制"、"图段",屏幕右上角显示"中心",提示输旋转中心,移"田"形光标到原点上,光标变为"手指形",轻点"命令键",在弹出的"等分参数窗"中,中心输 0,0,等分输 5,份数输 5,单击"yes",移光标到 C1 圆周上时,光标变为"手指形",轻点命令键,绘出五个圆。

③ 删除多余线段。利用删除功能删除多余线段后得到如图 5.65(b)所示的图形。

(4) 将五瓣圆弧图形存盘

存盘文件名可用 565(b)XY。

2.四轴合成

四轴合成编程的必要条件是:① 上下两个图形的程序条数必须相等;② 丝孔坐标相同;③ 补偿量相同;④ 加工走向相同。

(1) 熟悉"四轴合成对话框"

单击"编程"、"4 – 轴合成",弹出"4 – 轴合成窗"如图 5.66 所示,左右各有一个显示窗,左边为 X – Y 轴平面的图形(下表面)显示窗,右边为 U – V 轴平面的图形(上表面)显示窗,每个图形显示窗下面都有一个文档输入框,单击此框,弹出"文档选择窗",用光标选择需要合成的文档名后,退出,该文档的图形就显示在窗口中,在每个窗口下部显示出所要合成图形的文档名、代码条数(两图形的代码条数必须相等)应在屏幕下部设置好"线架高度"、"工件厚度"、"基面距离"、"标度",单位均为 mm。工件厚度加基面距离应小于线架高度,一般情况下标度即为线架高度。根据需要点取对应图标后,在左半 X – Y 轴面显示窗中显示出合成后的图形,应注意该合成图形是上下线架的运动轨迹,该图形与工件的实际形状相差很大,若要观察工件的实际形状,可在控制屏幕中用三维功能显示。合成后屏幕弹出"输出菜单",可以进行"存盘"、"送控制台"以及打印等操作。

(2) 分别对上、下两个图形进行切割编程

1) 对上表面图 5.65(a)UV 进行切割编程

穿丝孔坐标设在 – 15,0 处,补偿量 f = 0.1,沿图形顺时针方向切割。

① 调出上表面的图形。点击"文档"、"读盘"、"图形"、"565(a)UV"、"小方形按钮",显示已绘好的五角星图形,点击"比例"改输 10 放大五角星图形。

② 编程及代码存盘。点击"编程"、"切割编程",右上角显示"丝孔",移丝架形光标点击 – 15,0 附近,并按住左键,移光标至角尖 – 12,0 处时,光标变"×"形,放开左键,该处出现红色指示牌,在弹出的"穿丝孔参数窗"中,将丝孔改正输为 – 15,0,补偿量输 0.1,点击"yes",弹出"路径选择窗",移光标到上侧顺时针切割的角边线上时,光标变手指形,并显示 No:O,点击左键,左侧的 LO 底角变黑,点击"认可",弹出"加工方向选择窗",黄三角形红底在右边表示顺时针方向切割,五角星图上按顺时针方向模拟切割完毕,在左角尖切入处显示 OK。点击右上角小方形按钮,点击工具包,弹出代码显示窗。点击"代码显示",显示切割五角星的 ISO 代码(表 5.11),关闭代码显示。点击"代码存盘",文件名输 UVISO 点击"退出"。

表 5.11　上表面(线架)五角星切割的 ISO 代码

```
G92  X-15.0000    Y0.0000
G01  X2.8457      Y0.0000
G01  X5.5990      Y4.7628
G01  X2.7995      Y6.7967
G01  X6.2598      Y-3.8532
G01  X7.3291      Y-0.5622
G01  X-1.7302     Y-7.1441
G01  X1.7302      Y-7.1441
G01  X-7.3291     Y-0.5622
G01  X-6.2598     Y-3.8532
G01  X-2.7995     Y6.7967
G01  X-5.5990     Y4.7628
G01  X-2.8457     Y-0.0000
M00
```

2) 对下表面图 5.65(b)XY 进行切割编程

穿丝孔坐标也应设在 –15,0 处与上表面的在同一点上。补偿量 f＝0.1,也是沿图形作顺时针方向切割。因要求上表面和下表面的程序条数相等,五角星十条边已输出十条程序,现应将下表面的五个圆弧编出十条程序,所以每一个圆弧都要平分成两段圆弧,方法是:在每一段圆弧的中点与坐标原点之间绘一条辅助线。

① 调出下表面的图形。单击"文档"、"读盘"、"图形",在弹出的图形目录中点击"565(b)XY",点击左上角小方形按钮关闭图形目录,调出了五瓣圆弧图形。点击"比例"输 10 放大图形。

② 绘五条辅助线。点击"辅助线"图标,移光标到左边圆弧与负 X 轴交点处,光标变手指形,按住左键移到坐标原点上,光标变"×"形,放开左键,在弹出的"直线参数窗"中,起点应为 –12,0,终点应为 0,0,若不对,应加以改正,点击"yes"绘出该蓝色辅助线。

点击"等分"、"等角复制"、"线段",右上角显示的红色条上提示"中心",移光标到坐标原点上,光标变为"×"形,点击左键,在弹出的"等分参数窗"中,中心应改为 0,0,等分输 5,分数输 5,点击"yes",移光标到负 X 轴处的辅助线上,光标变手指形,点击左键,立即绘出另外四条每段圆弧中点到坐标原点的蓝色辅助线。

③ 编 ISO 代码,代码显示及存盘。点击"编程"、"切割编程"、右上角红条上提示"丝孔",移丝架形光标到 –15,0 附近,按着左键向右移光标到与圆弧的交点处,光标变为"×"形,放开左键,该交点处出现红色三角形指示牌,在弹出的"穿丝孔参数窗"中,起割(点)应为 –12,0,(穿丝)孔位应为 –15,0,补偿应为 0.1,改正确后,点击"yes",弹出"路径选择窗",将光标移至上边顺时针方向的圆弧上时,光标变手指形,并显示 NO:0,点击左键,右侧上边 C0 的底黑变黑,点击"认可",图上顺时针方向进行模拟切割至完毕时显 OK,并弹出"加工方向选择窗",红条上有黄三角在右边表示顺时针方向切割,点击左上边的小方形按键,点击工具包,弹出"代码显示窗",点击"代码显示",显示 565(b)XY 的 ISO 代码(表 5.12),点击左上方的小方形按钮,关闭 ISO 代码。

点击"代码存盘",提示"文件",输 565(b)XY ISO,点击"退出"。

表 5.12　下表面五半圆弧的 ISO 代码

```
G92  X-15.8000   Y0.0000
G01  X3.8000     Y0.0000
G02  X4.1459     Y5.7063    I6.0000    J-0.0000
G02  X4.1459     Y5.7063    I6.0000    J-0.0000
G02  X6.7082     Y-2.1796   I1.8541    J-5.7063
G02  X6.7082     Y-2.1796   I1.8541    J-5.7063
G02  X0.0000     Y-7.0534   I-4.8541   J-3.5267
G02  X0.0000     Y-7.0534   I-4.8541   J-3.5267
G02  X-6.7082    Y-2.1796   I-4.8541   J3.5267
G02  X-6.7082    Y-2.1796   I-4.8541   J3.5267
G02  X-4.1459    Y5.7063    I1.8541    J5.7063
G02  X-4.1459    Y5.7063    I1.8541    J5.7063
G01  X-3.8000    Y0.0000
M00
```

(3) 四轴合成

点击"编程"、"4-轴合成",弹出"4-轴合成"对话框(图5.66),点击左半边 X-Y 轴下边文档后面的长条,弹出已存的文件名目录(图5.67),点击文件名"565(b)XY"显黄色底色,点击左上角的小方形按钮,对话框的左半显示五瓣圆弧图形。点击右半边文档后面的长条,弹出已存的文件名目录,点击文件名"565(a)UV"显黄色底色,点击左上角小方形按钮关闭文件目录,右半边对话框中显示五角星图形(图5.68)。将对话框底部,线架输65,厚度输50,基面输10,标度输65。点击 OK 按钮,左半边显示上、下切割图形的重合图(图5.69),并弹出"代码显示"选择窗(图5.69)。点击"代码显示",显示全部切割该上、下异型面的 ISO 代码,其开头部分和结束部分如表5.13,单击小方形按钮,并关闭 ISO 代码,点击"三维造型",提示输入厚度,输50,显示三维图形(图5.70)。点击"工具包",点击左上角的"-"形按钮,关闭4-轴合成对话框。

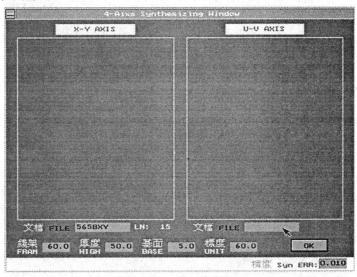

图 5.66 4-轴合成对话框

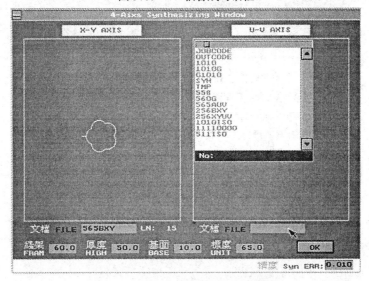

图 5.67 已调入 X-Y 轴五瓣圆图形

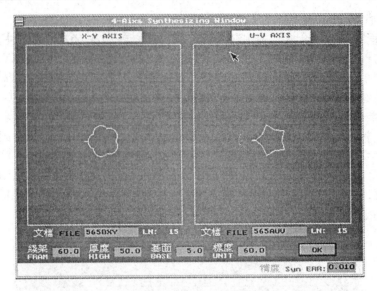

图 5.68 上、下两个图形都调出

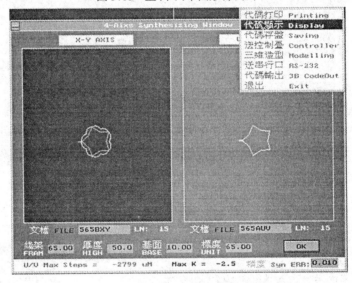

图 5.69 上、下图形重合图

表 5.13 上、下异型面的 ISO 代码(开头和结束部分)

```
G92  X-15.0000  Y-0.0000
G27
G01  X2.9109    Y0.0000     U2.8403    U0.0000
G01  X-0.0553   Y0.8136     U0.6112    U0.4482
G01  X0.0571    Y0.7995     U0.6018    U0.4493
G01  X0.1668    Y0.7716     U0.5927    U0.4517
G01  X0.2723    Y0.7303     U0.5839    U0.4551
G01  X0.3718    Y0.6762     U0.5756    U0.4596
G01  X0.4639    Y0.6101     U0.5679    U0.4651
G01  X0.5470    Y0.5332     U0.5610    U0.4715
G01  X0.6199    Y0.4465     U0.5549    U0.4788
G01  X0.6815    Y0.3514     U0.5498    U0.4867
G01  X0.7308    Y0.2495     U0.5457    U0.4952
G01  X0.0114    Y0.7722     U0.3023    U0.6720
G01  X0.1236    Y0.7568     U0.2930    U0.6732
G01  X0.2331    Y0.7276     U0.2839    U0.6757
       ⋮
```

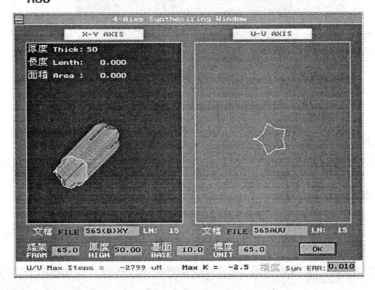

```
GO1  X-0.5470   YO.5332    U-0.5610   VO.4715
GO1  X-0.4639   YO.6101    U-0.5679   VO.4651
GO1  X-0.3718   YO.6762    U-0.5756   VO.4596
GO1  X-0.2723   YO.7303    U-0.5839   VO.4551
GO1  X-0.1668   YO.7716    U-0.5927   VO.4517
GO1  X-0.0571   YO.7995    U-0.6018   VO.4493
GO1  X0.0554    YO.8136    U-0.6112   VO.4482
GO1  X-2.9109   YO.0000    U-2.8403   VO.0000
MOO
```

图 5.70　五角星及五瓣圆的三维图形

5.4　YH – PLus 3000 微机编程控制系统

一、YH – PLus 3000 微机编程控制系统的组成

YH – PLus 3000 微机编程控制系统的组成框图如图 5.71 所示

图 5.71　YH – PLus 3000 微机编程控制系统组成框图

二、YH – PLus 3000 微机编程控制卡

YH – PLus 3000 的微机编程控制软件是固化在"编程控制卡的有关芯片中。"图 5.72 是编程控制卡的外观照片。

三、控制系统和编程系统之间的转换

开机后,进入 YH – PLus 3000 控制界面主屏幕(图 5.73),这时按 ESC 键或点击左上角"YH – PLus 3000"按钮就进入 YH – PLus 3000 编程系统用户界面(图 5.1)进行编程。若在加工过程中进入编程系统用户界面进行编程,不会影响加工正常进行。按 ESC 键又可返回控制界面主屏幕。

图 5.72　YH – PLus 3000 编程控制卡的外观照片

5.5　YH – PLus 3000 微机控制系统

一、控制界面

YH – PLus 3000 控制界面主屏幕如图 5.73 所示。系统将各种状态和控制按钮分成了若干区域。

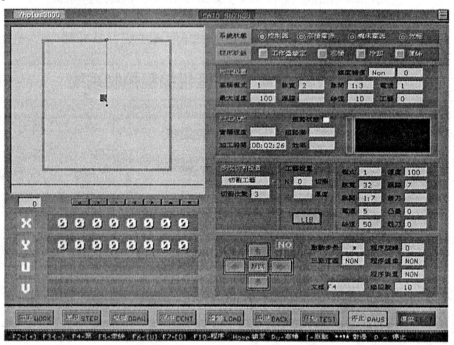

图 5.73　YH – PLus 3000 控制界面主屏幕

1.系统状态

系统状态条如图 5.74 所示。系统状态条中有四个指标灯:控制器、高频电源、机床电器和光栅控制器。绿色表示该单元已连接且工作正常,灰色代表该单元没连接或有故障。

图 5.74　系统状态条

2.机床状态

机床状态条(图 5.75)中有四个控制按钮,这四个按钮都可用鼠标器点击来开启或关闭相应的功能。按钮按下时,呈亮黄色,表示该功能打开,反之为关闭。

①"工作台锁定",机床工作台的驱动电机上电;

②"高频",高频脉冲电源打开[只有在走(运)丝电动机启动后,才能真正打开];

③"冷却",工作液泵打开;

④"运丝",走(运)丝电动机开启。

图 5.75　机床状态条

3.加工设置

加工设置条(图 5.76)是主要的加工参数设置区域,其中的高频模式、脉宽、脉间、电流、最大速度、跟踪、丝速等项参数在常规切割时,可以随时设置或更改;在多次切割时,这些参数由生成多次切割程序时的设置而定。无论在常规或多次切割时,该窗口中的这七项参数反映的是机床当前的加工参数。

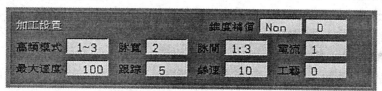

图 5.76　加工设置条

锥度补偿的功能用于大锥度加工时的导轮切点偏移误差补偿。在大锥度加工时可点击该窗口,使之翻转成"YES",其右边的窗口将显示实际的补偿步数(在实际大锥度加工时显示)。

4.加工状态

加工状态条(图 5.77)显示当前的加工状况:实际速度是显示实际的加工瞬时进给速度,步/s;加工之前用 F9 键清零后,该值是实际加工时间。短路率是间隙中的短路统计(含换向);效率是每分钟的实际加工长度(mm),该值乘以工件的厚度就是实际切割速度。短路状态当变红色时,表示正在回退。最右边是间隙波形窗口。

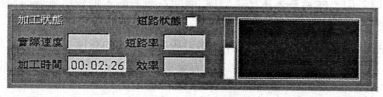

图 5.77　加工状态条

5.多次切割设置

多次切割设置(5.78)条集中了多次切割加工所需要的各种工艺参数和设定,在常规切割(非多次切割加工)时,该窗口下的参数无作用。

"切割工艺",箭头指向"工艺设置";"切割次数",可点击选定需要的加工次数。光标点击"工艺设置"下的 N 次切割窗口。右边的窗口将依次显示各次加工的工艺参数,也可以重新设置。

在这里,0 次表示最后预留部分的切割工艺。

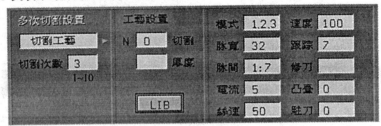

图 5.78　多次切割设置条

"修刀",表示第一刀以后各次切割的进刀量(相对值),单位为微米。

"凸台",预留部分的凸台量(微米)。

"驻刀",最后钼丝回原位时的留刀量。一般取钼丝半径值,因为到该位置时,工件一般会落下,再往前走会在工件表面留下切痕。

"厚度",这是本系统提供的一个可自定义修改的工艺库。在厚度窗口键入厚度,如工艺库已有该厚度下的工艺,将自动调出,厚度值会转成红色。如果要修改,或者保存当前厚度下的工艺参数,只要点击下面的"LIB"键就可以了。

多次切割的设置除了工艺外,还有各种预留和补偿的选择。用光标点击"切割工艺",窗口会切换到"程序设置"条(图 5.79)。

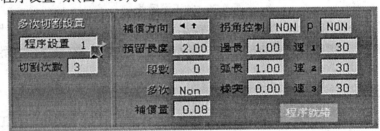

图 5.79　程序设置条

"程序设置"条实际上由两个部分组成:预留及补偿和拐角控制设定。

"补偿方向",向上的箭头表示加工方向,而向左或右的三角表示轨迹补偿的方向。用光标点击可以改变补偿方向。

"预留长度",为了多次切割可以进行,在最后一段保留的长度,单位:毫米。

"段数",当预留长度需要超过最后一段的全长时,可选择预留若干段(此时预留长度项应设为0)。

"多次"选择"YES"或"NON",分别表示预留部分是用"多次"或"单次"加工。

"补偿量",火花放电间隙补偿,单位:mm。

"拐角控制"(图5.80),为了避免在加工锐角工件时产生塌角,在加工过程中加入控制指令。在拐角控制打开后(点击使之为"YES"),下面的6项参数可以人为设定。

"边长",在距锐角顶点该边长的位置上,开始减速加工。单位:mm。

"弧长",在距锐角顶点该弧长的位置上,开始减速加工。单位:mm。

"橡突",加工凹模时,为了与凸模的尖角配合,在尖角的角分线方向突出一段(仅用于凹模加工),单位:mm。

"速1/2/3",在进入拐角时,各次加工的进给速度减少值(百分比)。三次以后的速度调整,以第三次的速度为基准。

图5.80 设置高频工艺参数

"P指令"(图5.80),用光标点击使之成为"YES"后,可以在进入拐角后,除了降低进给速度外,还可以任意设定高频参数,更好地保持拐角的形状。在P指令项成"YES"后,右侧的窗口显示如图5.80,此时可在三个空格内分别输入1/2/3次的高频工艺参数。格式为:模式、脉宽、脉间、电流、丝速。例如:1 3 3 4 20;表示:模式1、脉宽3挡、脉间3挡、电流4挡,丝速20。在各种参数设定后,点击"程序设置"按钮,就完成了多次切割及拐角控制等参数的设置(拐角控制的设置是可选的,可根据需要选择)。

6.辅助操作条

在辅助操作条(图5.81)下,集中了点动,对中/靠边,程序旋转/反置等功能。

图5.81 辅助操作条

①"点动",四个点动方向按钮的右上角有一个控制按钮,初始时为"NO",用光标点击将依次改变为"XY","UV",可以为四个方向按钮选择轴系。初时为"NO",主要是为了防止在不应该动机床的时候,误按键而使得坐标移动。

②"点动步长",光标点击后,依次为 *,1,10,100,1000 表示点动步数。"*"表示按钮移动,释放停止模式。

③"三点定圆",用于在圆周轮廓上任取三点,然后自动移到圆心。光标点击后,窗口右侧如图5.82所示。此时,可以点击四个方向按钮,或者直接用键盘的方向键向圆的轮廓靠近,靠边后,在定点下面的空格处会显示当前的点坐标。三个点选取后,系统会自动算出圆心坐标并显示在窗口中。如操作完成,可点击四个

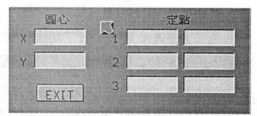

图5.82 三点定圆心

方向按钮中间的"原点"按钮,系统将控制机床移动到该圆心上。最后可按"EXIT"退出定圆心状态。

　　④"程序旋转",键入旋转角,程序作相应旋转。角度大于零时,作逆时针旋转,反之为顺时针旋转。

　　⑤"程序镜像",用光标点击,小窗口依次出现 – X – , – Y – , XOY, NON 显示;分别表示:X 轴镜像,Y 轴镜像,原点镜像和取消。选定后,按鼠标的右键点击,程序将作相应的旋转。

　　⑥"程序倒置",光标点击后,小窗口显示为:"YES",程序作倒置。

7.命令按钮区

主屏幕的下方有一条按钮就是命令按钮区(图 5.83),其中集中了系统主要的九个命令按钮。

图 5.83　命令按钮区

　　①"加工",按该钮进入加工状态。系统将首先打开走(运)丝,水泵和高频电源,然后进入加工状态。加工过程中,可通过调节加工设置窗口的参数,随时修改加工条件。

　　②"单段",该按钮的功能同"加工"。差别是在当前段加工结束后,就停机退出。

　　③"模拟",进入模拟加工状态,主要用于快速地校验加工程序及机床(工作台锁定时)。

　　④"定中",进入定中功能。在工作台锁定的条件下,直接用键盘的四个方向键,可以执行"对边"功能。

　　⑤"读盘",读入程序。点击该按钮后屏幕出现如图 5.84 窗口。可用光标选择"路径","类型";在选定文件后,用光标双击该文件名。系统将直接读入该程序文件,并显示其图形。

　　⑥"回退",按该案钮,进入回退功能。

　　⑦"自检",暂时不用。

　　⑧"停止",执行停机命令。

　　⑨"复位"系统总清命令。

图 5.84　读盘窗口

8.功能键

为了方便操作,系统设置了功能键(图 5.85),在屏幕的底端显示。

F2-[+] F3-[-] F4-紧 F5-走丝 F6-[U] F7-[D] F10-程序　Home 锁定　pu-高频　[-原点　↔↑↓ 對邊　p - 停止

图 5.85　功能键

各种功能说明如下:

F2 – 图形放大

F3 – 图形缩小

F4 - 打开/关闭水泵

F5 - 打开/关闭走(运)丝

F6 - 图形上移

F7 - 图形下移

F9 - 计时牌清零

F10 - 进入程序显示/编辑状态

[Home] - 工作台锁定/释放

[PgUp] - 高频打开/关闭

I - 回原点

[方向键] - 四个方向的对边功能

P - 停机命令

在命令提示条中未出现的键盘命令还有:W - 加工,D - 模拟,L - 读盘,B - 回退,S - 单段,R - 总清,C - 对中。

二、几种系统功能的进一步说明

1.高频参数的设置方法

在图 5.76 加工设置条中,各有关高频参数如下:

① "模式",高频模式有 3 种:普通方式;分组脉冲;精细高频。

② "脉宽",分为 2、4、8、16、32、64,128 μs 共 7 挡。

③ "脉间",有 1:3 ~ 1:15 共 13 挡。

④ "电流",有 1、2、3、4、5、6、7 共 7 挡。

⑤ "丝速",变频器的输出频率,一般为 10/20/30/40/50 计 5 挡。50 Hz 表示全速运转;40,30,20,10 分别为全速的 80/60/40/20%。

⑥ "跟踪",跟踪度,10 为最大(跟踪最松),1 最小(最紧)

若用光标点击加工设置窗口的相关参数来调整高频,对于脉宽、脉间和电流这三项重要参数,光标点在参数窗的左半,为减挡,在右半侧是加挡,这样可以避免在调整时高频能量过大而烧丝。另外,在加工方式下,也可以用以下按键快速方便控制高频的参数:

"["使脉宽减小一挡

"]"使脉宽增加一挡

";"使脉间减小一挡

" ' "使脉间增加一挡

"n"使电流减小一挡

"m"使电流增加一挡

注意:"加工设置窗口"的高频参数是机床当前采用的参数,而在"多次切割设置"窗口下的高频参数设置仅用于生成多次切割加工时的工艺条件。

2.多次切割设置时的补偿方向

多次切割设置时的补偿方向十分重要。如方向选反,就无法进行有效的切割。方向的选择主要根据加工程序的走向是顺时针还是逆时针方式。如不清楚,可以用"模拟"功能走一下，就能认定加工走向，然后可参看图 5.86 和图 5.87 确定补偿方向。

凸模
凹模
顺时针加工
逆时针加工

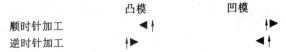

图 5.86 多次切割设置时确定补偿方向

图 5.87 表示出顺时针或逆时针切割凸模或凹模时，补偿方向与钼丝实际位置的关系。

凸模
钼丝
补偿方向
凹模
钼丝
补偿方向
凸模
钼丝
补偿方向
凹模
钼丝
补偿方向

(a)凸模顺时针加工的补偿方向　(b)凹模顺时针加工的补偿方向　(c)凸模逆时针加工的补偿方向　(d)凹模逆时针加工的补偿方向

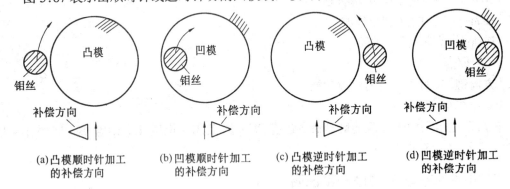

图 5.87 补偿方向与钼丝实际位置的关系

3.图形显示窗中工件图形的显示和调整

在图形显示窗下，有七个按钮可以控制图形的大小和位置(图 5.88)，也可以用键盘的功能键。在七个按钮中，第一个按钮是“捕捉”功能键，它可以将图形快速地在屏幕中央显示。该功能主要可以用来应对图形过大或过小，或者图形偏离中央太大的情况。在一次不能正确定位时，可以再按一次(单圆的图形该功能无效)。

捕捉
放大
缩小
左移
右移
上移
下移

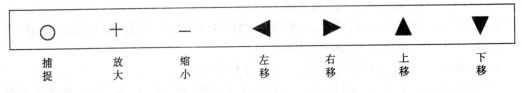

图 5.88 工件图形的显示和调整

4.工件程序的显示和编辑

点击 F10 键进入程序显示状态后，图形显示窗显示加工代码。屏幕底端有编辑方式下的功能键(图 5.89)，这时移动光标可在一屏中选择代码，用键盘的功能键完成各项编辑工作。

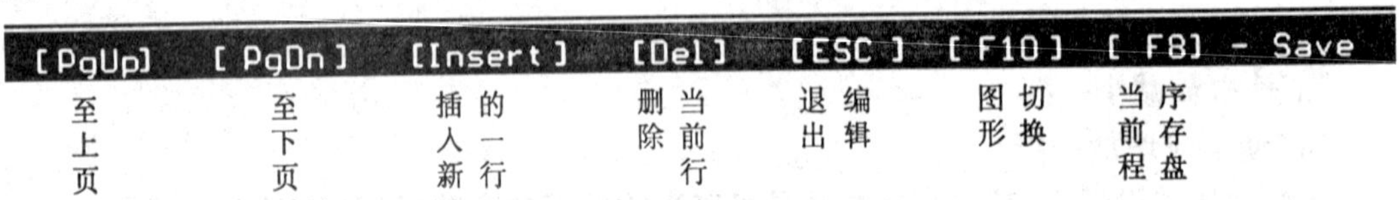

[PgUp] [PgDn] [Insert] [Del] [ESC] [F10] [F8] - Save
至上页
至下页
插入新的一行
删除当前行
退出编辑
图形切换
当前程序存盘

图 5.89 显示出工件程序时的各功能键

5.机床参数

前面讲过的有些参数需要预先设置，其中包括机床参数和其它参数。要设置机床参数时，单击“OPEN”按钮(或按“O”键)，在屏幕上打开如表 5.14 所示的机床参数窗。

表 5.14　机床参数窗

机床参数	参数值	说　　　明
(1) X、Y、U、V Axis GAP		X、Y、U、V 轴的齿隙补偿误差
X - Axis Gap	0	用于补偿 X 轴的齿隙误差
Y - Axis Gap	0	用于补偿 Y 轴的齿隙误差
U - Axis Gap	0	用于补偿 U 轴的齿隙误差
V - Axis Gap	0	用于补偿 V 轴的齿隙误差
(2) Ctrl Time(s)	5	用于控制短路自动回退
(3) Short Cut set U	10	短路时采样电路电平为高频满幅的百分比
(4) Back Enable V	90	间隙电压低于短路设值的比率大于该值时自动回退
(5) Max, M - Speed	60	步进电动机最高进给速度(步/s)
(6) Back speed	60	步进电动机短路回退最大速度(步/s)
(7) Frame High	200	上、下导轮间的中心距(mm)
(8) Wheel Radius	15.0	导轮半径(mm)
(9) Power Auto OFF	3	加工结束时,全机自动停电前的等待时间(s)
(10) Max. Manua ISPD	200	最大点动速度
(11) Acute Wait TM	500	当前程序段加工结束后的等待时间(ms)

Close

机床参数 MACH.DATA(已由生产厂设定,用户不能随便更改,否则可能会使机床无法正常工作。若开机时窗口显示"Controller Coef ERROR!"表示控制柜内保存的机床参数已丢失,在这种情况下应按厂家提供的资料进行正确的机床参数设置后才能保证机床正常工作)。

(1) X、Y、U、V 轴的齿隙补偿

齿隙是指步进电动机经齿轮和丝杠螺母传动,带动工作台移动时,当丝杠反转后,由于齿轮和丝杠螺母存在传动间隙,所以当丝杠刚开始反转时,工作台并不移动,当丝杠转动致使传动间消除时,工作台才开始随着丝杠转动而移动,丝杠反转后空转期间步进电动机转过的步数所对应的脉冲数,标志着齿隙的大小,齿隙补偿就是每当丝杠反转后,控制系统向步进电动机多发相当于齿隙的脉冲数。

(2) 控制时间 CTRL TIMES(s)

控制时间的设定单位为秒(s),该值主要用以控制短路自动回退的调整及处理(见后面"BACK ENABLE")。

(3) 短路设定值 SHORT CUT SET(V)

短路设定值用以设定钼丝与工件短路时,其采样电路的电平幅值,单位为满幅的百分比。当打开高频,钼丝还未接触工件时,间隙电压指示器上的间隙电压波形应接近满幅(10小格)。当钼丝与工件短路时,间隙电压指示器上的幅值就是短路幅值。根据此短路幅值可以设定一个短路设定值(%)。

(4) 回退 BACK ENABLE

在设定时间内(CTRL TIME),系统在每次采样时,所检测到的间隙电压若低于短路设定值(SHORT CUT SET V)的比率大于或等于该值时,系统开始自动回退。

（5）最大进给速度 MAX.M - SPEED

最大进给(插补)速度的设定值,确定了步进电动机的最高进给速度(步/s)。

（6）回退速度 BACK SPEED

回退速度的设定值,确定了步进电动机回退的最大速度(步/s)。

（7）上、下导轮中心间的距离 FRAME HIGH

这是机床线架上、下导轮中心间的距离(mm)。

（8）导轮半径 WHEEL RADIUS

导轮半径是机床导轮的半径(mm)。

（9）全机停电等待时间 POWER AUTO OFF

此值为加工结束时,全机停电前的等待时间(s)。

（10）最大点动速度 Max.Manua ISPD

（11）插补结束等待时间 ACUTE WAIT TM

此值为每条代码插补结束时的等待时间,只在清角功能打开时有效。

5.6　二维工件的参数调整及模拟加工

一、工件程序的读入

1.在图 5.73 控制界面中从 C 盘调入程序

在编程序时应将编出的 ISO 代码或 3B 程序存入 C 盘中,之后在控制界面中点击命令按钮区(图 5.83)的"读盘",屏幕上显示"读盘窗口"(图 5.84),其中路径为 C:(即 C 盘),类型为 *.ISO;若在编程时存入 C 盘的文件名为"F4"的 ISO 代码,则下面窗口中就显示出文件名 F4。双击文件名 F4,在显示窗口就显示出该程序的图形。如果编程时存的是 3B 程序,应点击类型后边的 * .ISO,使其变为 * .3B,读盘窗口中就示出所存 3B 程序的文件名,单击该文件名,再单击左上角处的方形按钮,就显示出该程序的图形。这时按 F10 键立即显示该图形的 ISO 代码(绝对坐标),再按 F10 键又显示该图形。

2.在编程序时直接将程序送至控制台

编程序时,当出现"代码显示选择窗"(图 5.90),进行了"代码显示"及"代码存盘"后,单击"送控制台",稍等一会就会把该图形送到控制界面的图形显示窗中,此时按 F10 键时立即显示该图形的 ISO 代码,再按 F10 键又显示该图形。

3.从 A 盘读入程序

若在编程序时,把程序存入 A 盘中,或者是用 A 盘从别处拷贝来的程序,可以用 A 盘输入程序。

在控制界面下把 A 软盘插入 A 驱动器,点击"读盘"按钮(或按 L 键),屏幕上显示"读盘窗口"(图 5.84),点击该窗口上部路径后面的 C:使其变为 a:,就显示出 A 盘上要输入的文

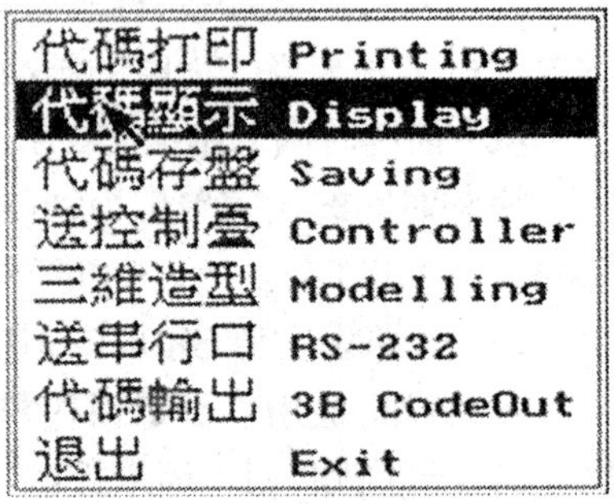

图 5.90　代码显示选择窗

代码打印　Printing
代码显示　Display
代码存盘　Saving
送控制台　Controller
三维造型　Modelling
送串行口　RS-232
代码输出　3B CodeOut
退出　　　Exit

件名,双击该文件名,该程序的图形就显示出来,按 F10 键显示出该程序。

二、对图形进行调整

已输入程序的图形,可能大小或位置不恰当,需要进行适当调整。

若显示的图形太大或太小,或偏离中央,可以用图形显示窗下边的七个调整按钮(图5.88)来调整,点击最左端的"捕捉"功能键,使图形显示到显示窗的中部位置,有时因显示的图形太大,超出了显示窗,在显示窗上什么也看不到,但当点击"捕捉"功能键时,在显示窗中间就显示出适当大小的图形,若有必要还可以用其它六个功能键来调整图形的大、小、上、下和左、右位置,也可用 F2、F3 键来调整图形大小,用 F6、F7 键来调整图的上、下位置。

三、模拟加工

点击"模拟"(或按 D 键),就进入模拟加工检查状态。

第六章 CAXA 线切割 XP 绘图式微机编程

6.1 CAXA 线切割XP 的特点、基本功能及用户界面

一、CAXA 线切割 XP 软件的特点

长期以来，线切割编程软件都是基于 DOS 平台，CAXA 将线切割编程软件移植到了 Windows 平台上，推出了"CAXA 线切割 XP"软件，它在使用上比原来更方便，操作上更简单；它集成了 CAXA 以前的超强版和绘图版的优势，并根据用户的要求和建议对一些功能进行了加强和补充，能满足用户各种不同的需要。

① "CAXA 线切割 XP"软件可以完成绘图设计、加工代码生成、连机通讯等功能，并且有更完善的数据接口。

② "CAXA 线切割 XP"软件可以直接读取 EXB 格式文件、DWG 格式文件、任意版本的 DXF 格式文件以及 IGES 格式、DAT 格式等各种类型的文件，使得所有 CAD 软件生成的图形都能直接读入"CAXA 线切割 XP"软件，不管用户的数据来自何处，均可利用"CAXA 线切割 XP"软件完成编程和生成加工代码。

③ "CAXA 线切割 XP"软件可在软件内直接从打印机上输出图样和所生成的代码。其中代码还允许用户进行排版、修改等操作，加强了图样和代码的管理功能。

④ "CAXA 线切割 XP"软件有交互式的图像矢量化功能。位图矢量化一直是用户很欢迎的一个实用功能，新版本对它也进行了加强和改进，新的位图矢量化功能能够接受的图形格式更多、更常见，它可以适用于 BMP、GIF、JPG、PNG 等格式的图形，而且在矢量化后可以调出原图进行对比，在原图的基础上对矢量化后的轮廓进行修正。

⑤ "CAXA 线切割 XP"软件有齿轮和花键的编程功能，可解决任意参数齿轮的编程问题。当输入任意模数、齿数等齿轮相关参数后，可由该软件自动生成齿轮、花键的加工代码。

⑥ "CAXA 线切割 XP"软件有完善的通信方式，可以将电脑与机床直接连机，将加工代码发送到机床的控制器中。该软件还提供了电报头通信、光电头通信、串口通信等多种通信方式，能与国产的所有机床连接。

⑦ "CAXA 线切割 XP"软件附送电子图板，它包含了"CAXA 电子图板 XP"的全部功能，相当于同时拥有了一套电子图板，除了用于线切割，还可以用它设计零件和管理图样。

二、CAXA 线切割 XP 软件的基本功能

1.绘制各种图形

① 能绘制直线和圆弧构成的各种图形。

② 能绘制椭圆、正多边形、齿轮、花键、列表曲线以及公式曲线等。

2.生成轨迹

用绘出的各种图形来生成线切割加工轨迹,之后可以在屏幕上进行模拟切割加工(轨迹仿真)。

3.编出数控程序

根据需要,使用生成的线切割加工轨迹可以编出 3B、4B、R3B 或 ISO 代码程序。

4.输出程序

编出的程序可以打印出程序单;可以用软盘输出;可以采用同步传输、应答传输、串口传输或纸带穿孔输出。

5.直接用于加工

当配置在编程控制一体化机床上时,编程之后就可直接用于控制线切割机床加工。

三、CAXA 线切割XP 的用户界面

熟悉 CAXA 线切割 XP 的用户界面是进行绘图和编程等工作的先决条件。图 6.1 所示的用户界面共分三大部分:绘图功能区;菜单系统;状态显示与提示。

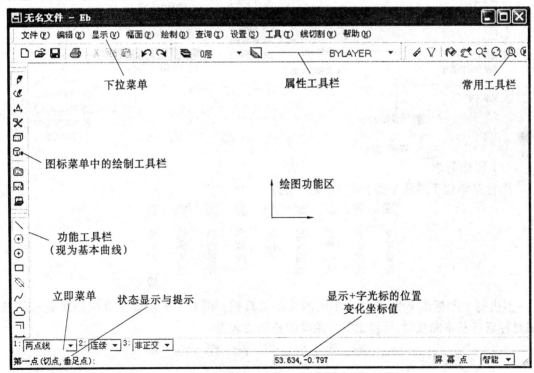

图 6.1　CAXA 线切割 XP 的用户界面

1.绘图功能区

绘图功能区位于屏幕中心,设置了一个 X、Y 二维坐标系,其坐标原点(0,0)就是用户绘图的坐标原点。

2.菜单系统

菜单系统包括:下拉菜单、图标菜单、立即菜单、工具菜单和工具栏五个部分。

(1) 下拉菜单

下拉菜单位于屏幕的顶部,由一个横行主菜单及其下拉子菜单组成。主菜单包括:文件、编辑、显示、幅面、绘制、查询、设置、工具、线切割和帮助,点击每一部分都可显出下拉子菜单。

"绘制"和"线切割"的下拉子菜单为

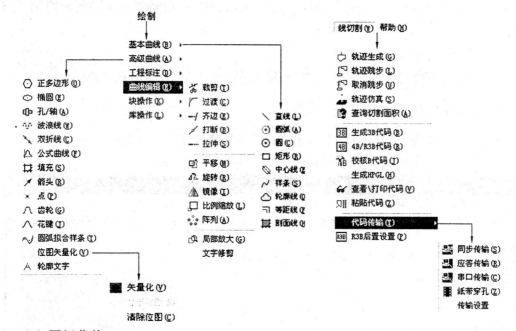

(2) 图标菜单

图标菜单位于屏幕左侧上半部,其作用为

点击每个图标菜单时,会弹出不同的功能工具栏。图 6.1 中功能工具栏处所显示的是用光标点击基本曲线时,所弹出的子菜单的各项功能为

当选中图标菜单绘制工具栏中的"曲线编辑"时的功能工具栏功能为:裁剪、过渡、齐边、打断、拉伸、平移、旋转、镜像、比例缩放、阵列、局部放大及文字修剪。

(3) 立即菜单

立即菜单是当点击某功能按钮时,在屏幕左下角弹出的菜单,它描述执行该功能的各种可能情况和使用条件,用户可根据当时作图需要,正确地选择某一(或几)项。

(4) 工具菜单(图 6.1 中未标出)

工具菜单包括工具点菜单和拾取元素菜单

(5) 工具栏

工具栏包括常用工具栏和标准工具栏等,常用工具栏为下拉菜单中的一些常用命令,为了提高工作效率,将它们以图标的形式集中在一起组成了常用工具栏,位于屏幕上部第二行右端,常用工具栏的功能如图为

标准工具栏位于屏幕上部第二行左端,功能为

3.状态显示与提示

状态显示与提示。位于屏幕的最下边两行。它包括当前点坐标显示,随光标移动作动态变化;操作信息提示,提示当前命令执行情况或提醒用户输入;工具菜单状态提示,自动提示当前点的性质及拾取方式;点捕捉状态设置,分别为自由、智能、导航和栅格;命令与数据输入区,用于键盘输入命令或数据。

6.2　点、圆和直线输入方法

要编一个图形的程序,第一步就是要使用 CAXA 线切割 XP 软件来绘出该图形,而绘图最基本的方法是点、圆和线的输入。

一、点的输入

在用户界面里功能工具栏的“基本曲线”中没有“点”图标,因此点的输入是在执行其它功能时进行的,如绘直线、圆、直线和圆相切等时,需要输入点。点的输入有三种方式:键盘输入、鼠标输入和工具点捕捉输入。

1.键盘输入点坐标

点坐标分为绝对坐标和相对坐标两种,绝对坐标的坐标原点就是绘图功能区的坐标原点,相对坐标是输入点相对当前点(输入新点前的点)的坐标,输入相对坐标时必须在所输入的 X 坐标值前加一个符号@,与坐标原点无关。

（1）键盘输入绝对坐标的点（图6.2）

设点的绝对坐标为（40，50），输入方法为：单击"直线"按钮，在立即菜单中选1：两点线，2：连续，3：非正交。"单击"或"点击"就是当光标指在所选择的某功能按钮上时，轻点鼠标左键一次。下一行提示第一点（切点，垂足点）时，用键盘输入40,50（回车），在屏幕上该点位置处显一红点表示该点已输入。移动光标时拉出一条绿线，提示第二点，若第二点的绝对坐标为50,60，用键盘输50,60（回车），屏幕上显示出第二个红点，并在两点之间绘出一条白色直线。

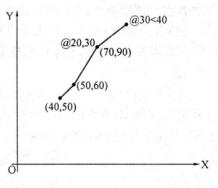

图6.2　键盘输入点坐标（绝对、相对及极坐标）

（2）键盘输入相对坐标的点

若要输入一个新点，相对于刚才所输入点（50,60）的坐标为20,30，当继续提示第二点时，用键盘输入@20,30（回车），屏幕上显示该点，该点的绝对坐标为 X = 50 + 20 = 70，Y = 60 + 30 = 90，并与前一点连成一条直线。相对坐标也可以用极坐标方式输入，继续提示第二点时，用键盘输@30 < 40（回车），在屏幕上作出了该极坐标点，相对前一点（70,90），其极径 $\rho = 30$，极角 $\theta = 40°$，按鼠标右键结束，其中30和40之间的 < 表示用极坐标输入。

2．鼠标输入点坐标

当光标为"+"字形时，"+"字光标由屏幕底部显示出其绝对坐标值，移动光标时，该显示的绝对坐标适时变化着，若已单击了"直线"按钮，立即菜单为"两点线"，提示第一点时，"+"字光标移至所需要的位置时按下鼠标左键，该点坐标就被输入，同时在该位置显示一红点。若只单独用鼠标输入，要得到准确的所需要点的坐标位置较难。如果与工具点捕捉配合使用，则能快速而准确地输入。

3．工具点的捕捉

工具点是指作图过程中有几何特征的交点、切点、端点等。工具点捕捉就是利用鼠标捕捉（准确输入）工具点菜单中某个作图需要的特征点。

若在屏幕上已作好一个圆，圆心在原点（0,0），半径20，要从圆外某一点（–40,0），作一条直线与该圆相切。单击"直线"按钮，在立即菜单中选两点线，提示第一点时，用键盘输入–40,0（回车），即输入该圆左面一点，向圆移动光标时拉出一条绿线，为了能在圆上得到准确的切点，按"空格键"弹出一个工具点菜单，如图6.3，用光标单击"切点"工具点菜单消失，移光标至圆周左上部任一位置时，单击鼠标左键，就准确地作出一条由已知点到圆左上部的切线，若要作圆左下部的切线时，则需在工具点菜单消失后，光标移至圆周左下部单击鼠标左键得到，然后单击鼠标右键结束（光标拉出的绿线消失）。工具点菜单中的其它点，在以后实例中会逐步用到。

S　屏幕点
E　端　点
M　中　点
C　圆　心
I　交　点
T　切　点
P　垂足点
N　最近点
L　弧立点
Q　象限点
K　刀位点

图6.3　工具点菜单

二、圆的输入（绘制圆）

输入圆的方法有好几种，这里先只讲已知圆心和半径画圆，已知圆心（0,0），半径为25，如图 6.4 所示。

单击"基本曲线"图标,在弹出的基本曲线功能工具栏中单击"圆"图标。立即菜单(图 6.5)中显示 1:圆心 - 半径,2:半径,下面提示圆心点,用键盘输入 0,0(回车),在坐标原点处显示一个红点,即所画的圆心,移动光标时显示一个大小可变化的绿色圆周,左下角提示输入半径或圆上一点时,用键盘输入 25(回车)就画出了白色的该圆,移动光标时,显一个大小可变化的绿色圆周,继续提示输入半径或圆上一点,若还需要输入一个半径 30 的同心圆时,用键盘输 30(回车),就作出了此同心圆,若不作同心圆,则单击鼠标右键结束。此时提示改为圆心点,若需要输入另一个圆的圆心为 20,30 及半径为 10 时,用键盘输入 20,30(回车),在圆上方该圆心点处显一红点,提示输入半径或圆上一点,用键盘输入 10(回车),即作出了该小圆,单击鼠标右键结束。

图 6.4　绘制圆

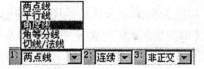

图 6.5　圆立即菜单

三、直线输入(绘制直线)

CAXA 电子图版输入直线的方式有:两点线、平行线、角度线、角等分线及切线/法线五种,下面讲最常用的前两种。

1.画两点线

(1) 查看直线立即菜单

单击"直线"按钮,再单击立即菜单 1:两点线后面的

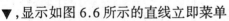

▼,显示如图 6.6 所示的直线立即菜单

图 6.6　直线立即菜单

(2) 选择画直线的方式

如要画两点线,单击"两点线",对 2:连续,3:非正交不必动它。

(3) 输入点坐标画直线

① 画连续非正交线。如前面键盘输入点坐标所讲,连续输入点时,就得到图 6.2 所示连接在一起的直线。

② 画两点直线及平行线,如图 6.7 所示。

单击"直线"图标,在直线立即菜单中选 1:两点线,2:单个,3:非正交。下一行提示第一点时,键盘输 1,1(回车),提示第二点时,键盘输 4,4(回车),作出直线 L1,拉出的绿线自动消除。提示第一点时,键盘输 1,4(回车),提示第二点时,键盘输 6,0(回车),作出直线 L2。

若显示的图形太小,可以将它放大。点击下拉菜单中的"显示",在弹出菜单中点击"显示放大",光标变为⊕形,每点击一次左键,图形就放大一些,按右键结束。

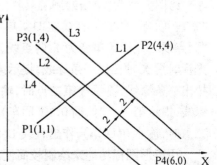

图 6.7　两点直线及平行线

2.画平行线

作与 L2 平行的 L3,其间的距离为 2 mm。

选立即菜单 1:平行线,2:偏移方式,3:单向,提示拾取直线时,移光标单击 L2,L2 直线变红,往右上方移动光标时,出现一条与 L2 等长的绿线且随着光标移动平移,提示输入距离或点时,输 2(回车),在右上方画出一条距离 2 mm 的等长平行线 L3,按鼠标右键结束。若选立即菜单 3:双向,则所画出的是 L2 两侧距离相等的一对平行线 L3 和 L4。

6.3　CAXA 线切割XP 编程实例

初学者都想寻求一条捷径,以便用最少的时间来学习和掌握,而学习经精心安排的实例应该是最快捷的方法,这些实例体现了由浅入深、由简到繁的思想,使初学者在很快入门之后能在短时间内有长足进步。

在绘图及编程序时,本软件提供了两套办法:一套是使用各种图标菜单;另一套是使用下拉菜单,图标菜单使用起来简便一些,但需要事先记住每个图标的功能,下拉菜单使用汉字,很直观。为了使初学者对两种菜单的使用都能了解,所以在后面的各种实例中,两套办法都作介绍。

一、直线图形的绘图及程序生成

图 6.8 是一个由直线组成的简单图形,现以它为例来初步认识绘图、轨迹生成、轨迹仿真(模拟加工)及生成各种程序的全过程,可以编出 3B 程序、4B 程序和 R3B 程序。CAXA 线切割 XP,不编 ISO 代码程序。

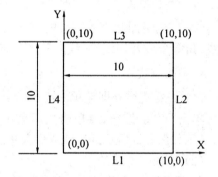

图 6.8　直线组成的图形

1.绘图

用 CAXA 线切割 XP 软件来编线切割程序的第一步就是用该软件来绘出所要切割工件的图形。

绘图方法为,单击绘制工具栏中的"基本曲线"图标,在弹出的基本曲线工具栏中,单击"直线"图标,再单击直线立即菜单中 1:▼,得到如前面图 6.6 所示的直线立即菜单,单击"两点线",立即菜单变为 1:两点线,2:连续,3:非正交,提示第一点时,输 0,0(回车),向右移光标时沿 X 轴拉出一条绿线,提示第二点时,输 10,0(回车),作出直线 L1,向上移动光标时,拉出一条绿线,提示输第二点时,输 10,10(回车),作出直线 L2,向左移动光标时,拉出一条绿线,提示第二点时,输 0,10(回车),作出直线 L3,向下移动光标时,拉出一条绿线,提示第二点时,输 0,0(回车),作出直线 L4,按鼠标右键结束。

用矩形图标功能来绘制较简便。单击左侧边处的矩形图标囗,立即菜单中 1:两角点 2:无中心线,提示第一角点时,输 0,10(回车),显该点(红色方点),提示另一角点时,输 10,0(回车),绘出白色方图形。点按 Pag Up 键可放大图形,点按 Pag Down 键可使图形缩小,点击鼠标右键结束。

2.轨迹生成

生成切割轨迹要考虑切割方向、间隙补偿量 f、凸模或凹模不同的补偿方向、穿丝点或丝的起始点位置以及丝的退出点(丝最终到达点)的位置等等,生成切割加工时钼丝的中心轨迹。

轨迹生成时要确定钼丝从穿丝点或起始点切入到工件的切入方式。切入方式有下列三种,如图 6.9 所示。

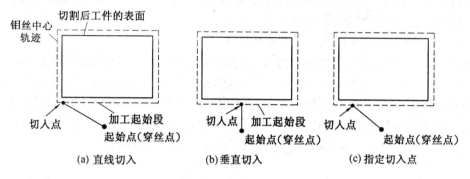

图 6.9　三种切入方式

(1) 直线切入方式(图 6.9(a))

钼丝从穿丝点或工件外(内)某一点切入到加工起始段的切入点。

(2) 垂直切入方式(图 6.9(b))

钼丝从穿丝点垂直于加工起始段切入。

(3) 指定切入点方式(图 6.9(c))

有时希望钼丝切入到工件上某一点,可以在加工轨迹上选择一个点作为加工的切入点,钼丝沿直线走到指定的切入点,然后按已选择好的加工方向进行切割加工。

采用哪一种切入方式,在轨迹生成时,弹出的"线切割轨迹生成参数表"中,根据实际需要在三种切入方式中选定一种。

(1) 线切割轨迹生成参数表

在屏幕最上部的下拉菜单中,单击"线切割"项,在弹出的菜单中单击"轨迹生成"项,就弹出如图 6.10 所示的"线切割轨迹生成参数表"对话框,首先应选定切入方式,现选"垂直",单击"垂直"前的白点,白点中出现一个黑点时就选定了。在加工参数中轮廓精度可输 0.01,切割次数输 1,支撑宽度是指多次切割时,指定每行轨迹的始末点之间保留的一段不切割部分的宽度,一次切割输 0 即可,锥度角度,当不切割锥度时保持 0 即可。补偿实现方式选轨迹生成时自动实现补偿。拐角过渡方式选圆弧,系统能在所有尖角处对钼丝中心轨迹生成 r = f (间隙补偿量)的过渡圆弧,如图 6.13(b)所示。

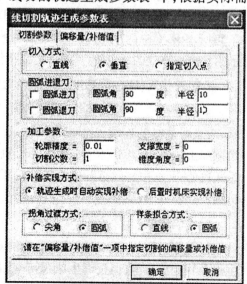

图 6.10　轨迹生成参数表对话框

样条拟合方式:当加工非圆曲线的线段时,系统会将该曲线分成多段短线进行拟合,拟合方式有两种:

① 直线拟合方式。系统将非圆曲线分成多条短直线拟合。

② 圆弧拟合方式。系统将非圆曲线分成多条短圆弧段进行拟合。圆弧拟合方式具有精度高、程序条数少的优点。本例钼丝半径 $\gamma_{丝} = 0.09$,单边放电间隙 $\delta_{电} = 0.01$,故间隙补偿量 $f = 0.09 + 0.01 = 0.1$,要填入此间隙补偿量时,移光标单击该表上部的"偏移量/补偿量"按钮,该表上弹出"每次生成轨迹的偏移量"表,因一般只切割一次,故在第一次加工后面输0.1,然后单击"确定"按钮,该表消失。

(2) 拾取轮廓线,选择切割方向和偏移方向

提示拾取轮廓时,移光标单击图形左侧轮廓线,如图 6.11(a)所示,该轮廓线变为红色虚线,并出现方向相反的两个绿色箭头,提示请选择链拾取方向时,移光标单击与切割方向一致的绿色箭头,全部图形轮廓线变红色,在垂直于轮廓线方向出现了方向相反的两个绿色箭头指示出选择偏移方向,如图 6.11(b)所示。因要切割的工件是实体不是孔,应移光标单击指向图形外的绿色箭头,箭头全消失,图形轮廓全变成红色虚线。

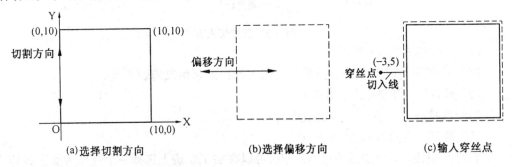

(a)选择切割方向　　　　　　　(b)选择偏移方向　　　　　　　(c)输入穿丝点

图 6.11　选择切割方向及偏移方向

(3) 输入穿丝点及退出点坐标

提示输入穿丝点位置时,输 – 3,5(回车),提示输入退出点(回车则与穿丝点重合),(回车)图形轮廓变白色,由穿丝点到轮廓线上切入点处出现一条绿色切入线,在图形外围有显示钼丝中心轨迹的绿色线(图 6.11(c))用虚线表示。至此切割加工轨迹的生成已完成。

3.轨迹仿真(即在屏幕上作动态模拟切割加工)

单击下拉菜单中的"线切割"项,弹出如图 6.12 所示的线切割子菜单,单击"轨迹仿真"项,选立即菜单 1:连续,2:步长 0.001(把步长改输为 0.001,仿真速度可看清)(回车),提示拾取加工轨迹时,移光标单击图中加工轨迹的任意位置,图形变为绿色并自动放平,出现一条灰色的钼丝,由穿丝点开始沿工件轮廓切割一圈后回到退出点,按鼠标左键,又恢复为和仿真前一样的白色图形。

4.代码生成

如果你只有从 CAXA 网站上下载的 CAXA 线切割 XP 学习软件,则只能进行绘图、轨迹生成及轨迹仿真等,但没有生成线切割加工用的数控代码的功能。

用同一个图形可以生成 3B 程序、4B 程序和 R3B 程序,可根据需要选择。

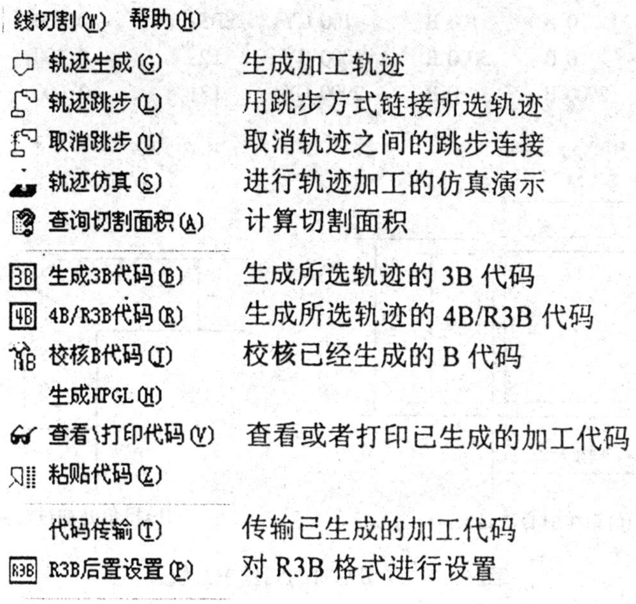

线切割(W)　帮助(H)

🗁	轨迹生成(G)	生成加工轨迹
🗁	轨迹跳步(L)	用跳步方式链接所选轨迹
🗁	取消跳步(U)	取消轨迹之间的跳步连接
🛠	轨迹仿真(S)	进行轨迹加工的仿真演示
🖩	查询切割面积(A)	计算切割面积
3B	生成3B代码(B)	生成所选轨迹的3B代码
4B	4B/R3B代码(R)	生成所选轨迹的4B/R3B代码
🕮	校核B代码(J)	校核已经生成的B代码
	生成HPGL(H)	
👓	查看\打印代码(V)	查看或者打印已生成的加工代码
🗐	粘贴代码(Z)	
	代码传输(T)	传输已生成的加工代码
R3B	R3B后置设置(P)	对R3B格式进行设置

图6.12　线切割子菜单

（1）生成3B程序

在下拉菜单中单击"线切割"项,弹出线切割菜单如图6.12所示。单击"生成3B代码"项,弹出"生成3B加工代码"对话框,若要把文件存在C盘,单击上部的▼,再单击C:在文件名之后输10103B,单击"保存",生成的线切割轨迹就存在C盘上了,对话框也消失。立即菜单应为1:指令校验格式,2:显示代码,3:停机码DD,4:暂停码D,提示拾取加工轨迹时,移光标单击图形上的任一条加工轨迹后,再按鼠标右键,屏幕上显示出文件名为10103B.3B的程序单,将其打印下来如表6.1所示,它所表达的钼丝中心轨迹如图6.13(a)所示,该10×10的正方形原来图形的四个角的半径(conner)=0,偏移量(offset)F=0.1,由于前面在轨迹生成参数表对话框中,拐角过渡方式选择"圆角",所以系统自动将各个尖角处理为r=f=0.1的圆角,如图6.13(b)所示,这从程序单中的四条圆弧程序也可以看出。从表6.1中可以看出钼丝中心轨迹总长(Length)为46.428 mm(2.9×2+10×4+π×2×0.1),切割起始点(startpoint)为(−3,5),X、Y下面表中的数值是每条程序的终点坐标值。

表6.1　图6.13(a)的线切割3B程序单

CAXAWEDM − Version 2.0, Name: 10103b.3B

Conner R =	0.0000,	Offset F =	0.10000, Length =	46.428 mm	
Start Point =	− 3.00000,	5.0000 :		X,	Y
N 1:B	2900 B	0 B	2900 GX	L1:	− 0.100,	5.000
N 2:B	0 B	5000 B	5000 GY	L2:	− 0.100,	10.000
N 3:B	100 B	0 B	100 GX	SR2:	− 0.000,	10.000
N 4:B	10000 B	0 B	10000 GX	L1:	10.000,	10.100
N 5:B	0 B	100 B	100 GY	SR1:	10.100,	10.000
N 6:B	0 B	10000 B	1 0000 GY	L4:	10.100,	0.000
N 7:B	100 B	0 B	100 GX	SR4:	10.000,	− 0.100
N 8:B	10000 B	0 B	10000 GX	L3:	0.000,	− 0.100

N 9:B		0 B	100 B	100 GY	SR3:	− 0.100,	− 0.000
N 10:B		0 B	5000 B	5000 GY	L2:	− 0.100,	5.000
N 11:B		2900 B	0 B	2900 GX	L3:	− 3.000,	5.000
N 12:DD							

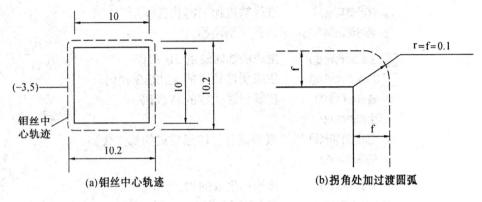

(a)钼丝中心轨迹　　　　　　　　　　　(b)拐角处加过渡圆弧

图 6.13　线切割时的钼丝中心轨迹

（2）生成 4B 程序

该图形若要生成 4B 程序,单击"线切割"项,在弹出的菜单中,单击"4B/R3B 代码"项,在弹出的"生成 4B/R3B 代码"对话框中,选 c:盘,在文件名后输 10104B,单击"保存"按钮,对话框消失,所生成的代码文件已保存好。立即菜单应选为 1:4B 格式,2:指令校验格式,3:显示代码,4:停机码 DD,5:暂停码 D,提示拾取加工轨迹时,移光标单击图形某线段后,按鼠标右键,屏幕显示出该图形的 4B 程序单,将其打印出来,如表 6.2 所示。4B 程序与 3B 程序不同之处是圆弧程序的第四个 B 后面的数值是该圆弧的半径。

表 6.2　图 6.13(a)的 4B 程序单

CAXAWEDM − Version 2.0, Name:10103b.4B

Conner R =	0.0000,		Offset F =	0.10000,	Length =	46.428 mm	
Start Point =	− 3.00000,		5.0000 :			X,	Y
N 1:B	2900 B	0 B	2900 B	2900 GX	L1:	− 0.100,	5.000
N 2:B	0 B	5000 B	5000 GY		L2:	− 0.100,	10.000
N 3:B	100 B	0 B	100 B	100 GX	SR2:	− 0.000,	10.000
N 4:B	10000 B	0 B	10000 GX		L1:	10.000,	10.100
N 5:B	0 B	100 B	100 GY		SR1:	10.100,	10.000
N 6:B	0 B	10000 B	1 0000 GY		L4:	10.100,	0.000
N 7:B	100 B	0 B	100 B	100 GX	SR4:	10.000,	− 0.100
N 8:B	10000 B	0 B	10000 GX		L3:	0.000,	− 0.100
N 9:B	0 B	100 B	100 B	100 GY	SR3:	− 0.100,	− 0.000
N 10:B	0 B	5000 B	5000 GY		L2:	− 0.100,	5.000
N 11:B	2900 B	0 B	2900 B	2900 GX	L3:	− 3.000,	5.000
N 12:DD							

（3）生成 R3B 格式的程序

生成 R3B 程序和生成 4B 程序的方法相同,惟一不同的是:在生成 R3B 程序时,立即菜单应选为 1:R3B 格式,就可编出如表 6.3 所示的 R3B 程序。在 R3B 程序的圆弧程序中,第一个 B 前面的数值是该圆弧的半径 R 的数值,R 值的后面有三个 B,故称为 R3B 程序。

表 6.3　图 6.13(a)的 R3B 程序单

CAXAWEDM – Version 2.0, Name:10103b.4B

Conner R =	0.0000,	Offset F =		0.10000, Length =		46.428 mm	

						X,	Y
Start Point =	−3.00000,		5.0000	:			
N　1:−	2900 B	2900 B	0 B	2900 GX	L1:	−0.100,	5.000
N　2:	B	0 B	5000 B	5000 GY	L2:	−0.100,	10.000
N　3:	100 B	100 B	0 B	100 GX	SR2:	−0.000,	10.100
N　4:	B	10000 B	0 B	10000 GX	L1:	10.000,	10.100
N　5:	100 B	0 B	100 B	100 GY	SR1:	10.100,	10.000
N　6:	B	0 B	10000 B	1 0000 GY	L4:	10.100,	0.000
N　7:	100 B	100 B	0 B	100 GX	SR4:	10.000,	−0.100
N　8:	B	10000 B	0 B	10000 GX	L3:	0.000,	−0.100
N　9:	100 B	0 B	100 B	100 GY	SR3:	−0.100,	−0.000
N　10:	B	0 B	5000 B	5000 GY	L2:	−0.100,	5.000
N　11:−	2900 B	2900 B	0 B	2900 GX	L3:	−3.000,	5.000
N　12:DD							

(4) 生成 ISO 代码程序(CAXA 线切割 XP 不能生成 ISO 代码,表 6.4 供参考)

生成该图形 ISO 代码的方法为:当轨迹生成后,单击下拉菜单中的"线切割"项,在弹出的菜单中,单击"生成 G 代码",弹出"生成机床 G 代码"对话框,选 C:盘,在文件名后输 1010ISO 之后,单击"保存"按钮,提示拾取加工轨迹时,移光标单击图形上的加工轨迹中的某线段,之后按鼠标右键,屏幕上显示出该图形的 ISO 代码,打印后,如表 6.4 所示。

表 6.4　图 6.13(a)的 ISO 代码

(1010ISO.ISO,11/14/02,20:41:36)

N10 T84 T86 G90 G92X − 3.000Y5.000;	绝对坐标编程,起始点为(−3.5)
N12 G01 X − 0.100 Y5.000;	线终点(−0.1,5)
N14 G01 X − 0.100 Y10.000;	线终点(−0.1,10)
N16 G02 X0.000 Y10.100 I0.100 J0.000;	顺圆终点(0,10.1),圆心对起点(0.1,0)
N18 G01 X10.000 Y10.100;	线终点(10,10.1)
N20 G02 X10.100 Y10.000 I0.000 J − 0.100;	顺圆终点(10.1,10),圆心对起点(0,−0.1)
N22 G01 X10.100 Y0.000;	线终点(10,0)
N24 G02 X10.000 Y − 0.100 I − 0.100 J0.000;	顺圆终点(10,−0.1),圆心对起点(−0.1,0)
N26 G01 X0.000 Y − 0.100;	线终点(0,−0.1)
N28 G02 X − 0.100 Y0.000;I0.000 J0.100;	顺圆终点(−0.1,0),圆心对起点(0,−0.1)
N30 G01 X − 0.100 Y5.000;	线终点(−0.1,5)
N32 G01 X − 3.000 Y5.000;	线终点(−3,5)
G34 T85 T87 MO2;	结束

上面 ISO 代码程序中,T84 为开冷却液,T86 为开走丝,T85 为关冷却液,T87 为关走丝。

二、圆、过渡圆、直线及对称图形的绘图及程序生成

在图 6.14 中,C1 及 C2 圆为已知圆心及半径的圆,直线 L2 为过线 L1 与圆 C1 交点 P1,斜角为 98°的线,C3 为线 L2 和 L3 相交处半径 R = 1 的过渡圆,左半图为右半图关于 Y 轴的对称图形。

1. 绘出图形

(1) 绘已知圆 C1 和 C2

① 绘制已知圆心坐标为 0，0，半径为 35.5 的圆 C1。

a. 单击绘制工具栏中的"基本曲线"图标，在弹出的"基本曲线"工具栏中单击"圆"图标。

b. 单击立即菜单 1:的▼，弹出绘制圆的各种方法的选项立即菜单如图 6.15 所示，单击"圆心_半径"，即选定了 1:圆心_半径这种绘图方法。

c. 提示圆心点，键盘输入 0，0（回车），在坐标原点处显示一个红点即圆心，移动光标时显示一个大小可变化的圆周，提示输入半径时，键盘输入 35.5（回车），绘出了 C1 圆，按鼠标右键结束。

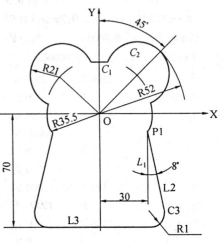

图 6.14 圆、线、过渡圆及对称图形

(2) 绘圆 C2

圆心为极坐标，极径 $\rho = 52 - 21 = 31$，极角 $\theta = 45°$，半径 $R = 21$。

当提示圆心点时，键盘输入 @31 < 45（回车）后，在圆心处显一红点，提示输入半径，键盘输入 21（回车），绘出 C2 圆，按鼠标右键结束。

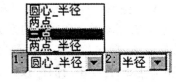

图 6.15 圆的立即菜单

(3) 绘 98° 的斜线 L2

L2 过线 L1 与圆 C1 的交点 P1，因此，应先画角度线 L1，其第一点可取 30，0，斜角为 $\beta = 90°$，此 L1 与圆 C1 的交点 P1，就是画直线 L2 时的第一点。

绘 L1 和 L2 的具体步骤为：

单击"直线"图标，单击直线立即菜单中 1:▼，在弹出的直线类型中单击"角度线"，把立即菜单中的 4:角度改输为 90°（单击角度后面的原来数值，键盘输入 90 并回车）。提示 L1 的第一点时，键盘输 30，0（回车），向下移动光标时，拉出一条平行于 Y 轴的直线，提示 L1 的第二点或长度时，键盘输 70（回车），画出直线 L1。提示第一点（L2 的）时，按空格键，在弹出的工具点菜单中，单击交点，用键盘把立即菜单 4:角度改输为 98，移光标单击圆 C1 与线 L1 的交点 P1 处，向下移动光标时拉出一条 98° 的绿线，提示 L2 第二点或长度时，键盘输长度 80（回车）即可画出斜线 L2。

(4) 绘直线 L3

直线 L3 仍采用角度线，第一点取 0，−70，角度 $\beta = 180°$。

先把立即菜单中 4:角度改输为 180，提示第一点时，键盘输 0，−70（回车），向右移光标时，拉出一条平行于 X 轴的绿色直线，提示第二点或长度时，键盘输 40（回车），画出直线 L3。

(5) 绘制与 Y 轴对称的左半图形

对称轴用 Y 轴上的两点表示，第一点可取 0，−70，第二点取 0，0。

单击"绘制"，移光标到弹出菜单中的"曲线编辑"上，在弹出的"曲线编辑"菜单中（图 6.16）单击"镜像"按钮，弹出如图 6.17 所示的镜像立即菜单，单击 1:选择轴线后面的▼，改为 1:拾取两点 2:拷贝，提示拾取添加时，单击（拾取）所有参加对称的圆和直线，它们的颜色都变红,按鼠标右键确定,提示第一点时,键盘输入 0,-70(回车)显一红点,提示第二点时,输 0,0(回车),显示对称后的全部图形,此图中有多余的线段需要逐条删除。

右侧栏目录:

- 裁剪 (T)
- 过渡 (C)
- 齐边 (E)
- 打断 (B)
- 拉伸 (S)

- 平移 (M)
- 旋转 (R)
- 镜像 (I)
- 比例缩放 (L)
- 阵列 (A)
- 局部放大 (G)
- 文字修剪

图 6.16　曲线编辑菜单

若是 1:选择轴线,必须在该轴位置处先画出一条线,若 2:为镜像,则对称后原来的图消失。

(6) 绘过渡圆 C3

单击"绘制",移光标到"曲线编辑"上,在弹出的功能工具栏中单击"过渡"图标;在过渡立即菜单中选择 1:圆角,2:裁剪,3:半径改输为 1,提示拾取第一条曲线(即接过渡圆的一条线),单击斜线 L2,其色变红,提示拾取第二条曲线时,单击直线 L3 可在 L2 和 L3 之间生成 R=1 的过渡圆,提示拾取第一条曲线,单击直线 L3,其色变红,提示拾取第二条曲线,单击左边斜线,生成左边 R=1 的过渡圆。若立即菜单中选择 2:不裁剪,则画出过渡圆附近多余的直线仍保留原样。过渡圆若在"对称"之前画,则只需画右边这个,左边那个在"对称"时得出。

1: 拾取两点 ▼ 2: 拷贝 ▼

图 6.17　镜像立即菜单

2.裁剪

裁剪分为快速裁剪和拾取边界裁剪两种方式,它们都可以把多余的线段裁剪掉,快速裁剪多用于相交边界较简单的情况,下面采用快速裁剪。

(1) 用快速裁剪功能剪除切割图形以外的多余线段

移光标到"曲线编辑"上,在弹出的功能工具栏菜单中单击"裁剪"图标,选立即菜单 1:快速裁剪。提示拾取要裁剪的曲线时,移动光标逐个单击多余的线段,该多余的线段就被裁剪掉。有时会有个别多余线段无法裁剪,可用常用工具栏中的"拾取删除"功能来将其删除掉。

(2) 用"拾取删除"功能来删除

单击右上角处常用工具栏中的"拾取删除"图标,用光标单击想要删除的线段,其色变红,按鼠标右键,变红线段就被删除。

(3) 重画图形

截剪后的图形某些部分线条显示可能不清,用常用工具栏中的"重画"功能使线切割图形连贯清晰。

单击"重画"图标,整个图形就被重画描深。有时已被裁剪的某线段会复原,可反复裁剪。

3.生成加工轨迹

(1) 填写轨迹生成参数

单击"线切割",在弹出的菜单中单击"轨迹生成",系统弹出一个"线切割轨迹生成参数表"对话框,如图 6.10 所示,表中的右切入方式可选垂直;加工参数轮廓精度可输 0.01,切割次数为 1,其余两项仍保持 0;补偿实现方式,选轨迹生成时自动实现补偿(鼠标单击前面白色小圆时出现一黑点),拐角过渡方式可选圆弧,样条拟合方式,因本图只有圆和直线用不着样条,可不动它,单击表上端的"偏移量"按钮,在弹出的表中用键盘输入第一次偏移量 0.1,

其它各项不输,单击"确定"。

（2）选择切割方向及补偿方向

提示拾取轮廓时,单击直线 L3(其它部分也可以),该线变红,并出现方向相反的绿色箭头如图 6.18 所示,提示请选择链拾取方向时,参考拟切割的方向,单击该方向的绿色箭头,全部图形变红,并在直线 L3 的两侧各出现一个绿色箭头,如图 6.19 所示,提示选择加工侧边或补偿方向,如果加工凹件,单击向里的绿色箭头,如果加工凸件,单击向外的绿色箭头,以得到不同的补偿方向。本件为凸件,单击向外的绿色箭头,两个箭头都消失。

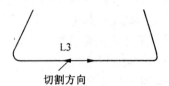

图 6.18　选切割方向

图 6.19　选补偿方向

（3）输入穿丝点及退回点

提示输入穿丝点位置时,键盘输 0, - 73(回车),穿丝点处显一红点,提示输入退回点,可输入丝要退回所到达点的坐标,若退回的点与穿丝点重合时,按两次(回车)即可,此时屏幕显示一条绿色切入线,如图 6.20 所示,全部图线变白,按鼠标右键结束。

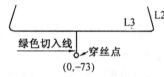

图 6.20　穿丝点及切入线

4.轨迹仿真

本系统可以对切割加工过程进行动态或静态的切割仿真,模拟实际加工过程中切割工件的情况。

单击"轨迹仿真"按钮,选立即菜单中 1:连续,2:步长,改输 0.01,提示拾取加工轨迹时,单击图形的任意轨迹线,在屏幕中显示钼丝电火花切割工件的动态模拟图形,按鼠标左键或 ESC 键结束仿真。

5.计算切割面积

该功能可根据切割轨迹和工件切割厚度自动计算出实际的切割面积。

单击"查询切割面积"按钮,提示拾取加工轨迹时,单击加工轨迹,提示输入工件厚度,输入工件切割厚度 10(回车),显示计算出的切割轨迹长度为:386.004 mm,切割面积为 3860.044 mm^2。

6.代码生成

可生成 3B、4B/R3B 程序。

（1）生成 3B 程序

单击下拉菜单中的"线切割",在弹出的线切割的菜单中单击"生成 3B 代码"按钮,弹出生成 3B 加工代码存文件对话框,选 C:盘,输入文件名 YX,单击"保存"按钮,立即菜单中 2:应为显示代码,提示拾取加工轨迹时,单击加工轨迹,之后按鼠标右键,屏幕上显示所编出的 3B 程序,将其打印出来如表 6.5 所示。

表 6.5 图 6.14 的 3B 程序单

CAXAWEDM – Version 2.0, Name: yx.3B

Conner R = 0.0000, Offset F = 0.10000, Length = 386.004 mm

Start Point = 0.00000, − 73.00000 : X, Y

N						X	Y
N 1:B	0 B	2900 B	2900 GY	L2:		0.000,	− 70.100
N 2:B	36020 B	0 B	36020 GX	L3:		− 36.020,	− 70.100
N 3:B	0 B	1100 B	1253 GY	SR3:		− 37.109,	− 68.847
N 4:B	7005 B	49844 B	49844 GY	L1:		− 30.104,	− 19.003
N 5:B	30104 B	19003 B	24504 GY	SR3:		− 35.173,	5.501
N 6:B	13252 B	16419 B	45367 GY	SR3:		− 5.501,	35.171
N 7:B	5501 B	35172 B	11002 GX	SR2:		5.501,	35.171
N 8:B	16419 B	13252 B	45367 GX	SR2:		35.171,	5.500
N 9:B	35172 B	5501 B	24504 GY	SR1:		30.103,	− 19.004
N 10:B	7007 B	49843 B	49843 GY	L4:		37.110,	− 68.847
N 11:B	1089 B	153 B	1111 GX	SR1:		36.020,	− 70.100
N 12:B	36020 B	0 B	36020 GX	L3:		− 0.000,	− 70.100
N 13:B	0 B	2900 B	2900 GY	L4:		− 0.000,	− 73.000
N 14:DD							

（2）生成 4B 程序

单击下拉菜单中的"线切割"，在弹出的线切割菜单中，单击"4B/R3B 代码"，在弹出的"生成 4B/R3B 加工代码"对话框中，调出 C：盘，文件名输 YX4B，单击"保存"按钮，选立即菜单为 1：4B 格式，2：指令校验格式，3：显示代码，4：停机码 DD，5：暂停码 D。提示拾取加工轨迹时，移光标单击图形上任一线段，之后按鼠标右键，屏幕上显示该图的 4B 程序单，打印出来如表 6.6 所示。

表 6.6 图 6.14 的 4B 程序单

CAXAWEDM – Version 2.0, Name: yx4b.4B

Conner R = 0.0000, Offset F = 0.10000, Length = 386.004 mm

Start Point = 0.00000, − 73.00000 : X, Y

N							X	Y
N 1:B	0 B	2900 B	2900 B	2900 GY	L2:		0.000,	− 70.100
N 2:B	36020 B	0 B	36020		GX	L3:	− 36.020,	− 70.100
N 3:B	0 B	1100 B	1253 B	1100 GY	SR3:		− 37.109,	− 68.847
N 4:B	7005 B	49844 B	49844		GY	L1:	− 30.104,	− 19.003
N 5:B	30104 B	19003 B	24504 B	35600 GY	SR3:		− 35.173,	5.501
N 6:B	13252 B	16419 B	45367 B	21100 GY	SR3:		− 5.501,	35.171
N 7:B	5501 B	35172 B	11002 B	35600 GX	SR2:		5.501,	35.171
N 8:B	16419 B	13252 B	45367 B	21100 GX	SR2:		35.171,	5.500
N 9:B	35172 B	5501 B	24504 B	35600 GY	SR1:		30.103,	− 19.004
N 10:B	7007 B	49843 B	49843		GY	L4:	37.110,	− 68.847
N 11:B	1089 B	153 B	1111 B	1100 GX	SR1:		36.020,	− 70.100
N 12:B	36020 B	0 B	36020		GX	L3:	− 0.000,	− 70.100
N 13:B	0 B	2900 B	2900 B	2900 GY	L4:		− 0.000,	− 73.000
N 14:DD								

（3）生成 R3B 程序

与生成 4B 程序方法相同,但要把 C:盘上的文件名存为 YXR3B,把立即菜单改为 1:R3B 格式(单击▼就能调出),表 6.7 就是该图的 R3B 格式的程序单。

表 6.7　图 6.14 的 R3B 程序单

CAXAWEDM – Version 2.0, Name: yxr3b.4B

Conner R = 　　0.0000,　　　Offset F = 　　　0.10000, Length = 　　386.004 mm

Start Point 　=　　　0.00000,　　　　－73.00000　:　　　　　X,　　　　　Y

N	1: –	2900 B	0 B	2900 B	2900 GY	L2:	0.000,	－ 70.100
N	2:	B	36020 B	0 B	36020 GX	L3:	－ 36.020,	－ 70.100
N	3:	1100 B	0 B	1100 B	1253 GY	SR3:	－ 37.109,	－ 68.847
N	4:	B	7005 B	49844 B	49844 GY	L1:	－ 30.104,	－ 19.003
N	5:	35600 B	30104 B	19003 B	24504 GY	SR3:	－ 35.173,	5.501
N	6:	21100 B	13252 B	16419 B	45367 GY	SR3:	－ 5.501,	35.171
N	7:	35600 B	5501 B	35172 B	11002 GX	SR2:	5.501,	35.171
N	8:	21100 B	16419 B	13252 B	45367 GX	SR2:	35.171,	5.500
N	9:	35600 B	35172 B	5501 B	24504 GY	SR1:	30.103,	－ 19.004
N	10:	B	7007 B	49843 B	49843 GY	L4:	37.110,	－ 68.847
N	11:	1100 B	1089 B	153 B	1111 GX	SR1:	36.020,	－ 70.100
N	12:	B	36020 B	0 B	36020 GX	L3:	－ 0.000,	－ 70.100
N	13: –	2900 B	0 B	2900 B	2900 GY	L4:	－ 0.000,	－ 73.000
N	14: DD							

（4）生成 ISO 代码程序

单击下拉菜单中的"线切割",在弹出的线切割菜单中,把光标停留在"G 代码上",单击弹出菜单中的"生成 G 代码",弹出"生成机床 G 代码"对话框,调 C:盘,文件名输 YXISO,单击"保存",对话框消失,提示拾取加工轨迹时,光标单击图中某线段,之后按鼠标右键,屏幕上显示出该图的 ISO 代码,打印出来如表 6.8 所示。

表 6.8　图 6.14 的 ISO 代码程序单

（YXISO.ISO, 11/17/02, 08:34:09）

N10 T84 T86 G90 G92X0.000Y－73.000;绝对坐标编程,起点为(0,－73)

N12 G01 X0.000 Y－70.100;线终点(0,－70.1)

N14 G01 X－36.020 Y－70.100;线终点(－36.02,－70.1)

N16 G02 X－37.109 Y－68.847 I0.000 J1.100;顺圆终点(－37.109,－68.847),圆心对起点(0,1.1)

N18 G01 X－30.104 Y－19.003;线终点(－30.104,－19.003)

N20 G02 X－35.172 Y5.501 I30.104 J19.003;顺圆终点(－35.172,5.501),圆心对起点(30.104,19.003)

N22 G02 X－5.501 Y35.172 I13.252 J16.419;顺圆终点(－5.501,35.172),圆心对起点(13.252,19.003)

N24 G02 X5.501 Y35.172 I5.501 J－35.172;顺圆终点(5.501,35.172),圆心对起点(5.501,－35.172)

N26 G02 X35.172 Y5.501 I16.419 J－13.252;顺圆终点(35.172,5.501),圆心对起点(16.419,－13.252)

N28 G02 X30.104 Y－19.003 I－35.172 J－5.501;顺圆终点(30.104,－19.003),圆心对起点(－35.172,－5.501)

N30 G01 X37.109 Y－68.847;线终点(37.109,－68.847)

N32 G02 X36.020 Y－70.100 I－1.089 J－0.153;顺圆终点(36.02,－70.1),圆心对起点(－1.089,－0.153)

N34 G01 X0.000 Y－70.100;线终点(0,－70.1)

N36 G01 X0.000 Y－73.000;线终点(0,－73)

N38 T85 T87 M02；结束

三、两圆的公切线及公切圆

与两圆公切有多种形式，下面举两个实例。

1.直线与两圆内、外公切图形

图 6.21 中直线 L1 与圆 C1 和 C2 外公切，直线 L2 与圆 C1 和 C3 内公切。

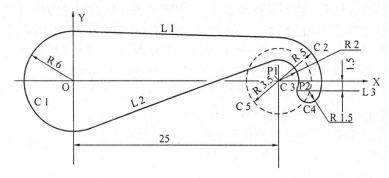

图 6.21　直线与两圆外公切和内公切

（1）绘图

① 绘圆 C1、C2 和 C3。单击"基本曲线"图标，在弹出的基本曲线功能工具栏菜单中，单击"圆"图标，选择立即菜单 1：圆心_半径，2：半径，提示圆心点时，键盘输 0,0（回车），在圆心处显一红点，提示输入半径时，输 6（回车）作出圆 C1，按鼠标右键结束。提示输入圆心点时，输 25,0（回车），在此圆心处显一红点，提示输入半径时，输 5（回车）作出圆 C2，再提示输入半径时，输 2（回车）作出 C2 的同心圆 C3，按鼠标右键结束，绿圆消失。

② 绘圆 C4。由于圆 C4 的圆心坐标没有直接标出来，需要作辅助圆 C5 和辅助直线 L3 的交点来得到。由图中可看出 C5 的半径 R5 = 3.5，辅助线 L3 为距 X 轴 - 1.5 且与 X 轴平行的直线。

单击"圆"图标，提示圆心点时，输 25,0（回车），提示输入半径时，输 3.5（回车）作出辅助圆 C5，按鼠标右键结束作圆。单击"直线"图标，把立即菜单改为 1：角度线，4：角度输 0，提示第一点时输入 0, - 1.5（回车），向右移动鼠标时，向右拉出一条绿线，提示第二点或长度时，输 30（回车）作出辅助直线 L3。为了能看清圆 C5 和直线 L3 的交点，可以点按 Page Up 键，每点按一次放大一点，点按 Page Down 键，每按一次缩小一点。点按←或→或↓或↑可使图形移动到适当位置。

单击"圆"图标，提示圆心点时，按空格键，在弹出的工具点菜单中单击"交点"，移动光标到圆 C5 与辅助线 L3 的右交点处，单击交点，此交点就是圆 C4 的圆心，移动光标时拉出一个绿色圆周，提示输入半径时，输 1.5（回车）作出了圆 C4，按鼠标右键结束。圆 C4 与圆 C2 内切，与圆 C3 外切。

③ 绘圆 C1 和圆 C2 的外公切线 L1。单击"直线"图标，将立即菜单改为 1：两点线，提示第一点时，按空格键，在弹出的工具点菜单中，单击"切点"，移光标单击圆 C1 右上部圆周，向右移动光标时，拉出一条与圆 C1 相切的绿色切线，按空格键，在弹出的工具点菜单中单击"切点"，移光标单击圆 C2 上部圆周，作出了公切线 L1，按鼠标右键结束。

④ 绘圆 C2 和圆 C3 的内公切线 L2。单击"直线"图标,选立即菜单 1:两点线,提示第一点时,按空格键,在弹出的工具点菜单中,单击"切点",移光标单击 C1 圆周右下部,向右移光标时,拉出一条切于 C1 圆周右下部的绿色切线,按空格键,在弹出的工具点菜单中,单击"切点",移光标至 C3 圆周左上部,单击圆周,按鼠标右键作出圆 C1 和圆 C3 的内公切线。

（2）裁剪

在绘图阶段所绘出的图形中,圆 C1、C2、C3、C4 和 C5 都是整圆,辅助直线 L3 也不是需要进行线切割的线,对于一些不是构成图 6.21 中需要进行线切割轮廓的线段,必须将它们裁剪删除,以获得需要切割的轮廓。方法为,单击"曲线编辑",在弹出的功能工具栏中,单击"裁剪"图标,提示拾取要裁剪的曲线时,移动光标至图中,单击多余的线段剪除,个别多余线段剪不去时,可单击常用工具栏中的"删除"图标,再移光标点击多余线段,该线段变红后,按鼠标右键删除,注意不要把需要切割的轮廓线删掉。为了使图更清楚,可单击"常用工具栏"中的"重画"按钮,把所作出的图形描深。

（3）生成加工轨迹,轨迹仿真及代码生成

这几项工作与前面所讲的实例相同,从略。

2.圆的外公切圆及对称图形

图 6.22 是 C1 对 X、Y 轴对称,以及两个外切圆对 X、Y 轴对称所得的图形。

（1）绘图

① 绘对称轴。因不能用 X、Y 轴线作为对称轴,必须先作出对称轴线。单击"基本曲线",在弹出的功能工具栏中单击"直线"图标,在立即菜单中 1:选两点线,第一点输 −40,0(回车),第二点输 40,0(回车),点鼠标右键作出 L1,单击"直线"图标,第一点输 0,−30,第二点输 0,30(回车),点鼠标右键作出 L2。

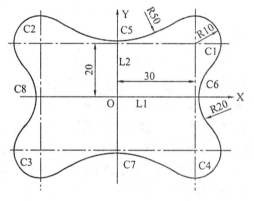

图 6.22　圆弧外公切及对称图形

② 绘圆 C1 并对称得到四个圆。单击"基本曲线",在弹出的菜单中单击"圆"图标,在立即菜单中选 1:圆心_半径,提示圆心点,输入 30,20(回车),提示输半径,输 10(回车)得 C1 圆,按鼠标右键结束作圆。单击"曲线编辑",在弹出的功能工具栏中单击"镜像"图标,立即菜单中应选 1:选择轴线,2:拷贝,提示拾取添加时,拾取(点击)C1 圆周,C1 圆周变红色,单击鼠标右键确定,提示拾取轴线时,拾取(单击)Y 轴对称轴线 L2,得到对称圆 C2,继续提示拾取添加(元素),拾取 C1、C2 圆变红色,单击鼠标右键确定,提示拾取轴线时,拾取 X 轴对称轴线 L1,得到对称圆 C3 和 C4。

③ 绘 C1、C2 圆之间及 C1、C4 圆之间的公切圆。单击"基本曲线",在弹出的菜单中单击"圆弧"图标,将立即菜单调整为 1:两点−半径,按空格键,在弹出的工具点菜单中单击"切点",提示第一点(切点)时,点击 C2 圆周右上边线,向右移动光标时提示第二点,按空格键,在弹出的工具点菜单中单击"切点",移动光标至 C1 圆,点击左上边圆周,移动光标时立即显示 C1 和 C2 的公切圆弧,应将光标 Y 轴负向下移,使公切弧向下弯,提示输第三点时,输半径 50(回车)得圆 C1、C2 的公切圆弧,提示第一点时按空格键,在弹出的工具点菜单中单击"切点",点击 C1 圆的右下部圆周,按空格键,在弹出的工具点菜单中,点击"切点",移动光标

点击圆 C4 的右上部圆周,移动光标时显示出绿色的公切圆,应将光标沿 X 轴向移劝,使公切弧向左弯,提示第三点时,输半径 20(回车),得到圆 C1 和 C4 的外公切圆 C6。

④ 绘两个公切圆弧的对称圆弧。单击"曲线编辑"图标,在弹出的功能工具栏中单击"镜像"图标,立即菜单中应选 1:选择轴线,2:拷贝,提示拾取添加(元素)时,拾取上部公切圆弧,变红色,按鼠标右键确定,提示拾取轴线时,拾取 L1 得到下面的公切圆弧,继续提示拾取添加(元素),拾取右侧公切圆弧,变红色,按鼠标右键确定,提示拾取轴线,拾取 L2 得左侧公切圆弧。

在绘公切圆弧时有时会绘出与目的凸凹方向不同的圆弧,这时可以单击屏幕左上角标准工具图标中的"取消操作"(↓)图标来消除刚才画错的公切圆弧,然后再画出正确的公切圆弧。当绘出的公切圆弧比要求的长时,可在以后裁剪时剪去。

(2) 裁剪(略)

(3) 轨迹生成及代码生成(略)

四、图形旋转及阵列

有些简单的单元图形经几次旋转或位移后可以获得较复杂的图形。在作图时可以使用旋转功能或使用阵列功能。

在旋转功能中有两个项目,第一个是"旋转",第二个是"拷贝",若选择"旋转"项目,旋转后原来的单元图形将会消失,若选择"拷贝"项目,则旋转之后原来的单元图形还存在。阵列功能也有两个项目,第一个是"圆形阵列",第二个是"矩形阵列",圆形阵列的结果与旋转类似,矩形阵列的结果则与旋转不同。

1.图形旋转

在图 6.23 中由圆 C1、C2 和直线 L2、L3 构成一个单元图形,此单元图形绕 C1 圆心点旋转(拷贝)120°两次就得到整个图形。

(1) 作图

① 作圆 C1 和辅助圆 C3。单击"基本曲线"图标,在弹出的功能工具栏中单击"圆"图标,选立即菜单 1:圆心_半径,提示圆心点时输 0,0(回车),提示输入半径时输 4(回车)作出圆 C1,再提示输入半径时输 8.5(回车)作出辅助圆 C3,按鼠标右键结束。

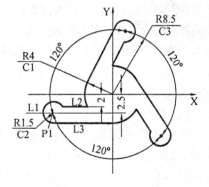

图 6.23　单元图形旋转

② 作直线 L1 和 L2。单击"直线"图标,选立即菜单 1:角度线,4:角度输 0,提示第一点时输 0,-2.5(回车),左移光标时拉出一条绿线至与 C3 圆相交之后单击鼠标左键作出直线 L1。选立即菜单 1:平行线,提示拾取直线时,光标点击 L1 直线变红色,上移光标时出现一条绿色平行线上移,提示输入距离时输 0.5(回车),作出平行线 L2,单击鼠标右键结束。

因图形尺寸小,可能看不清所作出的直线 L2 以及圆与线的交点,要使图形放大,可点按 Page Up 键放大,点按 Page Down 键缩小。

③ 作圆 C2。单击"圆"图标,选立即菜单 1:圆心_半径,提示圆心点时,按空格键,在弹出的工具点菜单中单击"交点",用光标点击圆 C3 和直线 L1 的左交点 P1,提示输入半径时输 1.5(回车),单击鼠标右键完成圆 C2。

④ 作圆 C1、C2 的外公切线 L3。单击"直线"图标,选立即菜单 1:两点线,提示第一点时,按空格键,在弹出的工具点菜单中单击"切点",移光标点击 C2 圆周下边,右移光标拉出一条绿线,按空格键,在弹出的工具点菜单中单击"切点",移光标点击 C1 圆的下边圆周,作出外公切线 L3,按鼠标右键结束。

⑤ 裁剪。在旋转之前需要有一个准确的单元图形,所以需要进行裁剪。

单击"曲线编辑"图标,在弹出的功能工具栏菜单中单击"裁剪"图标,提示拾取要裁剪的曲线,光标点击多余线段剪除,个别线段剪不去时,单击常用工具栏中的"删除"图标,再移光标点击多余线段,该线段变红后单击鼠标右键删除。为了使所作出的单元图形更清楚,单击"重画"图标描深图形,如图 6.24 所示。

图 6.24　旋转前的单元图形

⑥ 旋转。单击"曲线编辑"图标,在弹出的工具栏中单击"旋转"图标,选立即菜单 1:旋转角度,2:旋转,提示拾取添加(元素)时,用光标单击参与旋转的圆 C2、直线 L2 和 L3 变红色,按鼠标右键确认,提示基点时,输旋转中心 0,0(回车),提示旋转角度输 – 120(回车),这时单元图形按顺时针方向旋转了 120°(若旋转角度输正值,按逆时针方向旋转)。由于前面在立即菜单中选择 2:旋转,所以旋转后原来的单元图形消失了,为了旋转后仍保留原来的单元图形,立即菜单应选为 1:旋转角度,2:拷贝。现在需要恢复单元图形原来的位置,可单击左上角第二行标准工具栏中的"取消操作"按钮(↓),单元图形就恢复到旋转前的位置。单击"旋转"图标,将立即菜单改为 2:拷贝,提示拾取添加(元素)时,点击圆 C2、直线 L2 和 L3 变红色,按鼠标右键确认,提示基点时,输旋转中心 0,0(回车),提示旋转角度时,输 – 120(回车),得到了顺时针旋转 120°后的图形,原来单元图形仍然存在。下面要继续作单元图形旋转 240°后的图形,提示拾取元素时,点击圆 C2、直线 L2 和 L3 变红色,按鼠标右键确认,提示基点时,输 0,0(回车),提示旋转角度时,输 – 240(回车),作出该图。

(2)裁剪

在所作出的图形中仍有多余线段,需要再次裁剪。单击"裁剪"图标,选立即菜单 1:快速裁剪,提示拾取要裁剪的曲线时,光标点击 C1 圆周上三段多余的线段,它们都会被裁剪掉,光标点击常用工具栏中的"重画"图标,使所作出的图形描深且更清楚,如图 6.25 所示。

(3)轨迹生成及代码生成(略)

2.阵列

(1)圆形阵列

① 作图。图 6.26 为由图 6.27 圆 C1、C2、C3 及直线 L1、L2 所构成的单元图形经旋转 4 次后得到的较复杂的图形,该图在画完单元图形后,可选用"圆形阵列"功能来作图,比较快捷。

a.作圆 C1、C2 和 C3。单击"基本曲线",在弹出的功能工具栏中单击"圆"图标,在左下角立即菜单中选

图 6.25　旋转裁剪及重画后图形

1:圆心_半径,下一行提示圆心点,输入0,0(回车)在圆心处显一红点,提示输入半径,输10(回车)显出R10的圆C1,(回车)提示圆心点,输32,0(回车),提示输入半径,输7(回车)显R7圆C2,(回车),提示输入圆心点,输－20,0(回车),提示输入半径,输4(回车)显R4圆C3,按鼠标右键消去绿线。

　　b.作L1和L2。单击"直线"图标,在左下角立即菜单中选1:两点线,当提示第一点时输－22,1.5(回车)往右移鼠标时拉出一条绿线,提示第二点时输34,1.5(回车)作出L2,单击鼠标右键。单击"直线"图标,提示第一点,输－22,－1.5(回车)往右移鼠标时拉出一条绿线,提示第二点时,输34,－1.5(回车)作出L1,单击鼠标右键消去绿线。

　　c.裁剪得到单元图形。单击"曲线编辑",在弹出的功能工具栏中单击"裁剪"图标,提示拾取要裁剪的曲线,移动光标至图中单击多余的线段,裁剪成只有封闭轮廓的图形,如图6.27所示。

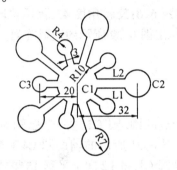

图6.26　圆形阵列图形

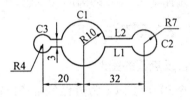

图6.27　阵列前的单元图形

　　d.将已作出的单元图形旋转而得全图。采用"圆形阵列"功能来使单元图形旋转。单击"曲线编辑"图标,在弹出的功能工具栏中单击"阵列"图标,在左下角立即菜单中显示1:圆形阵列,2:旋转,3:均布,应把4:份数改输成5,提示拾取添加(元素)时,用光标拾取(点击)单元图形各线段,已拾取的线段变为红色,点击鼠标右键确认,提示中心点(旋转中心)时,输0,0(回车)就作好旋转后的图形。

　　② 裁剪多余的线段,即作出全部图形。

3.轨迹生成及代码生成(略)

(2) 矩形阵列

图6.28和图6.29是矩形阵列的两个实例。

① 旋转角度为零度的矩形阵列。在图6.28中单元图形(圆)的行数为3,列数为4,行间距7,列间距8,旋转角度为0度。

　　a.作图。单击"圆"图标,选立即菜单1:圆心_半径,提示圆心点时输0,0(回车),提示输入半径时输2(回车),作出单元图形为r=2的圆,按鼠标右键结束作圆。单击"曲线编辑"图标,在弹出的功能工具栏中单击"阵列"图标,选立即菜单1:矩形阵列2:行数3,3:行间距7,4:列数4,5:列间距8,6:旋转角度0,提示拾取元素,光标单击半径为2的圆周变红色,单击鼠标右键就作出图6.28所示的矩形阵列。

　　b.裁剪。阵列所得各圆孔没有多余线段,不需要裁剪。

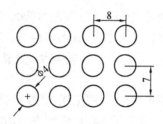

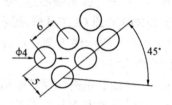

图 6.28　旋转角度为零的矩形阵列　　　　　图 6.29　旋转角度为 45°的矩形阵列

② 旋转角度为 45°的矩形阵列。在图 6.29 中单元图形也是圆,行数为 2,行间距为 5,列数为 3,列间距为 6,旋转角度为 45°。作图方法为:单击"圆"图标,选立即菜单 1:圆心_半径,提示圆心点时输 0,0(回车),提示输入半径时,输 2(回车)作出 r = 2 的单元图形,按鼠标右键结束作圆。单击"曲线编辑"图标,在弹出的功能工具栏中单击"阵列"图标,选立即菜单1:矩形阵列,2:行数 2,3:行间距 5,4:列数 3,5:列间距 6,6:旋转角度 45,提示拾取添加(元素)时,光标单击 r = 2 的圆周变红色,单击鼠标右键作出图 6.29 所示的矩形阵列。

五、三点圆及三切圆

1.含三点圆的图形

图 6.30 中,圆 C1 为过已知点 P1、P2 和 P3 三个点的圆,圆 C2 过一个已知点 P1,半径 R = 15 并与直线 L2 相切,但不知其圆心坐标,需要作图 6.31 所示的辅助圆 C4 和辅助线 L3 的交点来求,即作以点 P1 为圆心、半径 R = 15 的辅助圆 C4,将 L2 向上平移 15 得辅助线 L3,所得圆 C4 与直线 L3 的右交点即为圆 C2 的圆心,如图 6.31 所示。

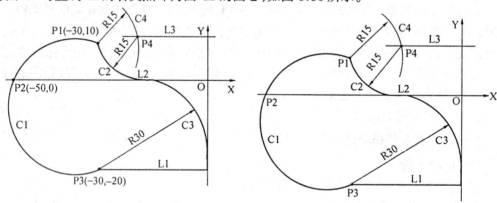

图 6.30　含有三点圆的图形　　　　　图 6.31　求作 C2 的圆心

(1) 绘过已知点 P1、P2 和 P3 三点的圆 C1

单击"基本曲线"图标,在弹出的功能工具栏菜单中单击"圆"图标,选立即菜单中 1:三点,提示第一点时,输点 P1 - 30,10(回车),提示第二点时,输点 P2 - 50,0(回车),提示第三点时,输点 P3 - 30, - 20(回车),立即绘出三点圆 C1。

(2) 绘直线 L2

单击"直线"图标,选立即菜单中 1:角度线,4:角度改输 0,提示第一点时,输 0,0(回车),向左移光标时拉出一条绿线至 C1 圆周左边时,单击鼠标左键直线变白色,就画出了直线L2。

（3）绘辅助线 L3 及辅助圆 C4

为了求出圆 C2 的圆心，必须先作辅助线 L3 和辅助圆 C4，二者的右交点就是圆 C2 的圆心，如图 6.31 所示。

在立即菜单中选 1：平行线，提示拾取直线时，单击直线 L2 变为红色，向上移动光标时出现一条绿色平行线向上移动，提示输入距离时，输 15（回车），作出一条白色辅助平行线 L3。单击鼠标右键结束。

单击"圆"图标，选立即菜单 1：圆心_半径，提示圆心点时，输点 P1 − 30,10（回车），提示输半径时，输 15（回车）作出辅助圆 C4，（回车）结束。

（4）绘圆 C2

提示圆心点，按空格键，在弹出的工具点菜单中单击"交点"，移光标单击 C4 和 L3 的右交点 P4，移动光标出现以 P4 为圆心的绿圆，提示输入半径时，输 15（回车）作出圆 C2，（回车）或按鼠标右键结束。

（5）绘圆 C3

圆 C3 的圆心 P3（− 30，− 20），提示输圆心点，输 − 30，− 20（回车），提示输入半径时，输 30（回车）作出圆 C3，（回车）或按鼠标右键，结束。

（6）绘过点 P3 的直线 L1

单击"直线"图标，选立即菜单中 1：平行线，3：单向，提示拾取直线，移光标单击直线 L2，变红色，下移光标拉出一条绿色平行线，提示输入距离时，输 20（回车）作出直线 L1，（回车）或按鼠标右键，结束。

（7）裁剪

2.三切圆图形

三切圆是既不知道圆心坐标，又不知道半径的未知圆，它由其它三条已知直线或圆弧及有关条件来限定。细分三切圆有 10 种，但可将其合并为以下 4 种：① 求与三个已知圆相切的圆，即圆圆圆求圆，称为 C/CCC 型；② 求与两个已知圆和一条已知直线相切的圆，即线圆圆求圆，称 C/LCC 型；③ 求与两条直线和一个圆相切的圆，即线线圆求圆，称 C/LLC；④ 求与三条直线相切的圆，即线线线求圆，称 C/LLL 型。下面举两个实例。

（1）含 C/CCC 型三切圆图形

图 6.32 中圆 C2 不知圆心坐标和半径，它与已知圆 C1、C3 及 C4 相切，圆 C5 在另一个位置与圆 C1、C3 及 C4 相切，其圆心和半径也不知道。

① 绘圆 C1、C3 和 C4。单击"基本曲线"，在弹出的功能工具栏菜单中单击"圆"图标，在立即菜单中选 1：圆心_半径，提示圆心点时，输 40,0（回车），提示输半径，输 15（回车）显 C1 圆。（回车）提示圆心点时，输 − 40,0（回车），提示输半径，输 15（回车）显 C3 圆。（回车）提示圆心点时，输 0，− 40（回车），提示输半径，输 15（回车）显 C4 圆，单击鼠标右键结束。

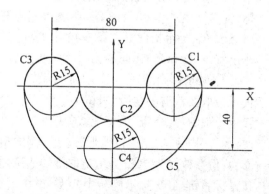

图 6.32 含 C/CCC 型三切圆的图形

② 绘 C2 和 C5 两个三切圆。单击"圆弧"图标,选立即菜单 1:三点圆弧,提示第一点时,按空格键,在弹出的工具点菜单中单击"切点",移动光标单击"C3"右上部圆周,按空格键,在弹出的工具点菜单中单击"切点",光标单击 C4 圆上部圆周,移光标出现绿色切线,按空格键,在弹出的工具点菜单中单击"切点",移光标单击 C1 圆周左上部,得到三切圆 C2。继续画三切圆 C5,按空格键,在弹出的工具点菜单中单击切点,移光标单击 C3 圆周左侧。按空格键,在弹出的工具点菜单中单击"切点",移光标单击 C4 圆周下部,移光标出现绿色切圆,按空格键,在弹出的工具点菜单中单击"切点",移光标单击 C1 圆右侧,作出了外包三切圆 C5。

③ 裁剪(略)。

(2) 含 C/LLC 型三切圆图形

在图 6.33 中,C3 是切于 L1、C2 和 L2 的三切圆。

① 绘圆 C1、C2 和直线 L1、L2。单击"基本曲线"图标,在弹出的工具栏中单击"圆"图标,在立即菜单中选 1:圆心_半径,提示圆心点时输 0,0(回车),提示输入半径时输 10(回车)显出 C2 圆,继续提示输入半径时输 35(回车)显出 C1 圆。移动光标单击"直线"图标,在立即菜单中选 1:角度线,2:X 轴夹角,3:到点,4:角度输入 10,提示第一点时,输 0,0(回车),移动光标向右上方拉出一条 10°的绿线至 C1 圆外时,单击鼠标左键作出了 L1,把立即菜单中 4:角度改输为 35,提示第一点时输 0,0(回车),向右上角移动光标时,拉出一条 35°的绿线至 C1 圆外时,单击鼠标左键作出了 L2。

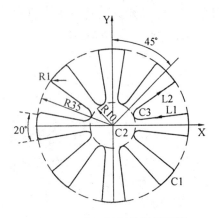

图 6.33　有三切圆的旋转图形

② 绘三切圆 C3。单击"圆弧"图标,选立即菜单 1:三点圆弧,提示第一点时,按空格键,在弹出的工具点菜单中单击"切点",移光标单击 L2,按空格键,在弹出的工具点菜单中单击"切点",移光标单击 C2 圆周,移光标时出现绿色切圆,按空格键,在弹出的工具点菜单中单击"切点",移光标单击直线 L1,就得到三切圆 C3。

③ 绘两个 R1 过渡圆弧。单击"曲线编辑"图标,在弹出的功能工具栏中单击"过渡"图标,选立即菜单 1:圆角,2:裁剪,3:半径改为 1,提示拾取第一条曲线时,移光标单击直线 L1 变红色,提示拾取第二条曲线时,单击 C1 圆周,得一个 R=1 的过渡圆弧,用相同的方法作出直线 L2 和圆 C1 间的另一个过渡圆弧。

④ 裁剪多余线段。单击"曲线编辑"图标,在弹出的功能工具栏中,单击"裁剪"图标,按提示拾取要裁剪的线段,只留下直线 L1、L2 和圆 C3、C1,L1 和 L2 之间较短的一段圆 C1 的圆弧也要裁剪掉,注意,最好先裁剪圆 C2 内的两条直线段。

⑤ 用阵列功能进行图形旋转。单击"阵列"图标,选立即菜单 1:圆形阵列,2:旋转,3:均布,4:份数改输为 7,按提示拾取旋转的添加(元素)C1、C3、L1、L2 及两个过渡圆,均变红色,按鼠标右键确定,提示旋转中心点,输 0,0(回车),就得到旋转后的八等分图形。

⑥ 裁剪。裁剪掉多余的线段,在裁剪过程中可能有的线段会自动复原,重复裁剪就能剪掉。

六、综合图形

1.多种已知条件的圆和直线构成的图形

图 6.34 是由已知条件的各种类型的圆和已知条件的各种类型的直线所构成的,相对复杂一些的图形。其中圆的已知条件可分为四种:

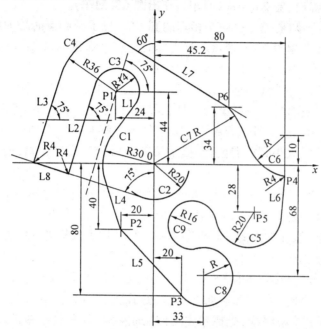

图 6.34　综合图形

① 圆 C1、C2、C3、C4 和圆 C5 已知圆心和半径。

② 圆 C7 和 C8 已知图心和圆周上一点坐标值。

③ 圆 C6 已知圆心不知半径,但知圆 C6 与圆 C7 相切。

④ 圆 C9 已知半径不知圆心,但知道它与圆 C5 和 C8 相切。

其中直线的已知条件可分为 5 种:

① 直线 L1 是圆 C1 及圆 C3 的公切线。

② 直线 L4 和 L5 过点 P3 分别与圆 C1、C8 相切,而 L6 是过点 P4 与圆 C5 相切的垂直线。

③ L7 是过点 P6 斜角为 150°的直线。

④ 直线 L2 和 L3 需作一条过点 P1 斜角为 75°的辅助直线,将该辅助直线平移 14 得 L2,平移 36 后得 L3。

⑤ 直线 L8 与辅助圆 C2 相切,斜角为 165°。

根据以上分析,下面的作图方法是先将各种圆都作出之后再作各条直线。

(1) 绘图

① 作已知圆心和半径的圆 C1、C2、C3、C4 和 C5。单击"圆"图标,选立即菜单 1:圆心_半径,提示圆心点时,输 0,0(回车),提示输入半径时,输 30(回车)作出圆 C1,提示输入半径时

输 20(回车)作出辅助圆 C2,(回车),或按鼠标右键,提示圆心点时,输 - 24,44(回车),提示输入半径时,输 14(回车)作出圆 C3,提示输入半径时输 36(回车),绘出圆 C4(回车),提示圆心点时输 60, - 28(回车)提示输半径时,输 20(回车)作出圆 C5,(回车)。

② 已知圆心和圆周上一点,作圆 C7 和 C8。提示圆心点时,输 0,0(回车),提示输入半径和圆上一点时,输 45.2,34(回车)作出圆 C7(回车),提示圆心点时输,33, - 68(回车),提示输半径或圆上一点时,输 20, - 80(回车),作出圆 C8(回车)。

③ 作已知圆心不知半径,但与 C7 相切的圆 C6。提示圆心点时输 80,10(回车)按空格键,在弹出的工具点菜单中单击"切点",移光标时显一个绿色圆,光标单击圆 C7 右侧圆周,单击鼠标右键作出圆 C6。

④ 作已知半径、不知圆心,但与圆 C5 和 C8 外公切的圆 C9。选圆立即菜单 1:两点_半径,提示第一点时,按空格键,在弹出的工具点菜单中,单击"切点",移光标单击圆 C8 左上部圆周,按空格键,在弹出的工具点菜单中,单击"切点",移光标单击圆 C5 左下边圆周时显一绿色外公切圆,应适调大小到所需位置,提示第三点(切点)或半径时,输半径 16(回车),作出圆 C9。

⑤ 作圆 C1 和 C3 的内公切线 L1。单击"直线"图标,选立即菜单 1:两点线,提示第一点(切点)时,按空格键,在弹出的工具点菜单中,单击"切点",光标单击圆 C1 左侧圆周,拉出一条绿色切线,按空格键,在弹出的工具点菜单中,单击"切点",移光标单击圆 C3 右下侧圆周,单击鼠标右键,作出内公切线 L1。

⑥ 作过点 P2 分别与圆 C1 和 C8 相切的直线 L4 和 L5。单击"直线"图标,选立即菜单 1:两点线,提示第一点时,输 - 20, - 40(回车),提示第二点时,按空格键,在弹出的工具点菜单中单击"切点"拉出一条绿线,光标单击 C1 圆周左侧,单击鼠标右键作出切线 L4。单击"直线"图标,提示第一点时,按空格键,在弹出的工具点菜单中单击"端点",光标单击直线 L4 端点 P2 时,从点 P2 拉出一条绿线,按空格键,在弹出的工具点菜单中,单击"切点",移光标单击圆 C8 左下侧圆周,并单击鼠标右键作出切线 L5。

⑦ 作点 P4(80,0)至圆 C5 的切线 L6。单击"直线"图标,选立即菜单 1:两点线,提示第一点时,输 80,0(回车),移光标向下拉出一条绿线,按空格键,在弹出的工具点菜单中,单击"切点",移光标单击 C5 右侧圆周,单击鼠标右键,作出切线 L6。

⑧ 作过点 P6(45.2,34),角度 150°的直线 L7。单击"直线"图标,选立即菜单 1:角度线,4:角度改输 150,提示第一点时输 45.2,34(回车),向左上角移光标时拉出一条绿线至圆 C4 左侧之外时,单击鼠标左键作出直线 L7。

⑨ 过点 P1 作 75°辅助线,平移 14 和 36 作出直线 L2 和 L3。选立即菜单中 4:角度改输 75°,提示第一点时,输 - 24,44(回车)向下移动光标拉出绿色直线至点 P2 的水平位置时,单击鼠标左键作出该辅助线。选立即菜单 1:平行线,提示拾取直线,光标单击刚作出的直线,变红色,向左侧移动光标时,一条绿色平行线移动,提示输入距离时,输 14(回车)作出 L2,提示输入距离时,输 36(回车)作出 L3,按鼠标右键结束。

⑩ 作斜角为 165°且与辅助圆 C2 相切的直线 L8。选立即菜单中 4:角度改为 165°,提示第一点时,按空格键,在弹出的工具点菜单中单击"切点",移光标单击圆 C2 左下部,左移光标拉出一条绿色直线至与 L3 相交后,单击鼠标左键作出直线 L8。

⑪ 作三个 R = 4 的过渡圆。单击"曲线编辑"图标,在弹出的功能工具栏中,单击"过渡"

图标,选立即菜单 1:圆角,2:裁剪,3:半径改输 4,提示拾取第一条曲线时,光标单击 L6,提示拾取第二条曲线时,单击 C6 左侧圆周,就作出 L6 和 C6 间的 R = 4 的过渡圆,同样方法可以作出 L8 与 L3、L2 之间的过渡圆。

（2）裁剪

单击"裁剪"图标,提示拾取要裁剪的曲线时,移光标逐条点击该图形中进行线切割时不需要的多余线段,对于裁剪不掉的线段,用常用工具栏中的"删除"功能删除。

（3）轨迹生成及代码生成(略)

2. 用直线端点作另一直线起点或圆心的图形

在图 6.35 中直线 L7 和 L4 都是利用直线的端点 P1 和点 P3 开始绘制,圆 C2 可利用 L7 的上端点作圆心画出。

（1）绘图

① 作直线 L6、L2 及 L1。单击"直线"图标,选立即菜单中 1:角度线,4:角度输 0,提示第一点时输 0,0(回车),移动光标向右拉出一条绿线至长 60 左右时,轻点鼠标左键,作出直线 L6。提示第一点,输 60,35(回车)向左移动光标至 Y 坐标轴附近,轻点鼠标左键作出直线 L2。在立

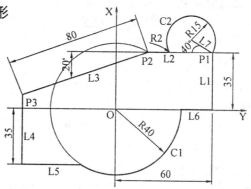

图 6.35　用直线端点作直线起点或圆心

即菜单中 4:角度改输 90,提示第一点输 60,0(回车),向上移动光标时,拉出一条绿线与 L2 相交后轻点鼠标左键作出直线 L1。

② 作直线 L7 及圆 C2 和 C1。在立即菜单中 4:角度改输 140,提示第一点时按空格键,在弹出的工具点菜单中单击"交点",移动光标单击点 P1,提示第二点或长度时,输 15(回车)作出 L7。单击"圆"图标,提示圆心点时,按空格键,在弹出的工具点菜单中单击"端点",移光标至 L7 左上端点处单击端点显一红点,移动光标时拉出一绿色圆,提示输入半径时,输 15(回车)作出 C2 圆(回车),提示圆心点时,输 0,0(回车),提示输半径时,输 40(回车),作出 C1 圆(回车),结束。

③ 作 L3、L4 及 L5。单击"直线"图标,将立即菜单中 4:角度改为 200,提示第一点时按空格键,在弹出的工具点菜单中单击"交点",移光标单击圆 C1 和直线 L2 的右交点 P2,向左下方拉出一条绿线,提示第二点或长度时,输 80(回车)作出直线 L3。将立即菜单中 4:角度改为 90,提示第一点,按空格键,在弹出的工具点菜单中,单击"端点",光标单击 L3 左下端点 P3,向下移动光标时拉出一条绿线,提示输第二点或长度时,当线长 - 40 左右时,单击鼠标左键作出 L4。将立即菜单中 4:角度改为 0,提示第一点时输 0, - 35(回车)向左移动光标拉出一条绿线与 L4 相交后,单击鼠标左键作出直线 L5。

④ 作圆 C2 和直线 L2 交点处 R = 2 的过渡圆。单击"曲线编辑"图标,在弹出的功能工具栏菜单中,单击"过渡"图标,选立即菜单 1:圆角,2:裁剪,3:半径改输 2,提示拾取第一条曲线,移光标单击 C2 圆周,变红色,提示拾取第二条曲线时,单击 L2,作出了 R = 2 的过渡圆弧。

（2）裁剪

用裁剪功能剪去多余的线段(方法略),个别线段裁剪不掉时,用常用工具栏中的拾取删

除功能即可。

（3）轨迹生成及代码生成（略）

七、渐开线齿轮及花键

1.渐开线齿轮

按给定的参数可以绘出全部齿数的齿形，也可以绘出给定齿数的齿形。

（1）全部齿数的齿轮编程

如图 6.36 所示的齿轮，已知齿数 $Z = 42$，压力角 $\alpha = 20°$，模数 $m = 2$，齿顶高系数 $h_a = 1$，齿顶隙系数 $c = 0.25$，齿顶过渡圆半径 $= 0.1$，齿根过渡圆半径 $= 0.8$。

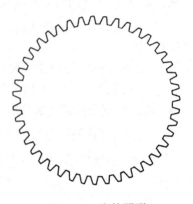

图 6.36　齿轮图形

① 绘图。单击"高级曲线"图标，在弹出的"高级曲线"功能工具栏中单击"齿轮"图标，在弹出如图 6.37 所示的"齿形参数"对话框中逐项输入齿数 $Z = 42$，压力角 $\alpha = 20°$，模数 $m = 2$，齿顶高系数 $ha = 1$，齿顶隙系数 $c = 0.25$，也可以不输齿顶高系数和齿顶隙系数，用参数二输入齿顶圆直径和齿根圆直径。输入完齿形参数之后，单击"下一步"按钮，弹出如图 6.38 所示的"渐开线齿轮齿形预显"对话框，按图样要求输入齿顶过渡圆半径 0.1，齿根过渡圆半径 0.8，有效齿数 $Z = 42$，有效齿起始角以及精度等，修改完参数后，单击两次"预显"按钮，在齿形预显对话框中显示图 6.39 所示的完整齿轮图形。再单击"完成"按钮，对话框消失，屏幕上显一个绿色完整齿轮图形。立即菜单提示齿轮定位点，输入 0,0（回车），齿轮圆心移至屏幕坐标原点，齿形变白色，如图 6.36 所示。

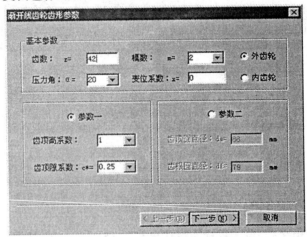

图 6.37　齿形参数对话框

② 裁剪。本图不需裁剪。

③ 轨迹生成及代码生成（略）。

（2）扇形齿轮编程

如图 6.40 所示的扇形齿轮，有效齿数只有 5 个齿，总齿数 $Z = 30$，压力角 $\alpha = 20°$，模数 $m = 1$，齿顶高系数的标准值 $h_a = 1$，齿顶隙系数的标准值为 $c = 0.25$，齿顶过渡圆半

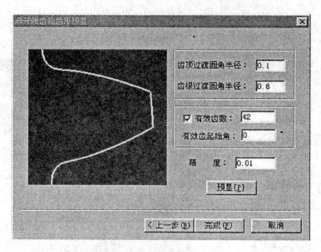

图 6.38　齿形预显对话框

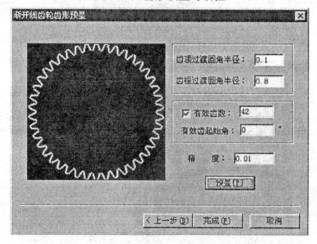

图 6.39　齿形预显对话框中完整齿轮

径 = 0.15,齿根过渡圆半径 = 0.8。

　　① 绘图。

　　a.绘 5 个齿形。单击"高级曲线"图标,在弹出的高级曲线功能工具栏中单击"齿轮"图标,在弹出如图 6.37 所示的"渐开线齿轮齿形参数"对话框中,输入齿数、压力角、模数及齿顶高系数等的值,然后单击"下一步"按钮,弹出渐开线齿轮的"渐开线齿轮齿形预显"对话框,如图 6.41 所示。在该对话框中,输入齿顶过渡圆半径 0.15,齿根过渡圆半径 0.8,有效齿数 5,有效齿起始角 60°。输入完后,单击"预显"按钮,齿形预显对话框中的齿形由一个大齿形变成了 5 个小齿形,如图 6.42 所示。单击对话框中的"完成"按钮,屏幕上显示 5 个绿色齿形。立即菜单提示齿轮定位点时,输 0,0(回车),齿轮圆心移至坐标原点上,绿色齿形变为白色,齿形绘图完毕。

　　b.作 R = 5 的圆。单击"基本曲线"图标,在弹出的功能工具栏菜单中,单击"圆"图标,选立即菜单中 1:圆心_半径,提示圆心点时,输 0,0(回车),提示输入半径或圆上一点时,输 5(回车)作出 R = 5 的圆,按鼠标右键结束。

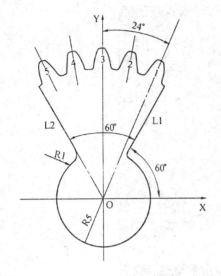

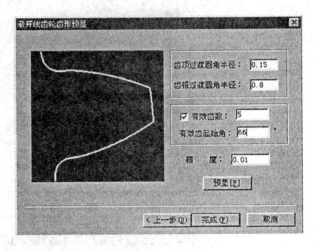

图 6.40　扇形齿轮　　　　　　　　　　图 6.41　齿形预显对话框

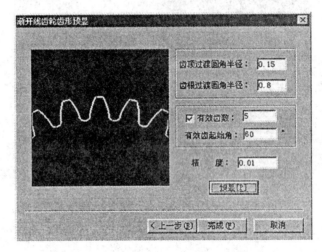

图 6.42　齿形预显对话框中显示 5 个齿形

　　c.绘过圆心其夹角为 60°的两条斜线 L1 和 L2。为了绘图方便,可先把图形放大,单击屏幕右上角常用工具栏中的"动态缩放"图标,按住鼠标左键,由下方向上方推动光标,图形就被逐渐放大,至合适大小时松开鼠标左键,点击鼠标右键结束。由上向下推移光标可使图形缩小。

　　单击"基本曲线"图标,在弹出的功能工具栏菜单中,单击"直线"图标,在立即菜单中选 1:角度线,2:X 轴夹角 4:角度改输 60°。提示第一点时,输 0,0(回车)向右上角移动光标时,从坐标原点拉出一条斜角 $\beta = 60°$ 的绿色斜线,拉长至与右边齿的轮廓线相交后,按鼠标左键,作出白色斜线 L1。将立即菜单中的 4:角度改输为 120°。提示第一点时,输 0,0(回车),向左上角移动光标时拉出一条 120°的绿色斜线,至与左边齿形相交后,按鼠标左键,作出一条白色斜线 L2。

　　d.绘两个 R = 1 的过渡圆。单击"曲线编辑"图标,在弹出的功能工具栏菜单中,单击"过渡"图标,选立即菜单 1:圆角,2:裁剪,3:半径改输为 1(回车),提示拾取第一条曲线时,移光标单击斜线L1变红色,提示第二条曲线时,移光标单击R=5圆的右侧圆周,绘出右侧R=1的过渡圆,提示拾取第一条曲线时,移光标单击斜线L2变红色,提示拾取第二条曲线时,移光标单击R=5圆的左侧圆周,绘出左侧R=1的过渡圆。

② 图形裁剪修整。剪去斜线L1和L2多余的部分及其它多余的线段。

③ 轨迹生成及代码生成(略)。

2.渐开线花键

按给定的参数可以绘出整个全部齿形的花键,也可以绘制给定齿形个数的花键。在高级曲线功能工具栏中列有花键按钮,在屏幕最上边一行下拉菜单中的"绘制"菜单中的高级曲线功能菜单中才能找到"花键"。

图6.43 花键孔

用线切割加工如图6.43所示的花键孔,齿数Z=24,压力角 $\alpha=30°$,模数 $m=2.5$,已知齿顶圆角半径0.15,齿根圆角半径0.5,大径64.5,小径57.24,有效齿数24,精度0.01。

(1) 绘图

单击下拉菜单中的"绘制"按钮,把光标移至弹出菜单中的"高级曲线"这一行时,立即弹出一个功能菜单,单击此菜单中的"花键",弹出"渐开线花键齿形参数"对话框,如图6.44所示。在该对话框中花键类型选内花键(前面点击为黑点),齿根类型选圆齿根。压力角选30°,渐开线花键的齿数输Z=24,渐开线花键的模数输 $m=2.5$,输入后光标单击"下一步"按钮,弹出"渐开线花键齿形预显框",但所显示的图形只有一个齿形。在此对话框中输入齿顶圆角半径0.15,齿根圆角半径0.5,有效齿数Z=24,单击"预显"按钮,这时齿形预显框中的单个齿形变为完整的24齿的齿形,如图6.45所示。单击"完成"按钮,预显框消失,出现一个24齿的绿色花键齿形,提示花键定位点时,输0,0(回车),花键圆心移到坐标原点上,得到一个白色的24齿花键齿图形。

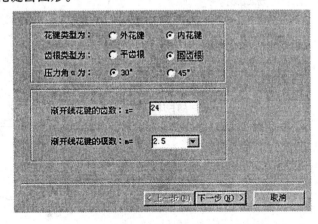

图6.44 渐开线花键齿形参数对话框

(2) 裁剪

本图不需裁剪。

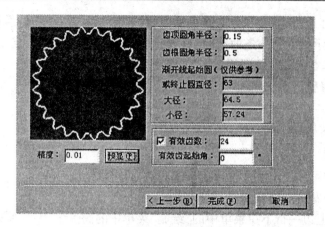

图 6.45　渐开线花键齿形预显框

八、公式曲线

公式曲线就是由数学表达式确定的曲线,公式的表达方式可以用直角坐标形式,也可以用极坐标形式。

1.阿基米德螺旋线

阿基米德螺旋线的标准极坐标方程为

$$\rho = at + \rho_0$$

式中　　a——阿基米德螺旋线系数(mm/°),表示每旋转 1 度时极径的增加(或减小)量;

　　　　t——极角(度),表示阿基米德螺旋线转过的总度数;

　　　　ρ_0——当 $t = 0°$ 时的极径(mm)。

图 6.46 为一个含有阿基米德螺旋线的凸轮,点 P1 至 P2 为第一段阿基米德螺旋线,点 P3 至 P4 为第二段阿基米德螺旋线。

(1) 绘图

① 作圆 C1 和 C2。单击"基本曲线"图标,在弹出的功能工具栏菜单中单击"圆"图标,选立即菜单中 1:圆心_半径,提示圆心点时,输 0,0(回车),提示输入半径时,输 10(回车)作出 R = 10 的圆 C1,提示输入半径时,输 12(回车)作出 R = 12 的圆 C2,按鼠标右键结束。

因为图形尺寸很小,为了看得更清楚,可将显示的图形放大至屏幕大小。单击 Page Up 键,图形随之放大。

② 作点 P1 至 P2 之间的阿基米德螺旋线。作图前必须先算出阿基米德螺旋线系数 a 和当极角 t = 0° 时的极径 ρ_0。

a.计算点 P1 和点 P2 之间的阿基米德螺旋线系数 a。

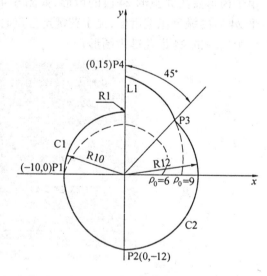

图 6.46　具有阿基米德螺旋线的凸轮

点 P1 的极径为 10,点 P2 的极径为 12,点 P1 至 P2 转过 90°,每转过 1°,时极径的增大量就是 a,故该段的阿基米德螺旋线系数为

$$a = (12 - 10) \div 90 = 0.022\,2\dot{2} \text{ mm/(°)}$$

b.计算当极角 $t = 0°$(即 X 轴正向)时的极径 ρ_0。

点 P1(极角为 180°时)的极径 $P_{180} = 10$ mm,极角每减小 1 度时,极径减小 $a = 0.022\,2\dot{2}$ mm/(°),当极角减小至 $t = 0°$ 时的极径为 ρ_0,计算如下

$$\rho_0 = 10 - 180° \times a = 10 - 180° \times 0.022\,22 = 6 \text{ mm}$$

c.起始角和终止角。由图 6.46 中可以直接看出,这段阿基米德螺旋线的起始角为 180°,终止角为 270°。

d.绘图。单击绘制,移光标到弹出菜单中的"高级曲线"图标上,在弹出的菜单中单击"公式曲线",弹出如图6.47所示的公式曲线对话框(先不管图形),根据图形已知数据特点,应选极坐标系,用光标单击极坐标系前面的小白圆,出现一小黑点,单位选角度,参变量名仍用 t 表示极角的角度,起始值即起始角输 180,终止值即终止角输 270,公式名可输 P1 – P2,公式输为

$$\rho(t) = 0.0222222 * t + 6$$

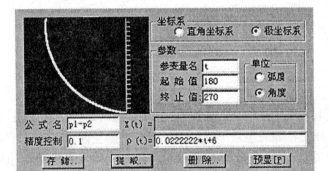

图 6.47 公式曲线对话框

单击"预显",公式曲线对话框中出现点 P1 至 P2 间的这段阿基米德螺旋线,如图6.47所示,单击"确定"按钮,移动光标时这条绿色的阿基米德螺旋线随光标移动,提示曲线定位点时,输 0,0(回车),在点 P1 和点 P2 之间作出了一条白色阿基米德螺旋线。

③ 作点 P3 至 P4 之间的另一段阿基米德螺旋线

a 计算点 P3 至 P4 之间的阿基米德螺旋线系数 a

点 P3 的极径为 12,点 P4 的极径为 15,点 P3 至 P4 之间转过 45°,故点 P3 至 P4 间的阿基米德螺旋线系数为

$$a = (15 - 12) \div 45 = 0.066\,666\dot{6} \text{ mm/(°)}$$

b.计算极角 $t = 0°$时的极径 ρ_0。点 P3(极角 $t = 45°$)的极径 $\rho_{45} = 12$ mm,极角每减小 1° 时极径减小 $a = 0.066\,666\,\dot{6}$ mm/(°),当极角减小至 $t = 0°$时的极径为 ρ_0,计算如下

$$\rho_0 = 12 - 45° \times a = 12 - 45° \times 0.066\,666\,\dot{6} \text{ mm} = 9$$

c.起始角和终止角。由图 6.46 中可以直接看出点 P3 至 P4 这段阿基米德螺旋线的起始角为 45°,终止角为 90°。

d.绘图。单击"高级曲线"图标,在弹出的功能工具栏菜单中单击"公式曲线"图标,弹出如图 6.48 所示的公式曲线对话框,选极坐标系,单位选角度,参变量 t,起始值输 45,终止值输 90,公式名输 P3－P4,公式输为 $\rho = 0.066666\ 7*t+9$,单击"预显"按钮,"公式曲线对话框"中出现 P3 至 P4 两点间这段阿基米德螺旋线。如图 6.48 所示,单击"确定"按钮,移动光标时这条绿色的阿基米德螺旋线随光标移动,提示曲线定位点时,输 0,0(回车),在点 P3 至 P4 之间作出一条白色阿基米德螺旋线。

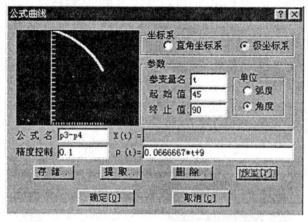

图 6.48　点 P3 至 P4 公式曲线对话框

④ 作直线 L1。单击"基本曲线"图标,在弹出的功能工具栏菜单中,单击"直线"图标,选立即菜单 1:角度线,4:角度改输 90,提示第一点时,输 0,10(回车),向上移动光标时拉出一条与 Y 轴重合的绿线,拉绿线至点 P4 以上时,单击鼠标左键作出白色直线 L1。

⑤ 作圆 C1 至直线 L1 上交点处 R＝1 的过渡圆。单击"曲线编辑"图标,在弹出的功能工具栏中单击"过渡"图标,选立即菜单 1:圆角,3:半径改为 1,提示拾取第一条曲线时,光标单击直线 L1 变红色,提示拾取第二条曲线时,单击圆 C1 圆周,作出 R＝1 的白色过渡圆弧。

(2) 裁剪

单击"曲线编辑"图标,在弹出的功能工具栏菜单中单击"裁剪"图标,提示拾取裁剪曲线时,光标点击多余线段,可以逐段剪除,有时裁剪不顺利,不希望剪除的线段会随剪除的部分一起消失,这时可用标准工具栏中的"取消操作"图标来恢复不该消失的线段,然后重新调整裁剪顺序就会得到满意的结果。

(3) 公式曲线对话框中"存储"、"提取"及"删除"按钮的用法

单击"存储"按钮时,提问存储当前公式吗? 单击"是",就把当前公式存储起来备用。当需要使用已存储过的公式时,单击"提取"按钮,就显示出一系列已存储过的公式,单击某个需要用的公式时,该公式就被显示出来,同时该公式所表达的图形也显示出来。单击"确定"按钮,"公式曲线对话框"消失,一条绿色曲线随光标移动,提示曲线定位点时,输 0,0(回车)曲线定位到坐标轴上,颜色变为白色。当需要删除某个已存储的公式时,单击"删除"按钮,显示出一系列已存储的公式,卓击要删除的公式,弹出对话框提问删除此公式吗? 单击"是"按钮,该公式就被删除。

2.已知函数方程式的曲线

图 6.49 中的 P1 与 P2 两点间为已知函数方程式的曲线,该曲线的方程式为

$$Y = 12.5 \times 3.1416 \times (X/50)^{3.521}$$

（1）绘图

① 作点 P1 与点 P2 之间的函数方程曲线。单击"公式曲线"图标,在弹出如图 6.50 所示的公式曲线对话框中,选直角坐标系,单位选角度,参变量名改输 X,起始值输 0,终止值输 50,公式名输 FCH,第一个公式 X(t) = X,第二个公式 Y(t) = 12.5 * 3.1416 * (X/50)ˆ3.521。输完

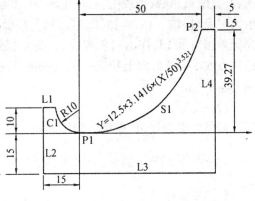

图 6.49　含有函数方程曲线的图形

公式后单击"预显"按钮时,显出该段方程曲线如图 6.50 中左上角所示,单击"储存"按钮,提问存储当前公式吗? 单击"是"按钮,该方程被存好,单击"确定"按钮时,对话框消失,移动光标时一条绿色的曲线随着移动,提示曲线定位点时,输 0,0(回车),该曲线变白色定位到坐标轴的适当位置上。

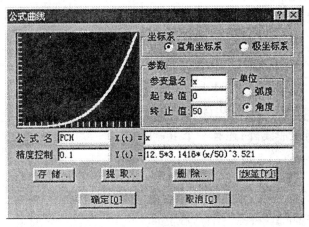

图 6.50　公式曲线对话框

② 绘圆 C1。单击"圆"图标,选立即菜单 1:圆心_半径,提示输入圆心点时,输 0,10(回车),提示输入半径时,输 10(回车)绘出圆 C1,单击鼠标右键结束。

③ 绘直线 L1、L3 和 L5。用角度线(0°)作出直线 L3,再将 L3 平移两次得直线 L1 及 L5。

单击"基本曲线"图标,在弹出的功能工具栏中,单击"直线"图标,选立即菜单中 1:角度线,4:角度改输 0,提示第一点时,输 − 15, − 15(回车),右移光标时,拉出一条绿色直线,提示第二点(切点)或长度时,输 70(回车)作出一条白色直线 L3。

将直线 L3 平移后绘出 L1 和 L5,选立即菜单中 1:平行线,2:偏移方式,3:单向,提示拾取直线时,移光标单击直线 L3 变红色,向上移动光标时,出现一条绿色的直线 L3 向上移动,提示输入距离或点时,输 25(回车)作出一条 L3 的平行线 L1,再向上移动光标时,又出现一条绿色的直线向上移动,提示输入距离或点时,输 54.27(回车)作出 L3 的另一条平行线 L5,直线 L5 的 Y 坐标为,当 X = 50 时,Y = 12.5 × 3.1416 × (50/50)^{3.521} = 39.27。

④ 绘直线 L2 及 L4。用直线 L3 绕一输入点转 90°得直线 L2 和 L4。选立即菜单 1:角度

线,2:直线夹角,3:到线上,4:角度输 90,提示拾取直线时,移动光标单击直线 L3 变红色,提示第一点时,输 – 15, – 15(回车),向上移动光标时拉出一条绿色直线,提示拾取直线时,移光标单击直线 L1,作出白色直线 L2,继续提示输入第一点时,输 55, – 15(回车),向上移动光标从点 55, – 15 处向上拉出一条绿色直线,提示拾取曲线时,移动光标单击直线 L5,绘出直线 L4。　、

（2）裁剪

裁剪去多余线段,就得到如图 6.49 所示的图形。

九、列表曲线、椭圆及正多边形

1.列表曲线

列表曲线就是用已知的一系列列成表格的坐标点绘制出的曲线。CAXA 线切割 XP 可用"样条"功能来生成给定点(样条插值点)的样条曲线。点的输入可由鼠标输入或键盘输入,也可以从外部样条数据文件中直接读取数据。列表点数据可用直角坐标表达,也可用极坐标表达。

（1）直角坐标表达的列表曲线

表 6.9 是一条列表曲线的列表点坐标值。

表 6.9　一条列表曲线的直角坐标值

列表点编号	T1	T2	T3	T4	T5	T6	T7	T8	T9	T10	T11
X	– 1	– 0.8	– 0.6	– 0.4	– 0.2	0	0.2	0.4	0.6	0.8	1
Y	2	1.28	0.72	0.32	0.08	0	0.08	0.32	0.72	1.28	2

图 6.51 中除列表曲线外,还有一个 R = 1 的半圆。

① 绘图。

a.绘列表曲线。单击"基本曲线"图标,在弹出的功能工具栏中单击"样条"图标,在立即菜单中选 1:直接作图,2:缺省切失,3:开曲线,提问输入点时,用键盘输入点 T1 至 T6 的坐标 – 1,2(回车)至 0,0(回车),移动光标时从点 T1 至点 T6 拉出一条已用"样条"拟合好的曲线,按鼠标右键结束。如果图形尺寸太小看不清,可用常用工具栏中的"动态缩放"功能将其适当放

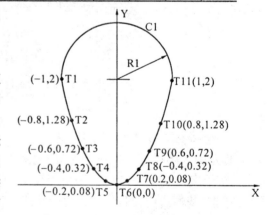

图 6.51　含列表曲线的图形

大,单击"动态缩放"图标,按住鼠标左键向前推鼠标,就可以使图逐渐放大至适当大小。因该列表曲线是一个与 Y 轴对称的图形,在对称前,需先作一条与 Y 轴重合的直线,单击"直线"图标,选立即菜单 1:角度线,3:到点,4:角度改输 90,提示第一点时,输 0,0(回车),往上移动光标时拉出一条与 Y 坐标轴重合的绿色直线,提示第二点时,输 0,2(回车)作出一条白色直线。

单击"曲线编辑"图标,在弹出的功能工具栏中,单击"镜像"图标,选立即菜单 1:选择轴线,2:拷贝,提示拾取添加(元素)时,单击已作出的列表曲线变为红色,单击鼠标右键确定,

提示拾取轴线时,单击和Y轴重合的直线,立即得到对称的该列表曲线的右边图形。

　　b.绘圆弧C1。单击"基本曲线"图标,在弹出的功能工具栏菜单中单击"圆弧"图标,选立即菜单1:两点－半径,提示第一点时,输－1,2(回车),提示第二点时,输1,2(回车),向上移动光标出现一个绿色圆弧,提示第三点或半径时,输1(回车),绘出了R=1的半圆弧。

　　② 裁剪。裁剪去与Y坐标轴重合的直线,即可得到图6.51所示的图形。

　　(2) 极坐标表达的列表曲线

　　图6.52所示的凸轮上点P1至P2之间这段列表曲线,其列表点如表6.10所示。

表6.10　图6.52中点P1至点P2的极坐标列表点

极径 P/mm	16.4	16.2	15.1	14	12.9	11.9	10.9	9.9	8.9	7.9	6.9
极角 θ/(°)	72.25	75	90	105	120	135	150	165	180	194.75	209.5

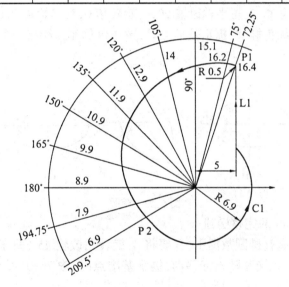

图6.52　含有极坐标列表曲线的凸轮

　　① 绘图。

　　a.绘制点P1至P2之间的列表曲线

　　单击"基本曲线"图标,在弹出的功能工具栏中单击"样条",选立即菜单1:直接作图,2:缺省切失,3:开曲线,提示输入点时,输16.4<72.25(回车),16.2<75(回车)。以下用同样方法把表6.10中的各列表点全部输入,最后一点为6.9<209.5(回车),每输入一点后移动光标出现一条绿线,全部极坐标点输入完毕后,按鼠标右键,显示出点P1至P2之间的白色列表点曲线。若图形在视屏外,点击右上方的动态显示,将其适当缩小,按右键结束。

　　b.绘制R=6.9的圆C1。单击"圆"图标,选立即菜单1:圆心－半径,提示圆心点时,输0,0(回车),提示输入半径时,输6.9(回车),作出白色圆C1,按鼠标右键结束。

　　c.绘制直线L1。单击"直线"图标,选立即菜单1:角度线,3:到点,4:角度输90,提示第一点时,输5,0(回车),向上移动光标时拉出一条绿线,提示第二点时,输16.4<72.25(回车),绘出白色直线L1。

　　d.绘制直线L1与列表曲线间R=0.5的过渡圆。单击"曲线编辑"图标,在弹出的功能工具栏菜单中,单击"过渡"图标,选立即菜单1:圆角,3:半径值改输0.5,移光标单击直线

L1,变红色,再单击 R = 0.5 附近的列表曲线,就作出该过渡圆弧。

(2) 裁剪

2.椭圆

CAXA 线切割 XP 软件,有专门绘制椭圆的功能,既能绘制出不同角度位置的椭圆,又能绘制椭圆弧。

已知一椭圆,长半轴 $a = 30$ mm,短半轴 $b = 20$ mm,绘制三种椭圆。第一种是完整椭圆,长轴与 X 坐标轴重合,第二种长轴旋转 45°;第三种是长轴与 X 坐标轴重合,但起始角为 45°,终止角为 315°的不完整椭圆弧。

(1) 绘完整椭圆

单击"高级曲线"图标,在弹出的功能工具栏菜单中单击"椭圆"图标,选立即菜单 1:给定长短 ,2:长半轴改输 30,3:短半轴改输 20,4:旋转角 0,5:起始角 0,6:终止角 360,移动光标时出现一个闪动的绿色椭圆,提示基准点时,输 0,0(回车),绘出一个白色的椭圆,如图 6.53(a)所示。

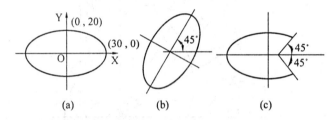

图 6.53　椭圆

(2) 绘长轴旋转 45°的完整椭圆

在立即菜单内绘完整椭圆数据中,只要将 4:旋转角改输 45°(回车),移动鼠标时,就出现一个旋转 45°后的绿色椭圆随光标移动,提示基准点时,输 70,0(回车),就作出一个旋转了 45°的白色椭圆,如图 6.53(b)所示。

(3) 绘起始角为 45° 终止角为 315° 的不完整椭圆

在立即菜单内,将 4:旋转角改输 0,5:起始角改输 45,6:终止角改输 315,移动光标时就出现一个不完整的绿色椭圆随光标移动,提示基准点时,输 140,0(回车),就绘出了该不完整的白色椭圆,如图 6.53 (c)所示,按鼠标右键结束。

3.正多边形

CAXA 线切割 XP 软件具有很快捷的绘制正四边、六边、八边等正多边形的功能。

如要绘制图 6.54(a)所示的正六边形时,方法如下。

单击"高级曲线"图标,在弹出的功能工具栏中,单击"正多边形"图标,选立即菜单 1:中心定位,2:给定半径,3:内接,4:边数输 6,提示中心点时,输 0,0(回车),出现绿色正六边形,提示圆上点或内接圆半径时,输 20(回车)作出白色正六边形。改变立即菜单中的数据,可以绘出各种正多边形。若已知正多边形底边上一点的坐标及边长时,可选立即菜单 1:底边定位,输入底边一点的坐标及边长,即可绘出该图(图 6.54(b))。

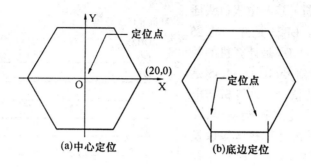

图 6.54　正六边形

十、程序的输出方式

使用 CAXA 线切割 XP 编好的程序,可以用多种方法输出,如打印输出、软盘输出、代码传输输出以及穿孔纸带输出等,可以根据实际需要灵活选用。

1.打印输出

用打印机把编好的程序单打印出来,供查看、保存或用人工输入到机床控制器中去加工。

2.软盘输出

以图 6.8 中 10×10 的正方形为例,当该图的 3B 程序生成后,屏幕上显示出该图的 3B 程序单,将 3.5 英寸软盘插入 A 驱动器,单击该程序单记事本左上角的"文件",在弹出的菜单中,单击"另存为",在弹出的"另存为"对话框中,调出 3.5 英寸软盘,单击"3.5 英寸软盘",文件名输为 10103B,单击"保存",该 3B 程序即被存在 A 驱动器的软盘上了。4B、R3B 程序的存盘方法与存 3B 程序相同。

将存于软盘中的程序调入控制线切割机床的计算机中,就可用于加工。

3.代码传输

代码传输是将已编好的程序通过传输电线输送到线切割机床控制器中去。传输方法有:

(1)应答传输

应答传输是把编程计算机中已编好的 3B 或 4B 程序经传输电线,从电报机头纸带输入口,传输到单板线切割控制器中。

① 应答传输接线图。由图 6.55(a)可以看出计算机编好的线切割程序,从并口 25 针插座输出,由传输电线经电报机头读纸带的插座输入到线切割单板控制器中。

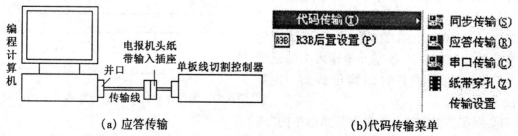

(a) 应答传输　　　　　　　　　　(b)代码传输菜单

图 6.55　编程计算机至单板线切割控制器接线

图 6.56 是计算机并口与电报机头插座之间的信号关系。DB25 是并口的 25 芯插座，D0、D1、D2、D3、D4 是计算机的数据信号，ACK 是响应信号，i1、i2、i4、i5 是电报机头纸带输入的信号。计算机与电报机头的连接电线一定要连接正确，在拔插头之前一定要关闭计算机电源以及线切割控制器的电源，在工作时机床输出电压应为 5 V，否则有烧毁计算机的危险。

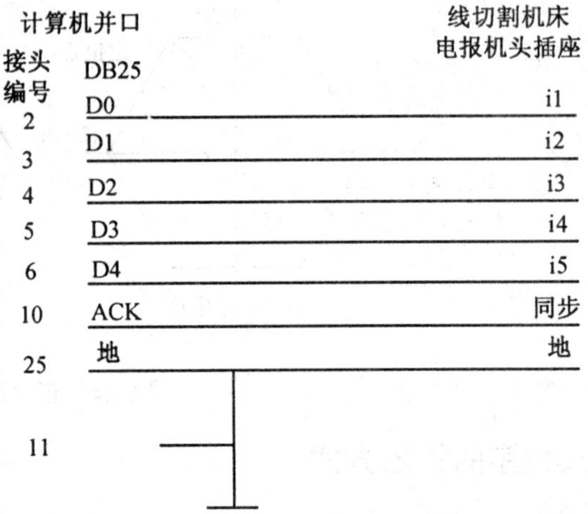

② 应答传输方法。单击下拉菜单中的"线切割"按钮，弹出线切割菜单(参看图 6.1 下面的表)，在弹出的菜单中(图 6.55(b))，把光标移到"代码传输"项，在弹出的菜单中，单击"应答传输"，弹出"选择传输文件"对话框，若轨迹生成时存为桌面文件，应调出桌面文件，前面已将 10103B 文件存为桌面文件，故此时显出文件名 10103B，单击"10103B"时 10103B 进入文件名之后的位置，单击"打开"按钮，对话框消失，左下角提示按 ENTER 键或点鼠标左键开始传输(ESC 键退出)，按(回车)键，提示正在检测信号状态(按 ESC 键退出)，此时系统发送测试码，确定机床发出的信号波形，现在可以操作线切割机床控制器，使其读入纸带，如果控制器发出的读纸带信号正常，如果系统的测试码被正确发送，就会正式开始传输该 10103B 文件代码，提示"正在传输"。如果线切割控制器的读带信号已经发出，而系统总处于"正在检测机床信号状态"不进行传输，则说明计算机无法识别线切割机床控制器传来的信号，此时可按 ESC 键退出。

在系统传输过程中，可随时按 ESC 键终止传输，如果传输过程中出错，系统将停止传输，并提示"传输失败"并给出失败时正在传输代码的行号和传输的字符。出错一般是由电缆线或电源的干扰造成的，停止传输后，提示按任意键退出。

(2) 同步传输

有些线切割机床控制器是用光电输入头输入，可采用同步传输，计算机将生成的 3B 程序信号经线切割机床的光电输入头插座快速同步传输给线切割机床控制器。

① 同步传输接线图。同步传输时，计算机用并口输出已编好的 3B 程序信号，用电缆线与线切割控制器的光电输入头插座连接，如图 6.57 所示。图中 D0、D1、D2、D3、D4 是计算机的数据信号，i1、i2、i3、i4、i5 是光电输入头的纸带输入信号。计算机并口的 25 脚与 11 脚一定要短接。

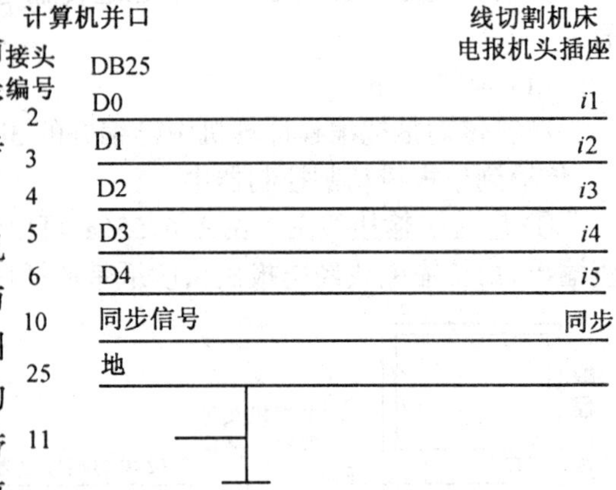

② 同步传输方法。单击下拉菜单中的"线切割"按钮，在弹出的菜单中，将光标移到"代码传输"上时，弹出一个小菜单，单击"同步传

图 6.56　并口与电报机头插座之间的信号关系

图 6.57　编程计算机并口至光电输入头插座接线

输"项,弹出"选择传输文件"对话框,若程序(轨迹生成时)存在桌面文件中,则调出桌面文件中的"10103B"文件名,单击 10103B,就将 10103B 输至文件名栏目后面的空格中,单击"打开"按钮,对话框消失,提示按 ENTER 键或点鼠标左键开始传输(ESC 键退出),此时应将线切割控制器调整进入光电输入头输入状态,按(回车)键开始传输,这时在提示栏处有数据变化的显示,当传输结束时显"传输结束',按(回车)键退出。

(3) 串口传输

前面所讲的应答传输和同步传输,都是从编程计算机的并口输出,接收方为线切割机床的单板机控制器。如果线切割机床的控制机采用计算机,目前很多厂家生产的编程控制一体化的线切割控制机即是如此,这样在两台计算机之间就可以采用串口传输。

① 串口传输的接线图及特点。

a.串口传输接线图如图 6.58 所示

b.串口传输的特点。在并口传输中数据有多少位就要有同样数量的传输线,而串口传输只要一根数据传输线,故串口传输节省数据线,对长距离传输有利,用电话线即可传输。但串口传输的速度比并口慢,设 N 为数据的位数,并口传输时间为 T,则串口传输时间至少为 NT。

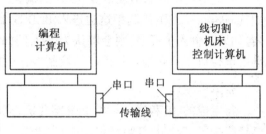

图 6.58　串口传输接线图

② 串口传输的方法。单击下拉菜单中"线切割"按钮,将光标移至弹出菜单中的"代码传输"项目,弹出的小菜单中,单击"串口传输"项,弹出"串口传输"对话框,如图 6.59 所示,要求输入串口传输的各种参数,如波特率、奇偶校验、数据位、停止位数、端口、反馈字符、握手方式、结束代码、结束符[十进制形式]及换行符的确定等。

根据实际情况输入参数后,单击"确定"按钮,弹出"选择传输文件"对话框,输入文件名及正确路径后,按"确认"按钮,系统提示"按键盘任意键开始传输",调整机床控制系统,使其处于正在接收的情况下,按任意键开始传输。

停止传输后,系统提示"按键盘任意键退出",按任意键,结束命令。

(4) 苏州沙迪克三光机电有限公司的串口传输

该公司的 DK7725e 线切割机床采用微机编程控制一体化系统,微机编程采用 CAXA 线切割 V2

图 6.59　串口传输对话框

微机编程系统,其控制部分为 BKDC3.10 版本,具有串行入和串行出功能。串行入功能可以接收外部编程计算机 ISO 数控代码的数据文件,串行出可以向另外一台线切割机床的控制计算机发送 ISO 数控代码的数据文件。

① 串行口的设置。串行口为 COM1 或 COM2,可以通过修改当前目录下的 Sercom.dat 文件来设置串行口,sercom.dat 是一个文本文件,可以使用任何一种文本编辑器编辑,假设用户

想使用 COM2 传输,而在 sercom.dat 文件中的项有设置为 COM1,可以操作如下:

  c：\ dos \ edit sercom.dat

进入编辑器后将第一行 COM1 改为 COM2,然后存盘退出即可。进行传输时,可按以下步骤。

  ② 串口传输操作步骤。

  a.在机床外编程计算机的 C:盘中建立目录。

  b.将 BKDC3.10 安装盘中的 tranwin.exe 文件拷贝到这个目录中。

  c.运行 transmit.exe 文件,会解压生成 trandos.exe,tranwin.exe 及 sercom.dat 三个文件,trandos.exe 和 tranwin.exe 分别是运行在 DOS 和 Windows 95 操作系统下的传输程序。

  d.通过 sercom.dat 文件来设置要传输的串行口,例如 COM1 或 COM2,默认值是 COM1。

  e.把传输用的通信线插好,在外部编程计算机上运行 trandos.exe 或 tranwin.exe 程序,例如 trandos.test.ISO,控制柜这边进入 BKDC3.1 软件文件串行入菜单,并输入带扩展名的文件名,如果不输入扩展名,则会默认为 ISO,例如 test.ISO,外部编程计算机上的 test.ISO 文件就会由串行口传输到线切割机床的控制柜,以供用于切割加工。

  4.纸带穿孔

  将生成的 3B 程序传输给纸带穿孔机,穿出数控纸带,目前采用纸带输入的线切割机床已经很少了,现以长江有线电厂生产的 CJP – 1000 K 型穿孔机为例,其使用方法为:

  ① 单击下拉菜单中"线切割"按钮,在弹出的菜单上,移光标至"代码传输"项时,弹出一个小菜单,单击其上的"纸带穿孔",弹出"选择传输文件"对话框,单击该对话框中桌面文件中前面已存好的 10103b 文件,10103b 就填入文件名后。

  ② 单击"打开"按钮,屏幕左下角显示"正在打纸带(按 ESC 键退出)",若穿孔机已与计算机正确连接,并已做好穿纸带的准备,则可穿出数控纸带。

  ③ 打完纸带,显示"传输结束"。

十一、扫描输入编程

  一些艺术品或精度要求不高且形状较复杂的二维图形,如毛笔字或工艺美术图案等,可以采用扫描输入微机编程。图 6.60 是扫描输入微机编程的硬件组成示意图,它是由一台微机和一台扫描仪连接组合而成。扫描输入微机编程机已有商品出售,如深圳福斯特数控机床有限公司的仿形编程系统,凡厚度在 25 mm 以下的实体都可以直接用实物扫描来编出线切割加工程序。

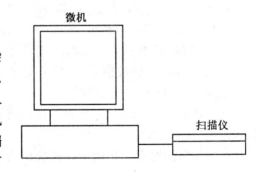

图 6.60 扫描输入微机编程机硬件示意图

  装有 CAXA 线切割 XP 软件的微机与扫描仪组合之后你也可以用扫描输入来进行微机编程。其编程过程由以下几个步骤组成:

  ① 对图形或实物扫描。

  ② 矢量化。

③ 修整矢量化后所得的图形。

④ 线切割加工的轨迹生成及轨迹仿真。

⑤ 代码生成及代码输出等。

1. 扫描输入编程

（1）图形扫描

图 6.61 中有三种不同特点的图形，图（a）的苹果是黑色，背景是均匀的白色，图（b）苹果的轮廓用黑线画出，背景是均匀的白色，图（c）苹果是均匀的白色，背景是均匀的黑色，三种图形都可以用扫描输入编程。

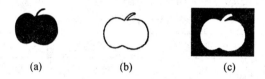

（a）　　　　　　　（b）　　　　　　　（c）

图 6.61　三种不同图形的苹果

现以使用 HP Scanjet 3300C 型扫描仪为例，把图 6.61 所示的图形图面朝下放入扫描仪中，双击屏幕上的 HP（扫描软件名），显示出扫描界面（HP Precision Can LT）。图形扫描需要做以下四项工作：

① 开始新的扫描。单击"开始新的扫描"按钮，显示使用 HP 智能扫描技术扫描图像，并显示扫描示意图，扫描完毕时，屏幕右上部显示出扫描出的图形。

② 提示你希望将扫描结果输至何处？

根据图形特点，选"图像文件"。

③ 确定有关输入的参数。

a. 单击"输出类型"按钮，弹出"改变输出类型"对话框，选"黑白图形"，然后单击"确定"按钮。

b. 单击"边界"按钮，把边界调至比扫描所得图形大一点，本例所扫图形为图 6.61（a）的黑苹果。

c. 单击"输出尺寸"按钮，弹出"改变输出尺寸"对话框，分为使用原尺寸；按百分比缩放尺寸；指定自定尺寸（仅按比例），单位为 cm，可根据需要选其中一种。若选"使用原尺寸"。单击它前面的小白圈，中心出现一个小黑点。

④ 单击"现在就保存扫描图"按钮，弹出"另存为"对话框，选 C:盘之后，文件类型应选 BMP，在文件名处输"pingguo"，单击"保存"，稍等一会，对话框消失时便已将扫描时所得的位图文件存入 c:盘内的"pingguo"文件中了，退出扫描。对于不同的扫描仪，以上操作会有所区别。

（2）矢量化

扫描所得到的图形文件还不能直接用来编线切割加工程序，必须进行矢量化，生成可以进行编线切割加工程序的线段之间互相连接的轮廓图形。

在 CAXA 线切割 XP 的用户界面的下拉菜单中，单击"绘制"，把光标移到弹出菜单中的"高级曲线"项时，弹出一个高级曲线菜单，把光标移到该菜单的"位图矢量化"上后，再单击弹出小菜单中的"矢量化"，弹出"选择图像文件"对话框，在此对话框中，找出 c:盘中扫描时所存的文件名"pingguo",单击该文件名时,pingguo 填入文件名栏目之后,单击"打开"按钮,屏幕上显示出扫描所得的图像,若看不到完整的图像,可单击下拉菜单中的"显示",在弹出的菜单中单击"显示全部",图形就完整显示出来。

　　① 矢量化时需要输入的参数。

　　a.背景选择。表 6.11 中列出两种具有不同特点图像的背景选择。图 6.61 中的图(a)和图(b)苹果的图像颜色较深,即矢量化时要描出的是暗色区域的边界线,对图(a)矢量化后得到一条边界线,若是图(b)得到的是两条边界线,这是由于苹果轮廓线有一定宽度,在其两侧黑白交界处各得到一条线。图(c)的苹果图像颜色较浅,背景颜色较深且均匀,故应选择描亮色区域边界,矢量化后得到一条苹果的边界线。

表 6.11　背景选择

选　　择	图像颜色	背景颜色	特　　点
描暗色域边界	较　深	较　浅	背景颜色均匀
描亮色域边界	较　浅	较　深	图像颜色均匀

　　b.拟合方式。矢量化过程中要把图像文件中的图形处理成连续(中间无断开处)的一笔画图形,所以需要对其拟合,把扫描所得的图形的断开部分连接上,使图形的轮廓适合线切割加工。可以采用"直线拟合"或"圆弧拟合",采用"直线拟合"后,整个图形的边界由多段直线连接组成,若选用"圆弧拟合",则图形边界由圆弧和直线连接组成。两种拟合方式都能保证所设置的拟合精度,但圆弧拟合所生成的图形比较光滑且线段少,所以编出的程序代码条数也较少。

　　c.图像实际宽度。矢量化时屏幕左下角立即菜单中,"图像实际宽度"会显示一个数值,如 156,它是计算机由原位图图形计算得来的一个数值,它表示图形宽度方向上像素的数量,若该图形宽度要用 mm 表示,其计算方法如下:

　　假如图形扫描精度为 300DPI(每英寸的像素点数量),则该图用 mm 表示的实际宽度为

$$156 \times \frac{25.4}{300} = 13.208 \text{ mm}$$

　　d.拟合精度。拟合精度有四个选项,分别为"精细"、"正常"、"较粗略"及"粗略",可根据实际需要灵活选择,一般选正常即可。

　　② 矢量化的操作步骤。

　　a.选择已扫描存好需要进行矢量化的图形文件。

　　单击屏幕顶部下拉菜单中的"绘制"按钮,光标移至弹出菜单的"高级曲线"上时,又弹出一个菜单,光标再移至"位图矢量化"上时,最后弹出一个小菜单,如图 6.62 所示。单击其中的"矢量化"时,弹出"选择图像文件"对话框,将图形扫描时所存文件的路径和文件名"pingguo"填入该对话框中,在文件类型一栏,应选 BMP files,单击"打开"(注意,在扫描时一定要把文件类型选为 BMP 文件保存)。在屏幕右上角显示出黑色苹果图形,单击常用工具栏中的"动态显示平移",移光标至苹果图上,按住鼠标左键将光标移至屏幕中心区适当位置时,放开。

　　b.输入矢量化时所需要的四项参数

　　要把左下方立即菜单修改为 1:描暗色域边界(因图形为黑色),2:圆弧拟合(图形是圆

弧形),3:图像实际宽度 156(原图),4:正常(一般精度)。

　　c.修改四项参数后,按鼠标左键确认,即完成了位图矢量化工作。

　　③ 修整矢量化后所得的图形。矢量化之后所得的图形为苹果黑白交界处的蓝色轮廓线,并和原图重叠在一起,为了看清矢量化之后所得的图形,可以把原图隐藏起来。用和矢量化时一样的顺序,单击"绘制",光标移至"高级曲线"及"位图矢量化"(图 6.62)之后,单击"隐藏位图",屏幕上位图消失,只剩下矢量化后所得的蓝色苹果轮廓图形,如图 6.63 所示。若所得的图形有不满意或不连续的地方,可以使用"基本曲线"中的样条功能对其进行适当修整,修整后的轮廓线必须互相连接好,不能有双线,并保证没有断点。

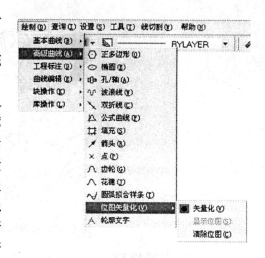

图 6.62　高级曲线的矢量化菜单

图 6.63　隐藏位图后的矢量化图形

　　(3) 轨迹生成

　　根据修整完的图形,生成切割加工的钼丝中心轨迹

　　① 填写轨迹生成参数表对话框。单击"线切割"及弹出菜单中的"轨迹生成",弹出"轨迹生成参数表"对话框,根据要求填入相应的参数,单击"偏移量/补偿值",填入补偿量 f 值后,单击"确定",对话框消失。

　　② 确定切割方向及偏移方向。移光标单击图形中的加工轨迹(任意适当位置),沿轨迹线出现方向相反的两绿色箭头,单击指向所选定切割方向的绿色箭头,箭头消失,全部切割轨迹变为红色虚线,并在轮廓的垂直方向出现方向相反的一对绿色箭头,左下角提示选择加工侧边或补偿方向,因切割加工的苹果是凸件,故单击指向图形外的箭头,加工轨迹全变为红色。

　　③ 输入穿丝点(孔)及退回点位置。左下角提示输入穿丝点坐标时,输 0,0(回车),提示输入退回点位置时(回车),或单击鼠标右键,均表示退回点与穿丝点重合。此时,系统自动计算出加工轨迹,并在屏幕上显示出钼丝中心轨迹。

　　(4) 轨迹仿真(在屏幕上进行模拟加工)

　　单击"线切割"及弹出菜单中的"轨迹仿真",移光标单击图形中的钼丝中心轨迹线,钼丝从穿丝点开始按切割方向沿钼丝中心轨迹作动态仿真加工,最后回到退回点。

　　(5) 生成代码

　　可根据需要生成 3B、4B、R3B 或 ISO 代码。

　　(6) 代码输出

　　可采用打印、软盘以及传输等各种形式,将编出的程序输入到线切割机床控制器中用于加工。

　　2.可以采用扫描输入编程的某些图形

　　扫描输入编程用于各种美术画、美术字、各种图案,也可用于厚度不大的实物。图 6.64 中列出了几个例子。

图 6.64   几种可用扫描输入编程的图例

十二、跳步模编程

要生成跳步轨迹可以采用两种方法：① 拾取孔轨迹时产生跳步轨迹；② 在生成数控程序过程中产生跳步轨迹。

1.拾取孔轨迹时产生跳步轨迹

在图 6.65 中,一个工件上有三个独立的孔,都需要用线切割来加工,孔 C1 的穿丝点及退回点均为圆心 O1,孔 C2 的穿丝点及退回点为圆心 O2,孔 C3 的穿丝点及退回点为 O3,在工件淬火之前,必须在每个孔的穿丝点处先钻出一个尺寸大小便于穿丝的孔,切割第一个孔穿好钼丝后,必须用自动找中心或人工找中心的方法,使钼丝中心正好处于第一个孔 C1 的中心 O1 处,当切割完孔 C1 后,钼丝回到点 O1,加工孔 C2 时,必须先把钼丝从工件孔 C1 中摘下,使工件由 O1 移动至点 O2,然后穿上钼丝加工孔 C2 之后,钼丝回到孔中心点 O2,再摘丝,使工件由 O2 移动到 O3,穿上丝后加工孔 C3。工件相对于钼丝由 O1 移动到 O2 以及由 O2 移动到 O3,叫做跳步。

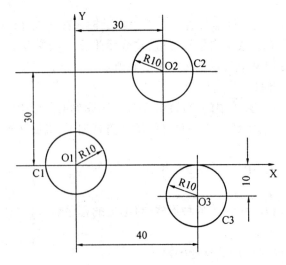

图 6.65   三个独立的孔

所谓轨迹跳步就是通过跳步线将多个加工轨迹连接成一个跳步轨迹,即将图 6.65 的

O1、O2 和 O3 通过跳步线连接起来以保证正确的坐标位置。下面以图 6.65 中三个孔的加工为例。

(1) 绘制 C1、C2 和 C3 三个圆孔

单击"绘制",光标移到"基本曲线"上,单击弹出菜单中的"圆",选立即菜单为 1:圆心＿半径,2:半径,提示圆心点时,输 0,0(回车),提示输入半径时,输 10(回车)两次,绘出圆 C1。提示圆心点时,输 30,30(回车),提示输入半径时,输 10(回车)两次,绘出圆 C2。提示圆心点时,输 40, − 10(回车),提示输入半径时,输 10(回车)两次,绘出圆 C3。

(2) 先生成单独分别切割 C1、C2 和 C3 圆孔时的切割轨迹

单击"线切割",单击弹出菜单中"轨迹生成",弹出线切割轨迹生成参数表"对话框",切入方式选"垂直",补偿实现方式选"轨迹生成时自动实现补偿",单击"偏移量/补偿值",在弹出表中第 1 次加工偏移量填 − 0.1(设钼丝半径为 0.09,单边放电间隙为 0.01),单击"确定",对话框消失。

① 生成孔 C1 的切割轨迹。提示拾取轮廓(轨迹)时单击孔 C1 圆周,出现供选择切割方向的两个方向相反的绿色箭头,提示选择链拾取方向,单击按顺时针方向切割的绿色箭头,出现与圆周垂直的方向相反的一对绿色箭头,提示选择加工的侧边,因切割孔,单击指向孔内的绿色箭头,箭头消失,孔 C1 变为红色虚线,提示输入穿丝点位置时,输 0,0(回车),圆心处出现一红点,提示输入退出点(回车),生成 C1 圆孔的切割轨迹,C1 圆孔变为白色,01 圆心至右侧圆周绘出一条绿色的水平切入和退出线。

② 生成孔 C2 的切割轨迹。提示拾取轮廓,单击孔 C2 圆周,出现供选择切割方向的两个方向相反的绿色箭头,提示选择链拾取方向,单击顺向切割的绿色箭头,出现垂直于圆周方向相反的一对绿色箭头,提示选择加工的侧边,单击指向孔内的箭头,箭头消失,孔变为红色虚线,提示输入穿丝点位置,输 30,30(回车),C2 圆心出现一红点,提示输入退出点(回车),C2 圆孔变白色,02 圆心至右侧圆周绘出一条绿色的水平切入和退出线;

③ 生成孔 C3 的切割轨迹。方法与孔 C2 相同,此处省略。

3. 生成切割孔 C1 至孔 C2 中心及 C2 至孔 C3 中心的跳步轨迹

生成跳步轨迹分拾取轨迹和生成跳步轨迹两项工作。

① 拾取轨迹。单击"线切割",在弹出的菜单中单击"轨迹跳步",提示拾取加工轨迹,按空格键弹出图 6.66 所示的轨迹拾取工具菜单。

a. 拾取所有。若要同时拾取参与跳步的各个独立图形轨迹时,单击"拾取所有",孔 C1、C2 和 C3 的圆周均被同时拾取,并变为红色虚线。此时,若要取消对全部孔的拾取,按空格键,单击弹出菜单中的"取消所有",则全部孔的拾取被取消,并变为白色的圆孔。若单击弹出菜单中的"取消尾项",则圆孔 C3 被取消拾取而变为白色,孔 C1 和 C2 仍处于被拾取状态。

W 拾取所有
A 拾取添加
D 取消所有
R 拾取取消
L 取消尾项

图 6.66　轨迹拾取工具菜单

b. 拾取添加。在某些情况下需要按一定顺序对孔的图形一个一个的拾取时,可选用拾取添加功能。按空格键后,单击"拾取添加",图形保持原状,提示拾取加工轨迹时,移光标按 C1、C2 和 C3 的顺序单击圆周,每单击一个圆周时,该圆周被拾取变为红色虚线,若拾取完圆 C1 和 C2 后,要取消圆 C2 的拾取,可按空格键,单击"拾取取

消"后,单击 C2 圆周,圆 C2 的拾取被单独取消又变为白色。若全部孔拾取完之后,要取消全部拾取,可使用"取消所有"功能,若只想取消最后的拾取,可用"取消尾项"功能。

② 生成跳步轨迹。当拾取完全部要参与生成跳步轨迹的孔 C1、C2 和 C3 之后,按回车键,就绘出 01 至 02 及 02 至 03 之间的两段跳步轨迹直线,如图 6.67(a)所示。如果想使跳步轨迹改为如图 6.67(b)所示的图形,可采用拾取添加功能,并按 C1、C3 和 C2 的顺序拾取,即可生成这样的跳步轨迹。

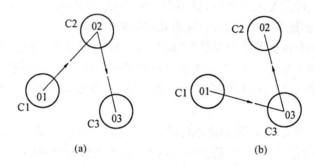

(a)　　　　　　　　　　　　　　　　(b)

图 6.67　三个孔间的两种跳步轨迹

③ 取消跳步。已生成跳步轨迹后,需要取消时,可使用"取消跳步"功能来将已生成的跳步轨迹分解成各个独立的加工轨迹。

单击"线切割",在弹出的菜单中单击"取消跳步",移光标单击任何一个圆的轨迹时,全部圆 C1、C2 和 C3 都变为红色虚线,按鼠标右键或按(回车)键时,原已生成的跳步线都被取消。

（4）轨迹仿真

当生成跳步轨迹后,可采用轨迹仿真功能进行模拟加工,以便观察包括跳步的全部加工过程。

单击"线切割",单击弹出菜单中的"轨迹仿真",选立即菜单为 1:连续,2:步长 0.01,提示拾取加工轨迹时,单击轨迹任何部分时,屏幕上就进行模拟加工,结束时,按鼠标右键或回车键均可恢复原状态。

（5）生成 3B 及 ISO 代码程序

① 生成 3B 程序。单击"线切割",单击弹出菜单中的"生成 3B 代码",弹出"生成 3B 加工代码"对话框。若要把图形文件存在 C:盘上,在对话框中选 C:盘,在文件名处输 3F103B,单击"保存"时对话框消失,选立即菜单为 1:指令校验格式,2:显示代码,3:停机码格式 DD,4 暂停码 D,提示拾取加工轨迹时,单击任意一条加工轨迹,全部轨迹变为红色虚线,按鼠标右键或回车键时,屏幕上显示该图形(包括跳步)的程序单,打印下来如表 6.12 所示。其中第五条和第十一条为跳步程序,跳步前和跳步后的程序单中均有暂停码,以便进行摘丝和穿丝工作。

表 6.12　图 6.65 的 3B 程序单

＊ ＊ ＊ ＊ ＊ ＊ ＊ ＊ ＊ ＊ ＊ ＊ ＊ ＊ ＊ ＊ ＊ ＊ ＊

CAXAWEDM – Version 2.0,Name:3f103b.3B

Conner R =　　　　0.0000,　　　　Offset F =　　　　0.10000,Length =　　　　329.668 mm

＊ ＊ ＊ ＊ ＊ ＊ ＊ ＊ ＊ ＊ ＊ ＊ ＊ ＊ ＊ ＊ ＊ ＊ ＊

Start Point	=	0.00000,		0.00000 :		X,	Y
N 1:B	9900 B	0 B		9900 GX	L1;	9.900,	0.000 ⎫
N 2:B	9900 B	0 B		39600 GY	SR4;	9.900,	0.000 ⎬ 切割孔 C1
N 3:B	9900 B	0 B		9900 GX	L3;	0.000,	0.100 ⎭
N 4:D							暂停、摘丝
N 5:B	30000 B	30000 B		30000 GY	L1;	30.000,	30.000 O1 走至 O2
N 6:D							暂停、穿丝
N 7:B	9900 B	0 B		9900 GX	L1;	39.900,	30.000 ⎫
N 8:B	9900 B	0 B		39600 GY	SR4;	39.900,	30.000 ⎬ 切割孔 C2
N 9:B	9900 B	0 B		9900 GX	L3;	30.000,	30.000 ⎭
N 10:D							暂停、摘丝
N 11:B	10000 B	40000 B		40000 GY	L4;	40.000,	−10.000 O2 走至 O3
N 12:D							暂停、穿丝
N 13:B	9900 B	0 B		9900 GX	L1;	49.900,	−10.000 ⎫
N 14:B	9900 B	0 B		39600 GY	SR4;	49.900,	−10.000 ⎬ 切割孔 C3
N 15:B	9900 B	0 B		9900 GX	L3;	40.000,	−10.000 ⎭
N 16:DD							停机

② 生成 ISO 代码程序。单击"线切割",把光标移到弹出菜单中的"G 代码/HPGL"上时,弹出小菜单,单击"生成 G 代码",弹出"生成机床 G 代码"对话框,选 C:盘,文件名输 3F10G,单击"保存",对话框消失,提示拾取加工轨迹时,单击任一条加工轨迹,轨迹变为红色虚线,按回车键或鼠标右键时,屏幕上显示该图形跳步加工的 ISO 代码,打印后如表 6.13 所示。(CAXA 线切割 XP 不能生成 ISO 代码,表 6.13 供参考)

表 6.13 图 6.65 的 ISO 代码程序单(CAXA 线切割 XP 不能生成 ISO 代码,表 6.13 供参考)

(3F10G,ISO,02/06/03,16:17:27)

N10	T84	T86	G90	G92X0.000Y0.000	
N12	G01	X9.900	Y0.000;		⎫
N14	G02	X9.900	Y0.000	I−9.900　J0.000;	⎬ 切割孔 C1
N16	G01	X0.000	Y0.000;		⎭
N18	M00;				暂停、摘丝
N20	G00	X30.000	Y30.000;		从 O1 走至 O2
N22	M00;				暂停、穿丝
N24	G01	X39.900	Y30.000;		⎫
N26	G02	X39.900	Y30.000	I−9.900　J0.000;	⎬ 切割孔 C2
N28	G01	X30.000	Y30.000;		⎭
N30	M00;				暂停、摘丝
N32	G00	X40.000	Y−10.000;		从 O2 走至 O4
N34	M00;				暂停、穿丝
N36	G01	X49.900	Y−10.000;		⎫
N38	G02	X49.900	Y−10.000	I−9.900　J0.000;	⎬ 切割孔 C3
N40	G01	X40.000	Y−10.000;		⎭
N42	T85	T87	M02;		停机

2.在生成数控程序(3B、4B/R3B 或 ISO)过程中同时产生跳步轨迹

绘出 C1、C2 和 C3 三个圆孔,并生成孔 C1、C2 和 C3 的单独切割轨迹后,孔 C1、C2 和 C3 轨迹仿真时只能每个孔单独进行。在生成 3B 程序或 ISO 代码程序时,本系统提供同时生成跳步程序的功能,其方法如下。

生成 3B 程序:

当绘完图,并生成孔 C1、C2 和 C3 的单独切割轨迹后,单击"线切割",在弹出的菜单中"单击""生成 3B 代码",弹出"生成 3B 加工代码"对话框,选 C:盘,文件名输为 3F10,单击"保存",对话框消失,选立即菜单为 1:指令校验格式,2:显示代码,3:停机码 DD,4:暂停码 D,提示拾取加工轨迹时,按顺序单击孔 C1、C2 和 C3 的圆周,三孔逐个变为红色虚线之后,按鼠标右键或(回车)时,屏幕上显示图 6.67(a)的切割三个孔的跳步程序,除文件名改为 3F10 之外,和表 6.12 完全相同。

采用在生成数控程序的同时产生跳步轨迹的方法,各个孔的轨迹当中仍可以保存不同的加工参数,比如各个孔的轨迹加工时可以有不同的加工锥度等,具体实例见锥度加工。

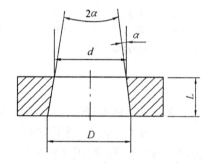

图 6.68　带斜度的凹模

十三、线切割锥度工件的编程

1.和线切割锥度有关的几个基本概念

(1)锥度、斜角和锥度角(图 6.68)

① 锥度 C。

$$C = \frac{D - d}{L}$$

式中　D——锥孔大端直径;

　　　d——锥孔小端直径;

　　　L——工件上圆锥段长度(mm)。

② 斜角 α 又称圆锥半角。

$$\tan \alpha = \frac{D - d}{2L} = \frac{C}{2} \qquad \alpha = \arctan \frac{C}{2}$$

③ 锥度角 2α 为斜角的 2 倍。

(2)线切割加工时的左锥度加工和右锥度加工(图 6.69)

2.圆孔锥度加工编程实例

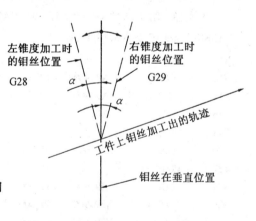

图 6.69　右锥度加工和左锥度加工

(1)圆孔左锥度加工编程

有一个圆锥孔,编程面半径为 R = 10,从正 X 轴上向逆时针方向切割,钼丝上端向进给方向的左侧倾斜,如图 6.70 所示,斜角为 1°,补偿量 F = 0.1。

① 绘制 R10 圆孔。单击"绘制",移光标至弹出菜单的"基本曲线"上,在弹出菜单中单击"圆",选立即菜单 1:圆心_半径,2:半径,提示圆心点时,输 0,0(回车),提示输入半径,输 10(回车),(回车),绘出 R10 圆。

② 轨迹生成。单击"线切割",在弹出的菜单中单击"轨迹生成",弹出"线切割轨迹生成参数表"。

填写"线切割轨迹生成参数表"(图 6.71)。

切入方式,选"垂直",锥度角度输 1,补偿实现方式选轨迹生成时自动实现补偿,单击"偏移量/补偿量",在弹出的菜单中,第 1 次加工输 0.1,单击"确定",表消失。选立即菜单 1:恒(左)锥度。提示拾取轮廓时,单击 X 轴正向的圆周,出现选择切割方向的一对绿色箭头,提示选择链拾取方向,单击指向逆圆

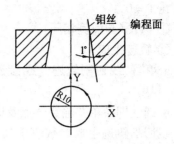

图 6.70　斜角为 1°的锥孔

方向的箭头,出现垂直圆周的一对绿色箭头,提示选择加工的侧边或补偿方向,单击指向孔内的箭头,提示输入穿丝点位置,输 0,0(回车),该处显一红色点,提示输入退出点,(回车),圆孔图形变为白色,在正 X 轴上出现绿色的切入和退出线,将图放大,可看出孔内侧有绿色的钼丝中心轨迹线。

③ 轨迹仿真。单击"线切割",在弹出菜单中单击"轨迹仿真",选立即菜单 1:连续,2:步长 0.001,提示拾取加工轨迹,单击圆周上某点,开始仿真,结束后按鼠标左键恢复图形。

图 6.71　线切割轨迹生成参数表

④ 生成 3B 代码。单击"线切割",单击"生成 3B 代码","生成 3B 加工代码"对话框,调出对话框中的 C:盘,文件名输 LF10,单击"保存",提示拾取加工轨迹时,单击孔圆周变为红色虚线后,按鼠标右键,屏幕上显示出该圆孔左锥度加工的 3B 代码程序,打印后如表 6.14(a)所示。

表 6.14(a)　图 6.70 左锥度加工的 3B 代码

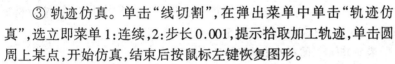

```
|******************************
CAXAWEDM -Version 2.0 , Name : 1f10.3B
Conner R=   0.00000  , Offset F=     0.10000 ,Length=        82.004 mm
|******************************
Start Point =      0.00000 ,    0.00000  ;        X  ,      Y
N  1: B   4950 B      0 B   4950 GX  L1 ;    4.950 ,     0.000
N  2: B   4950 B      0 B   4950 GX  L1 ;    9.900 ,     0.000
N  3: B   9900 B      0 B  39600 GY NR1 ;    9.900 ,    -0.000
N  4: B   4950 B      0 B   4950 GX  L3 ;    4.950 ,    -0.000
N  5: B   4950 B      0 B   4950 GX  L3 ;    0.000 ,    -0.000
N  6: DD
```

表 6.14(b)　图 6.70 左锥度加工的 ISO 代码程序(参考)

(LF10.ISO,02/09/03,14:28:02)

N10 T84 T86 G90 G92X0.000Y0.000;	开冷却液,开走丝,绝对坐标,当前点坐标为(0,0)
N12 G01 X9.900 Y0.000;	直线,终点坐标为(9.9,0)
N14 G28 A1.000;	左锥度加工,斜角为 1°
N16 G03 X9.900 Y0.000 I-9.900 J0.000;	逆圆,终点(9.9,0),圆心对起点(-9.9,0)
N18 G27;	锥度关
N20 G01 X0.000 Y0.000;	直线,终点(0,0)
N22 T85 T87 M02;	关冷却液,关走丝,程序结束

(2)圆孔右锥度加工编程

有一个圆锥孔如图 6.72 所示,编程面圆孔半径 R = 10,锥孔斜角为 1°,用右锥度加工,

补偿量 F = 0.1。

① 绘图(与前例相同)。

② 轨迹生成。

a.填写"线切割轨迹生成参数表",与前例同。

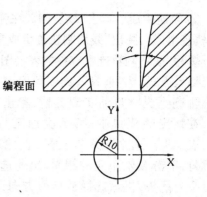

图 6.72 右锥度加工的锥孔

b.选立即菜单并输穿丝点及退回点

线切割轨迹生成参数表消失后,选立即菜单 1:右锥度,提示拾取轮廓,单击 X 轴正向的圆周,出现一对绿色箭头,单击逆圆方向的箭头,垂直于圆周方向出现一对绿色箭头,单击指向孔内的箭头,提示输入穿丝点位置,输 0,0(回车),提示输入退出点(回车),(回车)。

③ 轨迹仿真(与前例相同)。

④ 生成 3B 代码。

单击"线切割",单击弹出小菜单中的"生成 3B 代码",弹出"生成机床 3B 加工代码"对话框,调出 C:盘,文件名输 RF10,单击"保存",提示拾取加工轨迹,单击圆周轨迹后,按鼠标右键,屏幕上显示图 6.72 的 ISO 代码,打印后如表 6.15 所示。

表 6.15(a)　图 6.72 右锥度加工的 3B 代码

```
****************************************
CAXAWEDM -Version 2.0 , Name : L2010.3B
Conner R=    0.00000    , Offset F=    0.10000 ,Length=      69.000 mm
****************************************
Start Point  =    10.00000 ,    5.00000  ;        X   ,       Y
   N  1: B       0 B    2450 B    2450 GY  L4 ;    10.000 ,    2.550
   N  2: B       0 B    2450 B    2450 GY  L4 ;    10.000 ,    0.100
   N  3: B    9900 B       0 B    9900 GX  L1 ;    19.900 ,    0.100
   N  4: B       0 B    9800 B    9800 GY  L2 ;    19.900 ,    9.900
   N  5: B   19800 B       0 B   19800 GX  L3 ;     0.100 ,    9.900
   N  6: B       0 B    9800 B    9800 GY  L4 ;     0.100 ,    0.100
   N  7: B    9900 B       0 B    9900 GX  L1 ;    10.000 ,    0.100
   N  8: B       0 B    2450 B    2450 GY  L2 ;    10.000 ,    2.550
   N  9: B       0 B    2450 B    2450 GY  L2 ;    10.000 ,    5.000
   N 10: DD
```

表 6.15(b)　图 6.72 右锥度加工的 ISO 代码(作参考)

(RF10.ISO,02/18/03,07:24:24)

N10 T84 T86 G90 G92X0.000Y0.000;　　　　　　　开冷却液,开走丝,绝对坐标,当前点坐标为(0,0)

N12 G01 X9.900 Y0.000;　　　　　　　　　　　　　　直线,终点坐标为(9.9,0)

N14 G29 A1.000;　　　　　　　　　　　　　　　　　右锥度加工,斜角为 1°

N16 G03 X9.900 Y0.000 I-9.900 J0.000;　　　逆圆,终点(9.9,0),圆心对起点(-9.9,0)

N18 G27;　　　　　　　　　　　　　　　　　　　　　　　　锥度关

N20 G01 X0.000 Y0.000;　　　　　　　　　　　　　　直线,终点(0,0)

N22 T85 T87 M02;　　　　　　　　　　　　关冷却液,关走丝,程序结束

3.矩形孔锥度加工编程实例

有一个矩形锥孔,如图 6.73 所示,从 X 正轴处逆时针方向切割,钼丝向进给方向的左侧倾斜,斜角 α = 1°,补偿量 F = 0.1。

（1）绘图

单击"绘制"，光标移到弹出菜单的"基本曲线"上时弹出一个菜单，单击"矩形"，选立即菜单 1：两角点，提示第一角点时，输 0,0（回车），该处显一红点，提示另一角点时，输 20,10（回车），作出 20×10 的矩形。

（2）轨迹生成

单击"线切割"，单击弹出菜单中的"轨迹生成"，弹出"线切割轨迹生成参数表"，各项参数与图 6.71 所选一样，拐角过渡方式选"圆弧"，补偿值填 0.1，单击"确定"，立即菜单 1：左锥度，提示拾取轮廓时，单击矩形下侧边，单击指向逆时针方向的绿色箭头，单击指向孔内的绿色箭头，提示输入穿丝点位置时，输 10,5（回车），该处显一红点，提示输入退出点时，（回车），轨迹生成完毕。

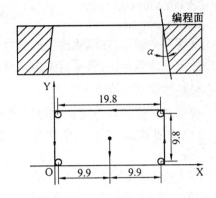

图 6.73　带锥度的矩形孔

（3）生成 3B 代码程序

单击"线切割"，单击弹出小菜单的"生成 3B 代码"，弹出"生成 3B 代码"对话框，调出 C:盘，文件名输入 L2010，单击"保存"，提示拾取加工轨迹，单击图形加工轨迹后，按鼠标右键，屏幕上显示该图形的 3B 代码，打印后如表 6.16(a)所示。

表 6.16(a)　图 6.73 左锥度加工的 3B 代码

```
**************************************************
CAXAWEDM -Version 2.0 , Name : L2010.3B
Conner R=   0.00000   , Offset F=    0.10000 ,Length=      69.000 mm
**************************************************
Start Point =   10.00000 ,    5.00000  ;          X    ,        Y
N   1: B       0 B   2450 B   2450 GY   L4      10.000 ,    2.550
N   2: B       0 B   2450 B   2450 GY   L4      10.000 ,    0.100
N   3: B    9900 B      0 B   9900 GX   L1      19.900 ,    0.100
N   4: B       0 B   9800 B   9800 GY   L2      19.900 ,    9.900
N   5: B   19800 B      0 B  19800 GX   L3       0.100 ,    9.900
N   6: B       0 B   9800 B   9800 GY   L4       0.100 ,    0.100
N   7: B    9900 B      0 B   9900 GX   L1      10.000 ,    0.100
N   8: B       0 B   2450 B   2450 GY   L2      10.000 ,    2.550
N   9: B       0 B   2450 B   2450 GY   L2      10.000 ,    5.000
N  10: DD
```

表 6.16(b)　图 6.73 左锥度加工的 ISO 代码程序（作参考）

（L2010.ISO,02/10/03,06:46:40）

N10 T84 T86 G90 G92X10.000Y5.000;　　　　　开冷却液,开走丝,绝对坐标,当前点坐标为(10,5)

N12 G01 X10.000 Y0.100;　　　　　　　　　　直线,终点坐标为(10,0.1)

N14 G28 A1.000;　　　　　　　　　　　　　　左锥度加工,斜角为1°

N16 G01 X19.900 Y0.100;　　　　　　　　　　直线,终点(19.9,0.1)

N18 G01 X19.900 Y9.900;　　　　　　　　　　直线,终点(19.9,9.9)

N20 G01 X0.100 Y9.900;　　　　　　　　　　直线,终点(0.1,9.9)

N22 G01 X0.100 Y0.100;　　　　　　　　　　直线,终点(0.1,0.1)

N24 G01 X10.100 Y0.100;　　　　　　　　　　直线,终点(10,0.1)

N26 G27;　　　　　　　　　　　　　　　　　锥度关

N28 G01 X10.000 Y5.000;　　　　　　　　　　　　　　　　　　直线,终点(10,5)

N30 T85 T87 M02;　　　　　　　　　　　　　　　　　关冷却液,关走丝,程序结束

从程序中看出,在填轨迹生成参数表时,拐角过渡方式虽已选择"圆弧",但 ISO 代码程序中并没有圆弧程序,若要求尖角处有过渡圆弧,需在绘图时先绘出适当大小的过渡圆弧。

4.跳步模孔的锥度加工

仍以跳步模编程中图 6.65 的三个跳步模孔为例。

(1)三孔锥度相同,斜角均为 α = 1°,按图形顺时针方向采用右锥度加工,补偿量 F = 0.1。

① 绘制 C1、C2 和 C3 三个圆孔(略)

② 生成 C1、C2 和 C3 三个圆孔按顺时针方向切割加工的轨迹,采用右锥度加工,即在填完"线切割轨迹生成参数表"后,选立即菜单为 1:右锥度,提示拾取轮廓时,按圆孔 C1、C2 和 C3 顺序生成各个独立的加工轨迹。

③ 轨迹仿真。可以对三个孔分别进行独立轨迹仿真。

④ 生成三个孔的跳步加工 3B 代码。单击"线切割",单击弹出菜单中的"生成 3B 代码",在弹出的"生成机床 3B 代码"对话框中,调出 C:盘,文件名输 3kt1,单击"保存",提示拾取加工轨迹时,移光标单击 C1、C2 和 C3 圆周时逐个变为红色虚线,之后按鼠标右键,屏幕上显示切割三孔的跳步 3B 代码程序,打印后如表6.17(a)所示。

表 6.17(a)　图 6.65 三孔锥度斜角均为 1°的跳步 3B 代码程序

```
*****************************************
CAXAWEDM -Version 2.0 , Name : 3kt1.3B
Conner R=   0.00000   , Offset F=      0.10000 ,Length=      82.004 mm
*****************************************
Start Point  =     0.00000 ,     0.00000  ;        X   ,       Y
 N   1: B    4950 B       0 B    4950 GX   L1 ;    4.950 ,     0.000
 N   2: B    4950 B       0 B    4950 GX   L1 ;    9.900 ,     0.000
 N   3: B    9900 B       0 B   39600 GY   NR1 ;   9.900 ,    -0.000
 N   4: B    4950 B       0 B    4950 GX   L3 ;    4.950 ,    -0.000
 N   5: B    4950 B       0 B    4950 GX   L3 ;    0.000 ,    -0.000
 N   6: D
 N   7: B   30000 B   30000 B   30000 GY   L1 ;   30.000 ,    30.000
 N   8: D
 N   9: B    4950 B       0 B    4950 GX   L1 ;   34.950 ,    30.000
 N  10: B    4950 B       0 B    4950 GX   L1 ;   39.900 ,    30.000
 N  11: B    9900 B       0 B   39600 GY   NR1 ;  39.900 ,    30.000
 N  12: B    4950 B       0 B    4950 GX   L3 ;   34.950 ,    30.000
 N  13: B    4950 B       0 B    4950 GX   L3 ;   30.000 ,    30.000
 N  14: D
 N  15: B   10000 B   40000 B   40000 GY   L4 ;   40.000 ,   -10.000
 N  16: D
 N  17: B    4950 B       0 B    4950 GX   L1 ;   44.950 ,   -10.000
 N  18: B    4950 B       0 B    4950 GX   L1 ;   49.900 ,   -10.000
 N  19: B    9900 B       0 B   39600 GY   NR1 ;  49.900 ,   -10.000
 N  20: B    4950 B       0 B    4950 GX   L3 ;   44.950 ,   -10.000
 N  21: B    4950 B       0 B    4950 GX   L3 ;   40.000 ,   -10.000
 N  22: DD
```

表 6.17(b)　图 6.65 三孔锥度斜角均为 1°的跳步 ISO 代码程序(供参考)

(TLF10.ISO,02/10/03,10:40:03)

N10 T84 T86 G90 G92X0,000Y0.000;　　　　开冷却液,开走丝,绝对坐标当前点坐标(0,0)

T12 G01 X9.900 Y0.00;　　　　　　　　　　　　　　　　　　　直线,终点(9.9,0)

T14 G29 A1.000;　　　　　　　　　　　　　　　　　　右锥度,锥度斜角 1°

T16 G02 X9.900 Y0.000 I - 9.900 J0.000;	顺圆,终点(9.9,0),圆心对起点(- 9.9,0)
T18 G27;	锥度关
T20 G01 X0.000 Y0.000;	直线,终点(0,0)
T22 M00;	暂停(摘丝)
N24 G00 X30.000 Y - 10.000;	快速移动,终点(30,30),即由 01 至 02 的跳步程序
N26 M00;	暂停(穿丝)
N28 G01 X39.900 Y30.000;	直线,终点(39.9,30)
N30 G29 A1.000;	右锥度。锥度斜角 1°
N32 G02 X39.900 Y30.000 I - 9.900 J0.000;	顺圆,终点(39.9,30),圆心对起点(- 9.9,0)
N34 G27;	锥度关
N36 G01 X30.000 Y30.000;	直线,终点(30,30)
N38 M00;	暂停(摘丝)
N40 G00 X40.000 Y - 10.000;	快速移动,终点(40, - 10),即由 02 至 03 的跳步程序
N42 M00;	暂停(穿丝)
N44 G01 X49.900 Y - 10.000;	直线,终点(49.9, - 10)
N46 G29 A1.000;	右锥度,锥度斜角 1°
N48 G02 X49.900 Y - 10.000 I - 9.900 J0.000;	顺圆,终点(49.9, - 10),圆心对起点(- 9.9,0)
N50 G27;	锥度关
N52 G01 X40.000 Y - 10.000;	直线,终点(40, - 10)
N54 T85 T87 M02;	关冷却,关走丝,程序结束

（2）三孔的锥度斜角不同

三孔的锥度斜角不同,孔 C1,$\alpha = 1°$,孔 C2,$\alpha = 1.5°$,孔 C3,$\alpha = 2°$,按顺时针方向切割,采用右锥度加工,补偿量 F = 0.1。

① 绘制 C1、C2 和 C3 三个圆孔(略)。

② 生成 C1、C2 和 C3 三个孔单独的锥度加工轨迹。

由于三个孔的锥度斜角 α 值不同,因此,对每个孔都要分别在"线切割轨迹生成参数表"的"锥度角度"处填入相应的锥度斜角值,按顺序生成各孔独立的加工轨迹。

③ 轨迹仿真。

④ 生成三个孔的跳步加工 ISO 代码。方法同前,所生成的 ISO 代码程序如表 6.18 所示。

表 6.18　图 6.65 中三孔的锥度斜角不同的跳步 ISO 代码程序

(TM1152.ISO,02/10/03,10:48:50)

N10 T84 T86 G90 G92X0.000Y0.000;

N12 G01 X9.900 Y0.000;

N14 G29 A1.000;

N16 G02 X9.900 Y0.000 I - 9.900 J0.000;

N18 G27;

N20 G01 X0.000 Y0.000

N22 M00;

N24 G00 X30.000 Y30.000;

N26 M00;

N28 G01 X39.900 Y30.000;

N30 G29 A1.500；

N32 G02 X39.900 Y30.000 I－9.900 J0.000；

N34 G27；

N36 G01 X30.000 Y30.000；

N38 M00；

N40 G00 X40.000 Y－10.000；

N42 M00；

N44 G01 X49.900 Y－10.000；

N46 G29 A2.000；

N48 G02 X49.900 Y－10.000 I－9.900 J0.000；

N50 G27；

N52 G01 X40.000 Y－10.000：

N54 T85 T87 M02；

第七章 美国 ESPRIT 低速走丝绘图式线切割微机编程软件的特点及应用

ESPRIT 微机编程软件共分三大部分：① 2/4/5 轴数控线切割编程；② 2/3/4/5 轴数控铣编程；③ 2/4/C + Y 轴数控车编程。该软件是当今制造业中最先进的软件，已被世界上很多数控机床生产厂家选用，在我国目前进口的数控机床中已经有几百家用户。下面只讲数控线切割微机编程。

7.1 ESPRIT 数控线切割微机编程软件的特点

1.简单易学

ESPRIT 软件功能强大，简单易学，系采用 Windows 界面和 Paraslid 的建模核心技术，其加工参数设置与线切割机床控制机中的完全相同。使得已操作过低速走丝线切割机床的人员学习 ESPRIT 系统时比较简单。该系统中包括中文在内的多种语言。

2.能读取所有 CAD 软件绘出的图形

ESPRIT 可以读取所有 CAD 软件绘出的图形文件，如 AutoCAD、Solidworks、CATIA、PTC、Solid Edge 和 Unigraphics 等，并根据它生成相应的切割加工路径。

3.可以直接根据实体或曲面灵活选择被加工零件的图形

ESPRIT 可以从实体、NURBS 曲面及 2D/3D 几何体上灵活地选择被加工零件的轮廓图形。多数用电火花线切割加工的工件都是二维图形，一些很复杂的飞机零件、医疗器件零件或模具零件，ESPRIT 可以直接根据曲面或实体模型进行编程，不必转换为二维图形。成形刀具、齿轮及凸轮等特殊几何体，ESPRIT 有专用的功能来直接编程。

4.具有丰富的数据库

ESPRIT 广泛收集了全球积累的经验和成果，特别是对于需要多道工序加工的工件，提供了快捷高效的加工方式。可以在输入加工精度、工件材料及工件高度等一系列参数后，系统将根据数据库中的各种数据自动确定切割次数、补偿量以及各种电参数等。

5.具有高级锥度加工功能，简化了复杂锥度编程

对于工件轮廓上的圆弧，高级锥度加工功能可以指定这个圆弧上切割出来的锥度是圆柱形还是圆锥形。对于工件轮廓上的尖角，高级锥度加工功能可以控制这个尖角的锥度部分是尖角还是圆弧。此功能大大简化了复杂零件的编程，缩短了 ISO 代码的长度，明显提高了加工精度。

6.方便的上、下异形面的四轴加工

对于上、下异形面，可以由上面和下面两个二维图形来合成编出加工程序。如果是实体图形，可以根据实体自动拾取上、下两个轮廓，并自动进行两个轮廓之间的匹配，也可以根据需要添加匹配线。

7. 能自动创建不规则形状微小槽腔的"无废料"加工路径

当需要切割很小且形状复杂的不规则槽腔时,不但难加工,余料不易取下,而且效率低,ESPRIT 提供了一套专门切割这种槽腔的方式,可以切割掉所有腔内的废料如图 7.1 所示。先在工件上钻出穿丝孔,系统能根据图形的轮廓自动创建出经过优化的合理切割加工路径。

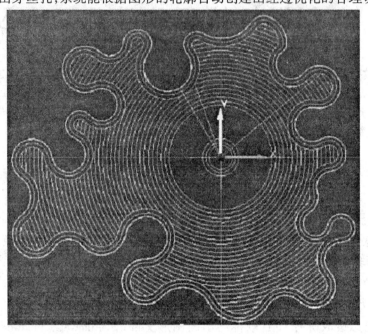

图 7.1　微小槽腔的"无废料"加工路径

8. 能优化加工轨迹和提供切割必需的工作

对于任何形状的凸模、凹模以及不封闭的图形,能灵活地确定穿丝孔位置,自动生成留料部分,优化加工轨迹,有多种进丝和退丝方式,还可以编出控制工作液冲洗、加水、排水以及自动穿剪丝等程序。

9. 包含了世界上主要线切割机床生产厂家控制系统的用户界面

各类机床独特的加工参数和方法都集成在 ESPRIT 的知识库中,还包括经过厂商鉴定并认可的后置处理系统。ESPRIT 系统所产生的 ISO 代码文件及相应的参数文件,不需要作任何修改就可以在相对应的机床上使用。

国际上采用 ESPRIT 软件的厂家比较多,下面列出其中主要的几家。

(1) 瑞士 AGIE 公司

ESPRIT 支持 AGIE 的各类机床,对 AGIEVISION、KBM(知识库)可以使用 Ra、Km 和 Te 等设置生成 ISO 代码加工文件、SBL 和 SBR 文件。AGIE 123 KBM 参数包括 D 偏置、P 锥度、S 冲洗和 T 功能,单独选择上锥度、T 锥度和工件的岛屿区不同的参数设置,从而得到较好的加工效果。

AGIEVISION 对话框如图 7.2 所示。

(2) 日本 MITSUBISHI 公司

ESPRIT 拥有 ACCESS 格式的 MITSUBISHI 技术数据库,包括功能设置、进给速度、切割路径的偏置、工件材料和厚度,ESPRIT 将自动按工厂的技术参数产生加工程序。ESPRIT 的

KBM 为 MITSUBISHI 提供高级加工特征：Z1 ～ Z5 五轴控制、工作液冲洗和电量控制。

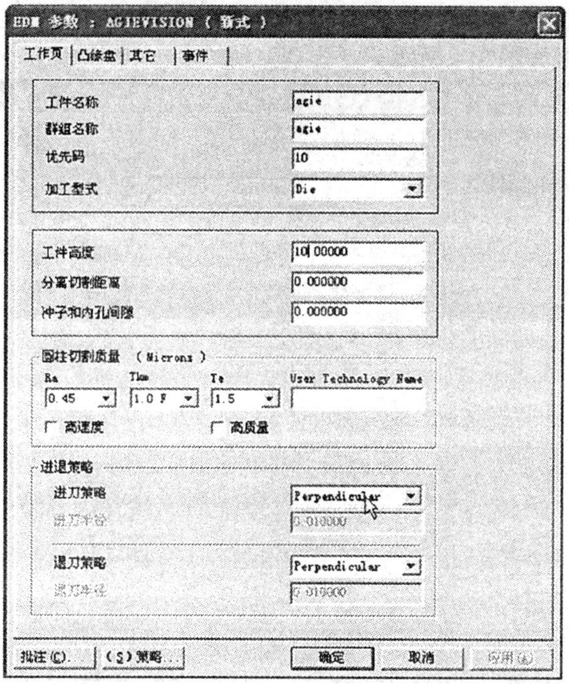

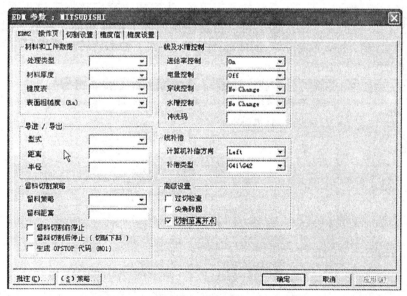

图 7.2　AGIEVISION 对话框

MITSUBISHI 对话框如图 7.3 所示。

图 7.3　MITSUBISHI 对话框

（3）瑞士 CHARMILLES 公司

在 ESPRIT 的 CHARMILLES 界面中，集成了 CT—EXPERT 系统，该系统是 CHARMILLES 机床控制器中的智能数据库系统。ESPRIT 生成的 NC 代码，同 CHARMILLES 机床真正做到了无缝匹配。

ESPRIT 系统使 CHARMILLES 用户能够充分使用 CHARMILLES 机床的高级锥度、扭曲件和排料处理功能。CHARMILLES 需要三个单独的运行文件：ISO—G 代码程序；CMD—COMMAND 文件；TEC—TECHNOLOGY 文件。ESPRIT 能生成该三种文件。

CHARMILLES 对话框如图 7.4 所示。

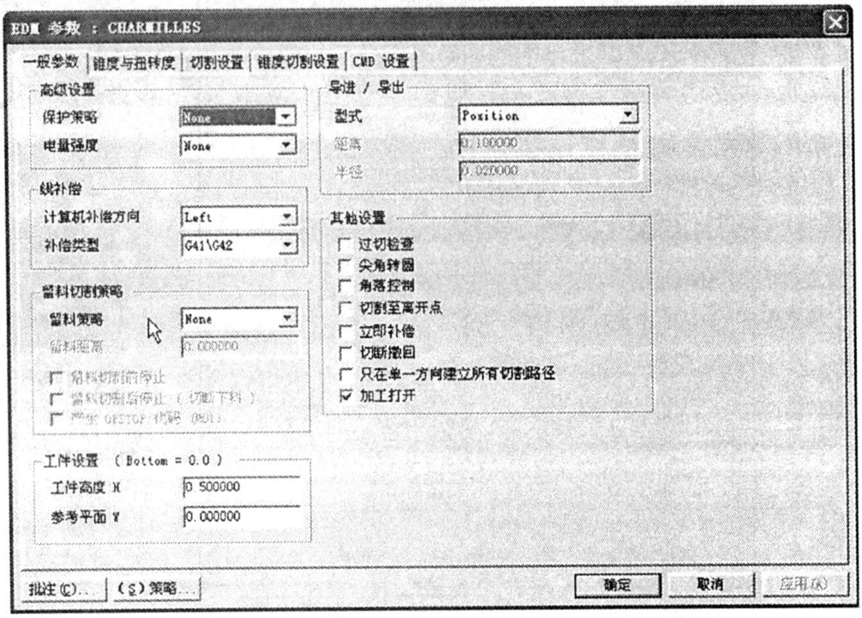

图 7.4　CHARMILLES 对话框

(4) 日本 SODICK 公司

ESPRIT SODICK KBM 提供了一套灵活的加工系统，为完成一套完整加工过程而组合各种加工策略，可指定 10 次加工。每次加工可以指定一系列加工条件和加工参数，可以控制所有先进机床特性、Z 轴、油控及线控等，同时比例缩放、换加工轴和旋转功能也可应用上。

SODICK 粗加工对话框如图 7.5 所示。

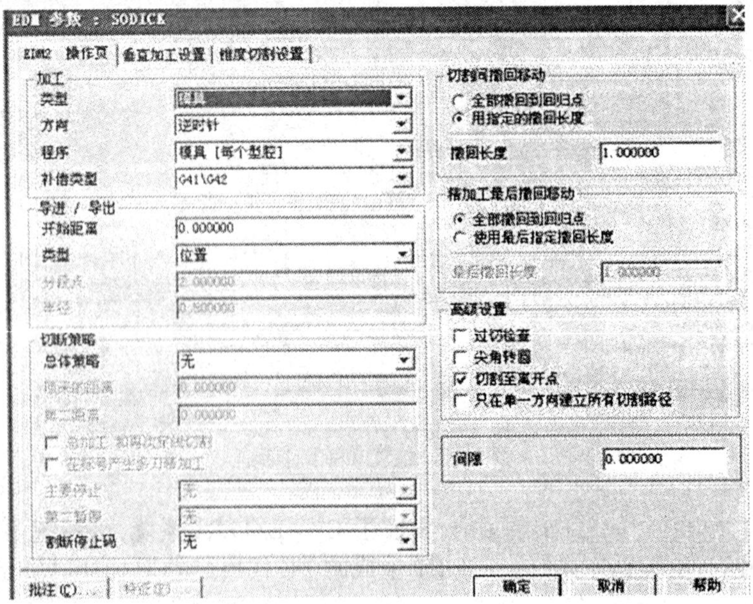

图 7.5　SODICK 粗加工对话框

(5) 日本 FANUC 公司

对 FANUC WEDM 设备,ESPRIT 能够用一系列用户定义的参数灵活地控制加工条件,如每一次切割的进给速度,选一套加工策略生成一套完整的包括粗加工和精加工的程序。

FANUC-粗加工对话框如图 7.6 所示。

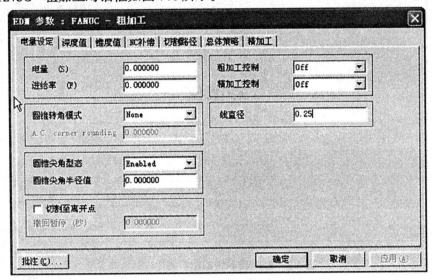

图 7.6　FANUC-粗加工对话框

其他如西班牙的 ONA、日本 BROTHER、HITACHI、MAKINO 公司等等。

7.2　美国ESPRIT 低速走丝线切割微机编程软件的用户界面

在图 7.7 所示的用户界面中,屏幕上部第一行为下拉菜单,它包括:文件、编辑、视图、绘制、加工、刀具库、窗口、帮助;第二行为常用工具栏;第三行是一些其他功能图标。屏幕右侧是常用的图标菜单,可根据需要调出,图中所示为常用的"有界几何"和"无界几何"图标菜单。屏幕中部为绘图区,左下角为提示栏,右下角为状态栏,包括线切割、捕捉、相交模式、栅格等,其下方是光标实时坐标值 X、Y、Z 显示,最右下角为公制或英制选择。

第二行常用工具栏主要图标的功能如表 7.1 所示

表 7.1　常用工具栏图标菜单的功能

新建	打开	保存	打印	复制	帮助	重画	缩放全视	缩放	回到前视图	动态缩放+/-	旋转视图	平移视图	视图上色	线框视图

屏幕右侧"有界几何"及"无界几何"图标菜单的功能如表 7.2 所示。

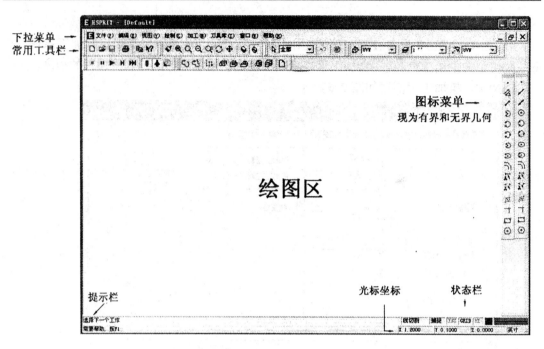

图 7.7   ESPRIT 系统的用户界面

表 7.2   有界几何及无界几何

有界几何				无界几何	
产生一点	点			点	产生一点
从一点产生边界直线	线段 1			直线 1	从一点产生无边界直线
从两点产生边界直线	线段 2			直线 2	从两点产生无边界直线
根据圆心绘圆弧	圆弧 1			圆 1	从圆心点绘圆
从两点绘圆弧	圆弧 2			圆 2	从两点绘圆
从三点绘圆弧	圆弧 3			圆 3	从三点绘圆
从一点产生椭圆弧	椭圆弧 1			椭圆 1	从一点产生椭圆
从三点产生椭圆弧	椭圆弧 3			椭圆 3	从三点产生椭圆
				倒圆角/倒角	产生圆角或斜角
				保留	保留中部
				修剪	剪去中部
				点群	直线、圆弧、矩形、点
				水平/垂直	绘水平、垂直、直径线
				矩形	绘边界矩形
				多边形	绘边界多边形

单击"线切割"时,弹出表7.3所示的子菜单。

如果记不住某个图示的名称时,移光标到该图标上停留,即刻显示出该图标的汉字名称。

表7.3　线切割子菜单

🖧	设定工作原点	🖾	4轴轮廓加工
🔢	钻孔	🖋	增加对应线
▢	2轴轮廓加工	🖋	删除同步匹配线
▣	2轴无芯型腔加工	🖋	线切割运行仿真
🖋	手工移动	⚙	齿轮轮廓生成
🖋	角落型式	⚙	Cam 轮廓生成
�	锥度修改	🖧	特征组

要了解 ESPRIT 有关的信息,可登陆该软件中国总代理《上海学府机电科技有限公司》网站:

www.cambank.cn(中文)

7.3　ESPRIT 线切割微机编程实例

一、点、直线和圆的绘制(图 7.8)

1.绘 P1 至 P5 五个点

单击"点"图标,屏幕左上角弹出"画点"对话框,选"相对点",单击相对点前边的小白圆后出现一个小黑点,表示选择了该功能。在 X、Y、Z 之后的第一位置输点 P1 的 X 值40,第二位置输 Y 值5,不必回车,单击"应用",在点 P1 位置显示"×"形符号,表示点 P1 已绘好。用绘点 P1 相同的方法,分别输各已知点坐标,就可将 P2、P3、P4 和 P5 各点绘出。

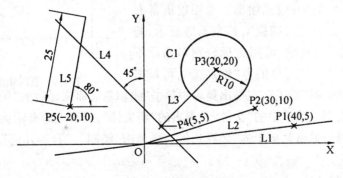

图 7.8　点、直线和圆

2. 绘已知两点 P3 和 P4 以及 P2 和原点间的直线 L3、L2

单击"有界几何"中的"线段 2"图标,右下角"捕捉"应为开状态,屏幕左下角提示选择第一图索时,移光标到点 P3 上,在光标右下方显示一个小"×"形标志,表示已捕捉到点 P3,轻点鼠标左键,向点 P4 移动光标时拉出一条粉红色直线,光标移到点 P4 上时,光标右下方显示小"×"形标志,表示已捕捉到点 P4,轻点鼠标左键就绘出直线 L3。移光标捕捉到点 P2,轻点鼠标左键,移光标拉出一条粉红线,移光标捕捉坐标原点,轻点鼠标左键绘出直线 L2。

3. 绘过点 P5,长度为 25,角度为 80°的直线 L5

单击"有界几何"中的"线段 1"图标,移光标捕捉到点 P5,轻点鼠标左键,向右上方移动光标时,拉出一条粉红线,左下角提示输入长度时,输 25(在左上角有显示)(回车),提示输入角度,输 80(回车)绘出直线 L5。

4. 用无界几何绘直线 L1 和 L4

单击"无界几何"的"直线 1"图标,提示选择参考图索,移光标到坐标原点上,右下角显示 X0,Y0 时,轻点左键显示一条粉色无边界直线,移光标到点 P1 上,右下角显示 X40,Y5 时,轻点左键,绘出黑色很长的直线 L1。移光标到点 P4 上,右下角显 X5,Y5 时,轻点左键,显示一条粉红色很长的直线,左下角提示输入角度时,输 135(回车),绘出很长的直线 L4。

5. 绘圆 C1

单击"无界几何"中的"圆 1"图标,移光标到点 P3 上,右下角显示 X20,Y20 时,轻点左键,向外移光标时,出现一个增大的粉红色圆,左下角提示输入半径,输 10(回车),绘出圆 C1。

二、直线图形的绘图及程序生成

1. 绘图

图 7.9 是一个由 4 条直线组成的正方形,可使用"无界几何"或"有界几何"中的"矩形"图标功能来绘制。利用两个已知点就绘出该正方形,第 1 点可用坐标原点,第二点 P2(10,10)应先绘出。绘图前屏幕右下角处应显示"线切割"及"捕捉",其余不应显示,若"INT"、"GRIT"、"HI"也显示,可用光标分别单击就不显示了。若没显"线切割",显的是"铣加工",可单击

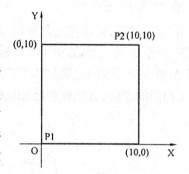

图 7.9　直线组成的图形

屏幕顶部下拉菜单中的"加工",在弹出菜单中单击"线切割",原来显示的"铣加工"会变为显示"线切割"。单击下拉菜单中的"文件"及弹出的"新文件",屏幕上原有图会全消失。

单击"绘制"单击弹出菜单中的"无界几何",再单击"绘制"、"有界几何",使这两种图标菜单都显示出来。

(1) 绘点 P2(10,10)

单击"点"图标,左上角弹出一个"画点"对话框,用光标选"相对点"(单击相对点前面的白圈,出现一个黑点),在 X、Y、Z 之后第一白框输 X 值,第二白框输 Y 值,都不必回车,单击

"应用"绘出了点 P2,单击对话框右上角的 × 使其关闭,若屏幕上看不到该点时,单击顶部的"缩放全现"图标,点 P2 就显示在屏幕的相应位置上。

(2) 绘 10×10 的正方形

单击"有限几何"或"无限几何"中的"矩形"图标均可,左下角提示选择第一个参考点,移光标到坐标原点上时,光标右下方显一个小 × 说明已捕捉到点 P1,轻点鼠标左键向右上方移动光标时,拉出一个粉红色矩形,提示选择第二个参考点,移光标到已绘出的点 P2 上时,光标右下方显示一个小 ×号,表示已捕捉到点 P2,轻点鼠标左键,绘出一个黑色的正方形。

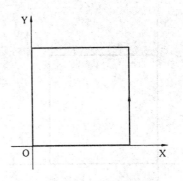

图 7.10　白色特征轨迹

2.生成加工路径

(1) 创建特征

要生成加工路径,首先要创建"特征"。可创建成一个白色的特征轨迹,白色箭头表示切割方向,如图7.10所示。

(2) 确定凸凹模及切入切出点

本图为凹模,切入切出点均为 5,5 在图中绘出该点(方法略),所用线切割机床为 Sodick 公司的。

单击下拉菜单中的"刀具库"、"线切割机床类型",选 Sodick,单击"确定",单

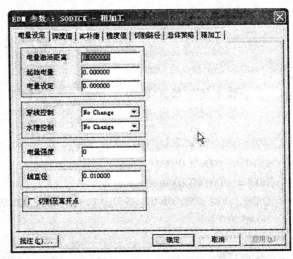

图 7.11　Sodick 对话框

击"加工"、"线切割",单击"2 轴轮廓加工"图标,弹出"EDM 参数:Sodick"对话框如图 7.11 所示,按图所示设定加工参数,然后单击"确定"。

立即生成红色的加工路径,如图 7.12 所示。加工路径的颜色最好不用红色,可以单击屏幕右下角的调色小方块,可单击浅草绿色,这时小方块及其右侧的线也变为浅草绿色,这样模拟加工时看得比较清楚。

3.模拟切割(仿真)

单击"线切割运行仿真"图标,提示"选择参考加工参数",单击图形轮廓线,从切入点出现红色线沿加工轨迹移动一圈后回切出点。若要再一次仿真,应从单击"2 轴轮廓加工"图标开始。

4.生成 ISO 代码程序

单击"文件"、"NC 码",弹出"NC 代码"对话框(图7.13),填入适当参数后,单击"应用"编出 ISO 代码程序,如表7.4。

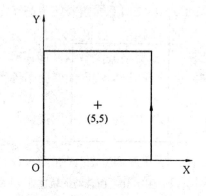

图 7.13　NC 代码对话框

图 7.12　红色加工路径

表 7.4　图 7.9 的 ISO 代码

(C	= ON	OFF	IP	HRP	MAO	SV	V	SF	C	PIK	CTRL	WK	WT	WS	WP)
	脉冲宽度	脉冲间隔	峰值电流	辅助电源	脉冲宽度调整	伺服基准电压	主电源电压	伺服速度	电容器	选择	选项	电极丝控制	张力控制	电极丝速度	高压喷流
C001 =	005	014	2215	000	250	050	8	0035	0	000	0000	015	070	100	050

H000 = + 000000.010000

H001 = + 000000.093000

QAIC(2,1,0.0750,001.0,0.0950,0.0200,008.0,0006,0020,10,035)

N0005 TP0.0

N0010 TN15.0

N0015 G90

N0020 G92 X5.0 Y5.0 Z0

N0025 T91

N0030 T94

N0035 T84

N0040 C001

N0045 G41 H000 G01 X5.0 Y0.0

N0050 H001

N0055 X10.0

N0060 Y10.0

N0065 X0.0

N0070 Y0.0

N0075 X5.0

N0080 G40 H000 G01 Y5.0

N0085 T85

N0090 M02

三、含直线和圆的对称图形的绘图及程序生成

图 7.14 为由圆 C1、C2 和直线 L2、L3 及过渡圆 R1 组成的与 Y 轴对称的图形。

1. 绘图

（1）绘圆 C1

单击"画圆 1"图标，移光标到坐标原点上时，右下方显小 × 形，表示已捕捉到该点，轻点鼠标左键，以后将以上操作简称为移光标捕捉坐标原点，移动光标时出现一个粉红色圆，提示输入半径，键盘输 3.55（回车），绘出黑色圆 C1。单击"缩放全视"图标，使图形全屏显示。

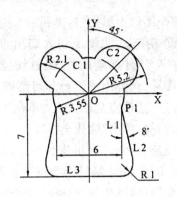

（2）绘圆 C2

先用极坐标绘出圆心点。单击"点"图标。在弹

图 7.14 圆和直线组成的对称图形

出的"画点"对话框中选极坐标点，角度输 45°，分段点（极径）输 3.1（均不必回车），单击"应用"在该点位置显 ×，关闭"画点"对话框。单击"画圆 1"图标，提示选择参考图索，移光标单击刚绘出的点，移动光标出现一个粉红色圆，提示输入半径，输 2.1（回车）绘出圆 C2。

（3）绘直线 L2 和 L3

先绘辅助线 L1，单击"水平线/垂直线"图标，在弹出的"水平线/垂直线"对话框中选垂直，移动光标出现一条粉色垂直线，在对话框中"距离"输 3，单击"应用"，绘出黑色直线 L1，选水平，距离输 −7，单击"应用"，关闭对话框，单击"缩放全视"，就能看到绘出的直线 L3，单击"修剪"图标，单击直线 L1 的圆 C1 内部分，将其剪除，单击"点"图标，在弹出的"画点"对话框中选"捕捉"，移光标到直线 L1 与圆 C1 的下交点上时，光标右下方显示 ▬ 形符号，表示已捕捉到该点，轻点鼠标左键在该交点处显 × 号。单击有界几何的"直线 1"图标，移光标到刚绘出 × 号的 C1 和 L1 的下交点上时，光标右下方显示小 × 形符号，表示已捕捉到该点，轻点鼠标左键向右下方移动光标拉出一条粉色直线至与直线 L3 相交后，提示输入长度，输 10（回车），提示输入角度，输 278（回车），绘出直线 L2。

（4）绘 L2 和 L3 相交处的过渡圆 R1

单击"倒圆/倒角"图标，在弹出的"倒圆/倒角"对话框中选"倒圆"，"半径"输 1，提示"选择第一个参考图索"时，单击直线 L2，提示选择第二个参考图索时，单击 L3，绘出 R1 的过渡圆角。

（5）裁剪修整图形

单击"修剪"图标，移光标单击无用线段使其剪除，裁剪后的图形如图 7.14 的右半。

（6）与 Y 轴对称

按 ESC 键退出所有命令，按住 Ctrl 键，移光标逐条单击图中线段，全变为蓝色粗线，按 Ctrl C 两键，弹出"复制增加 − 对称"对话框，在对话框中选"复制"和"y 轴"之后单击"确定"，得到对称后的图形，单击鼠标左键全变为黑色线条。

（7）裁剪

单击"修剪"图标，移光标单击多余无用线段，修剪后得到图 7.14 所需的图形。

2. 生成加工路径

① 创建特征。单击"绘制"、"特征"，屏幕显示特征菜单，单击该菜单中的"自动连接"图

标,整个图形由黑变白,得到一个白色的特征轨迹,白色箭头表示切割方向。

② 确定凸凹模及切入切出点。该图为一凹模,切入切出点均选在 0,0,应绘出该点,单击"点"图标,在弹出的"画点"对话框中,选"相对点/圆心点",输该点坐标 0,0,单击"应用",关闭"画点"对话框,单击"缩放全视"。

设所用线切割机床为 Sodick 公司的。单击"刀具库"、"线切割机床类型",在弹出的"EDM 机床类型"对话框中选 Sodick,单击"确定",单击"加工"、"线切割"、"2 轴轮廓加工"图标,弹出图 7.5 所示的"Sodick"对话框,输入必要参数后,单击"应用",生成红色加工路径

3.模拟切割(仿真)

单击"线切割运行仿真图标",提示"选择参考加工参数",单击点 0,0,开始出现红色仿真线沿切割轨迹画一圈又回到点 0,0,如图 7.15 所示。

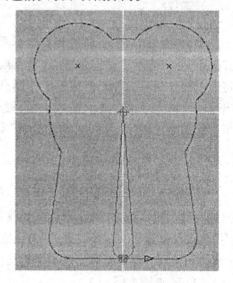

图 7.15　模拟切割后的图

4.生成 ISO 代码程序

单击"文件"、"NC 码",弹出"NC 代码"对话框,填入适当参数后,单击"应用"编出 ISO 代码程序如表 7.5。

表 7.5　图 7.14 的 ISO 代码程序

(C	=	ON	OFF	IP	HRP	MAO	SV	V	SF	C	PIK	CTRL	WK	WT	WS	WP)
		脉冲宽度	脉冲间隔	峰值电流	辅助电源	脉冲宽度调整	伺服基准电压	主电源电压	伺服速度	电容器	选择	选项	电极丝控制	张力控制	电极丝速度	高压喷流
C001 =		001	015	2215	433	470	050	3	0030	0	000	0000	010	035	080	045
C002 =		001	023	2215	000	750	048	3	6040	0	000	0000	010	035	080	012
C903 =		000	001	1015	000	000	030	7	7050	0	008	0000	010	035	080	012

```
H000 = + 000000.010000
H001 = + 000000.142000
H002 = + 000000.077000
H003 = + 000000.057000
QAIC(2,1,0.0500,000.7,0.0600,0.0100,004.0,0005,0015,10,035)
N0005 TP0.0
N0010 TN10.0
N0015 G90
N0020 G92 X0.0 Y0.0 Z0
N0025 T91
N0030 T94
N0035 T84
N0040 C001
N0045 G41 H001 G01 X - 0.4985 Y - 6.4615
```

N0050 G03 X0.0 Y – 7.0 I0.4985 J – 0.0385

N0055 G01 X2.5667

N0060 G03 X3.5569 Y – 5.8608 I0 J1.0

N0065 G01 X3.0 Y – 1.898

N0070 G03 X3.5065 Y0.5543 I – 3.0 J1.898

N0075 X0.5543 Y3.5065 I – 1.3144 J1.6378

N0080 X – 0.5543 I – 0.5543 J – 3.5065

N0085 X – 3.5065 Y0.5543 I – 1.6378 J – 1.3144

N0090 X – 3.0 Y – 1.898 I3.5065 J – 0.5543

N0095 G01 X – 3.5569 Y – 5.8608

N0100 G03 X – 2.5667 Y – 7.0 I0.9903 J – 0.1392

N0105 G01 X0.0

N0110 G40 H000 G01 Y – 6.0

N0115 T85

（SKIM）

N0120 C002

N0125 G42 H000 X0.0 Y – 7.0

N0130 H002

N0135 X – 2.5667

N0140 G02 X – 3.5569 Y – 5.8608 I0 J1.0

N0145 G01 X – 3.0 Y – 1.898

N0150 G02 X – 3.5065 Y0.5543 I3.0 J1.898

N0155 X – 0.5543 Y3.5065 I1.3144 J1.6378

N0160 X0.5543 I0.5543 J – 3.5065

N0165 X3.5065 Y0.5543 I1.6378 J – 1.3144

N0170 X3.0 Y – 1.898 I – 3.5065 J – 0.5543

N0175 G01 X3.5569 Y – 5.8608

N0180 G02 X2.5667 Y – 7.0 I – 0.9903 J – 0.1392

N0185 G01 X0.0

N0190 G40 H000 G01 Y – 6.0

（SKIM[2]）

N0195 C903

N0200 G41 H000 X0.0 Y – 7.0

N0205 H003

N0210 X2.5667

N0215 G03 X3.5569 Y – 5.8608 I0 J1.0

N0220 G01 X3.0 Y – 1.898

N0225 G03 X3.5065 Y0.5543 I – 3.0 J1.898

N0230 X0.5543 Y3.5065 I – 1.3144 J1.6378

N0235 X – 0.5543 I – 0.5543 J – 3.5065

N0240 X－3.5065 Y0.5543 I－1.6378 J－1.3144

N0245 X－3.0 Y－1.898 I3.5065 J－0.5543

N0250 G01 X－3.5569 Y－5.8608

N0255 G03 X－2.5667 Y－7.0 I0.9903 J－0.1392

N0260 G01 X0.0

N0265 G03 X0.4985 Y－6.4615 I0 J0.5

N0270 G40 H000 G01 X0.0 Y0.0

N0275 M02

此程序单是一个三次切割的程序单,第一次逆时针粗切,程序为 N0115 之前,第二次为精切,程序为 N0120 至 N0190,第三次为第二次精切,程序为 N0195 至 N0275。

四、两圆的公切线及公切圆

图 7.16 中在圆 C1 和 C2 之间有外公切线 L1,在圆 C1 和 C3 之间有内公切线 L2,在圆 C2 和 C3 之间有公切圆 C4,圆 C4 的圆心在辅助圆 C5 与直线 L3 的右交点上,半径为 1.5。

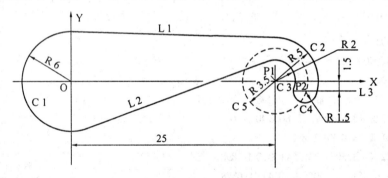

图 7.16　两圆间的公切线和公切圆

1.绘图

(1) 绘圆 C1

单击"画圆 1"图标,移光标捕捉坐标原点,轻按左键(鼠标左键),外移光标出现一个粉圆,提示输入半径,输 6(回车),绘出圆 C1,若在屏幕上看不到绘出的圆时,单击常用工具栏中的"缩放全视"图标,该圆就显示出来。

(2) 绘圆 C2 和 C3

先绘 C2 的圆心 P1(25,0),单击"点"图标,在弹出的"画点"对话框中选"相对点/圆心点",在 X、Y、Z 之后的相应位置处,X 处输 25,Y 处输 0,不必回车,单击"应用",单击"×"关闭该对话框,单击"缩放全视"图标,点 P1 就显在屏幕内,单击"动态缩放图标,移光标到屏幕中,轻按左键由上向下移动时使图形缩小到适当大小,以便绘圆 C2、C3 时便于观察。单击"画圆 1"图标,移光标捕捉到点 P1,轻点左键后向外移光标拉出一个粉色圆,提示输半径时,输 5(回车),绘出圆 C2,用相同方法绘出圆 C3 和辅助圆 C5。

(3) 绘公切线 L1 和 L2

单击"线段 2"图标,移光标单击圆 C1 的右上部圆周,右移光标拉出一条粉色直线,单击圆 C2 左上部圆周,绘出外公切线 L1,单击 C1 圆周右下部,右移光标拉出一条粉色直线,单击 C3 圆周左上部,绘出内公切线 L2。

（4）绘圆 C2、C3 的公切圆 C4

圆 C4 的圆心是辅助圆 C5 与辅助直线 L3 的右交点,故应先绘直线 L3。单击"水平线/垂直线"图标,在"水平线/垂直线"对话框中,选水平线,距离输 − 1.5,单击"应用"绘出黑色直线 L3,单击"×"关闭对话框。单击"点"图标,在弹出的"画点"对话框中选"交点",提示选交点,移光标到圆 C5 与直线 L3 的右交点上,轻点左键,在该交点 P2 上出现一个小"×"符号,关闭对话框。移光标单击"画圆 1"图标,移光标捕捉点 P2,轻点左键,移光标出现一个粉圆,提示输半径,输 1.5(回车),绘出圆 C4。

2.裁剪

单击"修剪"图标,移光标单击各个多余线段得到图 7.16 所示的图形。

3.仿真

4.生成 ISO 代码(略)

五、图形旋转

1.五角星

如图 7.17 所示的五角星,可先绘出点 P1,将点 P1 旋转 72°四次,得到其余四个尖角点,在每有关两点之间连上相应的直线,之后裁剪掉多余的线段,就得到所需的五角星图形。

（1）绘图

① 绘点 P1(0,50)。单击"点"图标,在弹出的"画点"对话框中,选"相对点/圆心点",将点 P1 的 X,Y 坐标输入相应的位置,不必回车,单击"应用",单击"×"（关闭）,单击"缩放全视",点 P1 显示在屏幕上相应的位置。

② 将点 P1 旋转绘出另外四个尖角点。轻点 ESC键,按住 Ctrl 键单击点 P1,点 P1 变深蓝色,按住 Ctrl键轻点 C 键,弹出"复制增加—旋转"对话框,单击右上角▼,在弹出的菜单中单击"旋转",变换类型选"复制",复制数量输 4,总旋转角度输 360,复制对象之间

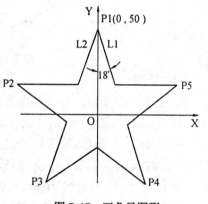

图 7.17　五角星图形

角度输 72,选使用原点当旋转轴,之后单击"确定",单击"缩放全视"。P1、P2、P3、P4 和 P5 五个点都显示在屏幕中。

③ 用直线连接相应的五个点。单击有界几何中的"线段 2"图标,移光标捕捉点 P1,单击点 P1 向左下方移动光标拉出一条粉色直线,捕捉到点 P3 时,单击点 P3,绘出该条黑色直线。用相同的方法可以分别绘出 P1 和 P4、P2 和 P5、P2 和 P4、P3 和 P5 之间的各条直线线段。

（2）裁剪

单击"修剪"图标,单击已绘出图形中的各条多余线段,裁剪后得到所要求的五角星图形。

2.电动机定子冲片

图 7.18 所示的电动机定子冲片的内轮廓图形,是一个典型的旋转图形。可先绘出一个小齿,经旋转复制得到五个小齿,进一步绘出一个大的开口扇形孔与五个小齿组成一个群组(即单元图形),将这个群组旋转四次就得到整个图形。

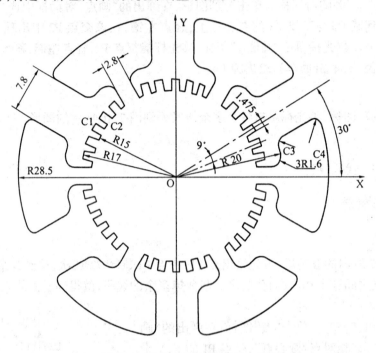

图 7.18 电动机定子冲片的内轮廓

(1) 绘图

① 绘第一个小齿。为了绘图方便,可先把小齿绘在正 X 坐标轴方向,然后将小齿逆时针旋转 12°就得到图 7.19(b)中所示的第一个小齿。

单击"画圆 1"图标,移光标捕捉并单击坐标原点,向外移光标时拉出一个粉红圆,提示输入半径时,输 15(回车),单击"缩放全视"即可看到该圆。用同样方法输入绘出 R = 17 的圆。单击"水平线/垂直线"图标,在弹出的"水平线/垂直线"对话框中选水平,移光标时出现一条粉红色水平线,距离输 0.7375(回车),绘出黑色的该水平线 L3。距离输 − 0.7375(回车),绘出下边一条黑色的水平线 L2。将 L2 逆时针旋转 9°可得 L5。关闭对话框,移光标单击直线 L2 变为蓝色粗线,按 Ctrl + C 弹出"复制增加 – 旋转"对话框,选"复制",总旋转角度输 9,复制对象之间角度输 9,复制数量输 1,选使用原点当旋转轴,单击▼处选旋转,单击"确定"绘出直线 L5,单击图中无线条的空白处,粗蓝线 L2 变黑。单击"修剪"图标,移光标修剪去图中除一个小齿图形之外的所有多余线段,得到了一个小齿(图 7.19(a))。

② 将 X 轴上的小齿逆时针旋转 12°。按 Ctrl 键,移光标单击小齿的四个线段,使其都变为蓝色粗线。按 Ctrl + C 键,弹出的"复制 – 旋转"对话框中,单击▼选"旋转移动复制",复制对象之间的角度输 12,选使用原点当旋转轴,单击"确定",小齿旋转到图形所需要的位置,单击图中空白处得到一个黑色的小齿(图 7.19(b))。

③ 将一个小齿旋转复制四次绘出五个小齿。按 Ctrl 单击小齿的四个线段,使其都变为

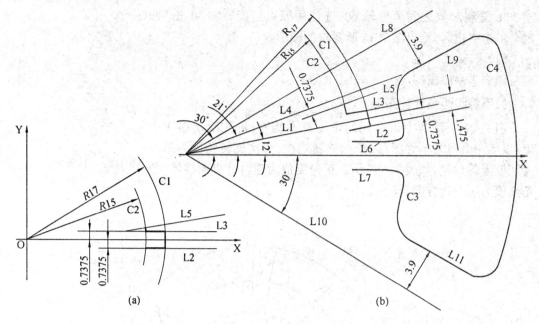

图 7.19　一个小齿及一个大齿图形

蓝色粗线。按 Ctrl + C 在弹出的"复制旋转"对话框中,单击▼选旋转,复制数量输入 4,选
"复制",总旋转角度输 36,复制对象之间角度输 9,选使用原点当旋转轴,单击"确定",单击
空白区,得到五个黑色小齿如图 7.20 所示。

　　④ 绘开口的扇形大孔。按前面已知的方法绘出 R = 28.5、R =
20 的 C4 和 C3 圆。先在 X 轴 ± 3.9 处绘出 L'9 和 L'11 之后旋转而
得 L9 和 L11。单击"水平线/垂直线"图标,在弹出的"水平线/垂直
线"对话框中,选"水平",距离输 3.9,单击"应用"绘出 L'11,距离输
− 3.9,单击"应用"绘出 L'9,关闭对话框,单击 L'9,该直线变为蓝
色粗线,按 Ctrl + C 弹出"移动 − 旋转"对话框,单击▼选旋转,选移
动,复制对象之间的角度输 30,选使用原点当旋转轴,单击"确定",
单击空白区绘出黑色直线 L9。单击 L'11 变为蓝色粗线,按 Ctrl + C
弹出"移动 − 旋转"对话框,将复制对象之间的角度输为 − 30,单击

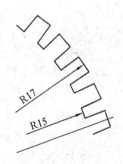

图 7.20　复制旋转得五个
小齿

"确定",单击空白区绘出直线 L11。绘直线 L6 及 L7,单击
"水平线/垂直线"图标,在弹出的"水平线/垂直线"对话框中,选"水平",距离输 1.4,单击
"应用"绘出直线 L6,距离输 − 1.4,单击"应用"绘出直线 L7,关闭对话框,绘六个 R = 1.6 的
圆角,单击"倒圆角/倒角"图标,在弹出的"倒圆/倒角"对话框中,选"倒圆",半径输 1.6,移
光标单击每个圆角的两个边时就绘出该圆角,逐个进行,在倒圆角前应用修剪功能剪除多余
线段,否则倒圆时会消除有用线段,关闭对话框。

　　⑤ 将大的开口扇形孔与五个小齿连接在一起。先绘一个 R = 15 的连接圆,然后用"修
剪"功能剪去所有多余的线段,得到图 7.21 所示的单元图形。

　　⑥ 将图 7.21 的单元图形旋转五次得到图 7.18 所要求的图形。

　　按住 Ctrl 键,依次单击图 7.21 单元图形中所有线段,使其全变为蓝色粗线。按下 Ctrl +
C 键,在弹出的"复制 − 旋转"对话框中,单击▼选"旋转",选"复制",复制量输 5,总旋转角度

输300,复制对象之间角度输60,选使用原点当旋转轴,单击"确定",单击空白区,绘出图7.18所要求的图形。

（2）修整

删去多余线段。

3.不等齿距角旋转图形

图7.22中每两个齿之间的角度都不相等,可先绘出第1个齿,以第一个齿为单元图形,分别旋转八次,每次旋转角度为第一齿到该齿的角度,如表7.6所示。正角度值为逆时针方向旋转,负角度值为顺时针方向旋转。

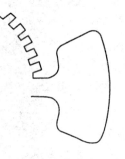

图7.21　五个小齿和一个大齿

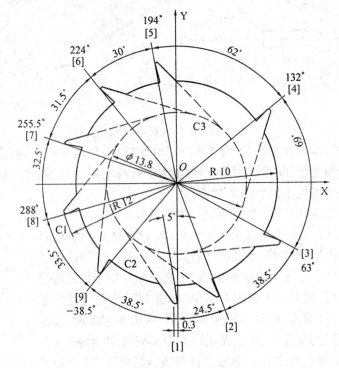

图7.22　不等齿距角旋转图形

表7.6

齿编号	2	3	4	5	6	7	8	9
与1齿的角度	24.5°	63°	132°	194°	224°	255.5°	288°	− 38.5°

① 绘图。

a.绘第一个齿(图7.23)。先绘出 R = 6.9、R = 10 及 R = 12 的三个圆,方法略。过圆 C1 与 Y 负轴的交点 3 作斜线 L1,在 X = − 0.3 处作直线 L3 与圆 C1 交于点 2,过点 2 作一直线 L2 与圆 C3 左下圆周相切。用裁剪功能剪去多余线段,只留下点 1、2、3、4 所构成的第一个齿及点 1 和 4 间的大圆周,作图方法略。

b.用第一个齿旋转绘出其余八个齿。轻按 Ctrl 键,逐条单击第一个齿的各条线段,使其都变为蓝色粗线。按 Ctrl + C 键,在弹出的"复制 - 旋转"对话框中,选"复制",复制数量输1,总旋转角度输24.5,复制对象之间角度输24.5,选使用原点为旋转轴,单击"确定",绘出了黑色的第二个齿,绘制第 3~9 齿的方法与绘第 2 齿相同,不同之处为不同的齿所输的角度不同,各齿至第 1 齿的齿距角分别按表 7.6 中已整理好的角度输入即可。

②修剪。单击空白处,全部图形变黑色。单击"修剪"图标,移光标将图中多余线段剪除,就得到图 7.22 所要求的图形。

4.平移

图 7.24 所示的图形,可以先绘圆 C1,然后用平移功能获得。

(1)绘圆 C1(略)

(2)用圆 C1 平移得到圆 C2 和 C3

单击 C1 圆周,使其变为蓝色粗线,按 Ctrl + C 键,在弹出的"复制 – × ×"对话框中,单击 ▼,单击弹出菜单中的"平移",此时该对话框自动变为"复制 – 平移"对话框,选复制,复制数量输 2,平移参数 X 输 10,Y 输 10,单击"确定",单击"缩放全视",屏幕上显示出圆 C1、C2 和 C3,单击空白区,圆 C1 变黑色。

(3)用圆 C3 平移获得圆 C4 和 C5

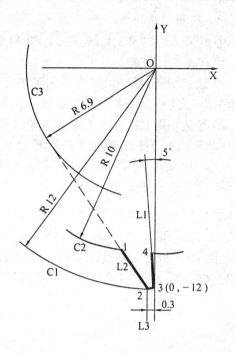

图 7.23　第一齿放大图

单击圆 C3 圆周,变为蓝色粗线,按 Ctrl + C 键,在弹出的"复制 – 平移"对话框中,复制数量输 2 平移参数中 X 输 20,Y 输入 – 10,单击"确定",单击"缩放全视",屏幕上绘出了圆 C4 和 C5,单击空白区,圆 C3 变黑色。

六、三切圆

1.C/CCC 三切圆

在图 7.25 中已知圆 C1、C3 和 C4,圆 C2 与该三个已知圆相切,但不知道半径,圆 C5 与该三个已知圆包切,也不知道半径。

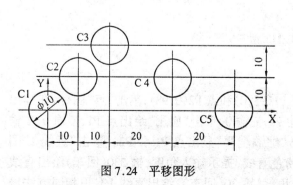

图 7.24　平移图形

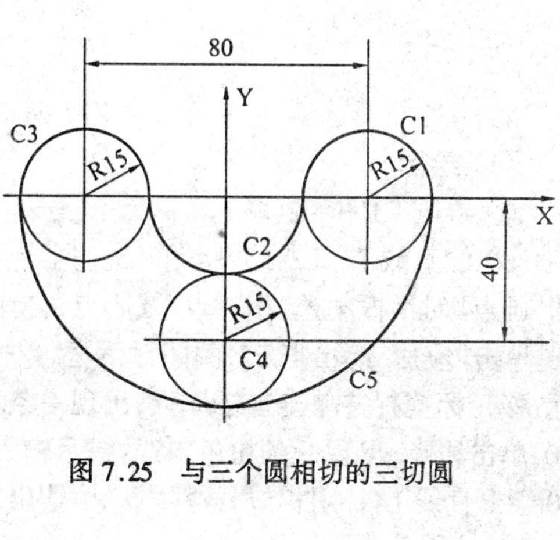

图 7.25　与三个圆相切的三切圆

（1）绘圆

① 绘圆 C1、C3 和 C4。先在 C1、C3 和 C4 圆心处各作出一个点，再用绘圆功能分别捕捉圆心绘出该三个圆（略）。

② 绘三切圆 C2。单击"有界几何"中的"圆弧 3"图标，移光标单击圆 C3 的右上部圆周，再单击 C4 圆周上部，最后单击 C1 圆周左上部时，绘出了三切圆弧 C2。

③ 绘三切圆 C5。继续移动光标单击 C3 圆周的左下侧，再单击 C4 圆周的下边，最后单击 C1 圆周的右下侧时，绘出了三切圆 C5。

也可用"无界几何"中的"圆 3"图标来绘制三切圆。

2. C/LCL 三切圆

图 7.26 中的三切圆是与两条直线和一个圆相切的三切圆，即 C/LCL 三切圆。圆 C4 与直线 L1、L2 及圆 C2 相切，圆 C5 与圆 C1 及直线 L2 和 L3 相切，圆 C6 与圆 C2 及直线 L3 和 L4 相切，圆 C7 与圆 C1 及直线 L4 和 L5 相切，圆 C3 与直线 L0 和 L1 及圆 C1 相切。以 C3、L1、C4、L2、C5、L3、C6 和 L4 组成的单元图形旋转 3 次，即可得到图 7.26 的图形。

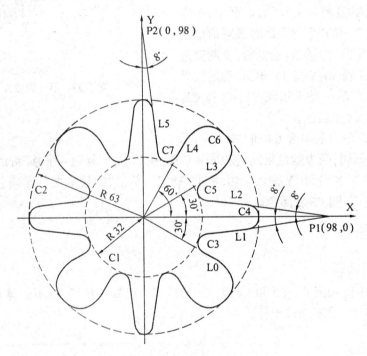

图 7.26 C/LCL 型三切圆

（1）绘图

① 绘圆 C1 和 C2（略）。

② 绘直线 L1、L2、L3、L4 和 L5。先绘点 P1(98,0) 和点 P2(0,98)，单击"点"图标，在弹出的"画点"对话框中选"相对点/圆心点"，X 输 98，Y 输 0，单击"应用"绘出点 P1，X 输 0，Y 输 98，单击"应用"绘出点 P2，关闭对话框，单击"缩放全视"显出点 P1 和 P2。单击"直线 1"图标，移光标捕捉并单击坐标原点，出现一条粉色直线，提示输入角度，输 330（回车）绘出直线 L0，单击原点，出现一条粉色斜线，提示输入角度，输 30（回车），绘出直线 L3，用相同方法输 60 绘出直线 L4。用相似方法过点 P1 绘出直线 L1 和 L2，过点 P2 绘出直线 L5。

③ 绘三切圆 C3、C4、C5、C6 和 C7。单击"有界几何"中的"圆弧 3"图标，单击直线 L0、C1 圆周和直线 L1，绘出三切圆 C3，单击 L1、C2 和 L2，绘出三切圆 C4，单击 L2、C1 和 L3，绘出三切圆 C5，单击 L3、C2 和 L4，绘出三切圆 C6，单击 L4、C1 和 L5，绘出三切圆 C7。

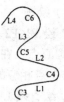

图 7.27　C3 至 L4 的单元图形

（2）修剪

单击"修剪"图标，移光标单击多余线段，只留下 C3、L1、C4、L2、C5、L3、C6 和 L4 组成一个单元图形，如图 7.27 所示。

（3）单元图形旋转

按 Ctrl 键，单击单元图形中的各线段，使其全部变为蓝色粗线，按 Ctrl + C 键，在弹出的"复制 - 旋转"对话框中，单击▼，选"旋转"，选"复制"，复制数量输 3，总旋转角度输 270，复制对象之间角度输 90，选使用原点为旋转轴，单击"确定"，单击空白区，绘出图 7.26 所要求的图形。

3．三点圆

图 7.28 中的圆 C1，不知圆心坐标和半径，但知道该圆的圆周通过 P1、P2 和 P3 三个点。

（1）绘 P1、P2 和 P3 三个点

单击"点"图标，在弹出的"画点"对话框中，选"相对点/圆心点"，X 输 - 10，Y 输 10，单击"应用"，绘出第一点，X 输 - 3，Y 输 - 2，单击"应用"，绘出点 P2，X 输 5，Y 输 10，单击"应用"，绘出点 P3 关闭对话框，单击"缩放全视"，屏幕上显出 P1、P2 和 P3 三个点。

（2）绘三点圆 C1

单击"画圆 3"图标，移光标单击 P1、P2 和 P3 三个点，绘出了三点圆 C1，单击空白处时圆 C1 全显示在屏幕中。

七、二切圆及二点圆

1．二切圆及二点圆图形

在图 7.29 中，圆 C1 为半径 R = 5 与直线 L1 及 L2 相切，圆 C2 为 R = 8，过点 P3 与 L2 相切，圆 C3 的 R = 10，与圆 C2 及直线 L3 相切，圆 C4 为过 P4 和 P5 两点 R = 11 的圆，点可以看成半径为零的圆。

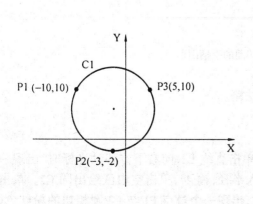

图 7.28　三点圆

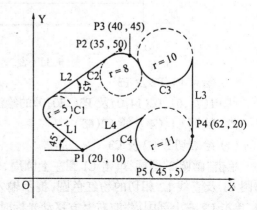

图 7.29　二切圆及二点圆

（1）绘图

① 绘 P1、P2、P3、P4 和 P5 各已知点。单击"点"图标，在弹出的"画点"对话框中，选"相对点/圆心点"，在 X 后输 20，Y 后输 10，单击"应用"，单击"缩放全视"，绘出点 P1，用同样方法输入各点相应的 X、Y 坐标值就能绘出其余四点，关闭对话框。

② 绘直线 L1、L2 和 L3。单击"线段 1"图标，单击点 P1，向左上角移动光标时拉出一条粉红色直线，提示输入长度，输 30（回车），提示输入角度，输 135（回车）绘出直线 L1。单击点 P2 向左下方移光标拉出一条粉红直线，提示输入长度，输 40（回车），提示输入角度，输 225（回车），绘出直线 L2。移光标单击点 P4，向上移动光标拉出一条粉红直线，提示输入长度，输 50（回车），提示输入角度，输 90（回车），绘出直线 L3。

③ 绘圆 C1、C2、C3 和 C4。单击"画圆 2"图标，移光标单击直线 L1 和 L2，提示输入半径，输 5，单击空白区，绘出圆 C1。单击点 P3 和直线 L2，向下移光标时，出现一个粉红色圆，提示输入半径，输 8 单击空白区，绘出圆 C2。单击 C2 圆周右上侧和直线 L3，向上移光标时出现一个粉红色二切圆，提示输入半径，输 10，单击空白区绘出二切圆 C3。单击点 P4 和点 P5，向上移光标时出现一个粉红色圆，提示输入半径，输 11 单击空白区，绘出二点圆 C4。

④ 绘直线 L4。直线 L4 是过点 P1 与圆 C4 相切的直线，单击"线段 2"图标，单击点 P1，单击圆 C4 左上部圆周绘出直线 L4。

（2）修剪。单击"修剪"图标，移光标单击各多余线段。

2.二切圆图形

图 7.30 也是一个含多个二切圆的手柄图形，圆 C2 的已知半径 R = 44，与圆 C1 及直线 L2 相切。圆 C3 的已知半径 R = 79，过点 P1 与圆 C2 相切。

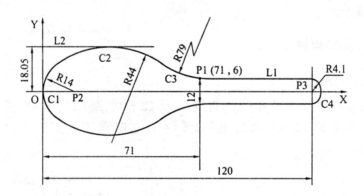

图 7.30　含二切圆的手柄图形

（1）绘点 P1、P2 及 P3

点 P1(71,6)、P2(14,0) 及 P3(120,0) 的绘法略。

（2）绘圆 C1、C4 及线 L2(略)

（3）绘二切圆 C2 及 C3

单击"画圆 2"图标，单击 C1 圆左上圆周，单击直线 L2，向右下方移动光标时，出现一个与圆 C1 及直线 L2 相切的粉红色圆，提示输入半径，输 44，单击空白区绘出圆 C2。单击点 P1，单击 C2 右上部圆周，向右上方移动光标时，出现一个过点 P1 与 C2 圆相切的粉红色圆，提示输入半径，输 79 单击空白区，绘出圆 C3。

（4）绘直线 L1

单击"线段 2"图标,单击点 P1,右移光标时,拉出一条红色直线,单击 C4 圆周上部,绘出直线 L1。

（5）修剪

单击"修剪"图标,剪去除圆 C1、C4 整圆之外的其余线段。

（6）对称

单击空白区,按 Ctrl 键,单击图中各线段,全变为蓝色粗线,按 Ctrl + C 键,在弹出的"复制 - 对称"对话框中,单击▼,选"对称",选"复制",选 X 轴,单击"确定",显出与 X 轴对称后的图形,单击空白区。

（7）修剪

单击"修剪"图标,单击圆 C1 及圆 C4 的多余圆周,得到所需要的图形。

八、综合图形

图 7.31 是一个由多种线段组合的图形。绘此图时应先作出如下六个点:P1(- 24,44)、P2(- 20, - 40)、P3(20, - 80)、P4(33, - 68)、P5(60, - 28)、P6(45.2,34)。然后绘制已知圆心及半径(或圆上一点)的圆 C1 至圆 C7,以及二切圆 C8 及 C9。再绘制 L1 至 L8 各条直线。最后绘 R = 4 的三个过渡圆。

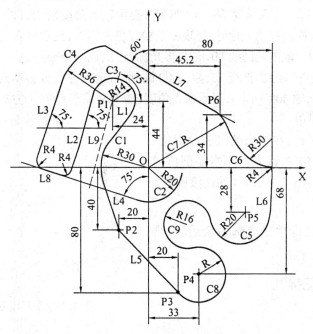

图 7.31　综合图形

1.绘图

（1）绘 P1 ~ P6 六个已知点(略)

（2）绘已知圆心及半径或圆上一点的圆 C1、C2、C3、C4、C5、C7、C8

单击"画圆 1"图标,单击原点,提示输入半径,输 30(回车),绘出圆 C1。单击原点,提示输入半径,输 20(回车),绘出圆 C2。单击原点,提示输入半径时,移光标单击点 P6,绘出圆

C7。单击点 P1,提示输入半径,输 14(回车),绘出圆 C3。单击点 P1,提示输入半径,输 36(回车),绘出圆 C4。单击点 P4,提示输入半径,单击点 P3,绘出圆 C8。单击点 P5,提示输入半径,输 20(回车),绘出圆 C5。

（3）绘二切圆 C9 及 C6

圆 C9 与 C8 和 C5 相切,已知半径 R = 16。单击"画圆 2"图标,单击 C8 左上部圆周,单击 C5 左下部圆周,移动光标时,出现一个粉红色二切圆,提示输入半径,输 16(回车)单击空白区绘出圆 C9。单击 C7 圆周右上方,单击右边 X 轴,上移光标时,出现一个粉红色圆,提示输入半径,输 30(回车),轻点鼠标左键,绘出圆 C6。

（4）绘直线 L1、L4、L5 和 L6。L1 是圆 C1 和 C3 的内公切线,L4 为过点 P2 与圆 C1 的切线,L5 为过点 P2 与圆 C8 相切的线,L6 是距 Y 轴 80 并与 C5 圆周相切。单击"线段 2"图标,单击 C1 左上方圆周,单击 C3 右下方圆周绘出直线 L1。单击点 P2,单击 C1 左下方圆周绘出直线 L4。单击点 P2,单击 C8 圆周左下方,绘出直线 L5。单击"水平线/垂直线"图标,在弹出的"水平线/垂直线"对话框中,选垂直,距离输 80(回车),绘出直线 L6,关闭对话框。

（5）绘直线 L2、L3、L7 和 L8

单击"线段 1"图标,单击点 P6 向左上方移动光标时拉出一条粉红色线,提示输入长度,输 100(回车),提示输入角度,输 150(回车),绘出直线 L7。绘 L2、L3 之前需先作一条过点 P1 并与 L2、L3 平行的辅助直线 L9,再将此辅助线 L9 平移而绘出 L2 和 L3。单击点 P1,向左下方移动光标拉出一条粉红色直线,提示输入长度,输 100(回车),提示输入角度输 255(回车)绘出辅助直线 L9。单击该辅助线 L9 向左移动光标时,出现一条粉红色平行线,提示输入距离,输 14(回车)单击空白区绘出直线 L2。单击辅助线 L9,向左移光标时,出现一条粉红色平行线,提示输入距离,输 36(回车)单击空白区绘出直线 L3,单击 C2 圆周下部,向左上方移动光标拉出一条粉红色直线,提示输入长度,输 100(回车),提示输入角度,输 165(回车),绘出直线 L8。

（6）绘 R = 4 三个倒圆角

单击"倒圆角/倒角"图标,在弹出的"倒圆/倒角"对话框中,选"倒圆",半径输 4,移光标单击需倒角的两则线段,逐个进行就能绘出三个 R = 4 的过渡圆角。

2.修剪

单击"修剪"图标,移光标单击全部多余线段,得到所需要的图形。

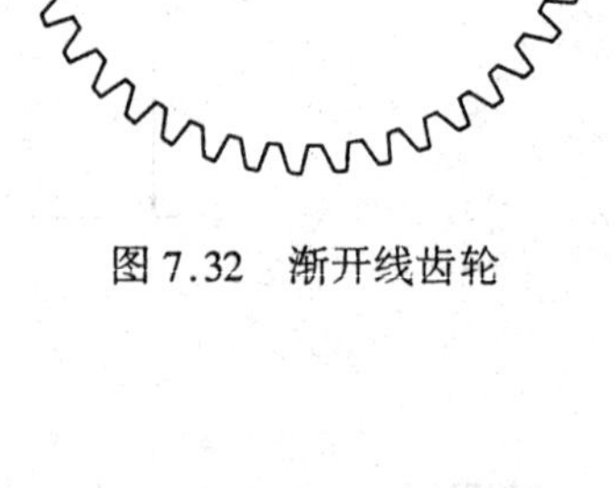

九、渐开线齿轮及花键孔

1.渐开线齿轮

图 7.32 所示为一个渐开线齿轮。已知齿数 $Z =$ 42,压力角 $\alpha = 20°$,模数 $m = 2$,齿顶高系数 $h_a = 1$。

绘图。单击"加工"、"线切割",右侧显示一列图标,倒数第三个就是"齿轮轮廓生成"图标,单击该图标,弹出"渐开线齿轮设计"对话框如图 7.33 所示,其中齿轮种类分:外齿轮（External)和内齿轮（Internal)。应选 External,然后填入齿数 42,压力角 20,模数 2,单击"重新计算",其余参数自动按标准齿轮计算结果显示出来。单击"确定",单击"缩放全视",齿轮图

图 7.32　渐开线齿轮

形显示出来。

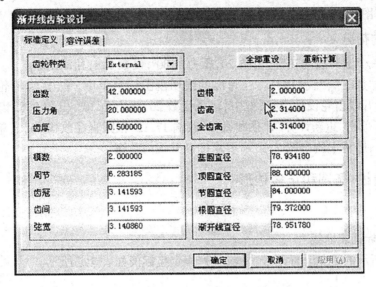

图 7.33　渐开线齿轮设计对话框

2．含有几个渐开线齿形的图形

图 7.34 的工件含有九个渐开线齿形。

（1）绘出渐开线齿形

单击"加工"、"线切割"，单击"齿轮轮廓生成"图标，在弹出的"渐开线齿轮设计"对话框中，齿数输 18，压力角输 20，模数输 1.75，单击"重新计算"，单击"确定"，单击"缩放全视"，绘出 18 个齿形的渐开线齿轮。

（2）将图形旋转 90°

将图形旋转 90°后，使一个齿在 Y 轴上。单击齿形上任一点，全部齿形变为蓝色粗线，按

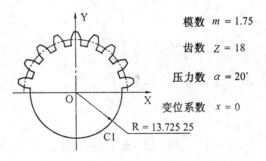

模数　$m = 1.75$
齿数　$Z = 18$
压力数　$\alpha = 20°$
变位系数　$x = 0$
$R = 13.725\ 25$

图 7.34　有九个渐开线齿形的图形

Ctrl C 键，弹出一个对话框，单击▼，选"旋转"，变换类型选"移动"，复制对象之间角度输 90，选使用原点为旋转轴，单击"确定"，整个齿轮图形沿逆时针旋转了 90°，轻点左键图形变白色。

（3）修剪留下九个齿

该图直接用修剪功能修剪不了，需要恢复几何之后才能修剪。单击齿形某线段全部齿形变为蓝色粗线，单击"复制"图标，弹出"复制增加 – 对称"对话框，单击右上侧▼，选"回复几何"，单击"确定"，轻点大键盘 Delete 键，全部齿形变为黑色，移光标到齿轮外左侧处，轻按左键，往右下移动光标时拉出一个粉色方框，使其框往下面九个不要的齿形后放开左键，被框过的九个齿形变为深蓝色粗线，轻点 Delete 键，九个深蓝齿形被删除，只剩上半九个齿。

（4）绘圆 C1

单击"画圆 1"图标，移光标到坐标原点上轻点左键，向外移光标出现一个粉圆，提示输入半径，输 13.72525（回车），绘出圆 C1。

(5) 修剪

单击"修剪"图标,单击多余的圆弧,就绘出图7.34所要求的图形。

3. 渐开线内花键

图7.35是一个渐开线内花键,齿数20,压力角30°,模数0.8,孔深20。

绘图。单击"加工"、"线切割"。在弹出的线切割图标菜单中,单击"齿轮轮廓生成"图标,在弹出的"渐开线齿轮设计"对话框中,输入齿数20,压力角30°,模数0.8,齿厚20,齿轮种类选 Internal。单击"重新计算","顶圆直径"改输17.12,根圆直径改输15.2,单击"确定",单击"缩放全视",屏幕上绘出图7.35所要求的渐开线内花键。

十、列表曲线、椭圆和正多边形

1. 列表曲线

(1) 直角坐标列表曲线

如图7.36所示的直角坐标列表曲线,其列表点坐标值如表7.7所示。

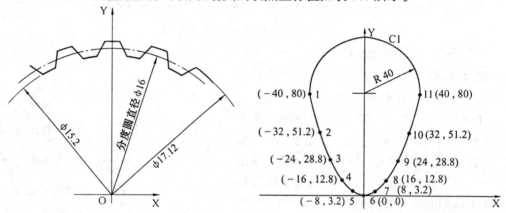

图7.35　渐开线内花键　　　　图7.36　含列表曲线的图形

表7.7　直角坐标列表点坐标值

列表点号	1	2	3	4	5	6	7	8	9	10	11
X	-40	-32	-24	-16	-8	0	8	16	24	32	40
Y	80	51.2	28.8	12.8	3.2	0	3.2	12.8	28.8	51.2	80

① 绘左侧的列表点曲线。单击"点"图标,在弹出的"画点"对话框中选择"相对点/圆心点",输入第点1坐标-40,8,单击"应用",单击"缩放全视",屏幕上显示"×"表示所绘出点1的位置。按顺序输入2、3、4、5、6各点。关闭"画点"对话框。

单击"绘制",在弹出的"绘制窗"中单击"曲线",单击"手工选择"图标,移光标捕捉到点1时,轻点鼠标左键,显 P1,移光标出现一条粉线,当捕捉到第2点时,轻点鼠标左键,出现P2,同样方法按顺序捕捉点3、4、5、6,移光标单击屏幕右上方的红色"循环停止"按钮,绘出左侧一条黑色的列表曲线。

(2) 用与Y轴对称功能绘右侧列表曲线

轻点 ESC 键退出所有命令,按住 Ctrl 键,单击已绘出的曲线,变为蓝色粗线,按 Ctrl C 两键,弹出"复制增加－对称"对话框,选对话框中的"复制"和"Y 轴"之后,单击"确定"就得到右边曲线,轻点鼠标左键已绘出的列表曲线变为黑色。

(3) 绘圆 C1

绘一个圆心点 0,80,之后单击"画圆 1"图标,提示选择参考图索,移光标捕捉到圆心点时,轻点鼠标左键并向外移光标,提示输入半径,输 40(回车),绘出圆 C1,单击"缩放全视"。

(4) 修剪

单击"修剪"图标,移光标单击多余的圆弧,得到图 7.36 所要求的图形。

2.极坐标列表曲线

图 7.37 所示为极坐标列表曲线,其极坐标列表点坐标值如表 7.8 所示,其中点 P1 至 P2 为由 11 个列表点绘出的列表曲线。

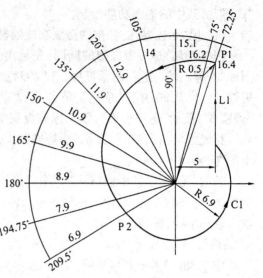

图 7.37　极坐标列表曲线图形

表 7.8　极坐标列表点坐标值

列表点号	1	2	3	4	5	6	7	8	9	10	11
极　角	72.25°	75°	90°	105°	120°	135°	150°	165°	180°	194.75°	209.5°
极径	16.4	16.2	15.1	14	12.9	11.9	10.9	9.9	8.9	7.9	6.9

(1) 绘点 P1 至 P2 之间的列表点曲线

① 输入各个极坐标点。单击"点"图标,在弹出的"画点"对话框中选极坐标,角度输 72.25,分段点(极径)输 16.4,单击"应用",单击"缩放全视"屏幕上显示第 1 点,角度改输 75,分段点输 16.2,单击"应用",显示第 2 点,按同样方法依次将 11 个点全输入,关闭对话框,单击"缩放全视"全部点均显示出来。

② 绘列表曲线。单击"手工选择",移光标捕捉到第 1 点,轻点鼠标左键,显 P1,移光标出现一条粉线,当捕捉到第 2 点时,轻点鼠标左键,显 P2,同法依次捕捉各点,捕捉完第 11 点时,绘出一条粉色的列表曲线,移光标单击右上角"循环停止"红色按钮,绘出了黑色的列表曲线。

③ 绘圆 C1。单击"画圆 1"图标,移光标到坐标原点上,轻点鼠标左键,向外移光标时出现一个粉色圆,提示输入半径,输 6.9(回车)绘出圆 C1。

④ 绘直线 L1。先绘一个点 5,0,单击"点"图标,在弹出的"画点"对话框中选"相对点/圆心点",输 5,0,单击"应用",关闭"画点"对话框,单击"直线 2"图标,提示选择第一个参考图索,移光标捕捉到点 P1,轻点鼠标左键,向下移动光标拉出一条粉线,当捕捉到点 5,0 时,轻点鼠标左键绘出直线 L1。

⑤ 修剪。单击"修剪"图标,移光标单击多余的圆弧和直线,修剪后得到图 7.37 所示的图形。

3.椭圆

椭圆的绘制有两种方法,完整的椭圆可用"无边界几何"中的椭圆功能,开口椭圆应采用

"边界几何"中的椭圆功能绘制。

(1) 用"无边界几何"中的椭圆功能绘椭圆

图7.38(a)是一个完整的椭圆,先绘出长轴上的一个点和短轴上的一个点。单击"点"图标,在弹出的"画点"对话框中,选"相对点/圆心点",输长轴上的点30,0,单击"应用",输短轴上的点0,20,单击"应用",单击"缩放全视",关闭"画点"对话框。单击"有界几何"中的"椭圆3",提示"选中心点",移光标捕捉到坐标原点,轻点鼠标左键,提示"选择主要半径的点",移光标单击点30,0,提示"选择椭圆上的点",移光标单击点0,20,单击"缩放全视",绘出图7.38(a)中的椭圆。

若用"无界几何"中的"椭圆1"图标来绘该椭圆,单击"椭圆1","提示选中心点"。移光标单击坐标原点,提示"输入长轴角度",输0(回车),提示输入较大半径,输30(回车),提示输入较小半径,输20(回车),单击"缩放全视"绘出该椭圆。若要绘制图7.38(b)中长轴为45°的椭圆,则当提示"输入长轴角度时",输45(回车)。

图7.38(c)为一开口椭圆,应用"边界几何"中的"椭圆"功能来绘制。

(2) 用"有界几何"中的"椭圆"功能绘椭圆

单击"椭圆1"图标,提示"选择中心点",单击坐标原点,提示"输入长轴的角度",输0(回车),提示"输入较大半径",输30(回车),提示"输入较小半径",输20(回车),提示"输入开始角度",输45(回车),提示"输入结束角度",输−45(回车),单击"缩放全视",显示图7.38(c)的开口椭圆。若已经知道开口椭圆的开始点和结束点的坐标值,可用"椭圆3"图标来绘制。

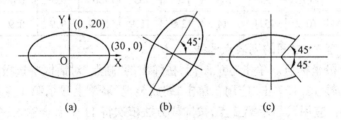

图7.38　几种椭圆图形

4. 正多边形

绘图7.39所示的正六边形,单击"多边形"图标,在弹出的"多边形"对话框中,选"外圆",直径(外接圆直径)输30,基准角度输0,边数输6,提示"选择中心点",单击坐标原点,关闭对话框,单击"缩放全视",绘出图中的正六边形。

若已知为内切圆直径,则选"内圆",当边数不同时,输入实际边数量,基准角度位置也可以根据实际需要输入。

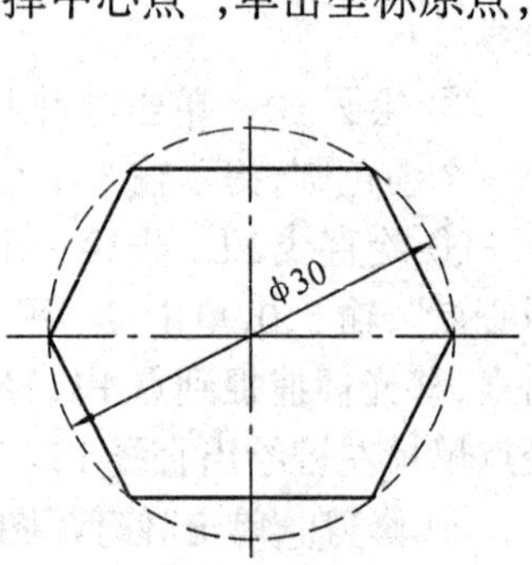

十一、凸轮

1. 由圆弧和公切线组成的凸轮

图7.40为由圆弧和公切线组成的凸轮,圆 C2 的圆心为点 P1(0,27),C3 的圆心为 P2(147.5°,33)极坐标点。

(1) 绘点 P1 和 P2

单击"点"图标,在弹出的"画点"对话框中选"相对点/圆心点",X、Y 坐标输 0,27,单击

图7.39　正六边形

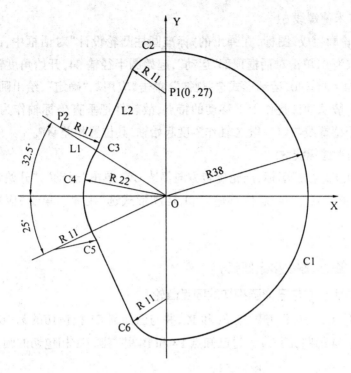

图 7.40 圆弧及公切线组成的凸轮

应用。选"极坐标点",角度输 147.5,分段点(极径)输 33,单击"应用",关闭对话框,单击"缩放全视"图标,屏幕上显示出点 P1 和 P2。

(2) 绘圆 C1、C4、C2 及 C3

单击"画圆 1"图标,移光标单击坐标原点向外移,出现一粉红圆,提示输入半径,输 38(回车),绘出圆 C1,同样方法半径输 22 绘出圆 C4。移光标单击点 P1 并向外移,出现粉圆,提示输入半径,输 11(回车)绘出圆 C2,用相同的方法可绘出圆 C3,单击"缩放全视"。

(3) 绘公切线 L2

单击"直线 2"图标,移光标单击圆 C2 左上方圆周,向左下方移光标时拉出一条粉线,光标单击 C3 圆周右下方,绘出圆 C2 和 C3 间的内公切线 L2。

(4) 用与 X 轴对称绘其余部分

轻按 Ctrl 键,单击图中各线段,使其全变为蓝色粗线。单击"复制"图标,在弹出的"复制增加 – 对称"对话框中,变换类型选"复制"、"对称",对称参数选"X 轴",单击"确定"。绘出对称后的蓝色粗线图,轻点鼠标左键,全部图形变黑色。

(5) 修剪

单击"修剪"图标,移光标单击所有多余线段,圆 C3 及其对称圆最好最后修剪,以免不该修剪掉的线段会被附带删去。

2. 由阿基米德螺线和圆弧组成的凸轮(图 7.41)

(1) 绘圆 C1

单击"画圆 1"图标,单击坐标原点,外移光标时出现一个粉圆,提示输入半径,输 34(回车)。绘出圆 C1。

（2）绘阿基米德螺线 S1

单击"Cam 轮廓生成"图标,在弹出的"标准圆柱凸轮设计"对话框中,凸轮旋转方向选CW,其余两项取为 0,单击对话框顶部"运动",起始圆半径输 34,开始角度输 0,结束角度输180,总位移输 74 – 34 = 40,运动形式选"规律",单击"应用"、"确定",绘出阿基米德螺线 S1。由于凸轮工作一般从动件是作上下移动的特点,故软件把垂直坐标轴作为 0°的起始轴,所以绘出的阿基米德螺线与以一般 X 轴作零度起始轴,其位置相差 90°。

（3）绘阿基米德螺线 S2

单击"Cam 轮廓生成"图标,凸轮旋转方向仍选 CW,单击"运动","开始角"输 180,"结束角"输 270,起始圆半径输 74,总位移输 – 40,运动形式选"规律",单击"应用"、"确定"绘出S2。

（4）修剪

单击"修剪"图标,删去多余圆弧。

3. 含过已知两点并与已知圆相切的圆弧凸轮

图 7.42 中圆 C2 为过已知的点 P1 和 P2,并与已知圆 C1 相包切的圆,圆 C3 为过已知点P2 和 P3 半径为 34 的圆,圆 C4 为过已知点 P3 和 P4 并与圆 C1 相包切的圆。

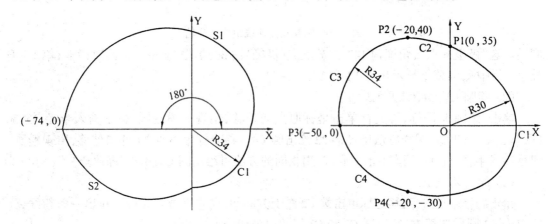

图 7.41   阿基米德螺线凸轮   图 7.42   含过已知两点并与已知圆相切的圆弧凸轮

（1）绘圆 C1

单击"画圆 1"图标,单击"原点"外移光标出现粉圆,提示输入半径,输 30(回车)单击"缩放全视",绘出圆 C1。

（2）绘点 P1、P2、P3 和 P4

单击"点"图标,在弹出的"画点"对话框中选"相对点/圆心点",X,Y 输 0,35,单击"应用",输 – 20,40,单击"应用",输 – 50,0,单击"应用",输 – 20, – 30,单击"应用",关闭"画点"对话框,单击"缩放全视",屏幕上显示点 P1、P2、P3 和 P4。

（3）绘圆 C2、C3 和 C4

单击"画圆 3"图标,移光标按顺序单击 P2、P1 和 C1 圆周右上部,绘出圆 C2。单击"点P3、P4 和 C1 圆周右下侧,绘出圆 C4。单击"画圆 2"图标,单击点 P2、P3,提示输入半径,输 34

（回车），轻点鼠标左键绘出圆 C3。

（4）修剪

单击"缩放全视"，单击"修剪"图标，移光标单击多余线段删除，得到图 7.42 所示的图形。

十二、锥度

ESPRIT 具有较强的切割锥度功能，可以编出：a.上、下都是圆弧的圆锥；b.上端尖角，下端圆弧的圆锥；c.上、下都是尖角的圆锥。

1.锥度模式

（1）圆角锥度模式

圆角锥度模式，只应用在转角为圆弧的情况，分为两种：一种是转角处上、下圆弧半径不同，如图 7.43，简称"圆锥"；另一种在转角处上、下圆弧半径相同，如图 7.44 所示，简称"圆柱"。

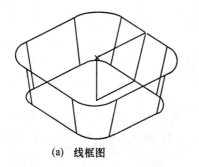
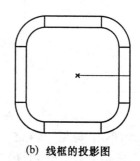

(a)　线框图　　　　　　　　　　　　　(b)　线框的投影图

图 7.43　上下圆弧半径不同的圆锥

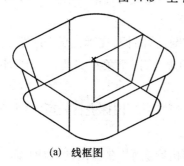
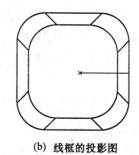

(a)　线框图　　　　　　　　　　　　　(b)　线框的投影图

图 7.44　上下圆弧半径相同的圆柱锥

（2）尖角锥度模式

"尖角锥度模式"只应用在转角为尖角的情况，尖角模式也分两种：一种是"圆弧"（图 7.45），转角处上端是尖角，下端是圆弧，若有可能尽量用这种；另一种是"尖角"（图 7.46），转角处上下都是尖角。

2.切割锥度实例

（1）圆角锥

图 7.47 中四个转角处均为半径 R = 7 的"圆柱锥"，其上下圆弧半径相等。

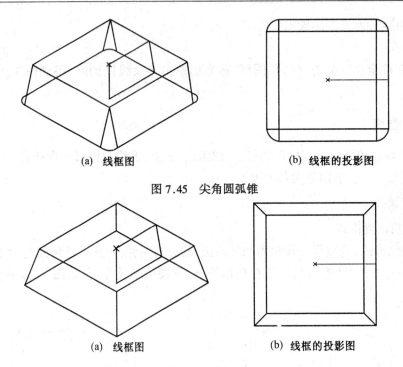

(a) 线框图　　　　　　　(b) 线框的投影图

图 7.45　尖角圆弧锥

(a) 线框图　　　　　　　(b) 线框的投影图

图 7.46　尖角锥

① 绘图。

a.绘点 P1、P2 和 P3。单击"点"图标,在弹出的"画点"对话框中,选"相对点/圆心点",X、Y 输 50,30,单击"应用",输 25,15,单击"应用",输 25,0,单击"应用",关闭对话框,单击"缩放全视",屏幕上显示出 P1、P2 和 P3 三个点。

b.绘 50×30 的矩形。单击"矩形"图标,移光标单击坐标原点,向点 P1 移光标出现粉色矩形,单击点 P1,绘出 50×30 的矩形。

c.四个角倒成 R = 7 的圆角。单击"倒圆角/倒角"图标,在弹出的"倒圆/倒角"对话框中,选"倒圆",半径输 7,逐个单击需倒圆角的两侧边,使四个角都倒圆,关闭"倒圆/倒角"对话框。

d.自动连接轨迹特征。单击"特征"栏中的"自动连接"图标进行处理,整个图形变白,有一个白色箭头指示切割方向。

e.确定线切割机床。单击"刀具库"、"线切割机床类型"在弹出的"EDM 机床类型"对话框中,选 Sodick,单击"确定",选定了机床。

f.填写加工参数形成切割轨迹。单击"2 轴轮廓加工"图标,在弹出的"EDM 参数:SODICK"对话框中,单击"深度值",2 轴位置输 0,床台至上机头高度输 80,工件顶面高度输 80,下面三项均为 0,这样输的数值可使模拟后的图形简化,实际加工时各项数值应按实际输入才行。单击"锥度值",锥度输 − 1,锥度形式选 CyLinder,尖角模式选 Radius,单击"确定",全部轨迹变红色,切割轨迹已形成。

② 模拟加工。单击"线切割运行仿真"图标,单击点 P2,开始模拟加工,得到图 7.47 所示的图形。

③ 将右上角修改为圆锥圆弧。实际工作中会碰到各转角处不相同,若右上角的"圆柱锥"处需要修改为"圆锥圆弧",对于模拟加工所得的图形,必须先恢复为模拟加工前的图形,才能进行修改。单击"重画"图标,前面模拟所得与图 7.47 相同的图形,只留下 50×30 的外圈矩形。单击"角落形式"图标,在弹出的"角落类型"对话框中,选"圆锥形",单击图形右上角的圆周,单击"线切割运行仿真"图标,单击点 P2,开始模拟加工,模拟后得到图 7.48 所示右上角已变为圆锥圆弧。

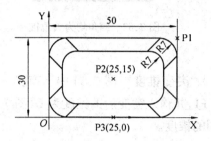

图 7.47　四角为圆柱锥　　　　　　图 7.48　右上角已变为圆锥圆弧

④ 将右上角修改得到的圆锥圆弧再修改回圆柱圆弧。

单击"重画"又恢复仿真前的图形。单击"角落形式",在弹出的"角落类型"对话框中,选"圆柱形",单击图形右上角圆周,单击"线切割运行仿真",单击点 P2 开始模拟加工,仿真之后右上角又变为"圆柱圆弧"。

⑤ 改变右上角内圈的圆弧半径。把右上角内圈的圆弧半径修改为 R=11。刚才仿真后图形右上角又恢复为圆柱圆弧。单击"重画",单击"角落形式"图标,在弹出的"角落类型"对话框中,选"变半径",半径值输 11,单击右上角圆弧边,单击"线切割运行仿真"图标,单击点 P2,仿真完后图形右上角内圈半径已修改为 R=11,如图 7.49 所示。

(2) 尖角锥

① 各转角处都是"尖角圆弧锥"的工件,可修改为"尖角锥"。现要把图 7.50 的"尖角圆弧锥"的右下角修改为"尖角锥"。单击"尖角模式"图标,单击右下角处,就可以使右下角修改为图 7.51 的尖角锥。

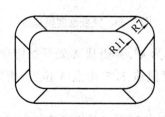
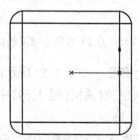

图 7.49　可以改变圆弧半径　　　　　　图 7.50　尖角圆弧锥

② 某转角处的尖角锥可修改为尖角圆弧锥。图 7.52 四个转角都是尖角锥,可将右下角修改为尖角圆弧锥,单击"圆角模式"图标,单击图 7.52 的右下角处就得到图 7.53 右下角修改为尖角圆弧锥。

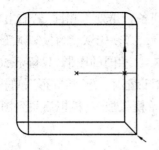

图 7.51　右下角已修改为尖角锥

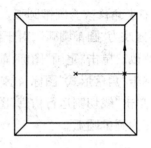

图 7.52　四角均为尖角锥

（3）变化的锥度

① 突变锥度。任何元素的相交处都可以插入"突变锥度"，图 7.54 中已有锥度为 10°，单击"突变锥度"，单击要发生锥度突变的元素点 P1，并输入突变后的锥度为 0（图 7.55），模拟后如图 7.56 所示，也可以在不同位置输入不同的锥度。

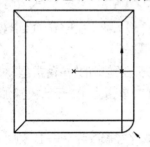

图 7.53　右下角修改为尖角圆弧锥

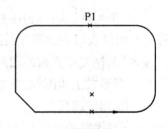

图 7.54　已有 10°锥度

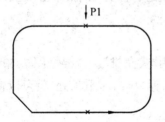

图 7.55　点 P1 为突变锥度的位置

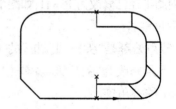

图 7.56　突变锥度模拟后

② 固定锥度。在图 7.57 所示的尖角锥图中，锥度为 4°，希望从 A 处开始锥度变为 2°，可在"锥度改变"对话框（图 7.59）中，选"固定式"，锥度值输 2，单击点 A 位置，模拟后得图 7.58所示的图形。

③ 渐变锥度。如果希望图7.58中，点 B 处开始锥度为 0，而且是以渐变的方式从 2°逐渐变为 0°。调出"锥度改变"对话框，选"渐变式"，锥度值输 0，单击转角 B，模拟后如图 7.60 所示。

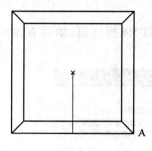

图 7.57 4°尖角锥

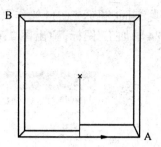

图 7.58 A 点 4°变 2°

锥度改变

○渐变式

⊙固定式

锥度值 2

图 7.59 锥度改变对话框

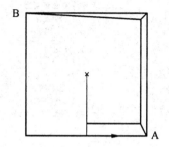

图 7.60 2° 渐变 0°

十三、上下异形面

在 ESPRIT 软件中切割加工上下异形面使用的是"四轴加工"功能,这样可使上下异型面的加工变得非常简单。

1.五角星 – 五瓣圆弧上下异形面

要编图 7.61 上下异形面的程序,只需要先绘出五角星和五瓣圆弧轮廓的图形,并指定相应的进丝点和退丝点就可以了。

图 7.61 的上面和下面尺寸如图 7.62 所示,现以使用Sodick公司的线切割机床为例。

(1) 绘图 7.62 的上下表面图形(略)

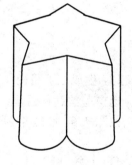

图 7.61 上表面五角星下表面五瓣圆弧

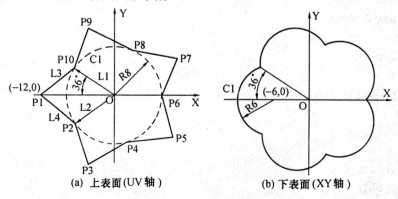

(a) 上表面(UV轴) (b) 下表面(XY轴)

图 7.62 上下表面图形尺寸

（2）填 Sodick 机床 EDM4 操作页

单击"4 轴加工"图标，弹出图 7.63 所示的 Sodick EDM4 操作页，填写有关内容后，单击"确定"。

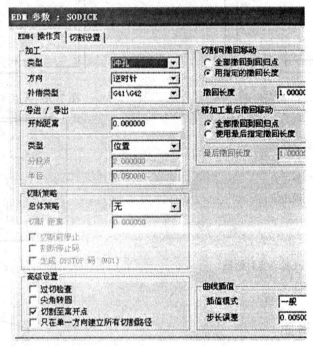

图 7.63　Sodick EDM4 操作页

（3）生成加工路径

选择进丝点和退丝点，选择下轮廓，选择上轮廓，就生成图 7.64 所示的加工路径。

按图 7.64 加工路径所生成的数控代码，如表 7.9 所示。

表 7.9　图 7.64 加工路径的数控代码

(C	= ON	OFF	IP	HRP	MAO	SV	V	SF	C	PIK	CTRL	WK	WT	WS	WP)
C000	= 001	015	2215	433	470	060	3	0010	0	000	0000	010	035	080	045
C001	= 002	015	2215	433	470	050	3	0010	0	000	0000	010	035	080	045

H000 = + 000000.010000

H001 = + 000000.065000

N0005 TP0.0

N0010 TN45.0

N0015 G90

N0020 G92 X0.0 Y22.0 U0 V0 Z0

N0025 G29

N0030 T94

N0035 T84

N0040 C000

N0045 G142 H000

N0050 G01 X0.0 Y21.999 ; G01 X0.0 Y21.999

N0055 C001

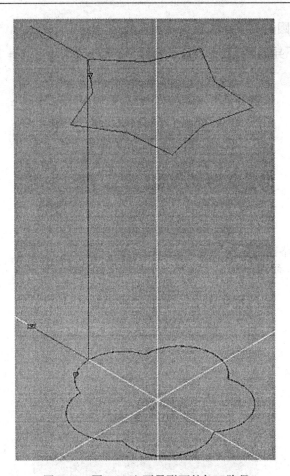

图 7.64　图 7.62 上下异形面的加工路径

N0060 G01 X0.0 Y12.0 ; G01 X0.0 Y12.0

N0065 H001

N0070 G03 X－5.7063 Y7.8541 I0 J－6.0 ; G01 X－4.7023 Y6.4721

N0075 G03 X－11.4127 Y3.7082 I0 J－6.0 ; G01 X－11.4127 Y3.7082

N0080 G03 X－9.2331 Y－3.0 I5.7063 J－1.8541 ; G01 X－7.6085 Y－2.4721

N0085 G03 X－7.0534 Y－9.7082 I5.7063 J－1.8541 ; G01 X－7.0534 Y－9.7082

N0090 G03 X0.0 Y－9.7082 I3.5267 J4.8541 ; G01 X0.0 Y－8.0

N0095 G03 X7.0534 Y－9.7082 I3.5267 J4.8541 ; G01 X7.0534 Y－9.7082

N0100 G03 X9.2331 Y－3.0 I－3.5267 J4.8541 ; G01 X7.6085 Y－2.4721

N0105 G03 X11.4127 Y3.7082 I－3.5267 J4.8541 ; G01 X11.4127 Y3.7082

N0110 G03 X5.7063 Y7.8541 I－5.7063 J－1.8541 ; G01 X4.7023 Y6.4721

N0115 G03 X0.0 Y12.0 I－5.7063 J－1.8541 ; G01 X0.0 Y12.0

N0120 H000

N0125 G140 G01 X0.0 Y22.0

N0130 T85

N0135 M02

2.正六边形和正圆的上下异形面

图 7.65 中的上下异形面,上表面为正六边形,其外接圆半径 R = 10,下表面为正圆,半径 R = 10。

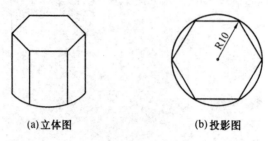

(a)立体图　　　　　　　　(b)投影图

图 7.65　六边形与圆的上下异形面

(1) 绘图及加工路径的生成

与上例类似(略),所生成的加工路径,如图 7.66 所示。

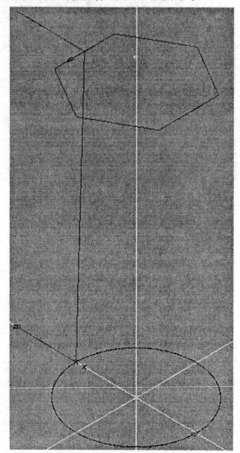

图 7.66　图 7.65 的加工路径

(2) 生成数控代码

图 7.66 加工路径的数控代码,如表 7.10 所示。

表 7.10　图 7.66 加工路径的数控代码

(C =	ON	OFF	IP	HRP	MAO	SV	V	SF	C	PIK	CTRL	WK	WT	WS	WP)
C000 =	001	015	2215	433	470	060	3	0010	0	000	0000	010	035	080	045
C001 =	002	015	2215	433	470	050	3	0010	0	000	0000	010	035	080	045

H000 = + 000000.010000

H001 = + 000000.065000

N0005 TP0.0

N0010 TN45.0

N0015 G90

N0020 G92 X0.0 Y20.0 U0 V0 Z0

N0025 G29

N0030 T94

N0035 T84

N0040 C000

N0045 G142 H000

N0050 G01 X0.0 Y19.999 ：G01 X0.0 Y19.999

N0055 C001

N0060 G01 X0.0 Y10.0 ：G01 X0.0 Y8.6603

N0065 H001

N0070 G03 X − 5.0 Y8.6603 I0 J − 10.0 ：G01 X − 5.0 Y8.6603

N0075 G03 X − 10.0 Y0.0 I5.0 J − 8.6603 ：G01 X − 10.0 Y0.0

N0080 G03 X − 5.0 Y − 8.6603 I10.0 J0 ：G01 X − 5.0 Y − 8.6603

N0085 G03 X5.0 Y − 8.6603 I5.0 J8.6603 ：G01 X5.0 Y − 8.6603

N0090 G03 X10.0 Y0.0 I − 5.0 J8.6603 ：G01 X10.0 Y0.0

N0095 G03 X5.0 Y8.6603 I − 10.0 J0 ：G01 X5.0 Y8.6603

N0100 G03 X0.0 Y10.0 I − 5.0 J − 8.6603 ：G01 X − 0.0 Y8.6603

N0105 H000

N0110 G01 X0.0 Y19.999 ：G01 X0.0 Y19.999

N0115 G140 G01 X0.0 Y20.0

N0120 T85

N0125 M02

3. 根据实体生成数控代码

ESPRIT 软件可以根据上下异形面工件的三维实体图形
生成加工路径及数控代码,不需要绘制上下表面的轮廓。图
7.67 是一个工件的三维实体图形。

方法为选择"特征实体"功能,然后分别点击要加工的表
面,在弹出的"EDM4 特征搜索实体"对话框(图 7.68)中,填
入相应的参数,然后单击"确定",就自动生成图 7.69 所示的加工路径。

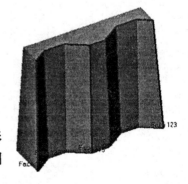

图 7.67　一个上下异形面的三维
实体

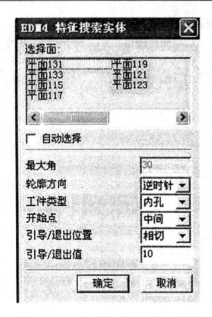

图 7.69 图 7.67 三维实体的加工
路径

图 7.68 EDM4 特征搜索实体对话框

第八章　线切割控制

数控电火花线切割机床之所以能加工各式各样形状的图形，是因为它的 X、Y 坐标工作台由数控系统控制。X、Y 坐标工作台只能在 X 或 Y 坐标轴方向作直线进给，但线切割加工的大部分图形都是由斜线或圆弧组合而成。因此为了加工斜线或圆弧，就把 X 或 Y 工作台每走一步的距离（即脉冲当量）取得很小，只有 0.001 mm。依斜线斜率或圆弧半径不同，X 或 Y 两个坐标方向进给步数的多少互相配合，使钼丝的轨迹尽量逼近所要加工的斜线或圆弧。这样，钼丝中心的轨迹并不是斜线或圆弧，而是由逼近所加工的斜线或圆弧的很多长度甚小的折线所组成，也就是由这些小折线交替"插补"进给。所谓"插补"，就是在一个线段的起点和终点间用足够多的短直线组成折线来逼近所给定的线段。

目前的插补方法有很多种，一般的数控电火花线切割机床的数控系统，通常采用逐点比较法来插补。

8.1　逐点比较法控制原理

线切割数控系统是按逐点比较法的控制原理对线切割机床的 X 和 Y 坐标工作台进行控制的，工作台每进给一步的移动量为 1 μm（0.001 mm）。

一、逐点比较法插补原理

首先粗略地介绍机床是如何按规定图形加工出所需工件的。例如，现在要加工一段圆弧 $\overset{\frown}{AB}$（图 8.1(a)），起点为 A，终点为 B，坐标原点就是圆心，Y 轴、X 轴代表纵、横拖板的方向，圆弧半径为 R。

现在从点 A 出发进行加工，设某一时刻加工点在 M_1，一般说来，M_1 和圆弧 $\overset{\frown}{AB}$ 有所偏离。人们就应该根据偏离的情况，确定下一步加工进给的方向，使下一个加工点尽可能向规定图形（即圆弧 $\overset{\frown}{AB}$）靠拢。

若用 R_{M_1} 表示加工点 M_1 到圆心 O 的距离，显然，当 $R_{M_1} < R$ 时，表示加工点 M_1 在圆内，这时应控制纵拖板（Y 拖板）向圆外进给一步到新加工点 M_2。如概述中讲过的那样，由于拖板进给由步进电动机带动，进给的步长是固定的（1 μm），故新的加工点也不一定正好在圆弧上。同样可以明显地看出，当 $R_{M_2} \geqslant R$ 时，表示加工点 M_2 在圆外或圆上，这时应控制横拖板（X 拖板）向圆内进给一步。如此不断重复上述过程，就能加工出所需的圆弧。

这样,加工的结果是用折线来代替圆弧,为了看得清楚,在图8.1(a)中,把每步进给的步长都画得比较大,因而加工出来的折线与所需图形圆弧的误差也就比较大。若步长缩小,则误差也跟着缩小,如图8.1(b)所示,步长小了,加工误差也比图8.1(a)小,而实际加工时,进给步长仅为1 μm,故实际误差是很小的。

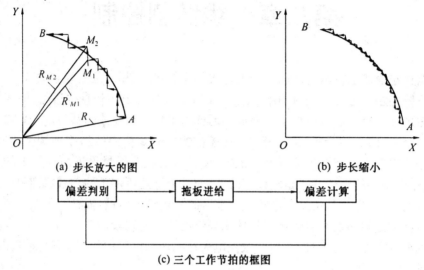

(a) 步长放大的图　　　　　　　　　　　(b) 步长缩小

(c) 三个工作节拍的框图

图8.1　逐点比较法插补原理

由上例可以看出,拖板进给是步进的,每走一步都要完成三个工作节拍:

(1) 偏差判别

判别加工点对规定图形的偏离位置(例如在加工圆弧时,应判断加工点在圆内还是在圆外),以决定拖板的走向。

(2) 拖板进给

控制 X 拖板或 Y 拖板进给一步(1 μm),以向规定图形靠拢。

(3) 偏差计算

对新的加工点计算出能反映偏离位置情况的偏差,以作为下一步判别的依据。

图8.1(c)就是这三个工作节拍的框图。以后在实用中还应加上第四节拍'终点判别'。

这种控制方案叫做逐点比较法,即每进给一步,逐点比较加工点与规定图形的位置偏差,一步一步地逼近。

在上述控制方案中可以看到,拖板的进给走向取决于加工点和实际规定图形偏离位置的判别,即偏差判别,而偏差判别的依据是偏差计算。因而,问题的关键是选取什么作为能正确反映偏离位置情况的偏差,以及如何进行偏差的计算。下面将对圆弧与斜线这两种不同的情况分别加以介绍。

1. 加工圆弧

(1) 圆弧加工偏差公式的建立原理

加工圆弧时,很自然地考虑用加工点到圆心的距离和圆弧半径相比较来反映加工偏差。

以逆时针方向切割第一象限的圆弧为例。设要加工半径为 R 的圆弧 $\overset{\frown}{AB}$,箭头表示加工方向(即由 A 到 B),R 表示圆弧半径,R_M 表示加工点到圆心的距离(图8.2(a))。

由前述可知,如果 $R_M > R$,表示加工点在圆外,为了减少加工误差,应控制拖板向圆内进给一步。点 M 进给可以走的方向有四个,在图 8.2(a)中分别用 $+\Delta X$、$-\Delta X$、$+\Delta Y$、$-\Delta Y$ 表示。其中 $+\Delta X$、$+\Delta Y$ 都是越走离圆弧越远,$-\Delta Y$ 与圆弧加工方向不符。故只能是 $-\Delta X$,即控制 X 拖板沿 $-\Delta X$ 方向进给一步。

同理,若 $R_M < R$ 表示加工点在圆内,应控制 Y 拖板沿 $+\Delta Y$ 方向向圆外进给一步。

若 $R_M = R$ 时,加工点正好在圆弧上。但是为了继续加工,也必须进给。而拖板又只能作纵或横的运动,故不能精确地沿着圆弧进给,进给方向只能是 $+\Delta Y$ 或 $-\Delta X$。现规定 $R_M = R$ 并入 $R_M > R$ 一类,即 $R_M \geqslant R$ 时,向圆内($-\Delta X$ 方向)进给。

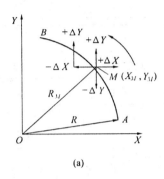
(a)

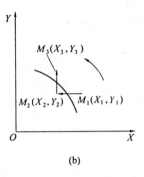
(b)

图 8.2 圆弧加工偏差

设点 M 坐标为 (X_M, Y_M),根据勾股弦定理知

$$R_M^2 = X_M^2 + Y_M^2$$

比较 R_M 与 R 的大小,只要比较 R_M^2 与 R^2 的大小,故可取 $R_M^2 - R^2$ 作为点 M 的加工偏差,记为 F_M,即

$$F_M = R_M^2 - R^2 = X_M^2 + Y_M^2 - R^2 \qquad (8.1)$$

这就是圆弧的加工偏差公式,直接按此式计算加工偏差对计算机是不方便的,以下提出一个简便方法。

(2) 圆弧加工偏差计算公式的确定

如果能找出相邻两个加工点偏差值间的数量联系,从而使每走一步后,新加工点的偏差可以用前一点的加工偏差来推算,那么就可以简化计算手续,这种算法叫做递推法。

在圆弧起点,很明显加工偏差 $F = 0$。

设在某一时刻加工点 $M_1(X_1, Y_1)$ 在圆外(图 8.2(b)),这点加工偏差必然为

$$F_1 = X_1^2 + Y_1^2 - R^2 > 0$$

故需沿 $-\Delta X$ 方向进给 1 μm 到点 $M_2(X_2、Y_2)$,得

$$X_2 = X_1 - 1 \qquad Y_2 = Y_1 \qquad (8.2)$$

所以,点 M_2 的加工偏差

$$F_2 = X_2^2 + Y_2^2 - R^2 = (X_1 - 1)^2 + Y_1^2 - R^2 = X_1^2 + Y_1^2 - R^2 - 2X_1 + 1 = F_1 - 2X_1 + 1$$

即

$$F_2 = F_1 - 2X_1 + 1 \qquad (8.3)$$

这就是在 $F_1 \geqslant 0$ 时,F_2 与 F_1 间的递推公式。

设点 M_2 已在圆内,即 $F_2 < 0$(图 8.2(b)),则需沿 $+\Delta Y$ 方向进给 1 μm 到 $M_3(X_3, Y_3)$,

得

$$X_3 = X_2 \qquad Y_3 = Y_2 + 1 \qquad\qquad (8.4)$$

所以点 M_3 的加工偏差

$$F_3 = X_3^2 + Y_3^2 - R^2 = X_2^2 + (Y_2 + 1)^2 - R^2 = X_2^2 + Y_2^2 - R^2 + 2Y_2 + 1 = F_2 + 2Y_2 + 1$$

即

$$F_3 = F_2 + 2Y_2 + 1 \qquad\qquad (8.5)$$

这就是在 $F_2 < 0$ 时，F_3 与 F_2 间的递推公式。

　　以上是第一象限逆圆加工的情况，经推导可以得到加工各象限逆圆或顺圆时计算偏差和各点坐标的公式，以及 F 在不同计算结果时电极丝的进给坐标和方向，如表 8.1 所示。

表 8.1　圆弧加工运算表

圆　弧　种　类	$F \geqslant 0$		$F < 0$	
	进给坐标	计算公式	进给坐标	计算公式
SR_1	$-\Delta Y$	$F - 2Y + 1 \rightarrow F$ $Y - 1 \rightarrow Y$ $X \rightarrow X$	$+\Delta X$	$F + 2X + 1 \rightarrow F$ $X + 1 \rightarrow X$ $Y \rightarrow Y$
SR_3	$+\Delta Y$		$-\Delta X$	
NR_2	$-\Delta Y$		$-\Delta X$	
NR_4	$+\Delta Y$		$+\Delta X$	
SR_2	$+\Delta X$	$F - 2X + 1 \rightarrow F$ $X - 1 \rightarrow X$ $Y \rightarrow Y$	$+\Delta Y$	$F + 2Y + 1 \rightarrow F$ $Y + 1 \rightarrow Y$ $X \rightarrow X$
SR_4	$-\Delta X$		$-\Delta Y$	
NR_1	$-\Delta X$		$+\Delta Y$	
NR_3	$+\Delta X$		$-\Delta Y$	

　　表中箭头左边的 X、Y 和 F 代表进给前加工点的坐标值和偏差值，箭头右边的为进给后加工点的坐标值和偏差值。

　　2. 加工斜线

　　(1) 斜线加工偏差公式的建立原理

　　对于斜线可取起点为坐标原点，横、纵两拖板方向为 X 轴、Y 轴方向作出坐标系。那么，斜线起点到加工点连线与坐标轴 $\overrightarrow{OX}$ 的夹角同规定斜线与坐标轴 $\overrightarrow{OX}$ 夹角的大小就能反映出加工的偏差。

　　设要加工的一段是第一象限的斜线 OA，A 为终点，坐标是 (X_e, Y_e)。如图 8.3(a) 所示，需加工斜线 $\overrightarrow{OA}$ 与坐标轴 $\overrightarrow{OX}$ 夹角为 α。某一时刻的加工点为 $M(X_M, Y_M)$。斜线起点到加工点连线 $\overrightarrow{OM}$ 与坐标轴 $\overrightarrow{OX}$ 夹角为 α_M。

　　若 $\alpha_M \geqslant \alpha$，表示加工点在规定斜线的左侧，应控制拖板沿 $+\Delta X$ 方向向斜线右侧进给一步，若 $\alpha_M < \alpha$，表示加工点在规定斜线的右侧，应控制拖板沿 $+\Delta Y$ 方向往斜线左侧进给一步。

　　根据三角函数知识，角的大小可用它的正切值来反映，所以比较角度 α 与 α_M 的大小，只要比较它们的正切值 $\tan \alpha$ 与 $\tan \alpha_M$ 的大小即可。这里

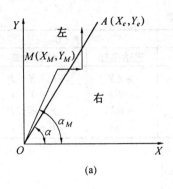 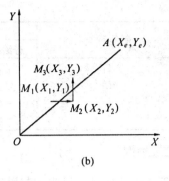

图 8.3　斜线加工偏差

$$\tan \alpha_M = \frac{Y_M}{X_M} \qquad \tan \alpha = \frac{Y_e}{X_e}$$

比较它们的大小,又可化为判别它们二者之差的符号,因为

$$\tan \alpha_M - \tan \alpha = \frac{Y_M}{X_M} - \frac{Y_e}{X_e} = \frac{X_e Y_M - Y_e X_M}{X_e X_M}$$

而 $X_e X_M > 0$(今后规定,不论在哪个象限,X、Y 的坐标只取绝对值,而不考虑符号),所以($\tan \alpha_M - \tan \alpha$)与($X_e Y_M - Y_e X_M$)符号相同。于是可取后者为点 M 的加工偏差,即

$$F_M = X_e Y_M - Y_e X_M \tag{8.6}$$

(2) 斜线加工偏差计算公式的确定

同加工圆弧一样,直接计算偏差较麻烦,仍采用递推法。

若要加工斜线 $\overrightarrow{OA}$,终点为 $A(X_e, Y_e)$。

设在某一时刻加工到点 $M_1(X_1, Y_1)$,M_1 在斜线左侧或在斜线上(图 8.3(b)),即

$$F_1 = X_e Y_1 - Y_e X_1 \geq 0$$

则应控制拖板沿着 $+\Delta X$ 方向进给 1 μm 到 $M_2(X_2, Y_2)$,得

$$X_2 = X_1 + 1 \qquad Y_2 = Y_1 \tag{8.7}$$

所以,M_2 点的加工偏差

$$F_2 = X_e Y_2 - Y_e X_2 = X_e Y_1 - Y_e(X_1 + 1) = X_e Y_1 - Y_e X_1 - Y_e = F_1 - Y_e$$

即

$$F_2 = F_1 - Y_e \tag{8.8}$$

设 M_2 在斜线 $\overrightarrow{OA}$ 右侧,即 $F_2 < 0$。

那么,应沿 $+\Delta Y$ 方向进给 1 μm 到点 $M_3(X_3, Y_3)$,得

$$X_3 = X_2; \ Y_3 = Y_2 + 1 \tag{8.9}$$

$$F_3 = X_e Y_3 - Y_e X_3 = X_e(Y_2 + 1) - Y_e X_2 = X_e Y_2 - Y_e X_2 + X_e = F_2 + X_e$$

即

$$F_3 = F_2 + X_e \tag{8.10}$$

在式(8.8)、(8.10)中,偏差 F 的推算都只用到终点坐标值(X_e, Y_e)。所以加工过程中不必计算加工点的坐标值(X_M, Y_M)。

经推导,可以得到各象限计算偏差 F 及 F 在不同计算结果时,电极丝的进给坐标和方向。如表 8.2 所示。

表 8.2　斜线加工运算表

斜线种类	$F \geqslant 0$		$F < 0$	
	进给坐标	计算公式	进给坐标	计算公式
L_1	$+\Delta X$	$F - Y \to F$	$+\Delta Y$	$F + X \to F$
L_2	$+\Delta Y$	$F - X \to F$	$-\Delta X$	$F + Y \to F$
L_3	$-\Delta X$	$F - Y \to F$	$-\Delta Y$	$F + X \to F$
L_4	$-\Delta Y$	$F - X \to F$	$+\Delta X$	$F + Y \to F$

二、举例

下面以实例具体说明控制原理。

1. 加工斜线

在加工一条 45°的斜线 OA 长度为 7.07 μm(轴向投影为 5 μm)的程序和插补运算过程如下:

(1) 程序

根据斜线在直角坐标系的位置,其终点坐标为(5,5),见图 8.4。也就是说终点在 X、Y 轴上的投影都是 5,计数长度是 5。

编出的程序为

B5　　B5　　B5　　G_Y　　L₁

B5　　B5　　B5　　G_Y　　L_1

(2) 插补运算过程

根据直线加工运算表,其加工运算及插补(以 1 μm 为单位的最小距离,逼近规定图形轨迹)过程如表 8.3 所示。

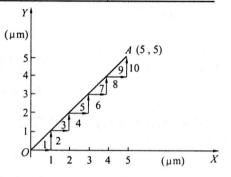

图 8.4　斜线插补实例

表 8.3　斜线加工运算及插补

步数	工 作 节 拍			
	第一拍	第二拍	第三拍	第四拍
	判　断	进　给	偏差计算	终点判别
起点			$F = 0$ $X = 5, Y = 5$	$G = G_Y$ $J = 5$
1	$F = 0$	$+\Delta X$	$F = 0 - 5 = -5 \to F$ $X = 5, Y = 5$	$J = 5$
2	$F < 0$	$+\Delta Y$	$F = -5 + 5 = 0 \to F$ $X = 5, Y = 5$	$J = 5 - 1 = 4$
3	$F = 0$	$+\Delta X$	$F = 0 - 5 = -5 \to F$ $X = 5, Y = 5$	$J = 4$
4	$F < 0$	$+\Delta Y$	$F = -5 + 5 = 0 \to F$ $X = 5, Y = 5$	$J = 4 - 1 = 3$
5	$F = 0$	$+\Delta X$	$F = 0 - 5 = -5 \to F$ $X = 5, Y = 5$	$J = 3$
6	$F < 0$	$+\Delta Y$	$F = -5 + 5 = 0 \to F$ $X = 5, Y = 5$	$J = 3 - 1 = 2$
7	$F = 0$	$+\Delta X$	$F = 0 - 5 = -5 \to F$ $X = 5, Y = 5$	$J = 2$
8	$F < 0$	$+\Delta Y$	$F = -5 + 5 = 0 \to F$ $X = 5, Y = 5$	$J = 2 - 1 = 1$
9	$F = 0$	$+\Delta X$	$F = 0 - 5 = -5 \to F$ $X = 5, Y = 5$	$J = 1$
10	$F < 0$	$+\Delta Y$	$F = -5 + 5 = 0 \to F$ $X = 5, Y = 5$	$J = 1 - 1 = 0$ 加工结束

从表中的运算过程可见,第一拍只判断正或负,不计较具体数值,在 45°(包括 135°、225°、315°)斜线程序中的 X、Y 坐标值相同,可以设任意两个相同的数,一般地取为 1(即 B1　B1　B5　G_Y L_1)。另外,本例中假如计数方向选成 X 的话,最后一步 ΔY 将失掉,造成误差。

2. 加工圆弧

加工一段第一象限的逆圆,终点落在 Y 轴上,圆弧半径为 5 μm,如图 8.5 所示。

(1)程序

圆弧程序中的 X、Y 值是圆弧的起点坐标值,这里是(5,0)。

计数方向的选择是根据终点靠近那个轴,这里是在 Y 轴上(靠近的特例),则取 G_X。在 X 轴方向上共应走 5 步,因此,J = 5。所以程序为

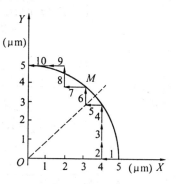

　　　　　　　B5　B　B5　GX　NR1

(2)插补运算过程

根据圆弧加工运算表,其过程如表 8.4 所示。

从图 8.5 和加工运算的插补结果看,若终点坐标落在 45°线附近时,若圆弧计数方向选择不准确,会丢步。如图 8.5 中的点 M,其坐标值为(3,4),假如这条圆弧的终点落在点 M 上,按大致规律选择计数方向(以 45°虚

图 8.5　圆弧插补实例

线为界),一般选 X。实际插补到点 M 的最后一步应为 $+\Delta Y$,若选 GX,则最后这一步就会失掉,所以计数方向的选择应根据最后一步是进给那一个坐标,就应选那个坐标作计数方向。

表 8.4　圆弧加工运算表

步数	工　　作　　节　　拍			
	第一拍	第二拍	第三拍	第四拍
	判　断	进　给	偏差计算	终点判别
起点			$F = 0$ $X = 5, Y = 0$	$G = GX$ $J = 5$
1	$F \geqslant 0$	$-\Delta X$	$F = 0 - 2 \times 5 + 1 = -9 \rightarrow F$ $X - 1 = 5 - 1 = 4 \rightarrow X, Y \rightarrow Y$	$J = 5 - 1 = 4$
2	$F < 0$	$+\Delta Y$	$F = -9 + 2 \times 0 + 1 = -8 \rightarrow F$ $X \rightarrow X, Y + 1 = 0 + 1 = 1 \rightarrow Y$	$J = 4$
3	$F < 0$	$+\Delta Y$	$F = -8 + 2 \times 1 + 1 = -5 \rightarrow F$ $X \rightarrow X, Y + 1 = 2 \rightarrow Y$	$J = 4$
4	$F < 0$	$+\Delta Y$	$F = -5 + 2 \times 2 + 1 = 0 \rightarrow F$ $X \rightarrow X, Y + 1 = 3 \rightarrow Y$	$J = 4$
5	$F \geqslant 0$	$-\Delta X$	$F = 0 - 2 \times 4 + 1 = -7 \rightarrow F$ $X - 1 = 4 - 1 = 3 \rightarrow X, Y \rightarrow Y$	$J = 4 - 1 = 3$
6	$F < 0$	$+\Delta Y$	$F = -7 + 2 \times 3 + 1 = 0 \rightarrow F$ $X \rightarrow X, Y + 1 = 4 \rightarrow Y$	$J = 3$
7	$F \geqslant 0$	$-\Delta X$	$F = 0 - 2 \times 3 + 1 = -5 \rightarrow F$ $X - 1 = 2 \rightarrow X, Y \rightarrow Y$	$J = 3 - 1 = 2$
8	$F < 0$	$+\Delta Y$	$F = -5 + 2 \times 4 + 1 = 4 \rightarrow F$ $X \rightarrow X, Y + 1 = 4 + 1 = 5 \rightarrow Y$	$J = 2$
9	$F \geqslant 0$	$-\Delta X$	$F = 4 - 2 \times 2 + 1 = 1 \rightarrow F$ $X - 1 = 1 \rightarrow X, Y \rightarrow Y$	$J = 2 - 1 = 1$
10	$F \geqslant 0$	$-\Delta X$	$F = 1 - 2 \times 1 + 1 = 0 \rightarrow F$ $X - 1 = 0 \rightarrow X, Y \rightarrow Y$	$J = 1 - 1 = 0$ 加工结束

8.2 控 制 框 图

图 8.6 的控制框图可完成线切割机床控制的基本功能,框图中画出了直线 $L1$ 及圆弧 NR1 指令的处理过程,其余 10 种指令也类似。

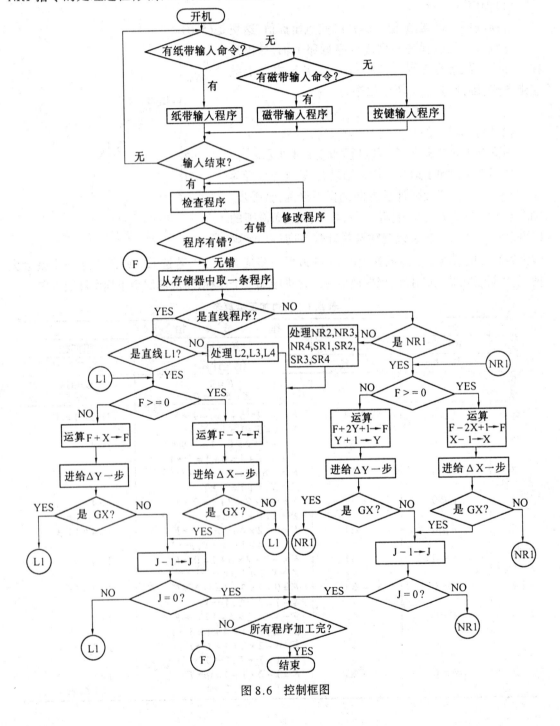

图 8.6 控制框图

8.3　典型控制器电路分析

数控电火花线切割机床的控制系统又称为线切割控制台或线切割微机控制器,如单板微机线切割微机控制器。

控制器所采用的微机有单板机、单片机和系统微机(386、486、586 等)。我国生产线切割微机控制器的厂家较多,往往各家所采用的电路不同,只能选取几个典型电路分析。

一、单板微机线切割微机控制器

单板微机线切割微机控制器生产较早,目前基本不生产,但在现有用户中确实数量很大,故选一个有代表性的电路进行分析。

单板微机线切割控制系统电路原理图如图 8.7 所示。

1. 单板微机

单板微机一般采用 TP – 801A 单板机,有些生产厂也用自己制造的简化后的单板微机。它采用经稳压的 + 5 V 直流电源,若 + 5 V 电压不稳会影响单板机正常工作。

(1)单板微机输出信号

单板机输出的信号有电报机输入头走纸信号,高频电源控制信号及步进电动机控制信号(图 8.7 中虚线矩形框的右侧)。

① 步进电动机控制信号。对 X 轴步进电动机控制信号 x_{ao}、x_{bo}、x_{co} 分别由单板机接口电路 PIO 芯片的 PA0、PA1、PA2 输出,对 Y 轴步进电动机的控制信号 y_{ao}、y_{bo}、y_{co} 分别由单板机的 PA3、PA4、PA5 输出。

② 高频电源控制信号 P_G。电火花线切割加工时供给产生电火花的电源叫脉冲电源,一般称为高频电源。线切割加工时,要求对高频电源的接通和断开实现自动控制。一般要求当把已输入控制器的程序调出来要开始变频进给时,必须能自动接通高频电源,而当零件的程序全部加工完时,能自动关断高频电源。简而言之,即有程序,又有高频,程序走完断高频。若程序已加工完毕,高频电源未断开,则钼丝和工件间还能放电,由于此时工作台已停止进给,就会在程序结束处的工件上出现放电沟痕,而影响加工精度及外观。

高频电源控制信号 P_G 由 PA6 输出,当有程序时,P_G 输出为高电平(3.5 V),当没程序时 P_G 输出为低电平(约 0 V 左右)。

③ 电报机输入头走纸信号 P_J。当面板按键启动电报机头输入时,由 PB7 输出在高和低电平间变化的脉冲信号去驱动电报机输入头的走纸线圈。

(2)输入单板微机的信号(图 8.7 中虚线矩形框的左侧):

① 由电报机输入头传来的纸带信号。当用纸带从电报机输入头输入程序时,纸带信号 i_1、i_2、i_3、i_4、i_5 分别由 PIO 的 PB0、PB1、PB2、PB3、PB4 进入单板微机,当纸带上该位有孔时,输入为高电平,无孔时输入为低电平。

② 变频信号 P_b。当要求工作台进给时,必须从 PIO 的 $\overline{ASTB}$ 输入变频脉冲信号 P_b。

③ 短路回退信号 $P_{H.D}$。当钼丝和工件之间的加工间隙在加工过程中出现短路时,会从 PIO 的 PB6 输入 $P_{H.D}$ 为高电平的短路信号。

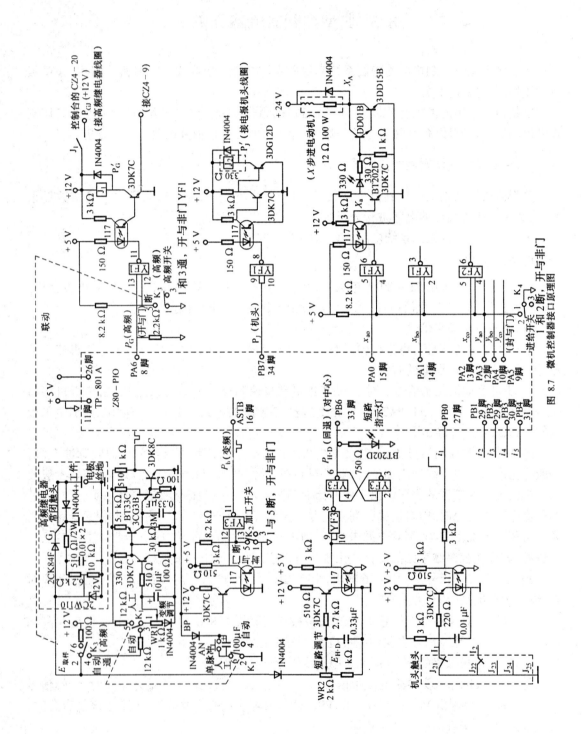

图 8.7 微机控制器接口原理图

④ 自动对中心信号 $P_{H.D}$。自动对中心与短路回退用同一个输入口 PB6,所以其信号的代号仍用 $P_{H.D}$,当自动找中心,钼丝与孔壁碰上时 $P_{H.D}$ 往 PB6 输入高电平,当钼丝离开工件时 $P_{H.D}$ 往 PB6 输入低电平。

2. 接口电路

在 TP－801A 单板机和功放之间以及执行部件(如电报机输入头、高频继电器及变频取样电路等)之间有一些接口电路,下面分别加以分析。

(1) 至功放的接口电路

至功放的信号有 x_{ao}、x_{bo}、x_{co}、y_{ao}、y_{bo} 和 y_{co},每个信号的电路都是完全相同的,下面只对其中的一路加以分析。

当 x_{ao}(PAO)输出为高电平(3.5 V)时,合上进给开关(实际是 K_4 的 1 和 2 断开),与非门 YF1 的控制端 4 为高电平,x_{ao} 信号从与非门输出端 6 输出变为低电平(接近 0 V),此时使光电耦合器 117 输入二极管导通并发光,光线使 117 中的光敏三极管导通,3 kΩ 电阻下端处光耦输出为低电平(约为 0.1～0.3 V),使其控制的三极管 3DK7C 截止,其集电极处 X_a 为由 ＋12 V电源经 330 Ω 电阻使发光二极管 BT202D(实际装在控制器面板上)发光,再经 330 Ω 电阻的高电平使功放板上的 DD01B 及 3DD15B 饱和导通。使 X_A 获得接近 0 V 的电位。此时步进电动机的 ＋24 V 电源由 12 Ω 电阻限流,使 X 步进电动机 A 相绕组通过 2 A 电流(24 V/12 Ω = 2 A)。

当 x_{ao} 的输出变为低电平(近 0 V)时,YF1 的 6 脚输出为高电平,117 输入二极管不发光,117 中的光敏三极管截止,光耦输出处为高电平,使三极管 3DK7C 饱和导通,其集电极处 X_a 为低电平(0 V 左右),发光二极管 BT202D 不亮,功放板上的 DD01B 及 3DD15B 功放管截止。X_A 处为高电平,12 Ω 电阻中没有从 X 步进电动机 A 相绕组中流来的电流。

(2) 高频电源控制信号接口电路

当有程序时,P_G(PA6)为高电平,当合上面板上的高频开关 K_3(实际是开关使 5 与接地(↓)的 1 断开),与非门 YF1 的 12 脚为高电平,故其 11 脚输出为低电平(0 V 左右),使光耦 117 中的发光二极管导通并发光照射至 117 中的光敏三极管,使其饱和导通,把 ＋12 V 经 3 kΩ 电阻加至三极管 3DK7C 的基极,使其饱和导通,把高频继电器 J_1 的下端接地(0 V),使高频继电器 J_1 吸合,这时其常开触头 J_1 闭合,而输出 P_{GJ} 为 ＋12 V,去控制高频电源输出高频。

(3)电报机输入头走纸信号接口电路

当电报机输入头工作时,P_J 走纸信号是一个在高电平和低电平间跳动变化的脉冲信号,每输出一个 P_J 正脉冲信号时,电报机输入头的电磁铁吸放一次,纸带往前走一行。

当 P_J(PB7)输出为高电平时(约 3.5 V),与非门 YF1 的 8 脚输出为低电平(约 0 V),使光耦 117 的发光二极管导通,射向 117 中光敏三极管的光线使光敏三极管导通,使 3DK7C 三极管的基极为低电平而截止,这时 ＋12 V 经 330 Ω 电阻作用在三极管 3DG12D 的基极,而使其饱和导通,它的集电极处 P_J' 为 0 V 左右,使电报机输入头线圈 J_2 通电,而使电磁铁吸合,纸带走动一行。与线圈 J_2 并联的二极管是续流二极管,它是吸收当线圈 J_2 的电流通断时所产生的自感电势,以保护 3DG12D 三极管,因当线圈绕组在脉冲结束功率管截止时,产生继续流动的高压电势,如无此二极管提供续流通路,容易将功率管击穿而损坏,在高频控制及步进电动机功放电路中都有此续流二极管。

(4) 纸带信号读入接口电路

五单位纸带输入时,纸带上有五个稍大一点的孔,输入 i_1、i_2、i_3、i_4、i_5 五个孔的信号,现用其 i_1 信号的输入为例来分析:

当 I_1 这位纸带上有孔时,使常闭触头 J_{21} 闭合接地,使 I_1 为低电平(约 0 V);经 220 Ω 电阻使三极管 3DK7C 截止,光耦 117 也截止,输出为高电平经 3 kΩ 电阻使 i_1 信号为高电平经 PB0 口输入微机。

当 i_1 这位纸带上无孔时,纸带将常闭触头 J_{21} 隔开,+12 V 经 3 kΩ 使 I_1 处为高电平,经 220 Ω 电阻使三极管 3DK7C 导通,光耦 117 中发光二极管发光,光线使光敏三极管导通,光耦 117 右上角处输出为低电平经 3 kΩ 电阻和 PB0 口输入微机。

(5) 变频取样电路(图 8.7 左上角处)

变频取样电路的作用是从工件和钼丝(电极丝)处分别接线,取出工件和钼丝之间的间隙电压,经整流滤波和分压后输出一个 $E_{取样}$ 电压,供给变频电路,产生变频脉冲 P_b,当钼丝距工件的距离大时,取得的间隙电压高,即 $E_{取样}$ 电压高,所得变频脉冲的频率高,X、Y 工作台的进给速度快,当钼丝距工件的距离小时,取得的间隙电压低,$E_{取样}$ 电压也低,所得变频脉冲 P_b 的频率也低,X、Y 工作台进给速度慢,当正常切割工作时,经适当调节,可使进给速度恰好保证切割工作稳定正常进行。

加工时从工件和钼丝处所取出的间隙电压由于不断进行火花放电,其电压值是变化无常的,经 1N4004 二极管整流,又经两个 0.01 μF 的电容和 510 Ω 电阻所组成的滤波器滤波后,获得一直流电压,再经 6.2 kΩ 和 10 kΩ 电阻分压后获得 $E_{取样}$ 电压。当工件和钼丝开路(距离很大)时,空载取样信号电压过高,使 P_b 变频频率过高,会出现步进电动机跟不上而丢步现象,故对 $E_{取样}$ 电压应加以限制,所以在 $E_{取样}$ 处并联一个 12 V 稳压管 2CW110。

变频取样电路的具体电路各厂家略有不同。

(6) 变频电路

变频电路把由变频取样电路获得的 $E_{取样}$ 电压,转换成变频脉冲 P_b,从接口电路 PIO 的 $\overline{ASTB}$ 输入 TP-801A 单板微机。变频电路就是压-频转换电路。变频分为自动变频和人工变频,当变频电压来自 $E_{取样}$ 电压时为自动变频,当变频取样电压来自 +12 V 电源时为人工变频。

① 自动变频。当合上高频开关 K_3 时,使 K_3 的 2、6 断开,2、4 合上,合上自动开关 K_1 时,使 K_1 的 1、5 断开,1、3 接上,这时 $E_{取样}$ 电压经 12 kΩ 电阻加在 1 kΩ 电位器 WR1 的上端,再经 1N4004 二极管接至地。在调变频电位器 WR1 的动触点取出一定的电压,此电压能随变频调节而变化,经 10 μF 电容滤除交流成分,经 510 Ω 电阻将变频取样电压作用于三极管 3DK7C 的基极,经直流放大,当取样电压升高时 3DK7C 三极管集电极输出电压降低,使 3CG3B 基极电压下降,使得其基极电流增加,其集电极电流也增加,此集电极电流是 0.33 μF 电容的充电电流,电流增加加速了该电容的充电速度,当电容充电电压值升高至单结晶体管 BT33C 的峰点电压 U_p 时,单结晶体管的 e 极对第一基极 b_1 极开始导通后,随着发射极(e 极)电流的增大,e 极对 b_1 极之间变成低阻导通状态,因而电容 0.33 μF 中的电能通过 e 和 b_1 两极,迅速向 100 Ω 电阻放电,在 100 Ω 电阻上输出一个脉冲电压,由于 5.1 kΩ 电阻和 3CG3B 导通后等效电阻之和较大,当电容 0.33 μF 上的电压降到单结晶体管的谷点电压时,经 5.1 kΩ 等供给的电流小于谷点电流,不能满足其导通要求,于是 e 与 b_1 之间的电阻迅速

增大,单结晶体管恢复阻断状况。此后电容 0.33 μF 又重新充电,重复上述过程,结果在电容 0.33 μF 上形成锯齿波电压,在电阻 100 Ω 上则形成脉冲电压。这就是单结晶体管自振荡电路的工作原理。改变电位器 WR1 的变频调节电压,就可以改变电容 0.33 μF 充电的快慢,即改变锯齿波的振荡频率。

在 100 Ω 电阻上形成的脉冲电压,经三极管 3DK8C 反相后在其集电极输出负脉冲,再经三极管 3DK7C 同相放大后,经光电耦合器 117 反相输出为正脉冲,当合上加工开关 K2 时,1 与 3 合上,1 与 5 断开,与非门 YF3 控制端 13 为高电平,由 12 脚输入的正脉冲反相由 11 脚输出负脉冲 P_b,此变频脉冲由 $\overline{\text{ASTB}}$ 进入单板微机。调节变频脉冲 P_b 频率的高低,就能改变步进电动机进给速度的快慢。

② 人工变频。当高频电源的输出电压加在工件和钼丝上时,变频电压取自 $E_{取样}$ 电压,当关闭高频电源进行调机时需要工作台作变频进给,这叫做人工变频。这时自动－人功转换开关 K1 的 1 和 3 脱开,1 和 5 合上,使 + 12 V 电源经 12 kΩ 电阻和 K1 的 5 和 1 与 WR1 可调电位器的上端接上,也就是用 + 12 V 电源来代替自动变频时的 $E_{取样}$ 电压。其后面的电路及工作原理与自动变频时完全相同。

③ 变频电路的合理调节。加工时,希望进给速度对工件被电火花蚀除速度实现最佳跟踪,因此调好变频速度是很重要的。

变频脉冲 P_b 的频率过高,会使步进电动机产生丢步现象,影响机床加工精度。另外频率过高,会出现进给时快时慢的不稳定现象,以致造成断丝。

变频进给快慢用变频调节电位器 WR1 来调整,变频一般不应超过 200 ~ 400 步/s,调节范围应分布在 WR1 整个阻值范围内都能均匀地进行,若只能在较小的转动区域中进行,很难调到理想的进给速度,或者使变频电路出现阻塞停振现象。这是由于电路中 3CG3B 三极管的基极电流过大,使电容 0.33 μF 充电回路的等效电阻过小,流入单结晶体管 e 极的电流仍大于谷点电流,因而常维持单结晶体管导通,电容 0.33 μF 失去充放电的条件而造成停振,要想使三极管 3CG3B 所形成的等效电阻不至过小,可将 3DK7C 发射极 100 Ω 电阻的阻值适当增大,这样可以防止变频停振,又可以加宽电位器 WR1 的有效调节范围。

④单脉冲电路。在调机或维修时,需检查单步运算状态,要求发出单个变频脉冲 P_b。在人工变频状态下将变频调节电位器 WR1 输出至变频电路的电压调至最小,使变频电路没有脉冲输出,此时三极管 3DK8C 输出为高电平,使其后的三极管 3DK7C 导通,光耦 117 的光敏三极管也导通,与非门 YF3 的 12 脚输入为低电平,11 脚输出为高电平。当在人工变频状态时,K1 的 6 与 2 接上,当按下单脉冲按钮 AN 时,三极管 3DK8C 的输出端 BP 处经二极管 1N4004,按钮 AN 和 K1 的 6 与 2 接地,将 3DK7C 三极管的基极输入电压由高电平降到 0.7 V 左右,使 3DK7C 由导通变为截止,因此每按动一次单脉冲按钮 AN,变频电路 P_b 端输出一个负脉冲,进行一次插补运算,工作台进给一步。

(7) 短路回退电路

在切割加工过程中,有时钼丝和工件之间会产生短路,发生短路时控制台面板上的短路灯亮,显示加工间隙电压的电压表指针指 0 V 左右,显示加工电流的电流值增大至短路电流值,由于此时变频取样的间隙电压为 0 V 左右,所以没有变频脉冲,工作台自动停止进给。有时短路在几秒钟内能自动消除,自动恢复正常加工,如短路后经一小段时间短路不能自动消除时,控制系统的短路回退功能开始起作用,使钼丝沿切割加工轨迹回退 256 μm(步),只有当 TP－801A 单板微机的 PB6 输入 $P_{H.D}$ 为高电平时,且经一段延时,短路现象仍未消除,控制系统才开始执行短路回退功能。

$P_{H.D}$ 的电平是受加工间隙电压控制的,当切割加工正常进行时,$E_{取样}$ 为靠近 12 V 的某电压值,该电压经 1N4004 二极管加在 2 kΩ 的短路调节电位器 WR2 上端,再经 1 kΩ 电阻接至地。调节 $E_{H.D}$ 的大小,使三极管 3DK7C 导通,光电耦合器 117 的输出至与非门 YF3 的 9 脚为低电平,经两个与非门二次反相 YF3 的 6 脚输出,使 $P_{H.D}$ 为低电平,短路回退功能不起作用,BT202D 短路灯也不会亮。

当加工间隙短路时,$E_{取样}$ 电压近 0 V,经电位器 WR2 的 $E_{H.D}$ 短路调节端电压也近 0 V,3DK7C 三极管截止,故光耦 117 输出为高电平,与非门 YF3 的 9 脚为高电平,经两次反相后与非门 YF3 的 6 脚输出,使 $P_{H.D}$ 为高电平,短路信号灯 BT202D 发亮,如经一小段时间延时,短路现象仍未消除,控制系统控制步进电动机带动工作台开始回退。

(8) 自动找中心电路

自动找中心电路和短路回退电路的主要部分是同一个电路,其不同之处只是自动找中心电路的电位器 WR2 的电压信号不是由加工间隙转换而来的 $E_{取样}$ 电压,因自动找中心时高频电源是关闭的,没有高频电源的电压加在加工间隙上。自动找中心时的工作信号电压系来自＋12 V 电源,当关断高频开关 K_3 时,K_3 的 2 和 4 断开 2 和 6 接通,＋12 V 就加到短路调节电位器 WR2 的上端,同时高频继电器的常闭触头 G_J 是接通的,所以＋12 V 通过二极管 2CK84F 接到工件上。

当进行自动找中心时,钼丝与工件圆孔壁之间,存在着接触和不接触两种状态,即相当于加工间隙短路与不短路的情况一样。

当钼丝与工件接触时,＋12 V 经 100 Ω 电阻,高频开关 K_3 的 6 与 2,在 2 点处分两路,一路经变频取样电路板上的二极管 2CK84F 和 P_{GJ} 高频继电器的 G_J 常闭触点,接至工件并经钼丝至地。另一路由 K_3 的 2 点往下经 1N4004、WR2 和 1 kΩ 电阻接至地,这时 K_3 的 2 点处的电压值是 2CK84F 二极管的管压降,约为 0.7 V 左右(图 8.8(a)),此电压值经 1N4004 二极管后再加在 WR2 上端,相当于短路信号,故使 $P_{H.D}$ 获得高电平,即给 PB6 输入一个回退信号。

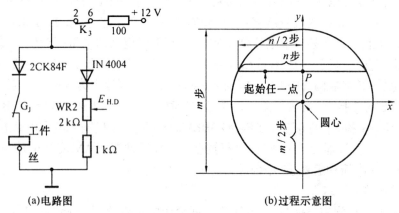

图 8.8　自动找中心信号

当钼丝回退离开工件时,＋12 V 经 1N4004 加在 WR2 上,相当于人工加工时的情况,$P_{H.D}$ 为低电平。

自动找中心的过程和原理图 8.8(b)为:设钼丝在孔内与工件不接触处的任一点,把电位器 WR2 旋至近地位置(即电阻值最小),以提高短路回退的灵敏度。当开始启动自动找中心时,钼丝自动向正 X 轴方向进给,直至与孔壁接触短路,控制系统令钼丝反向移动,并开始累计进给步数,直至沿负 X 轴方向进给了 n 步距离时,与负 X 方向的孔壁接触短路,控制系统令钼丝反向沿正 X 轴方向进给,当进给步数为 $n/2$ 步的距离到达 P 点时停止进给,此时,钼丝已位于孔的 Y 轴线上,接着钼丝改向正 Y 轴方向进给,直至与孔壁短路而自动沿负 Y 轴方向进给,并开始累计行程距离,直到与孔壁接触短路,若与孔壁接触停止进给时的累计步数为 m,此时,钼丝自动反向沿正 Y 轴方向运动到 $m/2$ 步时自动停止,而处于圆孔中心 O 点处。

3. 功放电路及步进电动机

前面分析至功放的接口电路时,由 x_{ao} 至 X_A 的分析中已对功放电路进行了分析。在图8.9 中,清楚地表示出了 X_A、X_B、X_C 经限流电阻后的 A、B、C 以及 + 24 V 电源至步进电动机的接线。

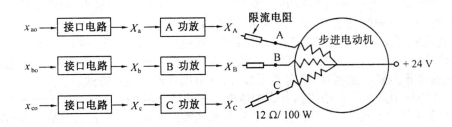

图 8.9　步进电动机驱动电路示意图

图 8.10 是步进电动机的结构原理图,在电动机的定子上有 A、B、C 三对磁极,在磁极上绕有线圈,分别称为 A 相、B 相、C 相。这样的步进电动机称为三相步进电动机。线圈中如果通有直流电,就会产生磁场。转子则是一个带齿的铁心。若设法使 A、B、C 三个磁极的线圈依次轮流通电,则 A、B、C 三对磁极就依次轮流产生磁场吸引转子转动。

(1)步进电动机控制

控制步进电动机转动的方式有三种:

① 单三拍控制方式。图 8.10 所示实际为单三拍控制方式。首先有一相线圈(设为 A 相)通电,则转子上 1、

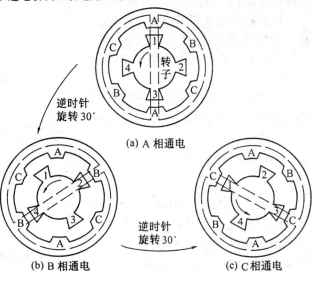

图 8.10　单三拍控制方式

3 两齿被磁极 A 吸住,转子就停留在这个位置上,如图 8.10(a)所示。

然后,B 相通电,A 相断开,则磁极 B 产生磁场,而磁极 A 的磁场消失。磁极 B 的磁场就把离它最近的齿(2、4 齿)吸引过去。这样转子位置比图 8.10(a)逆时针转动了 30°,停在如图 8.10(b)的位置上。

再接下去,若使 C 相通电、B 相断开,则根据同样道理,转子又逆时针旋转 30°,停留在图 8.10(c)的位置。

若再使 A 相通电、C 相断开,那么转子再逆转 30°,使磁极 A 的磁场把 2、4 两个齿吸住。

这样按 A→B→C→A→B→C→A…的次序轮流通电,步进电动机就一步一步地按逆时针方向旋转。通电线圈每转换一次,步进电动机旋转 30°。

如果步进电动机通电线圈转换的次序倒过来,按 A→C→B→A→C→B→A…的顺序进行,则步进电动机将按顺时针方向旋转。通电顺序与旋转方向的关系可以形象地用图 8.11 表示。

要改变步进电动机的旋转方向,可以在任何一相通电时进行。例如,通电顺序可以是 A $\xrightarrow{\text{顺}}$ C $\xrightarrow{\text{逆}}$ A $\xrightarrow{\text{逆}}$ B $\xrightarrow{\text{逆}}$ C $\xrightarrow{\text{逆}}$ A $\xrightarrow{\text{逆}}$ B $\xrightarrow{\text{顺}}$ A $\xrightarrow{\text{顺}}$ C,步进电动机将顺时针走一步,逆时针走五步后,再顺时针走两步。

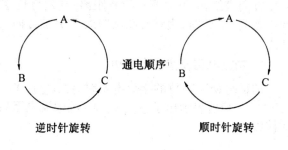

通电顺序

逆时针旋转　　　　　顺时针旋转

图 8.11　通电顺序与顺逆转向

上述控制方案称为单三拍控制,每次只有一相线圈通电。在转换时,一相线圈断电时另一相线圈刚开始通电,容易失步(即不按输入信号一步步转动),另外单用一相线圈吸引转子,容易在平衡位置附近振荡,稳定性不好,故常采用其他的控制方式。

② 六拍控制方式。六拍控制方式中通电顺序按 A→AB→B→BC→C→AC→A→…进行(即一开始 A 相线圈通电,而后转换为 A、B 两相线圈同时通电,单 B 相线圈通电,再 B、C 两相线圈同时通电……)。每转换一次,步进电动机逆时针旋转 15°,如图 8.12 所示。

若通电顺序反过来,则步进电动机顺时针旋转,如图 8.13 所示。

这种控制方式因转换时始终保证有一相线圈通电,故工作较稳定。但是六拍控制方式的步距比单三拍缩小了一半。

③ 双三拍控制方式。在双三拍控制方式中,通电顺序按 AB→BC→AC→AB→…(逆转)或 AB→AC→BC→AB→…(顺转)进行,如图 8.14 所示。

在这种控制方式中每次都是两相线圈同时通电,而且转换过程中始终有一相线圈保持通电不变,因而工作较稳定,而步距与单三拍控制一样。

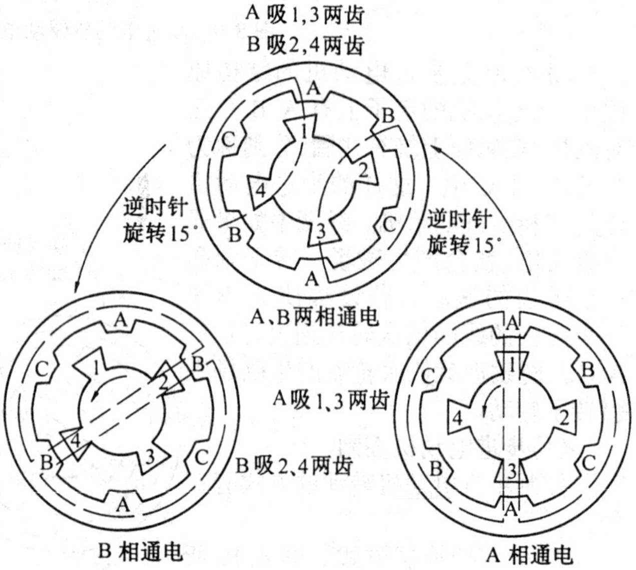

A 吸1、3两齿
B 吸2、4两齿

逆时针旋转15°　　　　逆时针旋转15°

A、B 两相通电

A 吸1、3两齿
B 吸2、4两齿

B 相通电　　　　　A 相通电

图 8.12　六拍控制方式

(2) 步距的计算

由图 8.10 可见,一开始图 8.10(a)A 相通电时,A 磁极吸住 1、3 两齿,经过图 8.10(b)B 相通电和图 8.10(c)C 相通电后,再回到 A 相通电时,A 磁极应吸住 2、4 两齿。换句话说,在三相步进电动机中,三步后转子旋转了一个齿。那么,定子的相数乘上转子的齿数就是转子旋转一周(即 360°)所需的步数。这样步进电动机每一步旋转的角度——称为步距角 θ,可

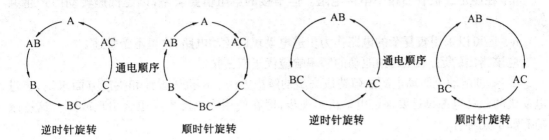

图 8.13　六拍控制方式　　　　　　　　　图 8.14　双三拍控制方式

由下列公式计算

$$步距角\ \theta = \frac{360°}{定子相数\ M × 转子齿数\ N}$$

采用的步进电动机是 75BF003 型三相步进电动机。它的转子有 40 个齿（见图 8.15），所以步距角

$$\theta = \frac{360°}{3 × 40} = \frac{360°}{120} = 3°$$

即每步旋转 3°，在六拍控制方式中步距角为上面计算结果的一半，即 1.5°。

（3）步进电动机失步故障及排除方法

在线切割机床进行切割加工或调试过程中，步进电动机转动的步数小于它所接受到进给脉冲数，称步进电动机失步。步进电动机产生失步时，直接影响线切割机床的加工精度，造成步进电动机失步的原因是多方面的，驱动步进电动机的脉冲频率太高，使步进电动机不能响应。工作台负载过重以及步进电动机驱动电源不佳等均能造成步进电动机失步。下面举例说明。

① 驱动脉冲频率太高，造成步进电动机失步的排除方法

线切割机床实际进给速度不算高，但在切割薄板工件或钼丝在工件外或预孔中加工前的空程时，机床的进给速度，即步进电动机的频率是比较高的，会产生失步。这种失步的解决办法有两种：

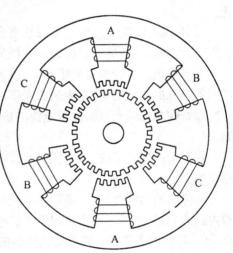

图 8.15　转子有 40 个齿

a.降低电动机转速。可以在变频取样输入端并联稳压二极管，限定空载进给速度。稳压二极管在反向电压达到一定值后，可以反向导通，将高于稳压二极管稳定电压值的高压部分削掉。所谓削波二极管就是指这种稳压二极管。用什么规格的稳压二极管，要根据具体情况选取。一般选取稳压值为 10 V 左右的中功率管。

b.减小线路时间常数。具体办法有：

i.在加大限流电阻的同时，提高驱动电源的直流电压。例如，由 24 V 提高至 30 V 或更高。

ii.在限流电阻上并接电容（电解电容），电容容量根据具体情况调整。

iii. 在阻尼二极管回路中串接电阻。但串接的电阻值要调整,以免低速转动时产生共振。

iv. 还可以采用较复杂的电路作为步进电动机的驱动电路,这里不予赘述。

应该指出的是,三相六拍驱动的频率响应优于双三拍。

② 步进电动机驱动电源故障造成失步的解决方法。从机床设计和生产方面来说,步进电动机的驱动电源设计要保证电动机不失步,但在使用中电源本身也会出现故障。这些故障有如下几种:

a. 滤波电容失效或损坏。滤波电容失效或损坏后,直流输出变为无滤波的全波整流波形,见图8.16。假如某一步驱动脉冲正好在过零处 t_1(或 t_2、t_3 等)驱动步进电动机,则电动机最多能获得图8.16所标出的电压波形,这样电动机很容易失步。

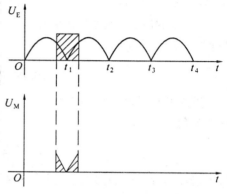

图 8.16　电压波形

若从这一点出发,考虑电动机驱动电源的话,最好使用三相桥式整流电源。当出现电动机失步,应检查驱动电源输出,若波形不好,就应查出损坏的滤波电容,并及时更换,最好尽量用大容量多个电容并联。

b. 电源内阻变大。整流电源在有负载时,输出电压就会偏低,也可能造成步进电动机失步。

由于整流二极管本身内阻变大,或因焊接质量差、接插件接触电阻变大,使步进电动机得不到应有的驱动功率,也会造成失步。此时,要使电源带上最大负载(例如让各个步进电动机都处在两相通电)后,测量电源的输出电压和波形,若发现电压偏低,应考虑提高电压措施。

若输出波形的波纹较大,说明滤波电容变质,应更换新的,并尽可能加大容量和增加电容个数。

电源的输出特性太软,即随着负载的增加,电压低落严重,应考虑电源内阻,甚至是变压器内阻的问题,必要时可更换内阻小的电源变压器。

③ 其他原因造成步进电动机失步的解决方法。步进电动机失步的原因是多种多样的。除了上述原因之外,再简单地介绍以下几种情况:

a. 振荡与失步。不同的步进电动机,在不同的使用频率范围内常有特征频率的共振现象。这一特征频率共振区可从电动机的频率特性曲线上看出,此处是凹点或毛刺形曲线。若电动机驱动脉冲的频率正好处在电动机的特征频率共振区,那么所有供给电动机的能量都消耗在振荡上,电动机就易失步。所以,驱动脉冲的频率应避开电动机的特征频率共振区。

b. 负载过大与失步。步进电动机以一定的转速驱动工作台或丝架,但由于工作台或丝架的阻力突然变大,超过了当时步进电动机的输出力矩,造成电动机失步。例如,检修机床丝杠、螺母后,将二者的配合调得太紧,以致步进电动机拖不动,造成失步。丝杠螺母间混进杂物,增大了摩擦力;工件或夹具与丝架等摩擦或顶住;防护部件与丝架等摩擦或碰撞等,都会使电动机负载过重,造成失步。

c．电动机本身绕组烧坏或驱动输出故障造成失步。若电动机长时间运行发热，或超负荷运行烧坏绕组，将不能建立旋转步进磁场，电动机停转或摆动。同理，驱动脉冲线路断掉一相，电动机也无法运转。这些都会造成严重失步。

出现这种故障后，先测量电动机各相驱动脉冲是否正常，若不正常，首先检查驱动电路；若正常，就要检查电动机绕组是否某相断路或短路。

4．控制器电源(图8.17)

按用途分为：单板微机电源用＋5 V；接口电路电源用＋12 V；步进电动机驱动电源用＋24 V。＋5 V单独接地($\triangledown$)，＋12 V和＋24 V共地($\perp$)。

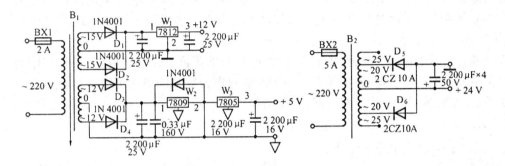

图8.17　微机控制器电源原理图

(1) 单板微机和接口电路电源

为了防止外部电路所产生的电磁干扰影响单板微机的正常运行，接口电路上的输入、输出电路都经光电耦合器进行隔离性的信息传输，故＋5 V和＋12 V电源不共地，这两种电源电压都由变压器 B_1 供电。其中＋12 V由变压器次级绕组的两端出线经 D_1、D_2 整流二极管，进行单相全波整流，把交流电整流为直流电，经电容滤波、再经 W_1 三端稳压器7812稳压后，输出＋12 V，再经电容滤波后，获得所需要的＋12V电源。

＋5V电源系由变压器另一个绕组次级的两端引线经 D_3、D_4 二极管整流后，经电容滤波后为了提高＋5 V电压的稳定度，采用两级稳压，即先由 W_2 三端稳压器7809稳压得到＋9 V，再经 W_3 三端稳压器7805稳压及电容滤波后，获得＋5 V电源。

这里所采用的三端稳压器7812、7809和7805是7800系列固定输出的正电压单片集成稳压器，其内部有过流、过热保护和调整管安全工作区保护电路，所以使用安全可靠。该系列金属壳封装的稳压器，输出电流可达1.5 A。

测试时，若没有＋5 V电源，首先应检查是否有交流28 V输入，若没有，应检查保险丝及变压器，若有，应检查1N4001整流二极管 D_3、D_4，对7809的输出1点是否有19 V左右的直流，7809的2脚输出是否为9 V左右。若1点电位不对，应检查整流二极管 D_3、D_4 是否损坏，若1点电位正常，2点电位不正常(即不是9 V左右)，应检查或更换7809，若2点正常，3点没有正常的＋5 V输出，应考虑7805是否损坏，若正常，应检查＋5 V输出处的电解电容是否短路。若＋12 V没有输出，首先应检查变压器次级是否有30～37 V交流，若有，应检查整流二极管 D_1、D_2 的公共输出点1是否在22 V左右，若1点的直流电压正确，3点的电压不正确，7812可能损坏，或输出处的电解电容是否短路，或负载电路中有短路的地方。

（2）24 V 步进电动机驱动电源

电源变压器 B_2 采用 300 W 变压器，一次电压为 220 V，二次电压为 20 V、25 V，若电网电压低，可选用 25 V，正常时选用 20 V。二次电压经过 2CZ10A 整流二极管 D_5、D_6 组成单相全波整流，经电容滤波后，获得 + 24 V 直流电源，供给驱动步进电动机用。当微机控制器的进给开关合上，步进电动机绕组通有电流并转动，此时驱动电源电压约为 24 V，当进给开关断开时，驱动电源空载，其电源电压值会高一些，约为 28～30 V。

若电源没有 + 24 V 输出，应首先检查 5 A 保险丝，若刚换上保险丝又马上烧断，不应再换保险丝，应检查烧保险丝的原因，如应检查四个 2 200 μF 的电解电容是否有击穿短路，或是线路的某地方发生短路。2CZ10A 的整流二极管损坏也会使 24 V 电压不正常。一般来说，导致 24 V 电压故障原因主要在整流和滤波两个环节上。若交流电源的电压太高或太低，应使用 1 kW 的交流稳压器对交流 220 V 电源进行稳压。

检查电源时是带电操作，每次测量前应特别仔细，看准测量点位置后再测，另外万用表的测量挡位也要先拨正确，以免不慎损坏万用表。引起电源故障的原因可能有两类。一类是电源本身的问题；另一类是由负载引起，所以当带负载测量电源电压不够时，可脱开负载测量，如果脱开负载后电源电压正常，应该到负载中去找故障，否则就是电源故障。

5.控制信号的测试及电路维修要点

控制信号可以用多种方法测试，但在使用条件下应采用尽可能简单适用的方法。实际上，除了变频脉冲之外都可以用万用表进行测试。

（1）步进电动机控制信号

x_{ao}～X_A 都可以用万用表的适当电压挡测出。测试之前要熟悉 PIO 及接口电路板上各元件各脚的信号，最好作出如图 8.18 所示的元件各脚位置及信号图，这样测试时就较为方便。测试时把人工变频调得比较慢（约 1 s 走一步），用万用表的 5 V 挡测 + 5 V 地（ ⏚ ）和

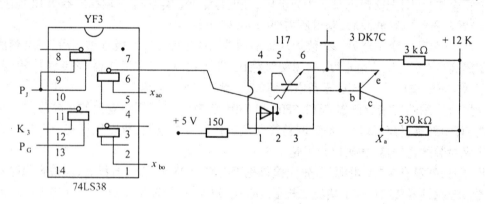

图 8.18　x_{ao}～X_A 电路板示意图

YF3（74LS38）第 5 脚，表针应有一定幅度（约 1.5～2.5 V）的抖动或摆动，可以把 x_{ao}、x_{bo}、x_{co} 都测一下，互相比较就可以找出有故障的信号，若 YF3 的 5 脚处无信号，而单板微机 PAO 处有信号，可查它们之间的连接线是否有脱落或虚焊。若 YF3 的 5 脚有信号输入，6 脚无信号输出，可更换片子试验，若光电耦合器 117 的 2 脚有信号输入，5 脚无信号输出，可更换 117 片子试验，若三极管的 b 极有信号输入，而 c 极无 X_a 信号输出，应检查 3DK7C 管脚是否有虚焊之处，若不是虚焊，可更换 3DK7C。

注意,拔或插接插件及更换元件进行拔插元件或锌接之前,必须先关断电源,否则会引起元件损坏。用万用表测试 $x_{ao} \sim X_A$ 各处信号的状况如表 8.5 所示。测试时应特别重视同类信号间的相互比较,很快找出故障点。

表 8.5

被　测 信　号	x_{ao}、x_{bo}、x_{co} y_{ao}、y_{bo}、y_{co}	117		3DK7C		X_A、X_B、X_C、 Y_A、Y_B、Y_C
		2 脚	5 脚	b	c	
万用表 挡　位	5 V	5 V	1 V	1 V	25 V	25 V
表针摆 动范围	0 V 至 1.5～2.5 V	0 V 至 1.5～2.5 V	0.4 V	0.4 V	0V 至 6 V～8 V	0 V 至 15 V

步进电动机控制常见的故障是听到电动机有转动声,但电动机并没有旋转,这多半是 A、B、C 三相中缺一相。这时可以更换 X、Y 功放板,以判别该块功放板是否有问题,若功放板没问题,从 PIO 逐级往后测查,并在同类信号间作对比测量,就容易找到故障点或损坏的元件。有时三相信号都已正常到达功放板,功放板也没问题,而仅是步进电动机的某一根相线脱锌。查找与控制信号有关的故障,必须对各个控制信号的传输,以及各个信号在电路板上的实际位置有明确的认识,不可随意。

（2）高频电源控制信号

当有程序时,人工断开或合上高频开关时,应能听到高频继电器 J₁ 有响声,若没有响声,首先应从 PA6 查 P_G 以及其后至 P_G' 的电平在有程序和无程序时的变化。若继电器工作正常,P_{GJ} 在有高频时能正确输出 + 12 V,则应该查走丝换向断高频的微动开关。有时走丝换向时不能断高频,往往是与换向微动开关有关。

（3）变频电路及变频信号

变频电路中单结晶体管 BT33C 的 e 极之前的有关点电位可用万用表测试,以后的部分由于是变频脉冲,万用表电压挡无法测出,只能用示波器来测。当加上高频电源,且工件和钼丝没加工而处于开路状态时,$E_{取样}$ 电压为 12 V 稳压管 2CW110 稳压后的 + 12 V,这时调节变频调节电位器,测其滑动触点对地（⊥）的电压变化范围约为 0.8～2 V,三极管 3DK7C 的 c 极对地为 11～6 V,3CG3B 的 e 极对地为 11～7 V,BT33C 的 e 极对地约为 8.5 V。变频电路中所用的光电耦合器较接口电路中其他光电耦合器的频率特性要好一些,故修理时一般不要与其他光电耦合器互换。

其他电路可参照上述指导思想及该电路工作原理进行测试。

二、线切割控制器场效应管功放电路及双基极管变频电路

用场效应管作功放管,因为它是电压驱动,对前级的电流要求不大,故可以把电路设计得非常简捷,下面是一种实际应用的电路。

1. 步进电动机驱动电路

图 8.19 所示为用 IRF640 场效应管作功放管驱动步进电动机,由单板微机发出的进给

控制信号,由 PIO 发出 x_{ao}、x_{bo}、x_{co}、y_{ao}、y_{bo}、y_{co} 经达林顿驱动电路 1413 直接驱动场效应管的栅极,1413 起一定的放大和隔离作用。此电路在实际应用中效果很好。

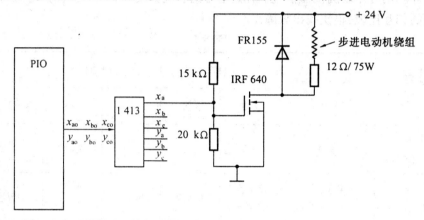

图 8.19　场效应功放管步进电动机驱动电路

2. 变频取样及双基极管变频电路

图 8.20 所示的变频取样电路,在整流二极管 D 之前由工件接出的取样信号先需经过两个 18 V 的稳压管 1N4745,它们起限幅作用,短路脉冲电压和间隙火花电压均因有此限幅而不会产生变频进给,使变频取样稳定,尤其是接近短路时不会有进给。两个 470 Ω 电阻间的 36 V 稳压管,也是起限幅作用,当正常加工时它不起作用,在间隙开路时它限制 $E_{取样}$ 电压不能太高,以保护后面的电路。$E_{取样}$ 电压分压后经光电耦合器 G0102 把变频信号传给由双基极管(单结晶体管)为主的变频电路,由 9 点输出变频脉冲至单板微机。

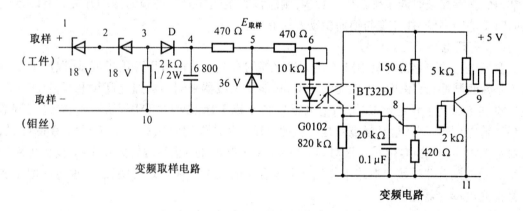

图 8.20　稳压管取样及双基极管变频电路

三、线切割控制器的达林顿管功放电路及压频变频电路

达林顿管作功放管时,要求前级给它的驱动电流不大,故电路也可以做得很简捷,目前用微机(386、486、586)的线切割控制器在微机主板上插一块电子卡,对机外输出控制信号

x_{ao}、x_{bo}、x_{co}、y_{ao}、y_{bo}、y_{co}。下面是一种实用的电路。

1. 步进电动机驱动电路

如图 8.21 所示,从微机中电子卡输出插座输出的 x_{ao} 控制信号,当进给时(实际是进给开关与地断开)经与门 4081 后的 x_a 信号推动达林顿功放管 TIP142 后,驱动步进电动机。

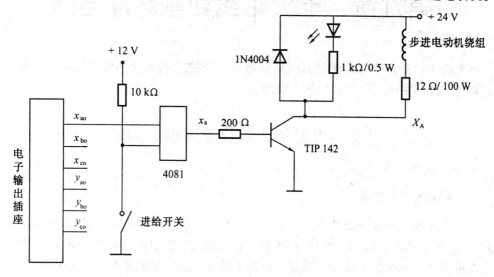

图 8.21　达林顿功放管驱动电路

2. 用 331 压频转换器的变频电路

图 8.22 所示是一种用 331 作压频转换的变频电路,当接 $E_{取样}$ 电压或人工接 +12 V 时,331 芯片的第 3 脚就输出脉冲信号,调节 2.2 kΩ 变频调节电位器时,E_B 电压高则输出脉冲频率就高,反之 331 的 3 脚输出脉冲频率低。脉冲经 9014 三极管 T_1、T_2、T_3 和光耦 117 后所得的变频脉冲,再输入到微机中,用它控制微机发出控制步进电动机进给信号的脉冲频率。

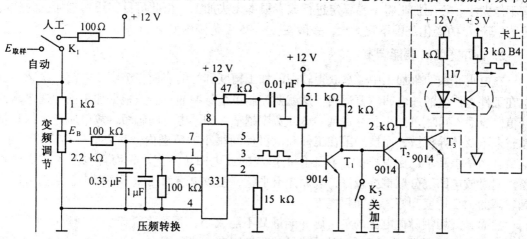

图 8.22　331 变频电路

目前各生产厂家所采用的控制电路形式各异,随着电子技术的发展,它也不断改进或更新。

第九章　电火花线切割脉冲电源

电火花线切割脉冲电源通常又叫高频电源，是数控电火花线切割机床的主要组成部分，是影响线切割加工工艺指标的主要因素之一。

9.1　对脉冲电源的要求及脉冲电源的基本组成

一、对脉冲电源的要求

电火花线切割脉冲电源的原理与电火花成型加工脉冲电源是一样的，只是由于加工条件和加工要求不同，对其又有特殊的要求。电火花线切割加工属于中、精加工，往往采用某一规准将工件一次加工成型。因此，对加工精度、表面粗糙度和切割速度等工艺指标有较高的要求。为了满足电火花线切割加工条件和工艺指标的需要，对电火花线切割脉冲电源提出如下要求：

1. 脉冲放电峰值电流 $\hat{i}_e$ 要适当并便于调整

在实际加工中，由于加工精度和电极丝运转张力的要求，电极丝的直径不宜太粗，一般电极丝直径在 $\phi 0.08 \sim \phi 0.25$ mm。这样，受电极丝直径的限制，它所允许的放电峰值电流也就不能太大。与此相反，由于工件具有一定的厚度，欲维持稳定加工，放电峰值电流又不能太小，否则加工将不易稳定进行或者根本无法加工。由此可见，线切割加工的放电峰值电流 $\hat{i}_e$ 的变化范围不宜太大，一般在 $10 \sim 25$ A 范围内变化。

2. 脉冲宽度 t_i 要能调窄

在电火花线切割加工中，欲获得较高的加工精度和好的表面粗糙度，应使每次脉冲放电在工件上产生的放电凹坑要适当。这就要控制单个脉冲能量。当根据加工条件选定脉冲峰值电流后，可尽量减小脉冲宽度。脉冲宽度越窄，即放电时间越短，放电所产生的热量就越来不及传导扩散，而被局限在工件和电极丝间很小的范围内，一方面热传导损耗小，能量利用率提高了，更重要的是在工件上形成的放电凹坑不但小，而且也不存在烧伤现象。同时放电凹坑分散重叠较好，表面光滑平整，使放电表面凸凹不平度小，从而可以得到较高的加工精度和好的表面粗糙度。

然而，线切割脉冲电源的单个脉冲能量又不能太小，否则将会使切割速度大大下降，或者加工根本无法进行。这样，脉冲能量就要控制在一定范围内。在实际加工中，脉冲宽度 t_i 约在 $0.5 \sim 64$ μs。

3. 脉冲频率 f_p 要能调高

脉冲宽度窄，放电能量小，虽然有利于提高加工精度和改善表面粗糙度，但是会使切割速度大大降低，为了兼顾这几项工艺指标，应尽量提高脉冲频率，即缩短脉冲间隔，增大单位时间内的放电次数。这样，既能获得较好的表面粗糙度，又能得到较高的切割速度。

必须指出，脉冲间隔太小，会使消电离过程不充分，造成电弧放电，并引起加工表面烧伤。因此，脉冲间隔不能太小，只能在维持火花放电稳定的前提下，尽量减小。

一般情况下，线切割加工的脉冲频率约在 5～500 kHz 范围内。

4. 有利于减少电极丝损耗

在高速走丝方式的线切割加工中，电极丝往复使用，它的损耗会直接影响加工精度，损耗较大时还会增大断丝的几率。因此，线切割脉冲电源应具有对电极丝损耗低的性能，以便保证一定的加工精度和维持长时间的稳定加工。

有的电源加工时电极丝的损耗较大，在一般加工条件下，加工 10 000 mm^2 面积时，电极丝直径方向损耗可达 0.02 mm 之多。这样连续切割了 10 000 mm^2 的面积后，由于直径变化引起切缝变小，将造成明显的加工误差。电极丝损耗小的脉冲电源，切割 10 000 mm^2 面积时，电极丝损耗应小于 0.001 mm，这时损耗对加工精度的影响就很小了。因此，对于高速走丝线切割加工，电极丝损耗应越小越好。电极丝损耗大小是脉冲电源性能好坏的重要标志之一。

5. 要输出单向脉冲

根据极性效应原理，不能采用交变脉冲来作为电火花线切割加工，否则无极性效应，生产率低而电极丝损耗大，所以脉冲电源必须输出单向直流脉冲，对可能出现的负脉冲（反向脉冲）也要加以限制切除。

6. 脉冲波形的前沿和后沿以陡些为好

如图 9.1 所示，如果脉冲前沿不陡，则气化爆炸力不强，使金属蚀除量少，且击穿点早晚不统一，单个脉冲放电能量有差别，使加工表面粗糙度不均匀，前、后沿不陡，还限制了脉冲频率的提高。为了使脉冲前、后沿陡直，脉冲电源的功率输

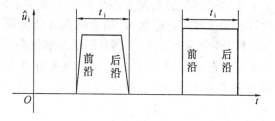

图 9.1　开路电压波形

出级要采用大功率高频管，并在电路中采取措施使之加速导通或截止。但也必须指出，前、后沿太陡会加快电极丝损耗。

7. 脉冲参数应在较宽的范围内可调

精加工时要求脉冲宽度窄、单个脉冲能量小，而粗、中加工时，则要求脉冲宽度大、电压高、单个脉冲能量和电流幅值大，在切割硬质合金和厚工件时还要求脉冲间隔大些。因此为了有一定的适应性，脉冲参数应在一定的范围内可以方便调节。一般：

脉冲宽度 $t_i = 1～70\ \mu s$；脉冲间隔 $t_o = 5～50\ \mu s$；

开路电压 $\hat{u}_i = 60～100\ V$；短路峰值电流 $\hat{i}_s = 10～25\ A$。

8. 使用稳定可靠，易于制造和便于维修

二、线切割脉冲电源的基本组成

线切割脉冲电源是由脉冲发生器、推动级、功放及直流电源四部分组成，如图 9.2 所

示。

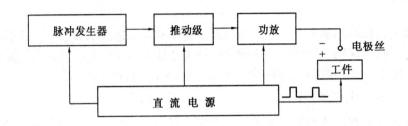

图 9.2 线切割脉冲电源的组成

1. 脉冲发生器

脉冲发生器是脉冲电源的脉冲源,脉冲宽度 t_i、脉冲间隔 t_o 和脉冲频率 f_p 均由脉冲发生器确定和调节。脉冲发生器有多种,因生产厂家而异,即使同一个厂家,其产品也会不尽相同,主要有以下四种:

(1) 晶体管多谐振荡式脉冲发生器 (图 9.3)。

晶体管多谐振荡式脉冲发生器是由三极管 BG_1 和 BG_2、二极管 D_6、电阻 $R_2 \sim R_6$、电位器 W_1 以及电容 C_2 和 C_3 组成的典型的多谐振荡器。D_6 起隔离作用,使电容 C_3 充电时通过 R_5 而不通过 R_6,这样有助于 BG_2 截止得更好,可改善脉冲波形的后沿。调节 C_2 和 C_3 的电容值,即可改变多谐振荡器点 A 所输出脉冲的脉冲宽度和间隔。

(2) 单结晶体管脉冲发生器(图 9.4)。

单结晶体管脉冲发生器是由单结晶体管 BT、电容器 C_3、电阻 $R_1 \sim R_3$ 组成的锯齿波生器,当工作时在电阻 R_2 的上端点 A 产生频率可调的尖脉冲,它经耦合电容 C_4 去触发由 BG_1 和 BG_2 等组成的射极耦合单稳态触发器,它对锯齿波尖脉冲进行整形放大,从 B 点输出矩形波脉冲。调节 R_8、C_5 可以改变脉冲宽度 t_i;调节 R_1、C_3 可以改变脉冲重复频率。这种电路简单、可靠,负载能力强。

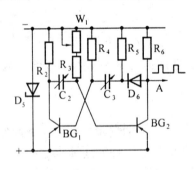

图 9.3 晶体管多谐振荡器　　　　图 9.4 单结晶体管自激多谐振荡器

(3) 555 集成芯片脉冲发生器(图 9.5)

555 集成芯片脉冲发生器是由 555 集成芯片等组成的多谐振荡器,当脚 4 悬空时,由 3 脚输出脉冲。调节电容 C 可以调节脉冲宽度,调节电位器 W_1 可以调节脉冲间隔。D_1 和 D_2 减小了调节脉冲宽度和脉冲间隔时的互相影响,最窄脉冲宽度可以调到 2 μs 左右,输出脉冲周期 $T = 0.693RC$,有利于改善表面粗糙度这项工艺指标。当脚 4 接地时,脚 3 停止输出脉冲。

（4）用单片机作脉冲发生器

用单片机作脉冲发生器时，可以将脉冲宽度和脉冲间隔都分成 $0 \sim F$，共 16 挡，若每挡脉冲宽度为 3 μs，则脉冲宽度和脉冲间隔均可以分别在 $3 \sim 48$ μs 之间调节搭配，调节时，通过按键来完成，比较方便灵活。

2. 推动级

推动级用以对脉冲发生器发出的脉冲信号进行放大，增大所输出脉冲的功率，否则无法推动功放正常工作，推动级可以用几个晶体三极管，也可能是集成电路片子，所采用的功放管不同，其推动级也不同。

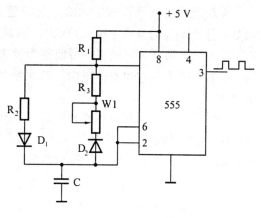

图 9.5　555 多谐振荡器

3. 功放

功放是将推动级所提供的脉冲信号进行放大，为工件和钼丝之间进行切割时的火花放电提供所需要的脉冲电压和电流，使其获得足够的放电能量，以便顺利稳定地进行切割加工。

9.2　典型脉冲电源电路分析

脉冲电源电路的生产厂家不同，品种很多，这里只对其中几种略加分析。

一、晶体管多谐振荡式脉冲电源

晶体管多谐振荡式脉冲电源电路（图 9.6）是由晶体管多谐振荡式脉冲发生器发出的脉冲，经推动级 BG_3、BG_4、BG_5 放大后，推动功放管 BG_6 而工作。

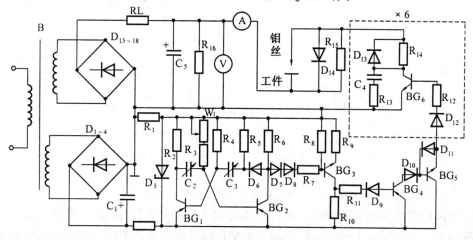

图 9.6　晶体管多谐振荡式脉冲电源电路

推动级是由三极管 $BG_3 \sim BG_5$、二极管 $D_7 \sim D_{11}$ 和电阻 $R_7 \sim R_{11}$ 组成的射极输出脉冲放大器。其中 BG_3 的基极电阻 R_7 较大，以减轻多谐振荡器的负载，使之稳定可靠地振荡；BG_4 采用 PNP 型开关三极管，可使整个放大级电路开关时间一致；$BG_3 \sim BG_5$ 基极回路中的二极管，是利用它本身的正向压降来抵消前一级三极管漏电流的影响，从而使各管截止更可靠。

功放采用 6 组反相器电路并联运行，高频大功率三极管 BG_6 工作在开关状态，基极串有电阻 R_{12} 用以调整注入电流的大小，基极串联的二极管 D_{12} 除使 BG_6 可靠截止外，还能在 BG_6 损坏后保护前面的元件不被功放级较高电压穿击；集电极串联限流电阻 R_{14}，可以保护 BG_6 在放电间隙短路时不被烧毁，R_{14} 上并联的二极管 D_{13} 用以消除集电极电阻上较高的感应电势，它与 BG_6 集 – 射结连接的 R_{13}、C_4 阻容吸收回路，都是用来保护 BG_6 的，以避免截止时的过压击穿。

间隙并联的电阻 R_{15} 用于空载时观察波形，二极管 D_{14} 用来消除两极输送线电感的影响。

二、单结晶体管脉冲发生式脉冲电源

单结晶体管脉冲发生式脉冲电源电路(图 9.7)是由单结晶体管 BT 发出的锯齿波脉冲，经 BG_1 和 BG_2 组成的单稳态触发器整形后所得的矩形波，经 BG_3、BG_4 和 BG_5 组成的推动级放大后推动 BG_6 功放管工作，以提供钼丝和工件之间电火花放电的能量。

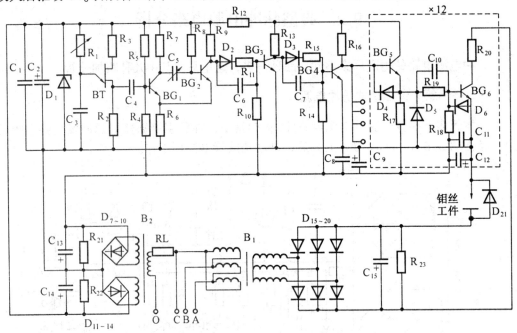

图 9.7 单结晶体管脉冲发生式脉冲电源电路

该脉冲电源的直流电源采用三相桥式整流电路。其特点是内阻低，所输出的直流电压波形脉动小，可以只用小的滤波电容即可获得比较平稳的直流电源，以供应工件和钼丝之间脉冲火花放电的能量。

三、555脉冲发生器及场效应功放管脉冲电源(图9.8)

为了满足不同表面粗糙度的加工需要，要求该电源既能提供矩形波，又能提供分组波。一般情况下使用矩形波加工，矩形波脉冲电源对提高切割速度和改善表面粗糙度这两项工艺指标是互相矛盾的，即当提高切割速度时，表面粗糙度变差，若要求获得较好的表面粗糙度，必须采用较小的脉冲宽度，使得切割速度下降很多。而高频分组波在一定程度上能解决这两者的矛盾(图9.9)，它由窄的脉冲宽度 t'_i 和较小的脉中间隔 t'_o 组成，由于每一个脉冲的放电能量小，使切割表面的表面粗糙度 Ra 值减小，但由于脉冲间隔 t'_o 较小，对加工间隙消电离不利，所以在输出一组高频窄脉冲后经一个比较大的脉间间隔 t_o，使加工间隙充分消电离后，再输入下一组高频脉冲，这样就形成了高频分组脉冲。

1. 脉冲发生器矩形脉冲和分组脉冲的生成(图9.10)

脉冲发生器一般称主振级，它可分为两部分，以555芯片 U_1 等所组成的是矩形波脉冲发生器，以555芯片 U_2 等所组成的是高频分组波脉冲发生器。K_4 是二者的输出选择开关。

(1) 矩形波脉冲发生器

矩形波脉发生器和图9.5的原理是一样的，所不同之处只有两处，分述如下：

①脉冲宽度 t_i 和脉冲间隔 t_0 的调节选择。图9.5中的电容C的容量确定了一定的脉冲宽度 t_i，在实际生产中脉冲宽度必须能根据加工要求进行方便灵活的调整。在图9.10中电容由 C_1、C_2、C_3 和 C_4 组成，用琴键开关 K_2 来选择它们之间的并联组合，可获得 $5 \sim 65\ \mu s$ 的不同脉冲宽度 t_i；调节电位器 W_1，可使脉冲间隔在脉冲宽度的 $4 \sim 8$ 倍范围内平滑变化。

② 高频输出控制。前面已讲过当555芯片的第4脚悬空时，3脚有脉冲输出，当4脚接地时，3脚停止输出脉冲。该处在脚4和地之间有常闭触头 J_3、常开触头 J_2 及调机按键 K_3，它们都是用以控制高频脉冲的输出通或断用的。

J_3 常闭触头是有程序、有高频，程序加工结束时自动断高频用的。当线切割控制器已输入的程序调出来加工时，即控制器处于有程序状态，此时控制器输出一个 $+12\ V$ 信号使高频继电器 J_3(图9.10未画出)吸合，致使其常闭触点 J_3 断开，使555芯片的脚4悬空，故脚3输出脉冲，即有高频输出。当该工件的程序全部加工结束时，控制器输出 $0\ V$ 信号，使高频继电器 J_3 放开，该常闭触点 J_3 又恢复闭合状态，使脚4接地，脚3停止输出脉冲，即实现程序结束自动断高频。

J_2 常开触头用于储丝筒换向时自动断高频。在切割加工进行中 J_3 已断开，当走丝电动机换向时，在电动机换向线路中串入一个升压变压器(图9.10中未画出)，把电动机换向时，在升压变压器中所产生的感应电势经整流滤波后所获得的直流电压，使走丝换向自动断高频继电器 J_2 吸合，而使 J_2 触点闭合，使脚4接地，促使脚3停止脉冲输出，当走丝换完向之后，感应电势消失，J_2 恢复常开状态，脚3又有脉冲输出。

K_3 是调机用的按钮开关，当单独对高频电源进行调试或控制器中未调出程序时，需要输出高频，可以按 K_3 按钮，使4脚与地断开，3脚就有高频输出。

(2) 高频分组脉冲发生器

555芯片 U_2 用以产生分组脉冲的小脉冲宽度 t'_i 和小脉冲间隔 t'_o，各为 $2.5\ \mu s$。U_2 的

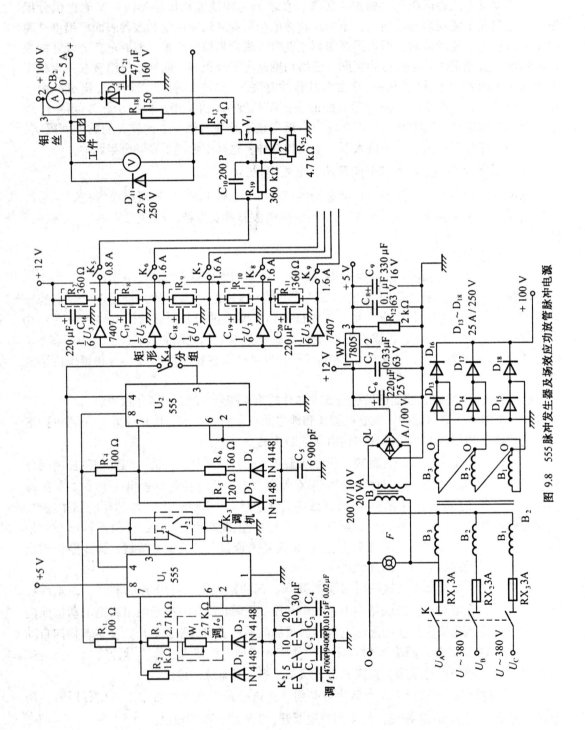

图 9.8　555 脉冲发生器及场效应功放管脉冲电源

4 脚由 U_1 的 3 脚所输出的矩形脉冲来控制，因此 U_2 的 3 脚输出分组脉冲波如图 9.9 所示，分组脉冲的大脉冲宽度（即一组分组脉冲的总宽度）等于矩形波的脉冲宽度 t_i；分组脉冲的脉冲大间隔等于矩形波脉冲的脉冲间隔 t_o。

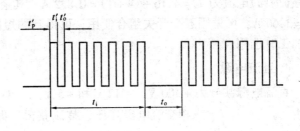

图 9.9　高频分组脉冲的开路电压波形

2. 推动级

因功放管是场效应管，是电

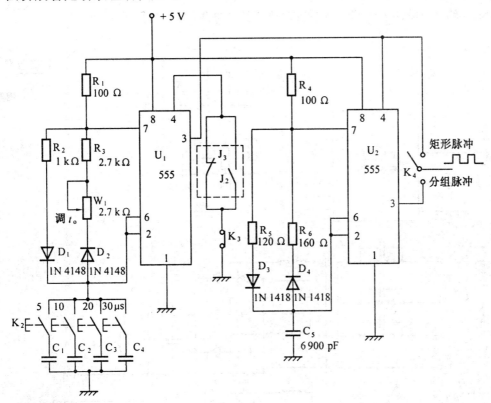

图 9.10　矩形波和分组波脉冲发生器

压驱动，故 555 脉冲发生器及场效应功放管脉冲电源的推动级很简单，由 7407 芯片来完成即可。它与前级之间用开关 K_4 可以分别选择矩形波或分组波，由 7407 分五路把脉冲信号传输至功放，每一路各由一个开关来控制，用开关 $K_5 \sim K_9$ 可以灵活的选择参加切割时放电的功放管个数。

3. 功放

功放分五路，每路一个大功率场效应管，在图 9.8 中只画出第一路，其余四路与该路相同，第一路功放管的限流电阻 R_{13} 为 24 Ω，故当第一路功放管导通时，其短路峰值电流为 $\hat{i}_s = 100\,V \div 24\,Ω = 4.16\,A$，其余四路的限流电阻分别只有 12 Ω，故每路功放管导通时，其短路峰值电流均为 $\hat{i}_s = 100V \div 12\,Ω = 8.3\,A$。当脉冲宽度：脉冲间隔 = 1:4 时，第一路的短路(平均)电流为 $I_s = 4.16 \div (4+1) = 0.832$ A，其余四路每路的短路电流 $I_s = 8.3 \div (4+1) = 1.66$ A。可见用五个开关组合使用，可得到的短路电流为 $0.832 \sim 7.472$ A，以供作不同加工时选用。

4. 直流电源

直流电源共分为 +100 V、+12 V 和 +5 V。+100 V 为生成加工用脉冲波的直流电源，它由 U_A、U_B、U_C 三相交流电经降压、整流获得，即使不加滤波电容，也有比单相整流滤波后的波纹度小和电压特性硬等优点。+12 V 为交流 220 V 经整流滤波而得，做推动级的电源，+12 V 再经 7805 三端稳压块稳压和电容滤波后，获得电压比较稳定的 +5 V 直流电源，可用于 555 芯片作电源。

四、单片机脉冲发生器及场效应功放管脉冲电源(图 9.11)

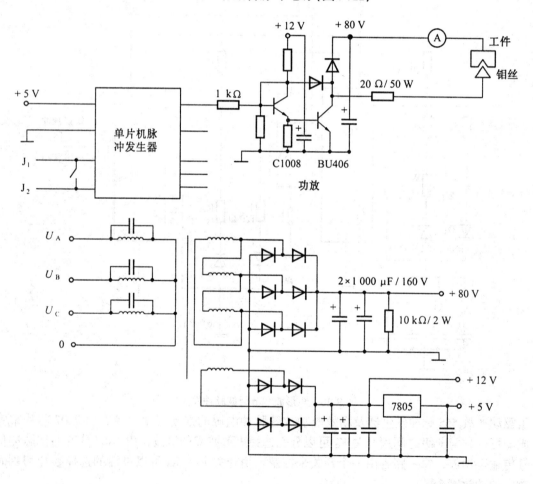

图 9.11　单片机脉冲发生器及场效应功放管脉冲电源

1. 电路工作原理

高频脉冲由单片机发出，共分五路，每路驱动两个场效应功放管。脉冲宽度和脉冲间隔各分为 $0 \sim F$ 挡，即 16 挡，其所对应的脉冲宽度 t_i 或脉冲间隔 t_o 为 $3 \sim 48$ μs，0 挡最小，F 挡最大。除了可以发出上述矩形脉冲之外，还可以发出分组脉冲，当脉冲宽度显 P

与 H 挡时，有两种分组脉冲，P 挡小脉宽 t'_i 为 6 μs，H 挡小脉宽 t'_i 为 3 μs。功放管调节的有效挡数为 1、2、3、4、5 共 5 挡，显示数乘 2 就是当时投入的功放管数。脉冲宽度、脉冲间隔和工作的功放管数，面板上均有显示，分别用按键作增减调节。高频输出由一对触点 J_1 和 J_2 控制，当线切割控制器处于有程序状态时，线切割控制器向脉冲电源提供 J_1、J_2 闭合状态，脉冲电源就输出脉冲；当控制器中的程序加工结束时，控制器将脉冲电源成为 J_1、J_2 断开状态，则脉冲电源停止输出脉冲。

直流电源部分看图一目了然。

2. 工艺参数的选择

使用脉冲电源时，各工艺参数的合理选择搭配对平均加工电流、切割速度和切割表面的表面粗糙度影响很大。

为了提高加工效率，减少电极丝损耗，脉冲宽度和峰值电流的比值应限制在一定范围内，调节时应同时升高或降低二者的值。脉冲间隔的选择应以保证稳定加工为主，一般把单个脉冲能量增大之后，为了使平均加工电流不至于猛增，并保证及时排屑，则脉冲间隔也应随之加大。

用该电源做的工艺试验的记录整理如表 9.1 所示，可供选择工艺参数时参考。

表 9.1　高速走丝线切割机工艺参数表

工件材料	厚度/mm	脉冲宽度 t_i/μs	脉冲间隔 t_o/μs	峰值电流功放管挡	平均加工电流 I/A	切割速度 v_{wi}/(mm²·min⁻¹)	表面粗糙度 R_a/μm	单面放电间隙/μm	稳定性
铁 基	5	1	F	1	0.2	3.6	1.3	8	较好
	5	1	A	1	0.5	7.8	1.8	8	好
	5	3	9	2	0.7	21.1	2.8	10	好
	5	5	9	2	0.7	23.1	3.5	10	好
	5	7	8	3	0.9	33.0	4.5	10	好
	5	9	7	3	0.9	34.9	5.5	10	好
	5	B	6	4	1.2	47.6	6.5	12	较好
合 金	20	1	B	1	0.4	8.0	1.2	8	一般
	20	1	9	1	0.5	13.0	1.5	8	较好
	20	3	9	2	0.8	22.5	2.3	10	好
	20	9	7	3	1.0	34.3	3.0	10	好
	20	9	7	3	1.4	40.6	3.7	10	好
	20	B	6	4	1.8	50.5	4.2	10	好
	20	D	6	4	1.8	54.5	4.7	10	好
	20	F	6	5	1.9	58.5	5.2	12	好
	20	F	3	5	2.7	82.8	5.5	12	较好
	50	1	9	1	0.6	4.2	1.0	6	较差

续　表

工件材料	厚度/mm	脉冲宽度 $t_i/\mu s$	脉冲间隔 $t_o/\mu s$	峰值电流功放管挡	平均加工电流 I/A	切割速度 $v_{wi}/(mm^2 \cdot min^{-1})$	表面粗糙度 $R_a/\mu m$	单面放电间隙/μm	稳定性
铁	50	2	9	2	0.8	13.3	1.7	8	一般
	50	4	9	2	0.8	15.2	2.2	10	较好
	50	6	9	3	1.0	26.9	2.6	10	好
	50	9	7	3	1.3	38.6	3.2	10	好
	50	D	6	4	1.6	48.8	3.9	10	好
	50	F	6	5	1.8	54.4	4.5	12	好
	50	F	3	5	2.6	83.3	4.9	12	较好
	50	F	0	5	5.0	121.5	5.2	12	一般
基	100	3	9	2	0.8	15.3	2.2	8	较好
	100	6	9	3	1.2	26.7	2.7	10	好
	100	9	7	3	1.4	32.9	3.3	10	好
	100	D	6	4	1.8	44.3	3.8	10	好
	100	F	6	5	2.0	54.1	4.2	12	好
合	100	F	3	5	2.4	68.6	4.6	14	好
	100	F	0	5	5.0	123.5	5.0	14	较好
	200	6	A	2	0.7	15.4	2.4	12	一般
	200	6	9	3	1.1	21.8	2.6	14	稍好
	200	9	7	3	1.2	28.7	3.0	16	较好
金	200	C	7	4	1.2	30.8	3.4	18	好
	200	C	6	4	1.6	41.7	3.9	18	好
	200	F	6	5	2.1	50.4	4.3	20	好
	200	F	3	5	3.0	70.1	4.7	20	较好
	200	F	0	5	5.8	148.1	5.0	20	稍好

9.3　脉冲电源的测试与常见故障

一、脉冲电源的波形测试

图 9.12 是一种具有脉冲电源基本组成部分的电路图，其各点波形可用示波器观察。测量时，可以测出脉冲宽度 t_i、脉冲间隔 t_o 及开路电压 $\hat{u}_i$ 的幅值。当加工间隙开路时，该图各主要点波形如表 9.2 所示。

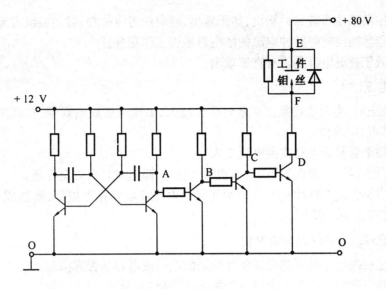

图 9.12 一种脉冲电源的电路图

二、脉冲电源常见故障及排除方法

1. 脉冲电源无输出

① 检查交流电源是否接通。

② 检查脉冲电源输出线接触是否良好,有否断线。

③ 检查功率输出回路是否有断点,功率管是否烧坏,功率级整流电路是否有直流输出。

表 9.2 脉冲电源主要点波形和电参数

测量点	OA	OB	OC
波 形	正脉冲	负脉冲	正脉冲
参 数	$\hat{u}_i = 10 \sim 12\ V$	$t_i = 5\ \mu s$	$t_o = 20\ \mu s$
测量点	OD		EF
波 形	负脉冲		正脉冲
参 数	$\hat{u}_i = 80\ V$ $\quad$ $t_i = 5\ \mu s$		$t_o = 20\ \mu s$

④ 检查推动级是否有脉冲输出,如无输出,则向前逐级检查,看主振级有无脉冲输出。

⑤ 检查走丝换向时停脉冲电源的继电器是否工作正常。

⑥ 检查低压直流电源是否有直流输出。

2. 间隙电流过大

当间隙放电时,电流表读数比正常时明显过大,出现电弧放电现象,在间隙短路时有大电流通过等状况,则应该:

① 检查功率管是否击穿或漏电流变大。

② 检查是否因推动级前面有中、小功率管损坏,而造成功率级全导通。

③ 检查主振级改变脉冲宽度或脉冲间隔的电阻或电容是否损坏,而造成短路或开路,致使末级脉宽变大或间隔变小。

3. 脉冲宽度或脉冲间隔发生变化

① 检查主振级改变脉冲宽度或脉冲间隔的电阻或电容是否有损坏。

② 检查各级间耦合电容或电阻是否损坏或变化。

③ 检查是否有其他干扰。

4. 波形畸变

① 检查功率管是否特性变坏或漏电流变大。

② 检查推动级前面各级波形,确定畸变级,再看此极管子或元件是否损坏。

③ 检查是否有其他干扰。

第十章　电火花线切割工艺

有了好的机床、好的控制系统、好的高频电源及程序,不一定就能加工出合乎要求的工件,还必须重视线切割加工时的工艺技术和技巧。只有工艺合理,才能高效率地加工出质量好的工件,因此,必须对线切割加工的各种工艺问题进行深入的探讨。

10.1　电火花线切割加工的步骤及要求

电火花线切割加工是实现工件尺寸加工的一种技术。在一定设备条件下,合理地制定加工工艺路线是保证工件加工质量的重要环节。

电火花线切割加工模具或零件的过程,一般可分以下几个步骤。

一、对图样进行分析和审核

分析图样对保证工件加工质量和工件的综合技术指标是有决定意义的第一步。以冲裁模为例,在消化图样时首先要挑出不能或不宜用电火花线切割加工的工件图样,大致有如下几种:

① 表面粗糙度和尺寸精度要求很高,切割后无法进行手工研磨的工件。

② 窄缝小于电极丝直径加放电间隙的工件,或图形内拐角处不允许带有电极丝半径加放电间隙所形成的圆角的工件。

③ 非导电材料。

④ 厚度超过丝架跨距的零件。

⑤ 加工长度超过 x、y 拖板的有效行程长度,且精度要求较高的工件。

在符合线切割加工工艺的条件下,应着重在表面粗糙度、尺寸精度、工件厚度、工件材料、尺寸大小、配合间隙和冲制件厚度等方面仔细考虑。

二、编程

1. 冲模间隙和过渡圆半径的确定

(1) 合理确定冲模间隙

冲模间隙的合理选用,是关系到模具的寿命及冲制件毛刺大小的关键因素之一。不同材料的冲模间隙一般选择在如下范围:

软的冲裁材料,如紫铜、软铝、半硬铝、胶木板、红纸板、云母片等,凸凹模间隙可选为冲材厚度的 8% ~ 10%。

半硬冲裁材料,如黄铜、磷铜、青铜、硬铝等,凸凹模间隙可选为冲材厚度的 10% ~

15%。

硬质冲裁材料,如铁皮、钢片、硅钢片等,凸凹模间隙可选为冲材厚度的 15%～20%。

这是一些线切割加工冲裁模的实际经验数据,比国际上流行的大间隙冲模要小一些。因为线切割加工的工件表面有一层组织脆松的熔化层,加工电参数越大,工件表面粗糙度越差,熔化层越厚。随着模具冲次的增加,这层脆松的表面会渐渐磨去,使模具间隙逐渐增大。

（2）合理确定过渡圆半径

为了提高一般冷冲模具的使用寿命,在线线、线圆、圆圆相交处,特别是小角度的拐角上都应加过渡圆。过渡圆的大小可根据冲裁材料厚度、模具形状和要求寿命及冲制件的技术条件考虑,随着冲制件的增厚,过渡圆亦可相应增大。一般可在 0.1～0.5 mm 范围内选用。

对于冲件材料较薄、模具配合间隙很小、冲件又不允许加大的过渡圆,为了得到良好的凸、凹模配合间隙,一般在图形拐角处也要加一个过渡圆。因为电极丝加工轨迹会在内拐角处自然加工出半径等于电极丝半径加单面放电间隙的过渡圆。

2. 计算和编写加工用程序

编程时,要根据坯料的情况,选择一个合理的装夹位置,同时确定一个合理的起割点和切割路线。

起割点应取在图形的拐角处,或在容易将凸尖修去的部位。

切割路线主要以防止或减少模具变形为原则,一般应考虑使靠近装夹这一边的图形最后切割为宜。

3. 输入程序试切样板

把程序输入控制器后试切样板,对简单有把握的工件可以直接加工。对尺寸精度要求高、凸凹模配合间隙小的模具,必须要用薄料试切,从试切件上可检查其精度和配合间隙。如发现不符合要求,应及时分析,找出问题,修改程序直至合格后才能正式加工模具。这一步骤是避免工件报废的一个重要环节。

根据实际情况,也可以直接由键盘输入,或从编程机直接把程序传输到控制器中。

三、加工

1. 加工时的调整

（1）调整电极丝垂直度

在装夹工件前必须以工作台为基准,先将电极丝垂直度调整好,再根据技术要求装夹加工坯料。条件许可时最好以 90°角尺刀口再复测一次电极丝对装夹好工件的垂直度。如发现不垂直,说明工件装夹可能有翘起或低头,也可能工件有毛刺或电极丝没挂进导轮,需立即修正。因为模具加工面垂直与否直接影响模具质量。

（2）调整脉冲电源的电参数

脉冲电源的电参数选择是否恰当,对加工模具的表面粗糙度、精度及切割速度起着决定的作用。

电参数与加工工件工艺指标的关系是:

脉冲宽度增加、脉冲间隔减小、脉冲电压幅值增大(电源电压升高)、峰值电流增大(功放管增多)都会使切割速度提高,但加工的表面粗糙度和加工精度则会下降。反之则可改善表面粗糙度和提高加工精度。

随着峰值电流的增大,脉冲间隔减小、频率提高、脉冲宽度增大、电极丝损耗增大,脉冲波形前沿变陡,电极丝损耗也增大。

（3）调整进给速度

当电参数选好后,在采用第一条程序切割时,要对变频进给速度进行调整,这是保证稳定加工的必要步骤。如果加工不稳,工件表面质量会大大下降,工件的表面粗糙度和加工精度变差,同时还会造成断丝。如果电参数选择恰当,同时变频进给调得比较稳定,才能获得好的加工质量。

变频进给跟踪是否处于最佳状态,可用示波器监视工件和电极丝之间的电压波形。

2. 正式切割加工

经过以上各方面的调整准备工作,可以正式加工模具,一般是先加工固定板、卸料板,然后加工凸模,最后加工凹模。凹模加工完毕,先不要松压板取下工件,而要把凹模中的废料芯拿开,把切割好的凸模试插入凹模中,看看模具间隙是否符合要求,如过小可再修大一些,如凹模有差错,可根据加工的坐标进行必要的修补。

四、检验

检验内容如下：

1. 模具的尺寸精度和配合间隙

落料模:凹模尺寸应是图样零件的基本尺寸。凸模尺寸应是图样零件的基本尺寸减去冲模间隙。

冲孔模:凸模尺寸应是图样零件的基本尺寸。凹模尺寸应是图样零件基本尺寸加上冲模间隙。

固定板:应与凸模静配合。

卸料板:大于或等于凹模尺寸。

级进模:检查步距尺寸精度。

检验工具:根据不同精度的模具,可选用下列量具:游标卡尺、内外径千分尺、塞规、投影仪等。模具间隙均匀性亦可用透光法目测。

2. 垂直度

检验工具:可采用平板、刀口形直尺。

3. 表面粗糙度

检验工具:在现场可采用电火花加工表面粗糙度等级比较样板目测或手感。在实验室中采用轮廓仪检测。

10.2　常用夹具及工件的正确装夹方法

工件装夹的形式对加工精度有直接影响。电火花线切割加工机床的夹具比较简单,一般是在通用夹具上采用压板螺钉固定工件。为了适应各种形状工件加工的需要,还可使用磁性夹具、旋转夹具或专用夹具。

一、常用夹具的名称、规格和用途

由于线切割机床主要用于切割冲模的型腔,因此机床出厂时通常只提供一对夹持板形工件的夹具(压板、紧固螺钉等)。

1. 压板夹具

压板夹具主要用于固定平板状的工件,对于稍大的工件要成对使用。夹具上如有定位基准面,则加工前应预先用划针或百分表将夹具定位基准面与工作台对应的导轨校正平行,这样在加工批量工件时较方便,因为切割型腔的划线一般是以模板的某一面为基准。夹具的基准面与夹具底面的距离是有要求的,夹具成对使用时两件基准面的高度一定要相等,否则切割出的型腔与工件端面不垂直,造成废品。在夹具上加工出 V 形的基准,则可用以夹持轴类工件。

2. 磁性夹具

采用磁性工作台或磁性表座夹持工件,不需要压板和螺钉,操作快速方便,定位后不会因压紧而变动(图 10.1)。

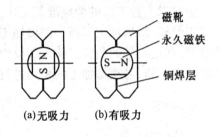

(a)无吸力　　(b)有吸力

磁靴
永久磁铁
铜焊层

图 10.1　磁性夹具的基本原理图

要注意保护上述两类夹具的基准面,避免工件将其划伤或拉毛。压板夹具应定期修磨基准面,保持两件夹具的等高性。夹具的绝缘性也应经常检查和测试,因有时绝缘体受损造成绝缘电阻减小,影响正常的切割。

3. 分度夹具

分度夹具(图 10.2)是根据加工电机转子、定子等多型孔的旋转形工件设计的,可保证高的分度精度。近年来,因微机控制器及自动编程机对加工图形具有对称、旋转等功能,所以分度夹具用得较少。

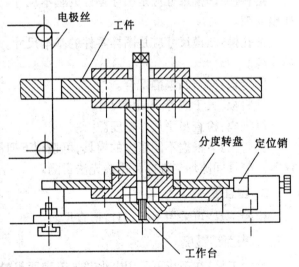

电极丝　　工件
分度转盘　　定位销
工作台

图 10.2　分度夹具

二、工件装夹的一般要求

① 工件的基准面应清洁无毛刺,经热处理的工件,在穿丝孔内及扩孔的台阶处,要清除热处理残物及氧化皮。

② 夹具应具有必要的精度,将其稳固地固定在工作台上,拧紧螺丝时用力要均匀。

③ 工件装夹的位置应有利于工件找正,并应与机床行程相适应,工作台移动时工件不得与丝架相碰。

④ 对工件的夹紧力要均匀,不得使工件变形或翘起。

⑤ 大批零件加工时,最好采用专用夹具,以提高生产效率。

⑥ 细小、精密、薄壁的工件应固定在不易变形的辅助夹具上。

三、支撑装夹方法

1. 悬臂支撑方式(图 10.3)

悬臂支撑通用性强,装夹方便。但由于工件单端压紧,另一端悬空,使得工件底面不易与工作台平行,所以易出现上仰或倾斜的情况,致使切割表面与工件上下平面不垂直或达不到预定的精度。因此,只有在工件的技术要求不高或悬臂部分较小的情况下才能采用。

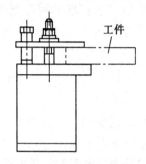

图 10.3　悬臂式支撑夹具

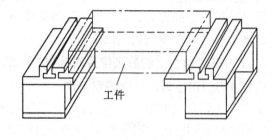

图 10.4　两端支撑夹具

2. 两端支撑方式(图 10.4)

两端支撑是把工件两端都固定在夹具上,这种方法装夹支撑稳定,平面定位精度高,工件底面与切割面垂直度好,但对较小的零件不适用。

3. 桥式支撑方式(图 10.5)

桥式支撑是在双端夹具体下垫上两个支撑铁架。其特点是通用性强、装夹方便,对大、中、小工件装夹都比较方便。

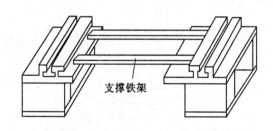

图 10.5　桥式支撑夹具

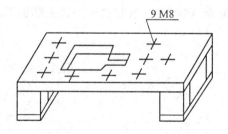

图 10.6　板式支撑夹具

4. 板式支撑方式(图 10.6)

板式支撑夹具可以根据经常加工工件的尺寸而定,可呈矩形或圆形孔,并可增加 x 和 y 两方向的定位基准,装夹精度较高,适于常规生产和批量生产。

5. 复式支撑方式(图 10.7)

复式支撑夹具是在桥式夹具上,再装上专用夹具组合而成,它装夹方便,特别适用于成批零件加工,既可节省工件找正和调整电极丝相对位置等辅助工时,又保证了工件加工的一致性。

四、工件的正确装夹方法

有很多直接和间接的因素与工件的正确装夹有关。

1. 装夹用的夹具对编程的影响

采用适当的夹具,或可使编程简化,或可用一般编程方法使加工范围扩大(如用固定分

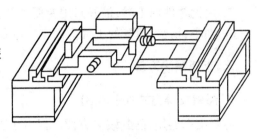

图 10.7 复式支撑夹具

度夹具,用几条程序就可以加工零件的多个旋转图形,这就简化了编程工作。再如用自动回转夹具,变原来的直角坐标系为极坐标系,可用切斜线的程序加工出正确的阿基米德螺旋面),还可以用适当的夹具,加工出车刀的立体角、导轮的沟槽、样板的椭圆线和双曲线等。这就扩大了线切割机床的使用范围。

2. 工件在工作台上的装夹位置对编程的影响

(1) 适当的定位可以简化编程工作

工件在工作台上的位置不同,会影响工件轮廓线的方位,也就影响各点坐标的计算结果,进而影响各段程序。在图 10.8(a)中,若使工件的 α 角为 0°、90°以外的任意角,则矩形轮廓各线段都成了切割程序中的斜线,这样,计算各点的坐标、填写程序单等都比较麻烦,还可能发生错误。如条件允许,使工件的 α 角成 0°和 90°,则各条程序皆为直线程序,这就简化了编程,从而减少差错。同理,图 10.8(b)中的图形,当 α 角为 0°、90°或 45°时,也会简化编程,提高质量,而 α 为其他角度时,会使编程复杂些。

(2) 合理的定位可充分发挥机床的效能

有时则与上述情况相反,需要限制工件的定位,用改变编程的办法以满足加工的要求。如图 10.9(a)所示,工件的最大长度尺寸为 139 mm,最大宽度为 20 mm,工作台行程为 100 mm × 120 mm。很明显,若用图 10.9(a)的定位方法,在一次装夹中就不能完成全部轮廓的加工,如选图 10.9(b)的定位方法,可使全部轮廓落入工作台行程范围内,虽然编程比较复杂,但可在一次装夹中完成全部加工。

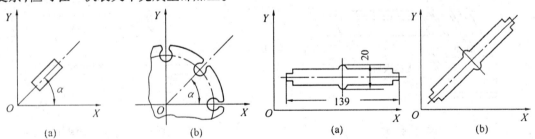

图 10.8 工件定位对编程影响的示意图之一　　图 10.9 工件定位对编程影响示意图之二

(3) 正确定位可提高加工的稳定性

在加工时,对各条程序加工的稳定性并不相同,如直线 L_3 的切割过程,就容易出现加工电流不稳定、进给不均匀等,严重时还会引起断丝。因此编程时应使零件的定位尽量避开较长的 L_3 直线程序。

3. 程序的走向及起点的选择

为了避免材料内部组织及内应力对加工精度的影响,还必须合理地选择程序的走向和

起始点。如图 10.10 所示,加工程序起始点为 A,切入点为 a,则走向可有:

① A—a—b—c—d—e—f—a—A。

② A—a—f—e—d—c—b—a—A。

如选②走向,则在切割 af 段时,工件与夹持部分相连的大部分被切开,工件和夹持部分只有一小段相连,容易变形,会带来较大的误差;如选①走向,就可以减少或避免这种影响。

如加工程序起始点为 B,切入点为 d,这时无论选哪种走向,其切割精度都会受到材料变形的影响。

另外程序的切入点(一般也是切出点)选择不当,会使工件切割表面上残留切痕,尤其是当(切出)点选在圆滑表面上时,其残痕更为明显。所以,应尽可能把切入(切出)点选在切割表面的拐角处或是选在精度要求不高的表面上,或在容易修整的表面上。

4. 附加程序

附加程序一般有以下几种:

(1) 引入程序

程序切入点是在程序的某个节点上,如图 10.11 之点 a。在一般情况下,起始点(图 10.11 中之 A)不能与切入点重合。这就需要一段引入程序。起始点有时可选在材料实体之外(如大多数凸模的加工),有时也选在材料实体之内(如凹模加工),这时还要预制穿丝孔,以便穿丝。

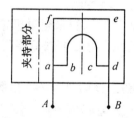

图 10.10　程序起始点对加工精度的影响　　　图 10.11　附加切出程序示意图

起始点应尽量靠近程序的切入点,以使引入程序最短,缩短切割时间。另外预钻穿丝孔虽会带来钻孔、穿丝的麻烦,但由于合理地选用了起始点和引入程序,因而控制了加工过程中的材料变形,提高了加工效率和加工精度。

(2) 切出程序

有时工件轮廓切完之后,钼丝还需要沿切入程序反向切出。如图 10.11 所示,如果材料的变形使切口闭合,当钼丝切至边缘时,会因材料的变形而卡断钼丝。这时应在切出过程中,附加一段保护钼丝的切出程序(10.11 中 A'—A'')。A' 点距材料边缘的距离,应依变形力大小而定,一般为 1 mm 左右。A'—A'' 斜度可取 1/3 ~ 1/4。

(3) 超切程序和返回程序

因为钼丝是个柔性体,加工时受放电压力、工作液压力等的作用,使加工区间的钼丝滞后于上下支点一小段距离,即钼丝工作段会发生弯曲,见图 10.12(b);这样拐弯时就会切去工件轮廓的尖角,影响加工质量,见图 10.12(a)。为了避免切去尖角,可增加一段超切程序,如图 10.12(b)中的 A—A' 段。当钼丝切割的最大滞后点达到程序节点 A,然后再附加点 A' 返回点 A 的返回程序 A'—A。接着再执行原来拐弯后的程序,便可切出尖角。

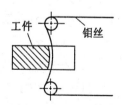

(a)抹去轮廓尖角　　　(b)钼丝工作段弯曲

图 10.12　加工时钼丝挠曲及其影响

5. 工件的找正

当拿到一张图样或一个工件时,如何装夹、找正,切割才能既省事又能达到较好效果呢?

若每台机床都配备一套磁性夹具,且磁性夹具的垂直基面都是已校正好的,则要求线切割加工的方形工件一般都得用平磨磨削上下面及侧面作为基面。该基面也是各道工序加工的共同基准,线切割时用它靠紧夹具基面,既省打表,又省划线。也有的方形工件需磨削更多的侧垂直面,甚至得磨六面。找正方法有按划线、按基面和按基准孔找正等方法。具体分析如下:

(1) 按划线找正

① 线切割加工型腔的位置和其他已成型的型腔位置要求不严时,可靠紧基面后,穿丝可按划线定位。

② 同一工件上型孔之间的相互位置要求严,但与外形要求不严,又都是只用线切割一道工序加工时,也可按基面靠紧,按划线定位、穿丝,切割一个型孔后卸丝,走一段规定的距离,再穿丝切第二个型孔,如此重复,直至加工完毕。

(2) 按基准孔或已成型孔找正

① 按已成型的孔找正。当线切割型孔位置与外形要求不严,但与工件上其他工艺已成型的型腔位置要求严时,可靠紧基面后按成型型孔找正后走步距再加工。

② 按基准孔找正。线切割加工工件较大,但切割型孔总的行程未超过机床行程,又要求按外形找正时,可按外形尺寸做出基准孔,线切割时按基面靠直后再按基准孔定位。

(3) 按外形找正

当线切割型孔位置与外形较严时,可按外形尺寸来定位。此时最少要磨出侧垂直基面,有的甚至要磨六面。

圆形工件通常要求圆柱面和端面垂直。这样,靠圆柱面即可定位。当切割型孔在中心且与外形同轴度要求不严,又无方向性时,可直接穿丝,然后用钢直尺比一下外形,丝在中间即可。若与外形同轴度虽要求不严但有方向性时,可按线找正。若同轴度要求严,方向性也严时,则要求磨基准孔和基面。当基准孔无法磨时(如很小)也可按线仔细找正。按外形找正有两种,一是直接按外形找正,二是按工件外形配做一胎具(图 10.13)。

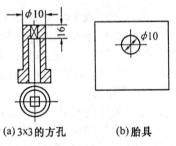

(a) 3×3 的方孔　　　　(b) 胎具

图 10.13　按外形找正

如需加工图 10.13(a)中 3 mm×3 mm 方孔,可采用图 10.13(b)所示的胎具,在胎具上先按工件外形 $\phi 10$ 切出一个 $\phi 10$ 孔,此孔中心即为工件中心,工件固定好后即可加工。

6. 工件的装夹位置及防止工件变形开裂的方法

有些工件切割后,尺寸总是出现明显偏差,检查机床精度、数控柜和程序都正常,最后才发现是变形引起。

(1) 工件变形和开裂的例子

① 切缝闭合变形。图 10.14 所示的凸模,由坯料外切入后,经点 A 至点 B…按顺时针方向再回到点 A。在切完 EF 圆弧的大部分后,BC 切缝明显变小甚至闭合,当继续切割至 A 点时,凸模上 FA 与 BC 间平行的尺寸增大了一个等于切缝宽度的尺寸。

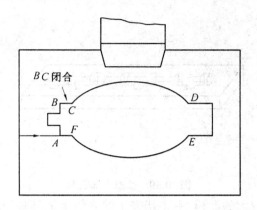

图 10.14　切缝闭合变形

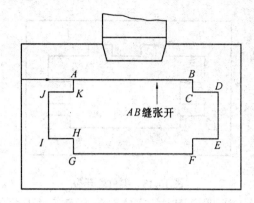

图 10.15　切缝张开变形

② 切缝张开变形。如图 10.15 所示,该凸模也是从坯料外切入,此图形没有较大的圆弧段,变形时切缝不是闭合,而是张开。继续切割 *FG* 段时,凸模上的 *AB* 和 *FG* 间平行的尺寸将会逐渐减小。

③ 未淬火件张口变形。图 10.16 为未经淬火的工件,切割后在开口处张开,使开口尺寸增大。

④ 淬火工件切割后开口变小。图 10.17 为切割经过淬火的材料,切割后开口部位的尺寸变小。

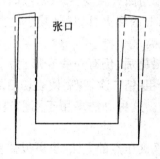

图 10.16　未淬火件张口变形　　　　　　图 10.17　淬火工件切割后口部变小

⑤ 尖角处开裂。图 10.18 为较大的凹模,因内腔尖角处没有较大的工艺圆角 *r*,所以当切去内框体积较大时,使材料应力平衡受到严重破坏,导致尖角处应力集中而开裂。

⑥ 凹模中间部位宽度变小。图 10.19 为一个长宽比较大的窄长凹模,在切割后测量时,发现槽的中间部位变窄,这是由于图形中的长槽和小槽的应力变形所引起的。

(2) 变形和开裂的原因及改善办法

① 无凸模外形起始点穿丝孔。当从坯料外直接切入切割凸模时,因材料应力不平衡产生变形,如张口或闭口变形,以致影响工件加工精度。所以,在切割凸模时,应在坯料上钻出凸模外形起始点的穿丝孔。

② 夹压方法不当。有时不便于钻凸模外形起始点穿丝孔,可以改变切割路线及夹压位置,就可减小或避免变形对切割工件尺寸精度的影响。如图 10.15 的凸模,若把切割路线改为 *A—K—J—I*,按逆时针方向切割至 *B—A*,由于夹压工件的位置在最后一条程序处,所以在切割过程中产生的变形不致影响凸模的尺寸精度。

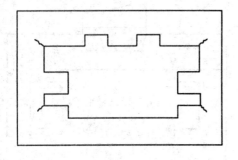 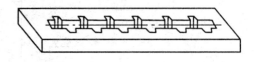

图 10.18　尖角处开裂　　　　　　　　　图 10.19　长槽中部变窄

③ 凹模切去的实体部分太多。对于面积较大的凹模,由于切去了框内较大的体积,使应力变化很大(图 10.18),容易产生变形,甚至开裂。对于这种凹模,应在淬火前将中部搂空,给线切割留 2 ~ 3 mm 的余量,这可使线切割时产生的应力减小。

④ 凹模尖角处易产生应力集中。大框形凹模的尖角处易产生应力集中,而在切割中引起开裂,因此应在尖角处增设适当大小的工艺圆角 r,以缓和应力集中。

⑤ 热处理不当。钢件的应力随含碳量的增加而增加,使高碳钢易开裂,故应避免使用高碳钢作凸、凹模材料。淬火时在确保硬度的情况下,应尽可能使用较低的淬火温度和较缓慢的加热和冷却速度,以减小应力。

回火是减小淬火产生应力的重要手段,回火的效果与回火温度、回火持续时间有关。对易变形、开裂的工件,有时切割后再进行 180 ~ 200℃ 4 h 的回火,以达到减小应力和稳定金相组织的目的。

⑥ 各种原因造成的变形。有的工件在采取某些措施后,仍有一些变形,为了满足工件的精度要求,可改变一次切割到尺寸的传统习惯,改为粗、精二次切割,使粗切后的变形量在精切时被修正,粗切后为精切留的余量约 0.5mm 左右。这种办法多用于图形复杂、易于产生变形的模具,或要求精度高、配合间隙小的模具。

有时采用单点夹压来代替多点夹压,以及多次更换夹压点的方法,也可以使变形减小。

10.3　线切割工作液对工艺指标的影响

一、工作液的作用

在电火花线切割加工中,工作液是脉冲放电的介质,对加工工艺指标的影响很大。它对切割速度、表面粗糙度、加工精度也有影响。高速走丝电火花线切割机床使用的工作液是专用的乳化液,目前供应的乳化液有多种,各有特点。有的适于精加工,有的适于大厚度切割,也有的是在原来工作液中添加某些化学成分来提高其切割速度或增加防锈能力等。无论哪种工作液都应具有下列性能:

1. 一定的绝缘性能

火花放电必须在具有一定绝缘性能的液体介质中进行。普通自来水的绝缘性能较差,其电阻率仅为 $10^3 ~ 10^4\Omega\cdot cm$,加上电压后容易产生电解作用而不能火花放电。加入矿物油、皂化钾等后制成的乳化液,电阻率约为 $10^4 \sim 10^5 \Omega \cdot cm$,适合于电火花线切割加工。煤油的绝缘性能较高,其电阻率大于 $10^6 \Omega \cdot cm$,同样电压之下较难击穿放电,放电间隙偏小,生产率低,只有在特殊精加工时才采用。

工作液的绝缘性能可使击穿后的放电通道压缩,局限在较小的通道半径内火花放电,形成瞬时局部高温熔化、气化金属。放电结束后又迅速恢复放电间隙成为绝缘状态。

2. 较好的洗涤性能

所谓洗涤性能,是指液体有较小的表面张力、对工件有较大的亲和附着力、能渗透进入窄缝中,且有一定去除油污能力的性能。洗涤性能好的工作液,切割时排屑效果好,切割速度高,切割后表面光亮清洁,割缝中没有油污粘糊。洗涤性能不好的工作液则相反,有时切割下来的料芯被油污糊状物粘住,不易取下来,切割表面也不易清洗干净。

3. 较好的冷却性能

在放电过程中,放电点局部、瞬时温度极高,尤其是大电流加工时表现更加突出。为防止电极丝烧断和工件表面局部退火,必须充分冷却,要求工作液具有较好的吸热、传热、散热性能。

4. 对环境无污染,对人体无危害

在加工中不应产生有害气体,不应对操作人员的皮肤、呼吸道产生刺激等反应,不应锈蚀工件、夹具和机床。

此外,工作液还应配制方便、使用寿命长、乳化充分,冲制后油水不分离,长时间储存也不应有沉淀或变质现象。

二、工作液的配制和使用方法

1. 工作液的正确配制

（1）工作液的配制方法

一般按一定比例将自来水冲入乳化油,搅拌后使工作液充分乳化成均匀的乳白色。天冷(在 0℃以下)时可先用少量开水冲入拌匀,再加冷水搅拌。某些工作液要求用蒸馏水配制,最好按生产厂的说明配制。

（2）工作液的配制比例

根据不同的加工工艺指标,一般在 5% ~ 20% 范围内(乳化油 5% ~ 20%,水 95% ~ 80%)。一般均按质量比配制。在秤量不方便或要求不太严时,也可大致按体积比配制。

2. 工作液的使用方法

① 对加工表面粗糙度和精度要求比较高的工件,浓度比可适当大些,约 10% ~ 20%,这可使加工表面洁白均匀。加工后的料芯可轻松地从料块中取出,或靠自重落下。

② 对要求切割速度高或大厚度工件,浓度可适当小些,约 5% ~ 8%,这样加工比较稳定,且不易断丝。

③ 对材料为 Cr12 的工件,工作液用蒸馏水配制,浓度稍小些,这样可减轻工件表面的黑白交叉条纹,使工件表面洁白均匀。

④ 新配制的工作液,当加工电流约为 2 A 时,其切割速度约 40 mm^2/min,若每天工作

8 h,使用约 2 天以后效果最好,继续使用 8～10 天后就易断丝,须更换新的工作液。加工时供液一定要充分,且使工作液要包住电极丝,这样才能使工作液顺利进入加工区,达到稳定加工的效果。

三、工作液对工艺指标的影响

在电火花线切割加工中,可使用的工作液种类很多,有煤油、乳化液、去离子水、蒸馏水、洗涤剂、酒精溶液等,它们对工艺指标的影响各不相同,特别是对切割速度的影响较大。早期采用低速走丝方式、RC 电源时,多采用油类工作液。其他工艺条件相同时,油类工作液的切割速度相差不大,一般为 2～3 mm²/min,其中以煤油中加 30% 的变压器油为好。醇类工作液不及油类工作液能适应高切割速度。

采用高速走丝方式、矩形波脉冲电源时,试验结果表明:

① 自来水、蒸馏水、去离子水等水类工作液,对放电间隙冷却效果较好,特别是在工件较厚的情况下,冷却效果更好。然而采用水类工作液时,切割速度低,易断丝。这是因为水的冷却能力强,电极丝在冷热变化频繁时,丝易变脆,容易断丝。此外,水类工作液洗涤性能差,对放电产物排除不利,放电间隙状态差,故表面黑脏,切割速速度低。

② 煤油工作液切割速度低,但不易断丝。因为煤油介电强度高,间隙消耗放电能量多,分配到两极的能量少;同时,同样电压下放电间隙小,排屑困难,导致切割速度低。但煤油受冷热变化影响小,且润滑性能好,电极丝运动磨损小,因此不易断丝。

③ 水中加入少量洗涤剂、皂片等,切割速度就可能成倍增长。这是因为水中加入洗涤剂或皂片后,工作液洗涤性能变好,有利于排屑,改善了间隙状态。

④ 乳化型工作液比非乳化型工作液的切割速度高。因为乳化液的介电强度比水高,比煤油低,冷却能力比水弱,比煤油好,洗涤性比水和煤油都好,故切割速度高。

总之,工艺条件相同时,改变工作液的种类或浓度,就会对加工效果发生较大影响。工作液的脏污程度对工艺指标也有较大影响。工作液太脏,会降低加工的工艺指标,纯净的工作液也并非加工效果最好,往往经过一段放电切割加工之后,脏污程度还不大的工作液可得到较好的加工效果。纯净的工作液不易形成放电通道,经过一段放电加工后,工作液中存在一些悬浮的放电产物,这时容易形成放电通道,有较好的加工效果。但工作液太脏时,悬浮的加工屑太多,使间隙消电离变差,且容易发生二次放电,对放电加工不利,这时应及时更换工作液。

10.4 电极丝对线切割工艺性能的影响

一、常用电极丝材料的种类、名称和规格

现有的线切割机床分高速走丝和低速走丝两类。高速走丝机床的电极丝是快速往复运行的,电极丝在加工过程中反复使用。这类电极丝主要有钼丝、钨丝和钨钼丝。常用钼丝的规格为 $\phi0.10～\phi0.18$ 当需要切割较小的圆角或缝槽时也用 $\phi0.06$ 的钼丝。钨丝耐腐蚀,抗拉强度高,但脆而不耐弯曲,且因价格昂贵,仅在特殊情况下使用。

低速走丝线切割机床一般用黄铜丝作电极丝。电极丝作单向低速运行，用一次就弃掉，因此不必用高强度的钼丝。为了提高切割性能，国内外都研制线切割机床专用的电极丝，规格为 $\phi 0.10 \sim \phi 0.30$。同样切割细微缝槽或要求圆角较小时采用钨丝或钼丝，最小直径可为 $\phi 0.03$。

二、常用电极丝材料的性能和用途

电极丝的材料不同，电火花线切割的切割速度也不同。目前比较适合作电极丝的材料有钼丝、钨钼丝、黄铜丝、钨丝、铜钨丝等。在高速走丝线切割中最普遍采用的是钼丝、钨钼合金丝（W20Mo、W50Mo）。低速走丝线切割中多采用黄铜丝。

常用电极丝材料——钨丝、钼丝、钨钼丝的性能见表 10.1。

表 10.1　常用电极丝材料的性能

材　料	适用温度/℃		延伸率	抗张力/	熔点/	电阻率/	备注
	长期	短期	（%）	MPa	℃	$\Omega \cdot cm$	
钨 W	2 000	2 500	0	1 200 ~ 1 400	3 400	0.061 2	较　脆
钼 Mo	2 000	2 300	30	700	2 600	0.047 2	较　韧
钨钼 W50Mo	2 000	2 400	15	1 000 ~ 1 100	3 000	0.053 2	脆韧适中

三、电极丝直径的影响

电极丝的直径对切割速度的影响较大。若电极丝直径过小，则承受电流小，切缝也窄，不利于排屑和稳定加工，显然不可能获得理想的切割速度。因此，在一定的范围内，电极丝的直径加大是对切割速度有利的。但是，电极丝的直径超过一定程度，造成切缝过大，反而又影响了切割速度的提高。因此，电极丝的直径又不宜过大。同时，电极丝直径对切割速度的影响也受脉冲参数等综合因素的制约。图 10.20 就是高速走丝线切割电极丝直径对切割速度影响的一组实验曲线。

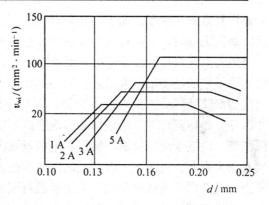

图 10.20　电极丝直径对切割速度的影响
加工条件：工件材料，Cr12，HRC > 55，$H = 40mm$；电极丝材料，Mo，丝速 11m/s；工作液为 15% 的 DX - 1

为了在不同加工电流下比较切割速度，这里引入了切割效率 v_{sp} 的概念。所谓切割效率，就是单位加工电流的切割速度

$$v_{sp} = v_{wi}/I$$

式中　v_{wi}——切割速度（mm²/min）；

I——加工电流（A）；

v_{sp}——切割效率（mm²/min.A）。

例如，切割速度为 80 mm²/min，加工电流 $I = 4$ A，则切割效率 $v_{sp} = v_{wi}/I = 80/4 = 20$ mm²/min·A，就是说每安培的切割速度为 20 mm²/min。电极丝直径大小与切割速度和切割效率的关系如表 10.2 所示。

表 10.2   电极丝直径大小与切割速度和切割效率的关系

电极丝材料	电极丝直径 d/mm	加工电流 I/A	切割速度 $v_{wi}/mm^2 \cdot min^{-1}$	切割效率 $v_{sp}/ (mm^2 \cdot (min \cdot A)^{-1})$
Mo	0.18	5	77	15.4
Mo	0.09	4.3	100	25.4
W20Mo	0.18	5	86	17.2
W20Mo	0.09	4.3	112	26.4
W50Mo	0.18	5	90	17.9
W50Mo	0.09	4.3	127	27.2

加工条件相同：Cr12，HRC > 55，$H = 50$ mm；

$t_i = 8\ \mu s$，$t_o = 24\ \mu s$，$\hat{u}_i = 70$ V；

浓度为 15% 的 DX - 1。

四、电极丝上丝、紧丝对工艺指标的影响以及调整方法

电极丝的上丝、紧丝是线切割操作的一个重要环节，它的好坏，直接影响到加工零件的质量和切割速度。如图 10.21 所示，当电极丝张力适中时，切割速度（$v_{wi} = v_f \times$ 工件厚度）最大。在上丝、紧丝的过程中，如果上丝过紧，电极丝超过弹性变形的限度，由于频繁地往复弯曲、摩擦，加上放电时遭受急热、急冷变换的影响，可能发生疲劳而造成断丝。高速走丝时，上丝过紧断丝往往发生在换向的瞬间，严重时即使空走也会断丝。

但若上丝过松，由于电极丝具有延伸性，在切割较厚的工件时，由于电极丝的跨距较大，除了它的振动幅度大以外，还会在加工过程中受放电压力的作用而弯曲变形，结果电极丝切割轨迹落后并偏离工件轮廓，即出现加工滞后现象（图 10.22），从而造成形状与尺寸误差，如切割较厚的圆柱体会出现腰鼓形状，严重时电极丝快速运转容易跳出导轮槽或限位槽，而被卡断或拉断。所以，电极丝张力的大小，对运行时电极丝的振幅和加工稳定性有很大影响，故而在上电极丝时应采取张紧电极丝的措施。如在上丝过程中外加辅助张紧力，通常用可逆转电动机，或上丝后再张紧一次（例如采用张紧手持滑轮）。为了不降低电火花线切割的工艺指标，张紧力在电极丝抗拉强度允许范围内应尽可能大一点，张紧力的大小应视电极丝的材料与直径的不同而异，一般高速走丝线切割机床钼丝张力应在 5 ~ 10 N。

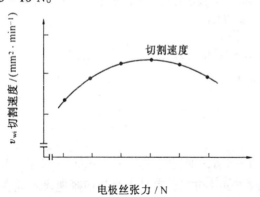

图 10.21   线切割电极丝张力与加工进给速度的关系   图 10.22   放电切割时电极丝弯曲滞后

五、电极丝垂直度对工艺指标的影响及校正方法

由于电极丝运动的位置主要由导轮决定，如果导轮有径向跳动或轴向窜动，电极丝就会发生振动，振幅决定于导轮跳动或窜动值。假定下导轮是精确的，上导轮在水平方向上有径向跳动，如图10.23所示。这时切割出的圆柱体工件必然出现圆柱度偏差，如果上下导轮都不精确，两导轮的跳动方向又不可能相同，因此，在工件加工部位各空间位置上的精度均可能降低。

导轮V形槽底的圆角半径超过电极丝半径时，将不能保持电极丝的精确位置。两个导轮的轴线不平行，或者两导轮轴线虽平行，但V形槽不在同一平面内，导轮的圆角半径会较快地磨损，使电极丝正反向运动时不是靠在同一侧面上，加工表面上产生正反向条纹。这就直接影响加工精度和表面粗糙度。同时，由于电极丝抖动，使电极丝与工件间瞬时短路，开路次数增多，脉冲利用率降低，切缝变宽。对于同样长度的切缝，工件的电蚀量增大，使得切割效率降低。因此，应提高电极丝的位置精度，以利于提高各项加工工艺指标。

为了准确地切割出符合精度要求的工件，电极丝必须垂直于工件的装夹基面或工作台定位面。在具有锥度加工功能的机床上，加工起点的电极丝位置也应该是这种垂直状态。机床运行一定时间后，应更换导轮，或更换导轮轴承。在切割锥度工件之后和进行再次加工之前，应再进行电极丝的垂直度校正。

1. 电极丝垂直度校正工具

（1）校正尺或校正杯

校正尺是一种精密角尺，其直角精度很高，一般在100 mm长度上误差不超过0.01 mm自行制造较困难，多为外购成品。一般线切割机床生产厂自制的校正工具多数是校正杯，如图10.24所示。

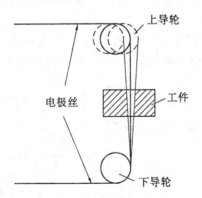

图 10.23　上导轮在水平方向上径向跳动示意图

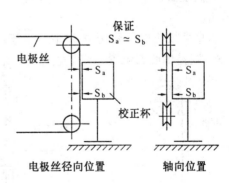

图 10.24　校正杯示意图

校正杯外圆与底平面的垂直度可在精密外圆磨床上磨出，在100 mm长度上误差不超过0.005 mm。

（2）校正器

校正器是为触点与指示灯构成的光电校正装置，电极丝与触点接触时指示灯亮。它灵敏度高，使用方便而直观。底座用耐磨不变形的大理石或花岗岩制成，如图10.25、10.26所示。

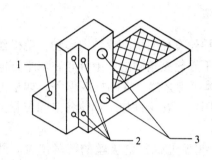

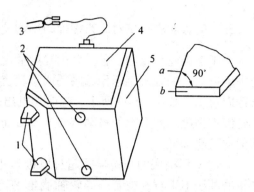

图 10.25 垂直度校正器

1—导线；2—触点；3—指示灯

图 10.26 DF55 – J50A 型垂直度校正器

1—上、下测量头（*a*、*b* 为放大的测量面）；2—上、
下指示灯；3—导线及夹子；4—盖板；5—支座

2. 垂直度校正方法

用校正尺或校正杯校正时，应将校正工具慢慢移至电极丝，目测 X、Y 方向电极丝与校正工具的上下间隙是否一致；或者送上小能量脉冲电源，根据上下是否同时放电来观察电极丝的垂直度（图 10.27）。使用光学校正器时，按使用说明书操作。使用 DF55 – J50A 型垂直度校正器时，可直接观察上下指示灯是否同时亮（或暗），能精确地检测电极丝垂直度。若有偏差，可通过调整导轮体位置、丝架位置等来达到调整电极丝垂直度的目的。若机床带有锥度切割功能丝架时，可调节锥度伺服轴，使电极丝垂直。

在锥度切割加工之前，应考虑锥度切割系统的误差，再检测一次电极丝垂直度，以免再次切割时产生积累误差。

在对电极丝垂直度校正之前，应将电极丝张紧，张力应与加工中使用的张力相同。

用校正器校正电极丝时，应将电极丝表面处理干净，使其易于导电，否则校正精度将受影响。

垂直度校正的具体方法如下：由于导轮一般固定在一个带有偏心的基座上，如图 10.28。调整偏心的位置，使基座旋转一个角度，从而调整了电极丝在径向方向的垂直度。

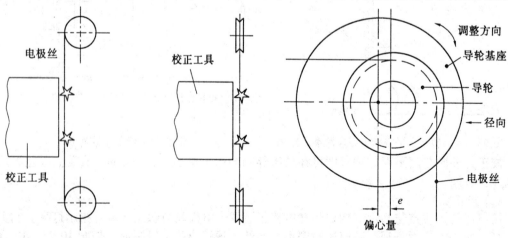

图 10.27 火花法确定电极丝的垂直度   图 10.28 导轮基座偏心示意图

电极丝如轴向垂直度有偏差，调整导轮基座的轴向位置，从而达到调整电极丝轴向垂直度的目的。

10.5　穿丝孔加工及其影响

一、穿丝孔精度对定位误差的影响

穿丝孔在线切割加工工艺中是不可缺少的。它有三个作用：① 用于加工凹模；② 减小凸模加工中的变形量和防止因材料变形而发生夹丝现象；③ 保证被加工部分跟其他有关部位的位置精度。对于前两个作用来说，穿丝孔的加工要求不需过高，但对于第三个作用来说，就需要考虑其加工精度。显然，如果所加工的穿丝孔的精度差，那么工件在加工前的定位也不准，被加工部分的位置精度自然也就不符合要求。在这里，穿丝孔的精度是位置精度的基础。通常影响穿丝孔精度的主要因素有两个，即圆度和垂直度。如果利用精度较高的镗床、钻床或铣床加工穿丝孔，圆度就能基本上得到保证，而垂直度的控制一般是比较困难的。在实际加工中，孔越深，垂直度越不好保证。尤其是在孔径较小、深度较大时，要满足较高垂直度的要求非常困难。因此，在较厚工件上加工穿丝孔，其垂直度如何就成为工件加工前定位准确与否的重要因素。下面对穿丝孔的垂直度与定位误差之间的关系作具体分析。

为了能够看清问题，可以用夸张的方式画一个如图 10.29 的示意图。图中 $\overline{AA'}$ 和 $\overline{BB'}$ 两条线是理想孔径线。其孔径为 D，点 O 为 $\overline{AB}$（即 D）的中点。现假设在加工中钻头与垂直方向倾斜了 α 角，使加工后的孔径剖面线变成了 $\overline{AC}$ 和 $\overline{BE}$，其 δ 可用下式计算出来

$$\delta = h \cdot \tan \alpha$$

式中　h——孔深。

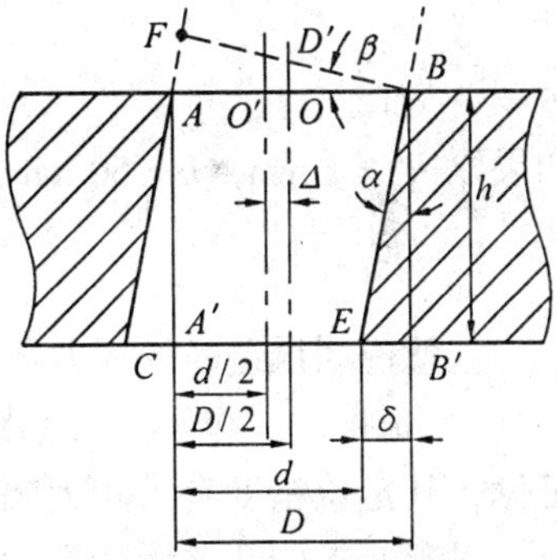

一般都是将钼丝跟孔边接触与否作为找中心的一个条件的。那么，此时利用接触法所测得的孔径就是图中的 d。根据其关系，有

图 10.29　工艺孔精度分析

$$d = D - \delta = D - h \tan \alpha$$

其 d 的中点为 O'。那么所产生的定位误差就是点 O 到 O' 的距离。设该距离为 Δ，于是有

$$\Delta = \frac{D}{2} - \frac{d}{2} = \frac{D}{2} - \frac{D - h\tan\alpha}{2} = \frac{D}{2} - \frac{D}{2} + \frac{h\tan\alpha}{2} = h\frac{\tan\alpha}{2}$$

即

$$\Delta = \frac{\delta}{2}$$

从以上结果可以看到，由于穿丝孔不垂直而造成了 $\delta/2$ 的定位误差。这里忽略了因孔的倾斜而产生的孔径 D 的误差。因为孔的倾斜角 α 一般很小，由此造成的孔径变化微乎其微，可以认为孔径不变，也可以用数学的方法来证明这一点。由图 10.29 可以看到，D 表示原来的孔径，D' 表示孔倾斜了 α 度后的孔径，又因为 $BF \perp BE$、$AB \perp BB'$、$FA /\!/ BE$，故 $\beta = \alpha$，此时有

$$D = D'/\cos\,\beta = D'/\cos\alpha$$

其增量

$$\Delta D = D - D' = D'\,(1/\cos\alpha\, - 1)$$

$$\alpha = 2°,\ \ D' = 10\ \text{mm}$$

代入公式，可得

$$\Delta D = 10\,(1/\cos 2° - 1)\, = 0.006\ \text{mm}$$

可见，其变化是很小的。所以，可以认为 D 就等于原来孔的直径。

二、提高工艺孔定位精度的方法

用什么方法可以减少上述的定位误差呢？从 $\Delta = h \times \tan\,\alpha/2$ 可知，其方法有两个：一是当 h 一定时，减小倾斜角 α；二是当 α 一定时，减小 h。采用第一种方法时，所要涉及的方面比较多，如加工设备的精度、钻头的刚度和加工效率等。当孔径较小、

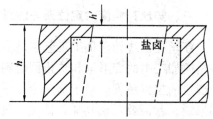

图 10.30　减小定位工艺孔深度

工件较厚时，往往还得不到满意的效果。如果采用第二种方法，问题就可以得到较好的解决。其具体措施就是将原工艺孔的大部分进行适当扩大，如图 10.30 所示。从图上可以看到，由于采用了扩孔方法，使 h 减小到了 h'。此时的定位误差 Δ' 为

$$\Delta' = h'\tan\,\alpha/2$$

设该误差与原误差的比值为 K，有

$$K = \frac{\Delta'}{\Delta} = \frac{\dfrac{h'\tan\,\alpha}{2}}{\dfrac{h\tan\,\alpha}{2}} = \frac{h'}{h}$$

如果取 $h' = 2$ mm，$h = 50$ mm，则

$$K = \frac{h'}{h} = \frac{2}{50} = 0.04\ \text{mm}$$

这就说明误差是原误差的 4%。比如，原误差 $\Delta = 0.2$ mm，那么现误差就是

$$\Delta' = K \cdot \Delta = 0.04 \times 0.2 = 0.008\ \text{mm}$$

可见，其定位精度有了较大幅度的提高。

对于所扩的孔并无特殊的要求。因为它在定位时不起作用，故用一般设备就可加工。至于其孔径应大于原孔多少，应根据工件的厚度和可能产生的最大倾斜角度来考虑。一般只要满足扩张部分不至参与定位就行。需要注意的是，当工件经过盐浴炉淬火处理后，其所扩孔的根部往往粘结着盐卤（图 10.30），如果不清除干净，将在加工中造成短路或加工不稳的现象。所以，加工前一定要仔细进行检查并清除。

当然，线切割加工前的定位准不准还涉及其他一些因素，如设备本身的精度，所采用的测量方法以及因人而异的观察误差等。

当工件找平、找正后，也可在本机床上用钼丝将原来不太精确的穿丝孔切割成稍大的圆孔作定位用的穿丝孔。

三、穿丝孔的加工方法

1. 加工穿丝孔的必要性

凹模类封闭图形的工件在切割前必须具有穿丝孔，以保证工件的完整性，这是显而易见的。

凸模类工件的切割有时也有必要加工穿丝孔，这是因为坯件材料在切断时，会在很大的程度上破坏材料内部应力的平衡状态，造成材料的变形，影响加工精度，甚至严重造成夹丝、断丝，使切割无法进行。当采用穿丝孔时，可以使工件坯料保持完整，从而减小变形所造成的误差，如图 10.31 所示。

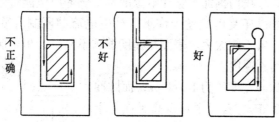

图 10.31　切凸模时加工穿丝孔与否的比较

2. 穿丝孔的位置和直径

在切割凹模类工件时，穿丝孔位于凹型的中心位置，操作最为方便。因为这既能使穿丝孔加工位置准确，又便于控制坐标轨迹的计算。但是这种方法切割的无用行程较长，因此不适合大孔形凹形工件的加工。

在切割凸形工件或大孔形凹型工件时，穿丝孔加工在起切点附近为好。这样，可以大大缩短无用切割行程。穿丝孔的位置最好选在已知坐标点或便于运算的坐标点上，以简化有关轨迹控制的运算。

穿丝孔的直径不宜太小或太大，以钻或镗孔工艺简便为宜，一般选在 3 ~ 10 mm 范围内。孔径最好选取整数值或较完整数值，以简化用其作为加工基准的运算。

对于对称加工，多次穿丝切割的工件，穿丝孔的位置选择如图 10.32 所示。

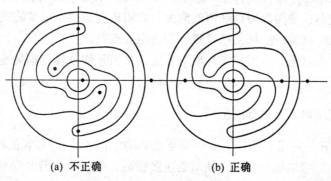

(a) 不正确　　　　　　　　(b) 正确

图 10.32　多孔穿丝

3. 穿丝孔的加工

由于许多穿丝孔都要作加工基准，因此，在加工时必须确保其位置精度和尺寸精度。

这就要求穿丝孔在具有较精密坐标工作台的机床上进行加工。为了保证孔径尺寸精度，穿丝孔可采用钻绞、钻镗或钻车等较精密的机械加工方法。穿丝孔的位置精度和尺寸精度，一般要等于或高于工件要求的精度。

10.6　线切割工艺参数的选择

脉冲电源的波形与参数对材料的电腐蚀过程影响极大，它们决定着放电痕（与表面粗糙度有关）、蚀除率、切缝宽度的大小和钼丝的损耗率，进而影响加工的工艺指标。

一般情况下，电火花线切割加工脉冲电源的单个脉冲放电能量较小，除受工件加工表面粗糙度要求的限制外，还受电极丝允许承载放电电流的限制。欲获得较好的表面粗糙度，每次脉冲放电的能量不能太大。表面粗糙度要求不高时，单个脉冲放电能量可以取大些，以便得到较高的切割速度。

在实际应用中，脉冲宽度约为 $1 \sim 60 \, \mu s$，而脉冲重复频率约为 $10 \sim 100 \, kHz$，有时也可以高于或低于这个范围。脉冲宽度窄、重复频率高，有利于改善表面粗糙度，提高切割速度。

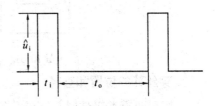

图 10.33　矩形波脉冲

实践证明，在其他工艺条件大体相同的情况下，脉冲电源的波形及参数对工艺效果的影响是相当大的。目前广泛应用的脉冲电源波形是矩形波，下面以矩形波脉冲电源为例，说明脉冲参数对加工工艺指标的影响。

矩形波脉冲电源的波形如图 10.33 所示，它是晶体管脉冲电源中使用最普遍的一种波形，也是线切割加工中行之有效的波形之一。

一、短路峰值电流对工艺指标的影响

图 10.34 是在一定的工艺条件下，短路峰值电流 $\hat{i}_s$ 对切割速度 v_{wi} 和表面粗糙度 Ra 值影响的曲线。由图可知，当其他工艺条件不变时，增加短路峰值电流，切割速度提高，表面粗糙度变差。这是因为短路峰值电流大，表明相应的加工电流峰值就大，单个脉冲能量亦大，所以放电痕大，故切割速度高，表面粗糙度差。

增大短路峰值电流，不但使工件放电痕变大，而且使电极丝损耗变大，这两者均使加工精度稍有降低。

二、脉冲宽度对工艺指标的影响

图 10.35 是在一定工艺条件下，脉冲宽度 t_i 对切割速度 v_{wi} 和表面粗糙度 Ra 值影响的曲线。由图可知，增加脉冲宽度，使切割速度提高，但表面粗糙度变差。这是因为脉冲宽度增加，使单个脉冲放电能量增大，则放电痕也大。同时，随着脉冲宽度的增加，电极丝损耗变大。

通常，电火花线切割加工用于精加工和中加工时，单个脉冲放电能量应限制在一定范围内。当短路峰值电流选定后，脉冲宽度要根据具体的加工要求来选定，精加工时，脉冲

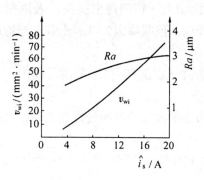

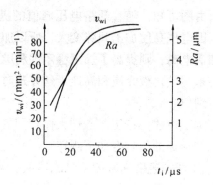

图 10.34　$\hat{i}_s$ 对 v_{wi} 和 Ra 值的影响曲线　　　　图 10.35　t_i 对 v_{wi} 和 Ra 值的影响曲线

宽度可在 20 μs 内选择，中加工时，可在 20 ~ 60 μs 内选择。

三、脉冲间隔对工艺指标的影响

图 10.36 是在一定的工艺条件下，脉冲间隔 t_o 对切割速度 v_{wi} 和表面粗糙度 Ra 值影响的曲线。

由图可知，减小脉冲间隔，切割速度提高，表面粗糙度 Ra 值稍有增大，这表明脉冲间隔对切割速度影响较大，对表面粗糙度影响较小。因为在单个脉冲放电能量确定的情况下，脉冲间隔较小，致使脉冲频率提高，即单位时间内放电加工的次数增多，平均加工电流增大，故切割速度提高。

实际上，脉冲间隔不能太小，它受间隙绝缘状态恢复速度的限制。如果脉冲间隔太小，放电产物来不及排除，放电间隙来不及充分消电离，这将使加工变得不稳定，易造成烧伤工件或断丝。但是脉冲间隔也不能太大，因为这会使切割速度明显降低，严重时不能连续进给，使加工变得不够稳定。

一般脉冲间隔在 10 ~ 250 μs 范围内，基本上能适应各种加工条件，可进行稳定加工。

选择脉冲间隔和脉冲宽度与工件厚度有很大关系。一般来说工件厚，脉冲间隔也要大，以保持加工的稳定性。

四、开路电压对工艺指标的影响

图 10.37 是在一定的工艺条件下，开路电压 $\hat{u}_i$ 对切割速度 v_{wi} 和表面粗糙度 Ra 值影响的曲线。

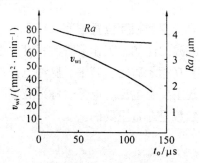

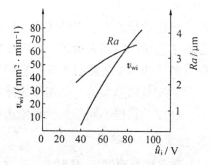

图 10.36　t_o 对 v_{wi} 和 Ra 值影响的曲线　　　　图 10.37　$\hat{u}_i$ 对 v_{wi} 和 Ra 值影响的曲线

由图可知，随着开路电压峰值的提高，加工电流增大，切割速度提高，表面粗糙度差。因电压高使加工间隙变大，所以加工精度略有降低。但间隙大，有利于放电产物的排除和消电离，则提高了加工稳定性和脉冲利用率。

采用乳化液介质和高速走丝方式时，开路电压峰值一般在 60 ~ 150 V 的范围内，个别的用到 300 V 左右。

综上所述，在工艺条件大体相同的情况下，利用矩形波脉冲电源进行加工时，电参数对工艺指标的影响有如下规律：

① 切割速度随着加工电流峰值、脉冲宽度、脉冲频率和开路电压的增大而提高，即切割速度随着加工平均电流的增加而提高。

② 加工表面粗糙度 Ra 值随着加工电流峰值，脉冲宽度及开路电压的减小而减小。

③ 加工间隙随着开路电压的提高而增大。

④ 表面粗糙度的改善，有利于提高加工精度。

⑤ 在电流峰值一定的情况下，开路电压的增大，有利于提高加工稳定性和脉冲利用率。

实践表明，改变矩形波脉冲电源的一项或几项电参数，对工艺指标的影响很大，须根据具体的加工对象和要求，全面考虑诸因素及其相互影响关系。选取合适的电参数，既要满足主要加工要求，又得注意提高各项加工指标。例如，加工精小模具或零件时，选择电参数要满足尺寸精度高、表面粗糙度好的要求，选取较小的加工电流的峰值和较窄的脉冲宽度，这必然带来切割速度的降低。又如，加工中、大型模具和零件时，对尺寸精度和表面粗糙要求低一些，故可选用加工电流峰值大、脉冲宽度宽些的电参数值，尽量获得较高的切割速度。此外，不管加工对象和要求如何，还须选择适当的脉冲间隔，以保证加工稳定进行，提高脉冲利用率。因此选择电参数值相当重要，只要能客观地运用它们的最佳组合，就一定能够获得良好的加工效果。

五、根据加工对象合理选择电参数

1. 加工工艺指标

电火花线切割加工工艺指标主要包括切割速度、表面粗糙度、加工精度等。此外，放电间隙、电极丝损耗和加工表面层变化也是反映加工效果的重要内容。

表面粗糙度是指加工后表面的微观不平度，通常用不平度的算术平均偏差 Ra 值来衡量，单位为 μm。

加工精度是指加工后工件的尺寸精度、几何形状精度和相互位置精度。

影响工艺指标的因素很多，如机床精度、脉冲电源的性能、工作液脏污程度、电极丝与工件材料及切割工艺路线等等。它们是互相关联又互相矛盾的。其中，脉冲电源的波形及参数的影响是相当大的，如矩形波脉冲电源的参数主要有电压、电流、脉冲宽度、脉冲间隔等，所以，根据不同的加工对象选择合理的电参数是非常重要的。

2. 合理选择电参数

(1) 要求切割速度 v_{wi} 高时

当脉冲电源的空载电压高、短路电流大、脉冲宽度大时，则切割速度高。但是切割速度和表面粗糙度的要求是互相矛盾的两个工艺指标，所以，必须在满足表面粗糙度的前提下再追求高的切割速度。而且切割速度还受到间隙消电离的限制，也就是说，脉冲间隔也要适宜。

（2）要求表面粗糙度好时

若切割的工件厚度在 80 mm 以内，则选用分组波的脉冲电源为好，它与同样能量的矩形波脉冲电源相比，在相同的切割速度条件下，可以获得较好的表面粗糙度。

无论是矩形波还是分组波，其单个脉冲能量小，则 Ra 值小。也就是说，脉冲宽度小、脉冲间隔适当、峰值电压低、峰值电流小时，表面粗糙度较好。

（3）要求电极丝损耗小时

多选用前阶梯脉冲波形或脉冲前沿上升缓慢的波形，由于这种波形电流的上升率低（即 di/dt 小），故可以减小丝损。

（4）要求切割厚工件时

选用矩形波、高电压、大电流、大脉冲宽度和大的脉冲间隔可充分消电离，从而保证加工的稳定性。

3. 合理调整变频进给的方法

整个变频进给控制电路有多个调整环节，其中大都安装在机床控制柜内部，出厂时已调整好，一般不应再变动；另有一个调节旋钮则安装在控制台操作面板上，操作工人可以根据工件材料、厚度及加工规准等来调节此旋钮，以改变进给速度。

不要以为变频进给的电路能自动跟踪工件的蚀除速度并始终维持某一放电间隙（即不会开路不走或短路闷死），便错误地认为加工时可不必或可随便调节变频进给量。实际上某一具体加工条件下只存在一个相应的最佳进给量，此时钼丝的进给速度恰好等于工件实际可能的最大蚀除速度。如果人们设置的进给速度小于工件实际可能的蚀除速度（称欠跟踪或欠进给），则加工状态偏开路，无形中降低了生产率；如果设置好的进给速度大于工件实际可能的蚀除速度（过跟踪或过进给），则加工状态偏短路，实际进给和切割速度反而也将下降，而且增加了断丝和"短路闷死"的危险。实际上，由于进给系统中步进电动机、传动部件等有机械惯性及滞后现象，不论是欠进给或过进给，自动调节系统都将使进给速度忽快忽慢，加工过程变得不稳定。因此，合理调节变频进给，使其达到较好的加工状态是很重要的，主要有以下两种方法。

（1）用示波器观察和分析加工状态的方法

如果条件允许，最好用示波器来观察加工状态，它不仅直观，而且还可以测量脉冲电源的各种电参数。图 10.38 所示为加工时可能出现的几种典型波形。

将示波器输入线的正极接工件，负极接电极丝，调整好示波器，则观察到的较好波形应如图 10.39 所示。

其中，（a）为空载波，（b）为加工波，（c）为短路波。若变频进给调整得合适，则加工波最浓，空载波和短路波很淡，此时为最佳加工状态。

数控线切割机床加工效果的好坏，在很大程度上还取决于操作者调整进给速度是否适宜，为此可将示波器接到放电间隙，根据加工波形来直观地判断与调整（图 10.38）。

① 进给速度过高（过跟踪）（图 10.38（a））。此时间隙中空载电压波形消失，加工电

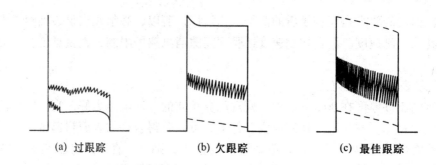

(a) 过跟踪　　　　　　(b) 欠跟踪　　　　　　(c) 最佳跟踪

图 10.38　加工时的几种波形

压波形变弱，短路电压波形浓。这时工件蚀除的线速度低于进给速度，间隙接近于短路，加工表面发焦呈褐色，工件的上下端面均有过烧现象。

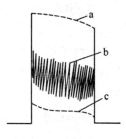

图 10.39　加工波形图

②进给速度过低（欠跟踪）（图 10.38（b））。此时间隙中空载电压波形较浓，时而出现加工波形，短路波形出现较少。这时工件蚀除的线速度大于进给速度，间隙近于开路，加工表面亦发焦呈淡褐色，工件的上下端面也有过烧现象。

③进给速度稍低（欠佳跟踪）。此时间隙中空载、加工、短路三种波形均较明显，波形比较稳定。这时工件蚀除的线速度略高于进给速度，加工表面较粗、较白，两端面有黑白交错相间的条纹。

④进给速度适宜（最佳跟踪）（10.38（c））。此时间隙中空载及短路波形弱，加工波形浓而稳定。这时工件蚀除的速度与进给速度相当，加工表面细而亮，丝纹均匀。因此在这种情况下，能得到表面粗糙度好、精度高的加工效果。

表 10.3 给出了根据进给状态调整变频的方法。

表 10.3　根据进给状态调整变频的方法

变频状态	进给状态	加工面状况	切割速度 v_{wi}	电 极 丝	变频调整
过跟踪	慢而稳	焦褐色	低	略焦，老化快	应减慢进给速度
欠跟踪	忽慢忽快 不均匀	不光洁 易出深痕	不快	易烧丝，丝上 有白斑伤痕	应加快进给速度
欠佳跟踪	慢而稳	略焦褐，有条纹	不够快	焦色	应稍增加进给速度
最佳跟踪	很稳	发白，光洁	快	发白，老化慢	不需再调整

（2）用电流表观察分析加工状态的方法

利用电压表和电流表以及用示波器等来观察加工状态，使之处于较好的加工状态，实质上也是一种调节合理的变频进给速度的方法。现在介绍一种用电流表根据工作电流和短路电流的比值来更快速、有效地调节最佳变频进给速度的方法。

根据工人长期操作实践，并经理论推导证明，用矩形波脉冲电源进行线切割加工时，无论工件材料、厚度、电参数大小，只要调节变频进给旋钮，把加工电流（即电流表上指示出的平均电流）调节到大约等于短路电流（即脉冲电源短路时表上指示的电流）的70%～80%，就可保证为最佳工作状态，即此时变频进给速度最合理、加工最稳定、切割速度最高。

更严格、准确地说，加工电流与短路电流的最佳比值 β 与脉冲电源的空载电压(峰值电压 $\hat{u}_i$)和火花放电的维持电压 u_e 的关系为

$$\beta = 1 - \frac{u_e}{\hat{u}_i}$$

当火花放电维持电压 u_e 为 20 V 时，用不同空载电压的脉冲电源加工时，加工电流与短路电流的最佳比值可列于表 10.4。

表 10.4 加工电流与短路电流的最佳比值

脉冲电源空载电压 $\hat{u}_i$/V	40	50	60	70	80	90	100	110	120
加工电流与短路电流最佳比值 β	0.5	0.6	0.66	0.71	0.75	0.78	0.8	0.82	0.83

短路电流的获取，可以用计算法，也可以用实测法。例如，某种电源的空载电压为 100 V，共用 6 个功放管，每管的限流电阻为 25 Ω，则每管导通时的最大电流为 $100 \div 25 = 4$ A，6 个功放管全用时，导通时的短路峰值电流为 $6 \times 4 = 24$ A。设选用的脉冲宽度和脉冲间隔的比值为 $1:5$，则短路时的短路电流（平均值）为

$$24\left(\frac{1}{5+1}\right) = 4 \text{ A}$$

由此，在切割加工中，当调节到加工电流 = 4 A × 0.8 = 3.2 A 时，进给速度和切割速度可认为最佳。

实测短路电流的方法为用一根较粗的导线，人为地将脉冲电源输出端搭接短路，此时由电流表上读得的数值即为短路电流值。按此法可对上述电源将不同电压、不同脉宽间隔比的短路电流列成一表，以备随时查用。

本方法可使操作工人在调节和寻找最佳变频进给速度时有一个明确的目标值，可很快地调节到较好的进给和加工状态的大致范围，必要时再根据前述电压表和电流表指针的摆动方向，补偿调节到表针稳定不动的状态。

必须指出，所有上述调节方法，都必须在工作液供给充足、导轮精度良好、钼丝松紧合适等正常切割条件下才能取得较好的效果。

4．进给速度对切割速度和表面质量的影响

（1）进给速度调得过快

超过工件的蚀除速度，会频繁地出现短路，造成加工不稳定，使实际切割速度反而降低，加工表面也发焦呈褐色，工件上下端面处有过烧现象。

（2）进给速度调得太慢

大大落后于工件可能的蚀除速度，极间将偏开路，使脉冲利用率过低，切割速度大大降低，加工表面发焦呈淡褐色，工件上下端面处有过烧现象。

上述两种情况，都可能引起进给速度忽快忽慢，加工不稳定，且易断丝。加工表面出现不稳定条纹，或出现烧蚀现象。

（3）进给速度调得稍慢

加工表面较粗、较白，两端有黑白交错的条纹。

（4）进给速度调得适宜

加工稳定，切割速度高，加工表面细而亮，丝纹均匀，可获得较好的表面粗糙度和较

高的精度。

10.7　电火花线切割加工产生废品的原因及预防方法

电火花线切割加工的加工质量差甚至引起工件报废的原因很多，而且各种因素相互影响。如机床、材料、工艺参数、操作人员的素质及工艺路线等，若各方面的因素都能控制在最佳状态，那么加工的工件不但不会报废而且质量较好。

一、电火花线切割产生废品及质量差的因果关系

在图 10.40 中归纳整理出了各种因素对线切割加工质量影响的思路，可供分析时参考。

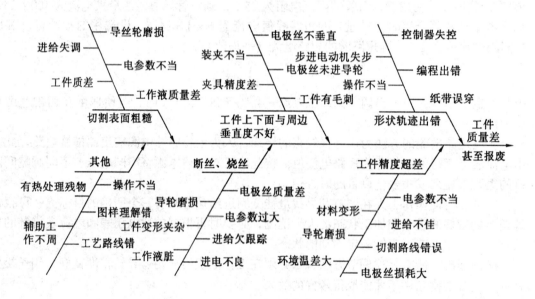

图 10.40　各种因素对线切割质量和产生废品的影响

二、电火花线切割加工预防工件报废或质量差的方法

1. 操作人员必须具备一定的技术素质

正确地理解图样的各项技术要求，编程和穿纸带要正确。工作液要及时更换，保持一定的清洁度，保证上、下喷嘴不阻塞、流量合适。电极丝校准垂直，工件装夹正确。合理选用脉冲电源参数，加工不稳定时能及时调整变频进给速度。加工时每个工件都要记录起割点坐标。

2. 机床、控制器、脉冲电源工作要稳定

（1）保证导丝机构具有必要的精度

经常检查导轮、导电块、导丝块。导轮的底径应小于电极丝半径，支撑导轮的轴承间隙要严格控制，以免电极丝运转时破坏了稳定的直线性，使工件精度下降，放电间隙变

大，导致加工不稳定。

导电块应保持接触良好，磨损后要及时调整，不允许在钼丝和导电块间出现火花放电，应使脉冲能量全部送往工件与电极丝之间。导丝块的位置应调整合适，保证电极丝在储丝筒上排列整齐，否则会出现叠丝或夹丝现象。

（2）控制器必须有较强的抗干扰能力

变频进给系统要有调整环节。步进电动机进给要平稳、不失步。

（3）脉冲电源的脉冲间隔、功率管个数及电压幅值要能调节

3．工件材料选择要正确

① 工件材料（如凸凹模）要尽量使用热处理淬透性好、变形小的合金钢，如 Cr12 及 Cr12MoV 等。

② 毛坯需要锻造。热处理要严格按工艺要求进行，最好进行两次回火。回火后的硬度在 58 ~ 60HRC 为宜。

③ 在电火花线切割加工前，必须将工件被加工区热处理后的残留物和氧化物清理干净。因为这些残留氧化物不导电，会导致断丝、烧丝或使工件表面出现深痕，严重时会使电极丝离开加工轨迹，造成工件报废。

10.8　电火花线切割加工的某些工艺技巧

电火花线切割加工中经常会遇到各种类型的复杂模具和工件。对于各种不同要求的复杂工件，其解决方法大致可分为两类：一类是电火花线切割的加工工艺比较复杂，不采取必要的措施加工，就难以达到要求，甚至无法加工；另一类是装夹困难，容易变形，有一定批量而且精度要求较高的工件。至于几何形状复杂的模具（包括非圆曲线、齿轮等等），只要把微机编程技术和线切割加工的工艺技术很好地结合，就能顺利完成。

一、复杂工件的电火花线切割加工工艺方法

1．对要求精度高、表面粗糙度好的工件及窄缝、薄壁工件的加工

对这类工件电极丝导向机构必须良好，电极丝张力要大，电参数宜采用小的峰值电流和小的脉宽。进给跟踪必须稳定，且要严格控制短路。工作液浓度要大些，喷流方向要包住上下电极丝进口，流量适中。在一个工件加工过程中，中途不能停机，要注意加工环境的温度，并保持清洁。

2．对大厚度、高生产率及大工件的加工

这类工件的加工，要求进给系统保持稳定，严格控制烧丝，保证良好的电极丝导向机构。同时，电参数宜采用大的峰值电流和大的脉冲宽度，脉冲波形前沿不能太陡，脉冲搭配方案应考虑控制电极丝的损耗。工作液浓度要小些，喷流方向要包住上下电极丝进丝口，流量应稍大。

二、切割不易装夹工件的加工方法

1. 坯料余量小时的装夹方法

为了节省材料，经常会碰到加工坯料没有夹持余量的情况。由于模具重量大，单端夹持往往会使工件造成低头，使加工后的工件不垂直，致使模具达不到技术要求。如果在坯料边缘处不加工的部位加一块托板，使托板的上平面与工作台面在一个平面上（图10.41），就能使加工工件保持垂直。

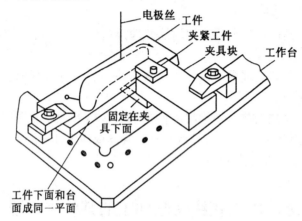

图 10.41　坯料余量小的工件装夹方法

2. 切割圆棒工件时的装夹方法

线切割圆棒形坯料时，或当加工阶梯式成形冲头或塑料模阶梯嵌件时，可用图 10.42所示的装夹方法。圆棒可装夹在六面体的夹具内，夹具上钻一个与基准面平行的孔，用内六角螺钉固定。有时把圆棒坯料先加工成需要的片状，卸下夹板把夹具体转90°再加工成需要的形状。

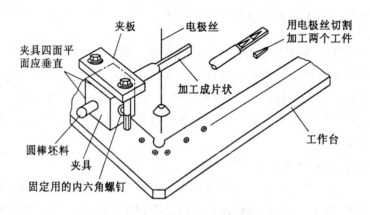

图 10.42　用圆棒切割工件用的夹具

3. 切割六角形薄壁工件时的装夹方法

装夹六角形薄壁工件用的夹具，主要应考虑工件夹紧后不应变形，可采用图 10.43 所示的装夹方法，即让六角管的一面接触基准块。靠贴有许多橡胶板的胶夹由一侧加压，夹紧力由夹持弹簧产生。在易变形的工件上可分散设置许多个弹性加压点，这样不仅能达到减小变形的目的，而且工件固定也很可靠。此方法适合批量生产。

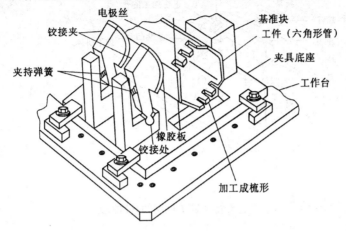

图 10.43　六角薄壁零件加工用的夹具

4. 加工多个形状复杂工件的装夹方法

图 10.44 所示是一个用环状毛坯加工具有菠萝图形工件的夹具，工件加工完后切断成四个。夹具分为上板和下板，两者互相固定，下板的四个突出部支持工件，突出部分避开加工位置。用螺钉通过矩形压板把工件夹固在下板上。这种装夹方法也适合批量生产。

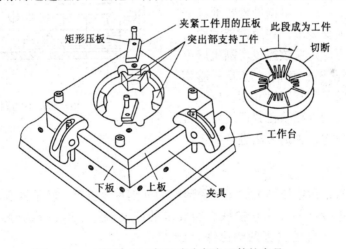

图 10.44　加工多个复杂工件的夹具

5. 加工无夹持余量的工件装夹的方法

加工无夹持余量的工件用基准凸台装夹，图 10.45 所示是用基准凸台装夹工件侧面来加工异形孔的夹具。在夹具的 A 部有与工件凹槽密切吻合的突出部，用以确定工件位置。B 部由螺钉固定在 A 部上，而工件用 B 部侧面的夹紧螺钉固定。这种夹具可使完全没有夹持余量的工件靠侧面用基准凸台来定位和夹紧，既保证精度，也能进行切割加工。如果夹具的基准凸台由线切割加工，根据基准凸台的坐标再加工两个异形孔，这样更易于保证工件的精度和垂直度，且可保证批量加工时精度的一致性。

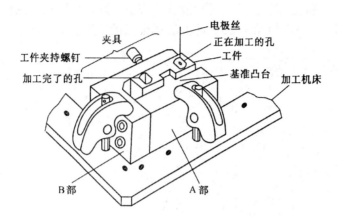

图 10.45　加工无夹持余量工件用的基准凸台夹具

三、切割薄片工件

1. 切割不锈钢带

用线切割机床将长 10 m、厚 0.3 mm 的不锈钢带加工成不同的宽度（图 10.46）。可将不锈钢带头部折弯，插入转轴的槽中，并利用转轴上两端的孔，穿上小轴，将钢带紧紧地缠绕在转轴上，然后装入套筒里，利用钢带的弹力自动涨紧。这样即可固定在数控线切割机床上进行加工。切割时转轴、套筒、钢带一道切割，保证所需规格的各种宽度尺寸 L、L_1…

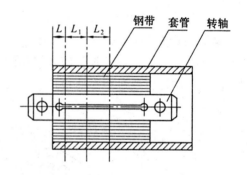

图 10.46　切割不锈钢带

必须注意：套筒的外径须在数控线切割机床的加工厚度范围以内，否则无法进行加工。

2. 切割硅钢片

单件小批生产时，用线切割可加工各种形状的硅钢片电机定、转子铁心。

第一种方法是把裁好的硅钢片按铁心所要求的厚度（超过 50 mm 的分几次切割），用 3 mm 厚的钢板夹紧，下面的夹板两侧比铁心长 30～50 mm，作装夹用。铁心外径在 150 mm 左右的可在中心用一个螺钉，四角四个螺钉夹紧（图 10.47）。螺钉的位置和个数可根据加工图形而定，既能夹紧又不影响加工。进电可用原来的机床夹具进电，但因硅钢片之间有绝缘层，电阻较大，最好从夹紧螺钉处进电。

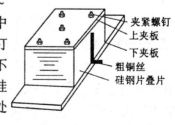

图 10.47　硅钢片的夹紧方法

另一种方法是用胶将裁好的硅钢片粘成一体，这样既保证切割过程中硅钢片不变形，又使加工完的铁心成为一体，不用再重新叠片。粘接工艺是：先将硅钢片表面的污垢洗净，将片烘干，然后将片两面均匀地涂上一薄层(0.01 mm 左右)420 胶，烘干后按要求的厚度用第一种方法夹紧，放到烘箱加温到 160℃，保持两小时，自然冷却后即可上机切割。此胶粘接能力较强，不怕乳化液浸泡，一般情况下切割的铁心仍成一体。此方法片间绝缘较好(420 胶不导电)，所以，进电一定要由夹紧螺钉进入每张硅钢片，并要求螺钉与每张硅钢片孔接触良好(轻轻打入即可)。另外一种进电方法是将叠片的某一侧面打光后用铜导线把每片焊上，从这根铜导线进电效果更好。

第十一章　电火花线切割机床的精度检验方法

机床精度是直接影响被加工工件精度的决定因素，因而制造或修理时都要对机床的精度进行检验。为了保证产品质量，各国都制定了有关线切割机床的精度标准。国家标准局批准的中华人民共和国国家标准 GB 7926—87《电火花线切割机床精度》，是线切割机床精度检验的依据。机床在检验前应调对水平，水平仪读数不得超过 0.04/1 000。测量工作台某一坐标时，工作台其他运动部分原则上应处于其行程的中间位置。当允差值根据所测量的长度折算时，其折算结果小于 0.001 mm 的尾数仍按 0.001 mm 计。

11.1　常用量具

为了检验方便，检验时需根据检验的内容和精度要求，采用不同的量具，常用的量具有水平仪、量块、千分表、标尺、角尺。下面简单介绍几种量具的结构性能和使用方法。

一、水平仪

水平仪有长方形和正方形(图 11.1)两种，由框架和弧形玻璃管组成。框架的测量面上制成 V 形槽状，以便放置在圆柱形的表面上。玻璃管表面有刻线，内装乙醚或酒精，但不装满，留有一个气泡，这个气泡永远停在玻璃管的最高点。如果水平仪在水平或垂直位置时，气泡就处于玻璃管的中央位置；若水平仪倾斜一个角度，气泡就向左或右移动到最高点，根据移动距离，即可知道平面的水平度或垂直度。

水平仪的精度是以气泡偏移一格，表面所倾斜的角度 θ(图 11.2)或者以气泡偏移一格，表面在 1 m 内倾斜的高度差表示。其精度等级见表 11.1。

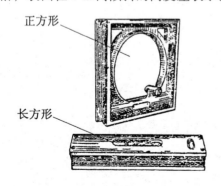

图 11.1　水平仪

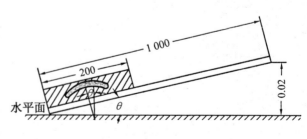

图 11.2　水平仪的刻线原理

表 11.1 水平仪精度等级

精 度 等 级	I	II	III	IV
气泡移动一格时的倾斜角度	4 ~ 10″	12 ~ 20″	24 ~ 40″	50″ ~ 1′
1 m 内倾斜的高度差/mm	0.02 ~ 0.05	0.06 ~ 0.10	0.12 ~ 0.20	0.25 ~ 0.30

二、量块

在机器制造业中，量块是精密的量具，它是保持测量统一的重要工具，用于定位和校正测量仪器及工具刻度，还可以直接进行测量工作。

量块多半是钢质长方形块状，有两个精密的平行面，叫做测量面。两个平行面之间的距离叫做量块的尺寸。公称尺寸在 10 mm 以下的量块，其横截面为 30 mm×9 mm；公称尺寸大于 10 mm 的量块，则为 35 mm×9 mm。

量块一般做成一套，装在特制的木盒内(图 11.3)。哈尔滨量具刃具厂制造成套量块，其公称尺寸、间距与块数等规格见表 11.2。为了减少常用量块的磨损，每套中都备有若干块保护量块(简称护块)，在使用时可放在量块组的两端，以保护其他量块。

表 11.2 成套量块

顺序	量块公称尺寸/mm	间 距	块 数	备 注
1	1.005	—	1	
	1.01；1.02 ~ 1.49	0.01	49	
	1.6；1.7；1.8；1.9	0.1	4	
	0.5；1 ~ 9.5	0.5	19	
	10；20 ~ 100	10	10	
	1；1；1.5；1.5	0.5	4	护块
			共 87 块	
2	1.005	—	1	
	1.01；1.02 ~ 1.09	0.01	9	
	1.1；1.2 ~ 1.9	0.1	9	
	1；2 ~ 9	1	9	
	10；20 ~ 100	10	10	
	1；1；1.5；1.5	0.5	4	护块
			42	
3	1.001；1.002 ~ 1.009	+ 0.001	9	
4	0.999；0.998 ~ 0.991	− 0.001	9	
5	0.5；1；1.5；2 各 2 块	—	8	
6	125；150；175；200；250 300；400；500	—	8	
	50；50		2	护块
			10	
7	600；700；800；900；1 000 各 1 块	100	5	

选用量块时，应尽可能采用最少的块数，一般不希望超过四块。在计算时，应首先选取最后一位数字。例如，所要的尺寸为 87.545 mm，在 87 块一组中选取，则

$$
\begin{array}{rl}
87.545 & \\
-1.005 & \quad\text{第一块尺寸} \\
\hline
86.45 & \\
-1.04 & \quad\text{第二块尺寸} \\
\hline
85.5 & \\
-5.5 & \quad\text{第三块尺寸} \\
\hline
80 & \quad\text{第四块尺寸}
\end{array}
$$

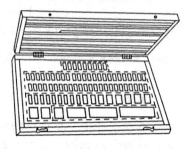

图 11.3　量块

即选用 1.005、1.04、5.5 和 80，共 4 块。

三、千分表

千分表常用来检验工件的圆度、同轴度和平行度等。其测量精度为 0.001 mm。

千分表(图 11.4) 可用作指示器。

1. 千分表的使用方法

千分表在使用时可装在专用的架子(图 11.5)上，其固定方法有两种(图 11.6)，即用套圈或用耳环固定。

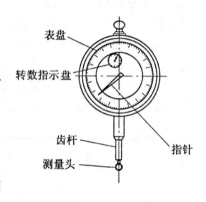

图 11.4　千分表

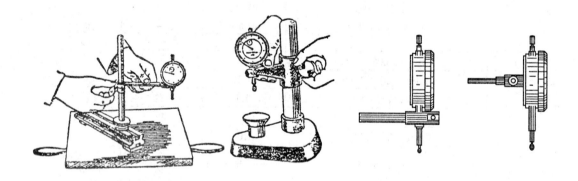

图 11.5　安装在专用架子上的千分表　　　　图 11.6　千分表的固定方法

11.2　机床精度检验

线切割机床在出厂装配时，用户验收时，修理后，和使用中怀疑有问题时，都应进行精度检验。

一、工作台台面的平面度（图 11.7）

工作台位于行程的中间位置，用标尺、水平仪、平尺与可调量块测定平面度，用最小条件法或三点法处理数据，并求出平面度数据。

按工作台台面的长边值确定允差。允差为在 1 000 mm 测量长度上 0.04 mm。

二、工作台移动在垂直面内的直线度（图 11.8）

在线架上置一精密平尺，指示器固定在工作台台面的中间位置，使其触头触及平尺检验面。

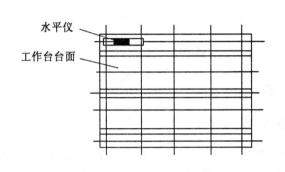
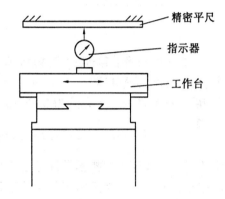

图 11.7　工作台台面平面度检验　　　　图 11.8　工作台移动在垂直面内的直线度

调整平尺，使指示器在平尺两端读数相等，然后移动工作台，在全行程上检验，指示器读数最大差值为误差值。

纵、横坐标应分别检验。

在 100 mm 测量长度上允差 0.006 mm，每增加 200 mm，允差值增加 0.003 mm[①]。

三、工作台移动在水平面内的直线度（图 11.9）

在线架上置一精密平尺，指示器固定在工作台台面的中间位置，使其触头触及平尺检验面。

调整平尺，使指示器在平尺两端读数相等，然后移动工作台，在全行程上检验，指示器读数最大差值为误差值。

纵、横坐标应分别检验。

在 100 mm 测量长度上允差为 0.003 mm，每增加 200 mm，允差值增加 0.003 mm。

四、工作台移动对工作台面的平行度（图 11.10）

在工作台上放两个等高块，平尺放在等高块上。指示器固定在线架上，指示器测头顶在平尺上，在全行程上检验。指示器最大读数差值为误差值。

---

① 当测量长度小于 100 mm 时，允差均为 0.006 mm，但超过 100 mm 时，按每增加 200 mm 允差值增加 0.003 折算。例如，行程为 160 mm 时，允差值应为 0.006 + 60/200 × 0.003 = 0.006 9 mm，按前面规定的折算方法定为 0.007 mm。

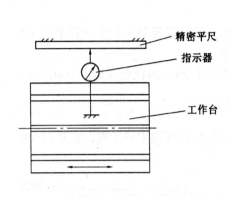

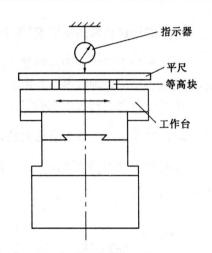

图 11.9   工作台移动在水平面内的直线度   11.10   工作台移动对工作台面的平行度

纵、横坐标应分别检验。

在 100 mm 测量长度上允差为 0.012 mm，每增加 200 mm，允差值增加 0.006 mm。

五、工作台横向移动对工作台纵向的垂直度（图 11.11）

将角尺置于线架上，指示器固定在工作台台面上。调整角尺，使角尺的一侧面与工作台纵向移动方向平行，然后将工作台位于纵向行程的中间位置。

将指示器测头顶在角尺的另一侧面。移动横向工作台在全行程上检验，测量长度不大于 200 mm，指示器的最大差值为误差值。允差为在 200 mm 长度上≤0.012 mm。

六、储丝筒的圆跳动（图 11.12）

将指示器测头顶在储丝筒表面上，转动储丝筒，分别在中间和离两端 10 mm 左右处检验，指示器读数的最大差值为误差值。

储丝筒直径小于或等于 120 mm 时，允差值为 0.012 mm，大于 120 mm 时，允差值为 0.02 mm。

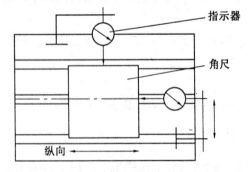

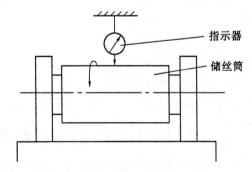

图 11.11   工作台横向移动对工作台纵向的垂直度   图 11.12   储丝筒的圆跳动

11.3 机床数控精度检验

一、工作台运动的失动量（图 11.13 ）

在工作台上放一基准块，指示器固定在线架上，使得测头顶在基准块测量面上，先向正（或负）方向移动，以停止位置作为基准位置，然后给予不小于 0.1 mm 的程序，继续向同一方向移动，从这个位置开始，再给予相同的程序向负（或正）的方向移动，测量此时的停止位置和基准位置之差。在行程的中间和靠近两端的三个位置，分别进行七次本项测量，求各位置的平均值，以所得各平均值中的最大值为误差值。它主要反映了正反向时传动丝杆与螺母之间的间隙带来的误差。

纵、横坐标分别检验，允差值为 0.005 mm。

二、工作台运动的重复定位精度（图 11.14）

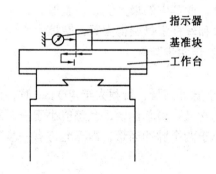

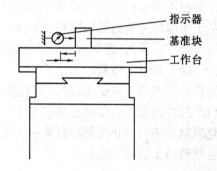

图 11.13　工作台运动的失动量　　　图 11.14　工作台运动的重复定位精度

在工作台上选一点，向同一方向上移动不小于 0.1 mm 的距离进行七次重复定位，测量停止位置，记录差值的最大值。

在工作台行程的中间和靠近两端三个位置进行检验，以所得的三个差值中的最大值为误差值。它主要反映工作台运动时，动、静摩擦力和阻力大小是否一致，装配预紧力是否合适，而与丝杆间隙和螺距误差等关系不大。

纵、横坐标分别检验，允差值为 0.002 mm,

三、工作台运动的定位精度（图 11.15）

工作台向正（或负）方向移动，以停止位置作为基准。然后按表 11.3 所列的测量间隔 L 给程序向同一方向移动，顺序进行定位。根据基准位置测定实际移动距离和规定移动距离的偏差。测定值中的最大偏差与最小偏差之差为误差值。它主要反映了螺距误差，也与重复定位精度有一定关系。

纵、横坐标分别检验。

在 100 mm 测量长度上允差为 0.01 mm，每增加 200 mm，允差值增加 0.005 mm，最大允差值为 0.03 mm。

表 11.3　测量间隔　　　　　　　　　　　　　　　　　mm

工作台行程	测量间隔 L	测量长度
≤320	25	全行程
> 320	50	

四、每一脉冲指令的进给精度（图 11.16）

工作台向正（或负）方向移动，以停止位置作为基准，每次给一个最小脉冲指令且向同一方向移动，移动 20 个脉冲指令的距离，测量各个指令的停止位置，算出

$$误差 = |l - m|_{max}$$

式中　　l——相邻停止位置的距离；

　　　　m——最小脉冲当量。

求得 20 个相邻停止位置间的距离和最小脉冲当量之差，取最大值。

分别在工作台行程的中间及两端附近处测量，取其中的最大值为误差值。它主要反映数控单步单脉冲进给的灵敏度和一致性。当导轨和丝杆螺母调得太紧，摩擦力太大，进给时就易蹩劲"丢步"，蹩劲过多后就会造成"一步走两步"。

纵、横坐标分别检验。

行程小于或等于 400 mm 时，允差值小于一个脉冲当量，行程大于 400 mm 时，允差值小于两个脉冲当量。这里要注意"小于"二字的含义。简单地说，允差值小于一个脉冲当量的意思就是相邻停止位置的距离应大于零或小于两个脉冲当量，即不允许有一步不动或一步走整整两个脉冲当量。

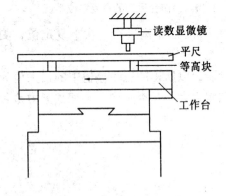

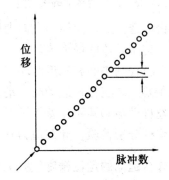

图 11.15　工作台运动的定位精度　　　　　　图 11.16　每一脉冲指令的进给精度

11.4 工 作 精 度

一、纵剖面上的尺寸差(图 11.17)

切割出如图 11.17 的八面柱体试件，测量两个平行加工表面的尺寸，在中间和两端 5 mm 三处进行测量，求出最大尺寸与最小尺寸之差值。

依次对各平行加工表面进行上述检验，其最大差值为误差值，允差值为 0.012 mm。

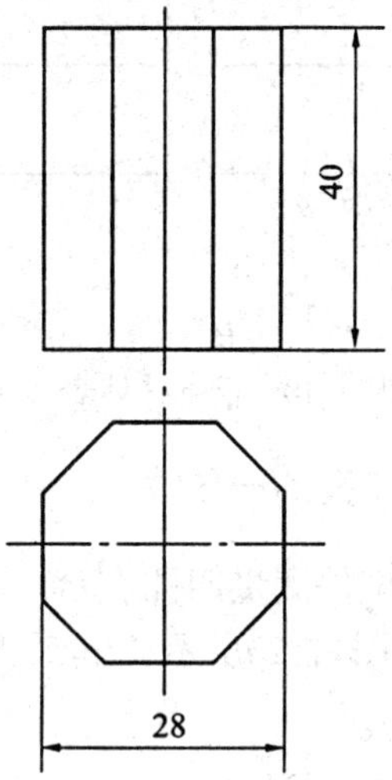

二、横剖面上的尺寸差

取上述试件在同一横剖面上依次测量加工表面的对边尺寸，取最大差值。

在试件的中间及两端 5 mm 处分别进行上述检验，其最大值为误差值。

允差值为 0.015 mm。

图 11.17 正八棱柱体试件，测纵、横剖面上的尺寸差

三、表面粗糙度(图 11.18)

在加工表面的中间及接近两端 5 mm 处测量，取 Ra 的平均值。取试件的各个加工面分别测量，误差以 Ra 最大平均值计。

在切割试件时，切割速度应大于 20 mm²/min，切割走向为 45°斜线。

本试件可用上面的八棱柱代替。

允差值 $Ra \leqslant 2.5$ μm。

四、加工孔的坐标精度

将图 11.19 所示试件装夹在工作台上，并使其基准面与工作台运动方向平行，然后以 A、B、C、D 为中心，切割四个正方形孔[①~④]。

测量各孔沿坐标轴方向的中心距 X_1、X_2、Y_1 和 Y_2，并分别与设定值相比，以差值中的最大值为误差值。

允差值为 0.015 mm。

---

①试件切割厚度需大于或等于 5 mm。

②最小正方形孔边长需大于或等于 10 mm。

③每次方孔的扩大余量需大于或等于1(允许有 $R=3$ mm 左右圆角)。

④正方孔也可用相应的圆孔代替。

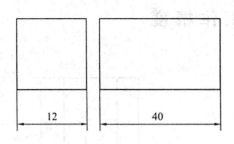

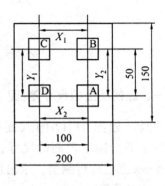

图 11.18   正方柱体表面粗糙度试件   图 11.19   测加工孔坐标精度的试件

五、加工孔的一致性

取上项试件测量四孔在 X、Y 方向上的尺寸，即 $X_1 \sim X_4$ 和 $Y_1 \sim Y_4$，如图11.20所示，其最大尺寸差为误差值（X 与 X 相减，Y 与 Y 相减）。

允差值为 0.03 mm。

线切割机床精度检验应在正常状态下进行。应事先调好机床

图 11.20   加工孔的一致性

水平，做好机床维护清洁工作，环境条件(温度、湿度)、电源电压及频率等均应符合规定。使用的量具及仪器均需在检定有效期内，检验结果应稳定可靠，检验者应熟悉量具的使用及标准的含义。

参 考 文 献

[1] 复旦大学．数字程序控制线切割机床［M］．北京：国防工业出版社，1977．

[2]《金属切削理论与实践》编委会"电火花加工"编写组编．电火花加工［M］．北京：北京出版社，1980．

[3] 王志尧著．电火花线切割工艺［M］．北京：原子能出版社，1987．

[4] 中国机械工程学会电加工学会编．电火花线切割加工技术工人培训、自学教材［M］．哈尔滨：哈尔滨工业大学出版社，1989．

[5] 刘晋春等．特种加工［M］．北京：机械工业出版社，1999．

[6] 孟少农．机械加工工艺手册：第2卷［M］．北京：机械工业出版社，1991．

[7] 机械工业部苏州电加工机床研究所、中国机械工程学会电加工分会编［J］．电加工杂志，1985～1999．

[8] 俞容亨著．YH线切割自动编程系统使用说明书．苏州：苏州市开拓电子技术公司，1998．

[9] CAXA北京北航海尔软件有限公司．CAXA线切割V2用户指南．

[10] 上海钜伟信息技术有限公司．ESPRIT线切割操作手册．